技能型紧缺人才培养培训教材
全国医药高等学校规划教材

供高专、高职临床医学、护理、涉外护理、助产、药学、中药、卫生保健、口腔、检验、美容、康复、社区医学、眼视光、中西医结合、影像等专业使用

计算机基础与应用

主　编　陈典全　薛洲恩
副主编　崔金梅　倪晓承
编　者　（按姓氏汉语拼音排序）
阿力木江·排孜艾合买提　（新疆维吾尔医学专科学校）
蔡　进　（三峡职业技术学院医学院）
陈典全　（重庆医药高等专科学校）
崔金梅　（山西医科大学汾阳学院）
范胜廷　（曲靖医学高等专科学校）
洪　辉　（商丘医学高等专科学校）
倪晓承　（承德护理职业学院）
薛洲恩　（三峡职业技术学院医学院）
赵　娟　（承德护理职业学院）

科学出版社
北　京

内 容 简 介

本书主要介绍了计算机的基础知识，包括计算机的产生过程，计算机的特点，计算机系统组成，软件与硬件系统中的常用概念，计算机的工作原理及计算机信息系统安全知识。介绍了计算机操作系统的功能，Windows XP的特点及基本操作，计算机的软、硬件资源的管理理念和手段。在常用的办公软件中，重点介绍了字处理软件 Word 2003、数据处理软件电子表格 Excel 2003、电子演示文稿幻灯片 Powerpoint 2003 的功能和操作技巧及应用。并简单介绍了数据库的基础知识，Access 2003 的功能，以便指导学生能用 Access 2003 简单地数据处理。对计算机网络系统的基础知识，局域网络系统，Internet 的基本组成及常用网络设备的功能及用途，计算机网络的工作原理及相关网络协议的功能，局域网中设置共享资源，获取共享资源以及连接 Internet 的主要方式，使用 IE 浏览器访问指定的网站，搜索引擎检索信息，查阅资料，下载文件和电子邮件的基础知识，发电子邮件等作了较为详细地介绍。还对多媒体技术基础作了简单的介绍及计算机技术在医院信息管理系统(HIS)和医学影像存档系统(PACS)的介绍。让学生学了这门课程后，掌握较为完整的计算机应用的基础知识和技能。

本书可供高专、高职医学相关专业的学生作为教材使用，也可供广大计算机爱好者参考。

图书在版编目(CIP)数据

计算机基础与应用 / 陈典全，薛洲恩主编．—北京：科学出版社，2012．3
技能型紧缺人才培养培训教材·全国医药高等学校规划教材
ISBN 978-7-03-033641-5

Ⅰ．计…　Ⅱ．①陈…　②薛…　Ⅲ．电子计算机-高等学校-教材　Ⅳ．TP3

中国版本图书馆 CIP 数据核字(2012)第 029956 号

责任编辑：许贵强　袁　琦 / 责任校对：刘小梅
责任印制：刘士平 / 封面设计：范璧合

科学出版社 出版
北京东黄城根北街 16 号
邮政编码：100717
http://www.sciencep.com
天时彩色印刷有限公司 印刷
科学出版社发行　各地新华书店经销
*
2012 年 3 月第　一　版　　开本：850×1168　1/16
2015 年 1 月第四次印刷　　印张：16 1/2
字数：531 000
定价：49.80 元
(如有印装质量问题，我社负责调换)

前　言

在信息技术飞速发展的大背景下，如何提高学生的计算机应用能力，增强学生利用计算机网络资源优化自身知识结构及技能水平的自觉性，如何将学生由被动学习变为主动学习已成为高素质技能型人才培养过程中的重要命题。为了适应当前高职高专学校教育教学改革的形势，满足高职院校计算机应用基础课程教学的要求，我们组织编写了这本教材。

关于计算机基础的教材，现已有很多，林林总总，各有特色。而我们编写的教材具有应用计算机的基础知识、实用的操作技能，明确的课程教学目标。我们采用任务驱动方式来完成教学目标，努力使学生知道我为什么要学？学了我能干什么？我需要具有哪些计算机的知识和操作技能？让学生怀揣梦想，带着任务，有着强烈的好奇心去学这门课程所讲述的知识和操作技能，试着完成所给任务，享受成功的喜悦！我们强调的是"用"，要"用"所学的文化、思想、方法、知识及技能。所以我们的教材编写模式是：任务，相关知识与技能，实施方案。这是我们编写的本教材的特色。我们对实践性较强的每一章内容，都尽可能地设有一个总任务，把总任务又分成了多个子任务，在每一节中分阶段完成，当本章教学内容完成后，这个总任务也随之完成。这是本教材的亮点。本教材的另一特色是：知识学有所用，内容翔实，可浅可深，结合全国计算机等级考试内容，给予考点提示。同时，配有相关知识的链接，扩大学生知识面，每章有学习目标和小结，以及上机操作训练题、理论习题及参考答案。操作部分有具体详细的操作步骤，附有相应图片，结合课件演示，可操作性强，便于学生自学。本教材还配有课件与实例素材及效果资料，便于教师教学时使用。具有易学易教的特点，它既是一本教科书，又是一本实验教材。

本书编者长期在教学一线从事计算机基础课程教学和教育研究工作。在编写过程中，编者参考了教育部制定的《高职高专计算机公共课程教学基本要求》和《大学计算机教学基本要求》，并将长期积累的教学经验和体会融入到教材的各个部分，采用情景化案例教学的理念设计课程标准并组织全书内容。同时，本书将使学生做到掌握技能与获取合格证书的有机统一。

本教材凝聚了《计算机基础与应用》教材编写组全体同仁的心力和智慧。第 1 章计算机基础知识由曲靖医学高等专科学校范胜廷老师编写，第 2 章中文操作系统 Windows XP 的使用由三峡职业技术学院医学院薛洲恩老师编写，第 3 章 Word 2003 的应用由山西医科大学汾阳学院崔金梅老师编写，第 4 章 Excel 2003 的应用由重庆医药高等专科学校陈典全老师编写，第 5 章 PowerPoint 2003 的应用由承德护理职业学院倪晓承老师编写，第 6 章 Access 2003 基础由三峡职业技术学院医学院蔡进老师编写，第 7 章计算机网络应用由新疆维吾尔医学专科学校阿力木江·排孜艾合买提老师编写，第 8 章多媒体技术基础由商丘医学高等专科学校洪辉老师编写。在此非常感谢大家的共同努力。

编　者

2011 年 10 月

目　　录

第1章 计算机基础知识

学习目标

1. 了解计算机的产生及发展的过程及特点
2. 了解计算机的特点及应用领域
3. 理解计算机系统的构成和工作原理
4. 了解计算机各主要硬件的功能
5. 掌握各进制之间的转换

电子计算机的产生和迅速发展是20世纪科学技术最伟大的成就之一。电子计算机从诞生到现在，已走过了60多年的发展历程，其应用已经深入到了人们生活工作的各个领域，为人类科学技术的进步和文明的发展产生了巨大推动作用。本章主要介绍计算机的产生和发展、计算机中信息的表示、计算机系统的构成及工作原理、微机系统的主要硬件及功能。

1.1 计算机的发展概述

1946年2月，世界上第一台电子计算机ENIAC(electronic numerical internal and calculator)在美国宾夕法尼亚大学诞生，它当时设计的目的是为了美国弹道实验室解决弹道特性的计算问题。ENIAC共用了18000多个电子管、1500多个继电器，重达30吨，占地约170平方米，每小时耗电150千瓦，当时价值30多万美元，计算速度为每秒5000次加减法运算。虽然它无法和现在的计算机相比，但它的产生在当时是一个伟大的创举，具有划时代的意义，开创了计算机新时代的到来。

1.1.1 计算机的发展

计算机从诞生到现在，已走过了60年的发展历程，人们根据计算机所使用的逻辑元件器件，将计算机的发展划分为四个阶段。

1. 第一代计算机(1946～1957年)——电子管计算机 这一时期的计算机全部使用电子管为主要的逻辑元件，其代表机型为ENIAC。主要特征如下：

(1) 全部使用电子管元器件；

(2) 内存开始使用水银延迟线或静电存储器，后来采用磁鼓、磁芯，大小只有几KB，外存储器有纸带、卡片、磁带等；

(3) 程序设计语言有机器语言和汇编语言，没有系统语言；

(4) 体积庞大、耗电量高、可靠性差、维护困难，价格高；

(5) 运算速度慢，每秒钟几千次到几万次；

(6) 主要应用于科学计算方面。

2. 第二代(1958～1964年)——晶体管计算机

第二代计算机采用的主要元件是晶体管，称为晶体管计算机，其代表机型为IBM 700系列，第二代计算机有以下特征：

(1) 采用晶体管元件作为计算机的元器件；

(2) 用磁芯做主存储器，大小有几十KB，外存有磁盘、磁带；

(3) 提出了操作系统的概念，程序设计语言有了较大发展，一些高级语言相继投入使用，如FORTRAN、COBOL等；

(4) 运算速度有了较大的提高，运算速度达到了几十万次；

(5) 计算机应用扩展到了事务处理和过程控制方面。

3. 第三代(1965～1970年)——中小规模集成电路电子计算机 第三代计算机使用中、小规模集成电路代替了晶体管理电子元器件，由于集成电路的发展，可在几平方毫米的单晶硅片上集成几十个到几百个电子元件，使得计算机的体积得到了大大的缩小，其代表机型有IBM System 360系列机，这一时期计算机有如下特征：

(1) 采用中小规模集成电路元件，体积进一步缩小，寿命更长；

(2) 内存开始使用半导体存储器，其容量可以达到兆字节，运算速度加快，每秒可达几百万次，个别的可达到千万次；

(3) 操作系统得到了进一步发展和完善，高级语言数量增多，提出了结构化程序的设计思想；

(4) 高级语言进一步发展，操作系统的出现，使计算机功能更强；

(5) 计算机应用范围扩大到文字处理和辅助设计等领域。

4. 第四代(1971年至今)——大规模集成电路电子计算机 1971年，Intel公司研制出了第一代微处理器,它集成了2250个晶体管组成的电路,这标志着计算机的发展进入到了大规模和超大规模集成电路时代。这一时期的计算机的体积、重量、功耗进一步减少,运算速度、存储容量、可靠性有了大幅度的提高。其主要特征如下:

(1) 采用大规模和超大规模集成电路逻辑元件,体积大大的缩小了,寿命更长;

(2) 这一时期采用集成度更高的半导体做存储器,内存储器得到了更大的发展;

(3) 运算速度加快,每秒可达几百万次到几十亿次;

(4) 操作系统不断完善,系统软件和应用软件获得了巨大的发展;

(5) 计算机系统结构方面发展了分布式计算机、并行处理技术和计算机网络等,这一时期,计算机进入了网络时代,其应用已发展到了社会各个领域。

☞考点:计算机的发展阶段

1.1.2 计算机的特点

1. 运算速度快 计算机能以极快的速度进行运算,目前世界上运算速度最快的计算机是日本研制的超级计算机"京",运算速度为每秒8612万亿次,而普通的微型计算机每秒也可执行几十万条指令,巨型机则达到每秒几十亿次甚至几百亿次。随着计算机技术的发展,计算机的运算速度还在提高。例如天气预报,由于需要分析大量的气象资料数据,单靠手工完成计算是不可能的,而用巨型计算机只需十几分钟就可以完成。

2. 计算精度高 电子计算机的计算精度在理论上不受限制,一般的计算机均能达到15位有效数字,通过一定的技术手段,可以实现任何精度要求。历史上有个著名数学家挈依列,曾经为计算圆周率π,整整花了15年时间,才算到第707位。现在将这件事交给计算机做,几个小时内就可计算到10万位。

3. 具有记忆和逻辑判断能力 计算机中有许多存储单元,用以记忆信息。内部记忆能力,是电子计算机和其他计算工具的一个重要区别。计算机的存储系统由内存和外存组成,具有存储和"记忆"大量信息的能力,现代计算机的内存容量已达到上百兆甚至几千兆,而外存也有惊人的容量。计算机借助于逻辑运算,可以进行逻辑判断,并根据判断结果自动地确定下一步该做什么。如今的计算机不仅具有运算能力,还具有逻辑判断能力,可以使用其进行诸如资料分类、情报检索等具有逻辑加工性质的工作。

4. 具有自动控制能力 计算机运行的过程其实就是在执行程序的过程,计算机能在程序控制下自动连续地高速运算。由于采用存储程序控制的方式,因此一旦输入编制好的程序,启动计算机后,就能自动地执行下去直至完成任务。这是计算机最突出的特点。

5. 可靠性高、通用性强 随着微电子技术和计算机技术的发展,现代电子计算机连续无故障运行时间可达到几十万小时以上,具有极高的可靠性。例如,安装在宇宙飞船上的计算机可以连续几年时间可靠地运行。计算机应用在管理中也具有很高的可靠性,而人却很容易因疲劳而出错。另外,计算机对于不同的问题,只是执行的程序不同,因而具有很强的稳定性和通用性。用同一台计算机能解决各种问题,应用于不同的领域。

☞考点:计算机的特证

1.1.3 计算机的应用

计算机自诞生以来获得了飞跃发展,其应用几乎渗透到人类生产和生活的各个领域,对工业和农业都有极其重要的影响。计算机的应用范围归纳起来主要有以下几个方面。

1. 科学计算 计算机作为一种计算工具,科学计算是它最早的应用领域,也是计算机最重要的应用之一。如高能物理、工程设计、地震预测、气象预报、航天技术等。由于计算机具有高运算速度和精度以及逻辑判断能力,因此出现了计算力学、计算物理、计算化学、生物控制论等新的学科。

2. 数据处理 数据处理又称信息处理,它是指信息的收集、分类、整理、加工、存储等一系列活动的总称。所谓信息是指可被人类感知的声音、图像、文字、符号、语言等。数据处理还可以在计算机上加工那些非科技工程方面的计算,管理和操纵任何形式的数据资料。其特点是要处理的原始数据量大,而运算比较简单,有大量的逻辑与判断运算。

3. 计算机辅助系统 计算机辅助系统主要包括计算机辅助设计,计算机辅助制造和计算机辅助教学等。

(1) 计算机辅助设计(computer aided design,CAD)是指使用计算机的计算、逻辑判断等功能,帮助人们进行产品和工程设计。它能使设计过程自动化,设计合理化、科学化、标准化,大大缩短设计周期,以增强产品在市场上的竞争力。CAD技术已广泛应用于建筑工程设计、服装设计、机械制造设计、船舶设计等行业。使用CAD技术可以提高设计质量,缩短设计周期,提高设计自动化水平。

(2) 计算机辅助制造(computer aided manufacturing,CAM)是指利用计算机通过各种数值控制生产设备，完成产品的加工、装配、检测、包装等生产过程的技术。将 CAD 进一步集成形成了计算机集成制造系统 CIMS，从而实现设计生产自动化。利用 CAM 可提高产品质量，降低成本和降低劳动强度。

（3）计算机辅助教学（computer aided instruction，CAI）是指将教学内容、教学方法以及学生的学习情况等存储在计算机中，帮助学生轻松地学习所需要的知识。它在现代教育技术中起着相当重要的作用。

4. 过程控制　利用计算机对工业生产过程中的某些信号自动进行检测，并把检测到的数据存入计算机，再根据需要对这些数据进行处理，这样的系统称为计算机检测系统。特别是仪器仪表引进计算机技术后所构成的智能化仪器仪表，将工业自动化推向了一个更高的水平。

5. 人工智能　人工智能（artificial intelligence，AI）是用计算机模拟人类的智能活动，如判断、理解、学习、图像识别、问题求解等。它涉及计算机科学、信息论、仿生学、神经学和心理学等诸多学科。在人工智能中，最具代表性、应用最成功的两个领域是专家系统和机器人。

计算机专家系统是一个具有大量专门知识的计算机程序系统。它总结了某个领域的专家知识构建了知识库。根据这些知识，系统可以对输入的原始数据进行推理，做出判断和决策，以回答用户的咨询，这是人工智能的一个成功的例子。

机器人是人工智能技术的另一个重要应用。目前，世界上有许多机器人工作在各种恶劣环境，如高温、高辐射、剧毒等。机器人的应用前景非常广阔。现在有很多国家正在研制机器人。

6. 计算机网络　把计算机的超级处理能力与通信技术结合起来就形成了计算机网络。人们熟悉的全球信息查询、邮件传送、电子商务等都是依靠计算机网络来实现的。计算机网络已进入到了千家万户，给人们的生活带来了极大的方便。

7. 云计算　云计算（cloud computing）是基于互联网的相关服务的增加、使用和交付模式，通常涉及通过互联网来提供动态易扩展且经常是虚拟化的资源。云是网络、互联网的一种比喻说法。过去在图中往往用云来表示电信网，后来也用来表示互联网和底层基础设施的抽象。狭义云计算指 IT 基础设施的交付和使用模式，指通过网络以按需、易扩展的方式获得所需资源；广义云计算指服务的交付和使用模式，指通过网络以按需、易扩展的方式获得所需服务。这种服务可以是 IT 和软件、互联网相关，也可是其他服务。它意味着计算能力也可作为一种商品通过互联网进行流通。

☞考点：计算机的主要应用领域

1.1.4　电子计算机的分类

一般情况下，电子计算机有多种分类方法，但在根据不同的分类标准有不同的分类方法。

1. 按原理分类　按原理可分为数字计算机、模拟计算机和混合式计算机三大类。

2. 按用途分类　按用途可分为通用计算机和专用计算机。

通用计算机具有功能强、兼容性强、应用面广、操作方便等优点，通常使用的计算机都是通用计算机。

专用计算机一般功能单一，操作复杂，用于完成特定的工作任务。

3. 按微处理器性能、运算速度等分类　按微处理器性能、运算速度等可分为巨型机、大型机、中型机、小型机、微型机和工作站。

（1）巨型机。巨型机又称作超级计算机，研究巨型机是现代科学技术，尤其是国防尖端技术发展的需要。巨型机的特点是运算速度快、存储容量大。目前世界上只有少数几个国家能生产巨型机。我国自主研发的“银河”系列机、“天河一号”等都是巨型机。主要用于核武器、空间技术、大范围天气预报、石油勘探等领域。

（2）大型机。大型机的特点表现在通用性强、具有很强的综合处理能力、性能覆盖面广等，主要应用在公司、银行、政府部门、社会管理机构和制造厂家等，通常人们称大型机为企业计算机。大型机在未来将被赋予更多的使命，如大型事务处理、企业内部的信息管理与安全保护、科学计算等。

（3）中型机。中型机是介于大型机和小型机之间的一种机型。

（4）小型机。小型机规模小，结构简单，设计周期短，便于及时采用先进工艺。这类机器由于可靠性高，对运行环境要求低，易于操作且便于维护。小型机符合部门性的要求，为中小型企事业单位所常用。具有规模较小、成本低、维护方便等优点。

（5）微型机。微型机又称个人计算机（personal computer，PC），它是日常生活中使用最多、最普遍的计算机，具有价格低廉、性能强、体积小、功耗低等特点。现在微型计算机已进入到了千家万户，成为人们工作、生活的重要工具。

（6）工作站。工作站是一种高档微机系统。它具有较高的运算速度，具有大小型机的多任务、多用户功能，且兼具微型机的操作便利和良好的人机界面。它可以连接到多种输入/输出设备。它具有易于联网、处理功能强等特点。其应用领域也已从最初的计算机辅助设计扩展到商业、金融、办公领域，并充当网络服务器的角色。

☞考点：计算机的类型

1.1.5 电子计算机的发展趋势

未来计算机的发展将趋向超高速、超小型、并行处理和智能化。未来量子、光子和分子计算机将具有感知、思考、判断、学习以及一定的自然语言能力，使计算机进入人工智能时代。这种新型计算机将推动新一轮计算技术革命，对人类社会的发展产生深远的影响。未来计算机的发展趋势主要表现在以下几方面。

(1) 巨型化。巨型化是指计算机的运算速度更高、存储容量更大、功能更强。目前正在研制的巨型计算机其运算速度可达每秒百亿次。

(2) 微型化。微型计算机已进入仪器、仪表、家用电器等小型仪器设备中，同时也作为工业控制过程的心脏，使仪器设备实现“智能化”。随着微电子技术的进一步发展，笔记本型、掌上型等微型计算机必将以更优的性能价格比受到人们的欢迎。

(3) 网络化。随着计算机应用的深入，特别是家用计算机越来越普及，一方面希望众多用户能共享信息资源，另一方面也希望各计算机之间能互相传递信息进行通信。

计算机网络是现代通信技术与计算机技术相结合的产物。计算机网络已在现代企业的管理中发挥着越来越重要的作用，如银行系统、商业系统、交通运输系统等。

(4) 智能化。计算机人工智能的研究是建立在现代科学基础之上。智能化是计算机发展的一个重要方向，新一代计算机，将可以模拟人的感觉行为和思维过程的机理，进行“看”、“听”、“说”、“想”、“做”，具有逻辑推理、学习与证明的能力。

1.2 计算机中信息的表示

人类用文字、图表、数字表达和记录着世界上各种各样的信息，便于人们用来处理和交流。现在可以把这些信息都输入到计算机中，由计算机来保存和处理。前面提到，当代冯·诺依曼型计算机都使用二进制来表示数据，本节所要讨论的就是用二进制来表示这些数据。

1.2.1 二进制数及运算

1. 计算机中的数据 数据是指能够输入计算机并被计算机处理的数字、字母和符号的集合。平常所看到的景象和听到的事实，都可以用数据来描述。可以说，只要计算机能够接受的信息都可叫数据。

(1) 计算机中数据的单位：计算机数据的表示经常用到以下几个概念。在计算机内部，数据都是以二进制的形式存储和运算的。

1) 位：二进制数据中的一个位(bit)简写为 b，音译为比特，是计算机存储数据的最小单位。一个二进制位只能表示 0 或 1 两种状态，要表示更多的信息，就要把多个位组合成一个整体，一般以 8 位二进制组成一个基本单位，即我们常说的“字节”。

2) 字节：字节是计算机数据处理的最基本单位，并主要以字节为单位解释信息。字节(byte)简记为 B，规定一个字节为 8 位，即 1B＝8bit。每个字节由 8 个二进制位组成。一般情况下，一个 ASCII 码占用一个字节，一个汉字国际码占用两个字节。

3) 字：一个字通常由一个或若干个字节组成。字(word)是计算机进行数据处理时，一次存取、加工和传送的数据长度。由于字长是计算机一次所能处理信息的实际位数，所以，它决定了计算机数据处理的速度，是衡量计算机性能的一个重要指标，字长越长，性能越好。

数据的换算关系：1B＝8bit，1KB＝1024B，1MB＝1024KB，1GB＝1024MB，1TB＝1024GB，1PB＝1024TB，1EB＝1024PB，1ZB＝1024EB，1YB＝1024ZB。

☞考点：数据的存储单位

计算机型号不同，其字长是不同的，常用的字长有 8 位、16 位、32 位和 64 位。一般情况下，IBM PC/XT 的字长为 8 位，80286 微机字长为 16 位，80386/80486 微机字长为 32 位，Pentium 系列微机字长为 64 位。

例如，一台微机，内存为 512MB，软盘容量为 1.44MB，硬盘容量为 80GB，则它实际的存储字节数分别为：

内存容量＝512×1024×1024B＝536 870 912B

软盘容量＝1.44×1024×1024B＝1 509 949.44B

硬盘容量＝80×1024×1024×1024B
＝85 899 345 920B

如何表示正负和大小，在计算机中采用什么计数制，是学习计算机的一个重要问题。数据是计算机处理的对象，在计算机内部，各种信息都必须通过数字化编码后才能进行存储和处理。计算机内部一律采用二进制，而人们在编程中经常使用十进制，有时为了方便还采用八进制和十六进制。

(2) 进位计数制：在计算机中，二进制并不符合人们的习惯，但是计算机内部却采用二进制表示信息，其主要原因有如下 4 点。

1) 电路简单。在计算机中，若采用十进制，则要求处理 10 种电路状态，相对于两种状态的电路来说，是很复杂的。而用二进制表示，则逻辑电路的通、断只有两个状态。例如：开关的接通与断开，电平的高与低等。这两种状态正好用二进制的0和1来表示。

2）工作可靠。在计算机中，用两个状态代表两个数据，数字传输和处理方便、简单、不容易出错，因而电路更加可靠。

3）简化运算。在计算机中，二进制运算法则很简单。例如：相加减的速度快，求积规则有3个，求和规则也只有3个。

4）逻辑性强。二进制只有两个数码，正好代表逻辑代数中的“真”与“假”，而计算机工作原理是建立在逻辑运算基础上的，逻辑代数是逻辑运算的理论依据。用二进制计算具有很强的逻辑性。

2. 二进制数的运算　二进制数的运算包括算术运算和逻辑运算。

(1) 二进制数的算术运算：二进制数的算术运算包括加法、减法、乘法和除法运算。

1）二进制数的加法运算：二进制数的加法运算法则是：0＋0＝0，0＋1＝1＋0＝1，1＋1＝10（逢二进一）。

从以上加法的过程可知，当两个二进制数相加时，每一位是3个数相加，对本位则是把被加数、加数和来自低位的进位相加（进位可能是0，也可能是1）。

2）二进制数的减法运算：二进制数的减法运算法则是：0－0＝1－1＝0，1－0＝1，10－1＝1（借一当二）。

从以上运算过程可知，当两数相减时，有的位会发生不够减的情况，要向相邻的高位借一当二。所以，在做减法时，除了每位相减外，还要考虑借位情况，实际上每位有3个数参加运算。

3）二进制数的乘法运算：二进制数的乘法运算法则是：0×0＝0，0×1＝1×0＝0，1×1＝1。

由以上运算过程可知，当两数相乘时，每个部分积都取决于乘数。乘数的相应位为1时，该次的部分积等于被乘数；为0时，部分积为0。每次的部分积依次左移一位，将各部分积累起来，就得到了最终结果。

4）二进制数的除法运算：二进制数除法运算规则是：0÷1＝0，（1÷0与0÷0无意义），1÷1＝1。

在计算机内部，二进制的加法是基本运算，利用加法可以实现二进制数的减法、乘法和除法运算。在计算机的运算过程中，应用了“补码”进行运算。

(2) 二进制数的逻辑运算：在计算机中，除了能表示正负、大小的“数量数”以及相应的加、减、乘、除等基本算术运算外，还能表示事物逻辑判断，即“真”、“假”、“是”、“非”等“逻辑数”的运算。能表示这种数的变量称为逻辑变量。在逻辑运算中，都是用“1”或“0”来表示“真”或“假”，由此可见，逻辑运算是以二进制数为基础的。

计算机的逻辑运算区别于算术运算的主要特点是：逻辑运算是按位进行的，位与位之间不像加减运算那么有进位或借位的关系。

逻辑运算主要包括的运算有：逻辑加法（又称“或”运算）、逻辑乘法（又称“与”运算）和逻辑“非”运算。此外，还有“异或”运算。

1）逻辑与运算（乘法运算）。逻辑与运算常用符号“×”或“∧”或“&”来表示。如果A、B、C为逻辑变量，则A和B的逻辑与可表示成A×B＝C、A∧B＝C或A&B＝C，读作“A与B等于C”。一位二进制数的逻辑与运算规则如表1-1所示。

表1-1　与运算规则

A	B	A∧B(C)
0	0	0
0	1	0
1	0	0
1	1	1

由表1-1可知，逻辑与运算表示只有当参与运算的逻辑变量都取值为1时，其逻辑乘积才等于1，即一假必假，两真才真。

这种逻辑与运算在实际生活中有许多应用，例如，计算机的电源要想接通，必须把实验室的电源总闸、USP电源开关以及计算机机箱的电源开关都接通才行。这些开关是串在一起的，它们按照“与”逻辑接通。为了书写方便，逻辑与运算的符号可以略去不写（在不致混淆的情况下），即A×B＝A∧B＝AB。

2）逻辑或运算（加法运算）。逻辑或运算通常用符号“＋”或“∨”来表示。如果A、B、C为逻辑变量，则A和B的逻辑或可表示成A＋B＝C或A∨B＝C，读作“A或B等于C”。其运算规则如表1-2所示。

表1-2　或运算规则

A	B	A∨B(C)
0	0	0
0	1	1
1	0	1
1	1	1

由表1-2可知，逻辑或运算是：在给定的逻辑变量中，A或B只要有一个为1，其逻辑或的值为1；只有当两者都为0，逻辑或才为0。即一真必真，两假才假。

这种逻辑或运算在实际生活中有许多应用，例如，房间里有一盏灯，装了两个开关，这两个开关是并联的。显然，任何一个开关接通或两个开关同时接通，电灯都会亮。

(3) 逻辑非运算(逻辑否定、逻辑求反)。设A为逻辑变量，则A的逻辑非运算记作$\overline{A}$。逻辑非运算的规则为：如果不是0，则唯一的可能性就是1；反之亦然。逻辑非运算的真值表如表1-3所示。

表1-3 非运算规则

A	$\overline{A}$
0	1
1	0

例如，室内的电灯，不是亮，就是灭，只有两种可能性。

(4) 逻辑异或运算(半加运算)：逻辑异或运算符为“⊕”。如果A、B、C为逻辑变量，则A和B的逻辑异或可表示成A⊕B=C，读作“A异或B等于C”。逻辑异或的运算规则如表1-4所示。

表1-4 逻辑异或的运算规则

A	B	A⊕B(C)
0	0	0
0	1	1
1	0	1
1	1	0

由表1-4可知，在给定的两个逻辑变量中，只有两个逻辑变量取值相同，异或运算的结果就为0；只有相异时，结果才为1。即一样时为0，不一样才为1。

当两个变量之间进行逻辑运算时，只在对应位之间按上述规律进行逻辑运算，不同位之间没有任何关系，当然，也就不存在算术运算中的进位或借位问题。

1.2.2 常用计数制之间的转换

不同数进制之间进行转换应遵循转换原则。转换原则是：两个有理数如果相等，则有理数的整数部分和分数部分一定分别相等。也就是说，若转换前两数相等，转换后仍必须相等，数制的转换要遵循一定的规律。

1. 计算机中常用的几种计数制 用若干数位(由数码表示)的组合去表示一个数，各个数位之间是什么关系，即逢“几”进位，这就是进位计数制的问题。也就是数制问题。数制，即进位计数制，是人们利用数字符号按进位原则进行数据大小计算的方法。通常是以十进制来进行计算的。另外，还有二进制、八进制和十六进制等。

在计算机的数制中，要掌握3个概念，即数码、基数和位权。下面简单地介绍这3个概念。

数码：一个数制中表示基本数值大小的不同数字符号。例如，八进制有8个数码：0、1、2、3、4、5、6、7。

基数：一个数值所使用数码的个数。例如，八进制的基数为8，二进制的基数为2。

位权：一个数值中某一位上的1所表示数值的大小。例如，八进制的123，1的位权是64，2的位权是8，3的位权是1。

(1) 十进制(decimal notation)

十进制的特点如下：

1) 有10个数码，即0、1、2、3、4、5、6、7、8、9。

2) 基数10。

3) 逢十进一(加法运算)，借一当十(减法运算)。

4) 按权展开式。对于任意一个n位整数和m位小数的十进制数D，均可按权展开为

$$D=D_{n-1}\cdot 10^{n-1}+D_{n-2}\cdot 10^{n-2}+\cdots+D_1\cdot 10^1+D_0\cdot 10^0+D_{-1}\cdot 10^{-1}+\cdots+D_{-m}\cdot 10^{-m}$$

例：将十进制数456.24写成按权展开式形式为

$$456.24=4\times 10^2+5\times 10^1+6\times 10^0+2\times 10^{-1}+4\times 10^{-2}$$

(2) 二进制(binary notation)

二进制有如下特点：

1) 有两个数码，即0、1。

2) 基数2。

3) 逢二进一(加法运算)，借一当二(减法运算)。

4) 按权展开式。对于任意一个n位整数和m位小数的二进制数D，均可按权展开为

$$D=B_{n-1}\cdot 2^{n-1}+B_{n-2}\cdot 2^{n-2}+\cdots+B_1\cdot 2^1+B_0\cdot 2^0+B_{-1}\cdot 2^1+\cdots+B_m\cdot 2^{-m}$$

例：把(11001.101)2写成展开式，它表示的十进制数为

$$1\times 2^4+1\times 2^3+0\times 2^2+0\times 2^1+1\times 2^0+1\times 2^{-1}+0\times 2^{-2}+1\times 2^{-3}=(25.625)$$

☞考点：二进制数、整数、小数的表示

(3) 八进制(octal notation)

八进制的特点如下：

1) 有8个数码，即0、1、2、3、4、5、6、7。

2) 基数8。

3) 逢八进一(加法运算)，借一当八(减法运算)。

4) 按权展开式。对于任意一个n位整数和m位小数的八进制数D，均可按权展开为

$$D=O_{n-1}\cdot 8^{n-1}+\cdots+O_1\cdot 8^1+O_0\cdot 8^0+O_{-1}\cdot 8^1+\cdots+O_m\cdot 8^{-m}$$

例：$(5346)_8$相当于十进制数为：

$5\times8^3+3\times8^2+4\times8^1+6\times8^0=(2790)_{10}$

(4) 十六进制(hexadecimal notation)

十六进制有如下特点：

1) 有 16 个数码，即 0、1、2、3、4、5、6、7、8、9、A、B、C、D、E、F。

2) 基数 16。

3) 逢十六进一(加法运算)，借一当十六(减法运算)。

4) 按权展开式。对于任意一个 n 位整数和 m 位小数的十六进制数 D，均可按权展开为

$D=H_{n-1}\cdot16^{n-1}+\cdots+H_1\cdot16^1+H_0\cdot16^0+H_{-1}\cdot16^1+\cdots+H_m\cdot16^{-m}$

在 16 个数码中，A、B、C、D、E 和 F 这 6 个数码分别代表十进制的 10、11、12、13、14 和 15，这是国际上通用的表示法。

例：十六进制数(4C4D)16 代表的十进制数为

$4\times16^3+C\times16^2+4\times16^1+D\times16^0=(19533)_{10}$

二进制数与其他数之间的对应关系如表 1-5 所示。

表 1-5　几种常用进制之间的对照关系

十进制	二进制	八进制	十六进制
0	0000	0	0
1	0001	1	1
2	0010	2	2
3	0011	3	3
4	0100	4	4
5	0101	5	5
6	0110	6	6
7	0111	7	7
8	1000	10	8
9	1001	11	9
10	1010	12	A
11	1011	13	B
12	1100	14	C
13	1101	15	D
14	1110	16	E
15	1111	17	F

2. 常用进制之间的转换

(1) 二、八、十六进制数转换为十进制数

1) 二进制数转换成十进制数。将二进制数转换成十进制数，只要将二进制数用计数制通用形式表示出来，计算出结果，便得到相应的十进制数。

例：$(1101100.111)_2=1\times2^6+1\times2^5+1\times2^3+1\times2^2+1\times2^{-1}+1\times2^{-2}+1\times2^{-3}$

$=64+32+8+4+0.5+0.25+0.125$

$=(108.875)_{10}$

2) 八进制数转换为十进制数。八进制数→十进制数：以 8 为基数按权展开并相加。

例：把$(652.34)_8$转换成十进制。

解：$(652.34)_8=6\times8^2+5\times8^1+2\times8^0+3\times8^{-1}+4\times8^{-2}$

$=384+40+2+0.375+0.0625$

$=(426.4375)_{10}$

3) 十六进制数转换为十进制数。十六进制数→十进制数：以 16 为基数按权展开并相加。

例：将$(19BC.8)_{16}$转换成十进制数。

解：$(19BC.8)_{16}=1\times16^3+9\times16^2+B\times16^1+C\times16^0+8\times16^{-1}$

$=4096+2304+176+12+0.5$

$=(6588.5)_{10}$

(2) 十进制转换为二进制数

1) 整数部分的转换。整数部分的转换采用的是除 2 取余法。其转换原则是：将该十进制数除以 2，得到一个商和余数(K_0)，再将商除以 2，又得到一个新商和余数(K_1)，如此反复，得到的商是 0 时得到余数(K_{n-1})，然后将所得到的各位余数，以最后余数为最高位，最初余数为最低位依次排列，即 $K_{n-1}K_{n-2}\cdots K_1K_0$，这就是该十进制数对应的二进制数。这种方法又称为“倒序法”。

例：将$(126)_{10}$转换成二进制数。

```
2 | 126  …………余 0 (K0)   低
2 | 63   …………余 1 (K1)   ↑
2 | 31   …………余 1 (K2)
2 | 15   …………余 1 (K3)
2 | 7    …………余 1 (K4)
2 | 3    …………余 1 (K5)
2 | 1    …………余 1 (K6)   高
    0
```

结果为$(126)_{10}=(1111110)_2$

2) 小数部分的转换：小数部分的转换采用乘 2 取整法。其转换原则是：将十进制数的小数乘以 2，将乘积中的整数部分放到算式右侧作为相应二进制数小数点后的第 1 位 K_{-1}，再将余下的纯小数乘以 2 所得乘积的整数部分放到算式右侧作为相应二进制数小数点后的第 2 位 K_{-2}，这样反复乘以 2，逐次得到 K_{-3}、$K_{-4}\cdots K_{-m}$，直到乘积的小数部分为 0 或 1 的位数达到精确度要求为止。然后把每次乘积的整数部分由上而下依次排列起来($K_{-1}K_{-2}\cdots K_{-m}$)，即是所求的二进制数。这种方法又称为“顺序法”。

例:将十进制数$(0.534)_{10}$转换成相应的二进制数。

```
  0.534
×    2
  1.068 ………………………… 1  (K-1)  高
×    2                              │
  0.136 ………………………… 0  (K-2)     │
×    2                              │
  0.272 ………………………… 0  (K-3)     │
×    2                              │
  0.544 ………………………… 0  (K-4)     │
×    2                              ↓
  1.088 ………………………… 1  (K-5)  低
```

结果为$(0.534)_{10}=(0.10001)_2$

例:将$(50.25)_{10}$转换成二进制数。

分析:对于这种既有整数又有小数部分的十进制数,可将其整数和小数分别转换成二进制数,然后再把两者连接起来即可。

因为$(50)_{10}=(110010)_2$,(0.25)10=$(0.01)_2$,所以$(50.25)_{10}=(110010.01)_2$。

(3) 八进制与二进制数之间的转换

1) 八进制转换为二进制数。八进制数转换成二进制数所使用的转换原则是"一位拆三位",即把一位八进制数对应于三位二进制数,然后按顺序连接即可。

例:将$(64.54)_8$转换为二进制数。

```
 6    4    .    5    4
 ↓    ↓    ↓    ↓    ↓
110  100   .   101  100
```

结果为$(64.54)_8=(110100.101100)_2$

2) 二进制数转换成八进制数。二进制数转换成八进制数可概括为"三位并一位",即从小数点开始向左右两边以每三位为一组,不足三位时补0,然后每组改成等值的一位八进制数即可。

例:将$(110111.11011)_2$转换成八进制数。

```
110  111   .   110  110
 ↓    ↓    ↓    ↓    ↓
 6    7    .    6    6
```

结果为$(110111.11011)_2=(67.66)_8$

(4) 二进制数与十六进制数的相互转换

1) 二进制数转换成十六进制数。二进制数转换成十六进制数的转换原则是"四位并一位",即以小数点为界,整数部分从右向左每4位为一组,若最后一组不足4位,则在最高位前面添0补足4位,然后从左边第一组起,将每组中的二进制数按权数相加得到对应的十六进制数,并依次写出即可;小数部分从左向右每4位为一组,最后一组不足4位时,尾部用0补足4位,然后按顺序写出每组二进制数对应的十六进制数。

例:将$(1111101100.0001101)_2$转换成十六进制数。

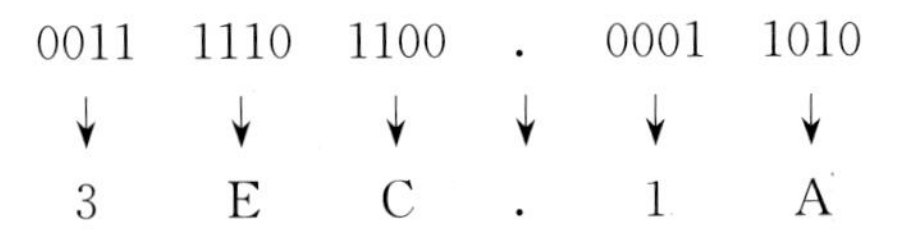

结果为$(1111101100.0001101)_2=(3EC.1A)_{16}$

2) 十六进制数转换成二进制数。十六进制数转换成二进制数的转换原则是"一位拆四位",即把1位十六进制数写成对应的4位二进制数,然后按顺序连接即可。

例:将(C41.BA7)16转换为二进制数。

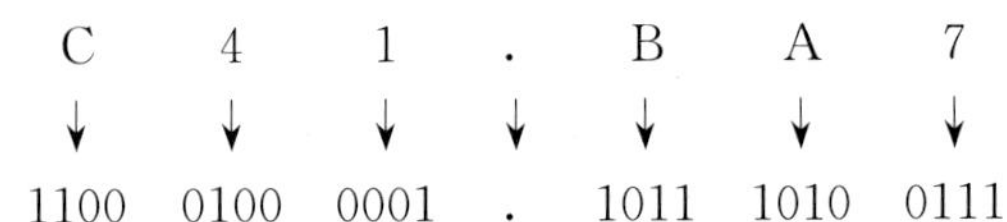

结果为$(C41.BA7)_{16}=(110001000001.101110100111)_2$

在程序设计中,为了区分不同进制,常在数字后加一英文字母作为后缀以示区别。

十进制数,在数字后面加字母D或不加字母也可以,如6659D或6659。

二进制数,在数字后面加字母B,如1101101B。

八进制数,在数字后面加字母O,如1275O。

十六进制数,在数字后面加字母H,如CFE7BH。

☞考点:二、十、八、十六制数间的相互转换

1.2.3 计算机中数据的表示

1. 机器数和真值 在计算机中,使用的二进制只有0和1两种值。一个数在计算机中的表示形式,称为机器数。机器数所对应的原来的数值称为真值,由于采用二进制必须把符号数字化,通常是用机器数的最高位作为符号位,仅用来表示数符。若该位为0,则表示正数;若该位为1,则表示负数。机器数也有不同的表示法,常用的有3种:原码、补码和反码。

机器数的表示法:用机器数的最高位代表符号(若为0,则代表正数;若为1,则代表负数),其数值位为真值的绝对值。假设用8位二进制数表示一个数,如图1-1所示。

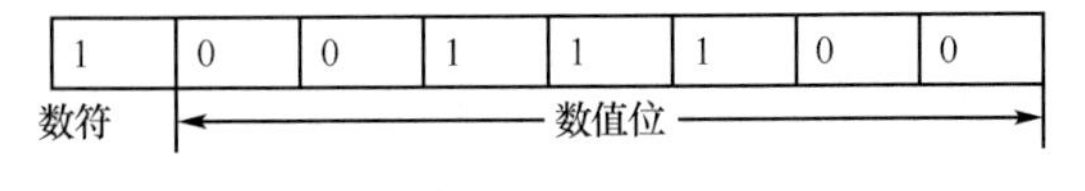

图1-1 用8位二进制表示一位数

在数的表示中,机器数与真值的区别是:真值带符号如-0011100,机器数不带数符,最高位为符号位,如10011100,其中最高位1代表符号位。

例如,真值数为-0111001,其对应的机器数为10111001,其中最高位为1,表示该数为负数。

定点数:小数点位置固定的数,通过约定特定情况下小数点的特定出现位置来表示纯小数(定点小数)或纯整数(定点整数)。

浮点数表示：小数点的位置不固定，由阶码定。用来表示实数。

规定将浮点数写成规格化的形式，即尾数的绝对值大于等于0.1并且小于1，从而唯一地规定了小数点的位置。

N＝ 数符×尾数×$2^{阶符×阶码}$，尾数的位数决定数的精度，阶码的位数决定数的范围 。尾数与阶码都用定点数表示。

☞考点：计算机中数的表示

2. 原码、反码、补码的表示　在计算机中，符号位和数值位都是用0和1表示，在对机器数进行处理时，必须考虑到符号位的处理，这种考虑的方法就是对符号和数值的编码方法。常见的编码方法有原码、反码和补码3种方法。下面分别讨论这3种方法的使用。

(1) 原码的表示

一个数X的原码表示为：符号位用0表示正，用1表示负；数值部分为X的绝对值的二进制形式。记X的原码表示为[X]原。

例如，当X＝＋1100001时，则[X]原＝01100001。

当X＝－1110101时，则[X]原＝11110101。

在原码中，0有两种表示方式：

当X＝＋0000000时，[X]原＝00000000。

当X＝－0000000时，[X]原＝10000000。

(2) 反码的表示

一个数X的反码表示方法为：若X为正数，则其反码和原码相同；若X为负数，在原码的基础上，符号位保持不变，数值位各位取反。记X的反码表示为[X]反。

例如，当X＝＋1100001时，则[X]原＝01100001，[X]反＝01100001。

当X＝－1100001时，则[X]原＝11100001，[X]反＝10011110。

在反码表示中，0也有两种表示形式：

当X＝＋0时，则[X]反＝00000000。

当X＝－0时，则[X]反＝11111111。

(3) 补码的表示

一个数X的补码表示方式为：当X为正数时，则X的补码与X的原码相同；当X为负数时，则X的补码表示：先写出与该负数相对应的正数(|X|)的补码，然后将含符号位的所有位按位求反(0变1，1变0)，最后在末位加1。记X的补码表示为[X] 补。

若X为负数，[X] 补的符号位与原码相同；若X＝0，[－0] 补的符号位与原码相反为0。

[＋0]补＝[－0]补＝00000000，既0在补码表示中是唯一的。

例如，当X＝＋1110001，[X]原＝01110001，[X]补＝01110001。

当X＝－1110001，[X]原＝11110001，[X]补＝10001111。

3. BCD码　在计算机中，用户和计算机的输入和输出之间要进行十进制和二进制的转换，这项工作由计算机本身完成。在计算机中采用了输入/输出转换的二～十进制编码，即BCD码。

在二～十进制的转换中，采用4位二进制表示1位十进制的编码方法。最常用的是8421BCD码。“8421”的含义是指用4位二进制数从左到右每位对应的权是8、4、2、1。BCD码和十进制之间的对应关系如表1-6所示。

表1-6　BCD码和十进制数的对照表

十进制数	0	1	2	3	4	5	6	7	8	9
BCD码	0000	0001	0010	0011	0100	0101	0110	0111	1000	1001

1.2.4　非数值数据的表示

计算机中使用的数据有数值型数据和非数值型数据两大类。数值数据用于表示数量意义；非数值数据又称为符号数据，包括字母和符号等。计算机除处理数值信息外，大量处理的是字符信息。例如，将用高级语言编写的程序输入到计算机时，人与计算机通信时所用的语言就不再是一种纯数字语言而是字符语言。由于计算机中只能存储二进制数，这就需要对字符进行编码，建立字符数据与二进制串之间的对应关系，以便于计算机识别、存储和处理。这里介绍两种符号数据的表示。

1. 字符数据的表示　计算机中用得最多的符号数据是字符，它是用户和计算机之间的桥梁。用户使用计算机的输入设备，输入键盘上的字符键向计算机内输入命令和数据，计算机把处理后的结果也以字符的形式输出到屏幕或打印机等输出设备上。对于字符的编码方案有很多种，但使用最广泛的是ASCII码(American standard code for information interchange)。ASCII码开始时是美国国家信息交换标准字符码，后来被采纳为一种国际通用的信息交换标准代码。

ASCII码由0～9这10个数符，52个大、小写英文字母，32个符号及34个计算机通用控制符组成，共有128个元素。因为ASCII码总共为128个元素，故用二进制编码表示需用7位。任意一个元素由7位二进制数表示，从0000000到1111111共有128种编码，可用来表示128个不同的字符。ASCII码表的查表方式是：先查列(高三位)，后查行(低四位)，然后按从左到右的书写顺序完成，如B的ASCII码为1000010。在ASCII码进行存放时，由于它的编码是7位，因1个字节(8位)是计算机中常用单位，故仍以1字节来存放1个ASCII字符，每个字节中多余的最高位取0。如表1-7所示为7位ASCII字符编码表。

表 1-7 ASCII 字符编码表

d6d5d4 / d3d2d1d0	000	001	010	011	100	101	110	111
0000	NUL	DEL	SP	0	@	P	、	P
0001	SOH	DC1	!	1	A	Q	a	q
0010	STX	DC2	”	2	B	R	b	r
0011	EXT	DC3	#	3	C	S	c	s
0100	EOT	DC4	$	4	D	T	d	t
0101	ENQ	NAK	%	5	E	U	e	u
0110	ACK	SYN	&	6	F	V	f	v
0111	BEL	ETB	,	7	G	W	g	w
1000	BS	CAN	(	8	H	X	h	x
1001	HT	EM	)	9	I	Y	i	y
1010	LF	SUB	*	:	J	Z	j	z
1011	VT	ESC	+	;	K	[	k	{
1100	FF	FS	,	<	L	\	l	
1101	CR	GS	—	=	M	]	m	}
1110	SD	RS	.	>	N	∧	n	～
1111	SI	US	/	?	O	_	o	DEL

由表 1-7 可知，ASCII 码字符可分为两大类：

(1) 打印字符，即从键盘输入并显示的 95 个字符，如大小写英文字母各 26 个，数字 0～9 这 10 个数字字符的高 3 位编码(D6D5D4)为 011，低 4 位为 0000～1001。当去掉高 3 位时，低 4 位正好是二进制形式的 0～9。

(2) 不可打印字符，共 33 个，其编码值为 0～31(0000000～0011111)和(1111111)，不对应任何可印刷字符。不可打印字符通常为控制符，用于计算机通信中的通信控制或对设备的功能控制。如编码值为 127(1111111)，是删除控制 DEL 码，它用于删除光标之后的字符。

ASCII 码字符的码值可用 7 位二进制代码或 2 位十六进制来表示。例如字母 D 的 ASCII 码值为(1000100)2 或 44H，数字 4 的码值为(0110100)2 或 34H 等。

☞考点：ASCII 码

2. 汉字的存储与编码 英语文字是拼音文字，所有文字均由 26 个字母拼组而成，所以使用一个字节表示一个字符足够了。但汉字是象形文字，汉字的计算机处理技术比英文字符复杂得多，一般用两个字节表示一个汉字。由于汉字有 1 万多个，常用的也有 6000 多个，所以编码采用两字节的低 7 位共 14 个二进制位来表示。一般汉字的编码方案要解决 4 种编码问题。

(1) 汉字交换码：汉字交换码主要是用作汉字信息交换的。以国家标准局 1980 年颁布的《信息交换用汉字编码字符集基本集》(GB2312－80)规定的汉字交换码作为国家标准汉字编码，简称国标码。

国标 GB 2312－80 规定，所有的国际汉字和符号组成一个 94×94 的矩阵。在该矩阵中，每一行称为一个“区”，每一列称为一个“位”，这样就形成了 94 个区号(01～94)和 94 个位号(01～94)的汉字字符集。国标码中有 6763 个汉字和 628 个其他基本图形字符，共计 7445 个字符。其中规定一级汉字 3755 个，二级汉字 3008 个，图形符号 682 个。一个汉字所在的区号与位号简单地组合在一起就构成了该汉字的“区位码”。在汉字区位码中，高两位为区号，低两位为位号。因此，区位码与汉字或图形符号之间是一一对应的。一个汉字由两个字节代码表示。

(2) 汉字机内码：汉字机内码又称内码或汉字存储码。该编码的作用是统一了各种不同的汉字输入码在计算机内的表示。汉字机内码是计算机内部存储、处理的代码。计算机既要处理汉字，又要处理英文，所以必须能区别汉字字符和英文字符。英文字符的机内码是最高位为 0 的 8 位 ASCII 码。为了区分，把国标码每个字节的最高位由 0 改为 1，其余位不变的编码作为汉字字符的机内码。

一个汉字用两个字节的内码表示，计算机显示一个汉字的过程首先是根据其内码找到该汉字字库中的地址，然后将该汉字的点阵字型在屏幕上输出。

汉字的输入码是多种多样的，同一个汉字如果采用的编码方案不同，则输入码就有可能不一样，但汉字的机内码是一样的。有专用的计算机内部存储汉字使用的汉字内码，用以将输入时使用的多种汉字输入码统一转换成汉字机内码进行存储，以方便机内的汉字处理。在汉字输入时，根据输入码通过计算机或查找输入码表完成输入码到机内码的转换，如汉字国际码(H)＋8080(H)＝汉字机内码(H)。

$$\text{区位码(十进制)}\xrightarrow[\text{区、位各加 20(H)}]{\text{转 16 进制}}$$

$$\text{国标码(2B)}\xrightarrow[\text{低字节加 80(H)}]{\text{高字节加 80(H)}}\text{机内码}$$

(3) 汉字输入码：汉字输入码也叫外码，是为了通过键盘字符把汉字输入计算机而设计的一种编码。

英文输入时，想输入什么字符便按什么键，输入码和内码是一致的。而汉字输入规则不同，可能要按几个键才能输入一个汉字。汉字和键盘字符组合的对应方式称为汉字输入编码方案。汉字外码是针对不同汉字输入法而言的，通过键盘按某种输入法进行汉字输入时，人与计算机进行信息交换所用的编码称为“汉字外码”。对于同一汉字而言，输入法不同，其外码也是不同的。例如，对于汉字“啊”，在区位码输入法中的外码是 1601，在拼音输入中的外码是 a，而在五笔字型输入法中的外码是 KBSK。汉字的输入码种类繁多，大致有 4 种类型，即音码、形码、数字码和音形码。

汉字输入码与汉字是一对多，为方便用户输入汉字而设计。

(4) 汉字字型码：汉字在显示和打印输出时，是以汉字字型信息表示的，即以点阵的方式形成汉字图形。汉字字形码是指确定一个汉字字型点阵的代码(汉字字型码)。一般采用点阵字型表示字符。

目前普遍使用的汉字字型码是用点阵方式表示的，称为“点阵字模码”。所谓“点阵字模码”，就是将汉字像图像一样置于网状方格上，每格是存储器中的一个位，16×16点阵是在纵向16点、横向16点的网状方格上写一个汉字，有笔画的格对应1，无笔画的格对应0。这种用点阵形式存储的汉字字型信息的集合称为汉字字模库，简称汉字字库。

通常汉字显示使用16×16点阵，而汉字打印可选用24×24点阵、32×32点阵、64×64点阵等。汉字字型点阵中的每个点对应一个二进制位，1字节又等于8个二进制位，所以16×16点阵字型的字要使用32个字节(16×16÷8字节＝32字节)存储，64×64点阵的字型要使用512个字节。

在16×16点阵字库中的每一个汉字以32个字节存放，存储一、二级汉字及符号共8836个，需要282.5KB磁盘空间。而用户的文档假定有10万个汉字，却只需要200KB的磁盘空间，这是因为用户文档中存储的只是每个汉字(符号)在汉字库中的地址(内码)。

☞考点：汉字的各种编码

1.3　计算机系统的构成及工作原理

计算机系统包括硬件系统和软件系统两大部分。硬件系统由中央处理器、内存储器、外存储器和输入/输出设备组成。软件系统分为两大类，即计算机系统软件和应用软件。

计算机通过执行程序而运行，计算机工作时，软、硬件协同工作，两者缺一不可。计算机系统的组成框架如图1-2所示。

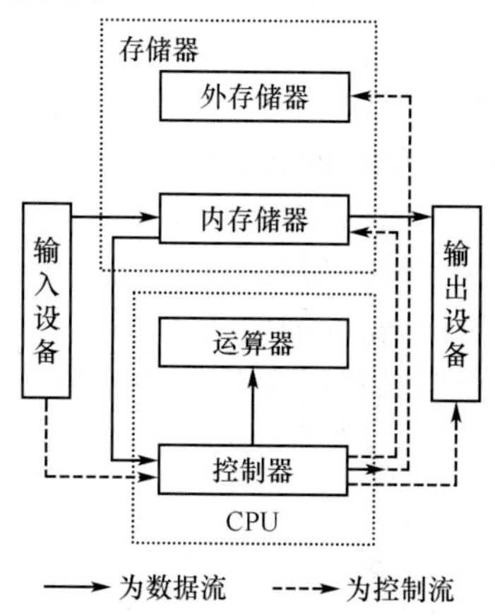

图1-2　计算机系统的组成框架

1.3.1　硬件系统概述

硬件系统是构成计算机的物理装置，是指在计算机中看得见、摸得着的有形实体。在计算机的发展史上做出杰出贡献的著名应用数学家冯·诺依曼(Von Neumann)与其他专家于1945年为改进ENIAC，提出了一个全新的存储程序的通用电子计算机方案。这个方案规定了新机器由5个部分组成，即运算器、控制器、存储器、输入和输出设备。并描述了这5个部分的职能和相互关系。这个方案与ENIAC相比，有两个重大改进：一是采用二进制；二是提出了“存储程序”的设计思想，即用记忆数据的同一装置存储执行运算的命令，使程序的执行可自动地从一条指令进入到下一条指令。这个概念被誉为计算机史上的一个里程碑。计算机的存储程序和程序控制原理被称为冯·诺依曼原理，按照上述原理设计制造的计算机称为冯·诺依曼机。

概括起来，冯·诺依曼结构有3条重要的设计思想：

(1) 计算机应由运算器、控制器、存储器、输入设备和输出设备5个部分组成，每个部分有一定的功能。

(2) 以二进制的形式表示数据和指令。二进制是计算机的基本语言。

(3) 程序预先存入存储器中，使计算机在工作中能自动地从存储器中取出程序指令并加以执行。

硬件是计算机运行的物质基础，计算机的性能如运算速度、存储容量、计算和可靠性等，很大程度上取决于硬件的配置。

仅有硬件而没有任何软件支持的计算机称为裸机。在裸机上只能运行机器语言程序，使用很不方便，效率也低。所以早期只有少数专业人员才能使用计算机。

☞考点：计算机的硬件系统

1.3.2　软件系统概述

软件系统是指使用计算机所运行的全部程序的总称。软件是计算机的灵魂，是发挥计算机功能的关键。随着计算机应用的不断发展，计算机软件在不断积累和完善的过程中，形成了极为宝贵的软件资源。它在用户和计算机之间架起了桥梁，给用户的操作带来极大的方便。

计算机的软件配置主要包括操作系统、计算机语言、数据库语言、数据库管理系统、网络通信软件、汉字支持软件及其他各种应用软件。

计算机软件系统的内容十分丰富，通常把软件划分为系统软件和应用软件两大类。

1. 系统软件　系统软件是管理、控制和维护计算机，并支持应用程序运行的各种软件。系统软件是计算机正常运转不可缺少的，它能充分发挥各种资源的效率，方便用户使用。系统软件也可以看做是用户与硬件系统的接口，为用户及应用软件提供了控制与访问硬件的手段。

系统软件面向机器本身，它指挥和控制计算机的工作过程，支持应用软件的运行，提供通用的服务，通用性和基础性是系统软件的两个特点。

根据软件的不同用途，系统软件又可分为：操作系统、程序设计语言、语言处理程序、数据库管理系统和支持软件。

(1) 操作系统：操作系统是计算机系统中最重要的组成部分，是系统软件不可缺少的。它由一系列具有控制和管理功能的软件组成，可对计算机系统的硬件、软件全部资源进行控制和管理，支持其他软件的应用、开发，为用户使用计算机提供接口，使计算机能够高效、协调地工作。可以说，操作系统是计算机系统资源的管理者，是人机联系的接口。

常用的操作系统有：DOS、Mac OS、Windows、Linux、Free BSD、Unix/Xenix、OS/2 等，这些将在后面章节详细讲解。

(2) 程序设计语言：编写计算机程序所用的语言称为程序语言。程序设计语言可分为：机器语言、汇编语言和高级语言。

A. 机器语言

机器指令的集合就是机器语言，机器语言又称低级语言或二进制代码语言，机器语言是用二进制数表示、计算机唯一能够理解和执行的程序语言。用机器语言编写的程序，每一条指令的操作码和操作数都由0和1的代码组成，对编程者来说，难写、难记、难读。它是第一代的计算机语言，机器语言对不同型号的计算机来说一般是不同的。

机器语言有以下缺点：

1) 大量繁杂琐碎的细节牵制着程序员，使他们不可能有更多的时间和精力去从事创造性的劳动，执行对他们来说更为重要的任务，如确保程序的正确性、高效性。

2) 程序员既要驾驭程序设计的全局又要深入每一个局部直到实现的细节，即使智力超群的程序员也常常会顾此失彼，屡出差错，因而所编出的程序可靠性差，且开发周期长。

3) 由于用机器语言进行程序设计的思维和表达方式与人们的习惯大相径庭，只有经过较长时间职业训练的程序员才能胜任。

4) 因为它的书面形式全是“密”码，所以可读性差，不便于交流与合作。

5) 因为它严重地依赖于具体的计算机，所以可移植性差，重用性差。

这些弊端造成当时的计算机应用未能迅速得到推广。

B. 汇编语言

汇编语言是将机器语言“符号化”的程序设计语言，它用助记符代替机器语言中的操作码，用地址代替操作数，汇编语言比机器语言易于读写、调试和修改，同时具有机器语言全部优点。但在编写复杂程序时，相对高级语言代码量较大，而且汇编语言依赖于具体的处理器体系结构，不能通用，因此不能直接在不同处理器体系结构之间移植。

汇编语言的特点：

1) 面向机器的低级语言，通常是为特定的计算机或系列计算机专门设计的。

2) 保持了机器语言的优点，具有直接和简捷的特点。

3) 可有效地访问、控制计算机的各种硬件设备，如磁盘、存储器、CPU、I/O 端口等。

4) 目标代码简短，占用内存少，执行速度快，是高效的程序设计语言。

5) 经常与高级语言配合使用，应用十分广泛。

C. 高级语言

由于汇编语言依赖于硬件体系，且助记符量大难记，于是人们又发明了更加易用的所谓高级语言。高级语言是一种接近自然语言和数学公式的程序设计语言。更容易阅读理解，源程序代码与机器无关，通用性、移植性强。高级语言并不是特指的某一种具体的语言，目前常用的高级语言有：Visual Basic 语言、FORTRAN 语言、Pascal 语言、C 语言、Visual C＋＋语言、Java 语言等。早期使用的 Basic 语言也属高级语言。

程序设计语言从机器语言到高级语言的抽象，带来的主要好处是：

1) 高级语言接近算法语言，易学、易掌握，一般工程技术人员只要几周时间的培训就可以胜任程序员的工作。

2) 高级语言为程序员提供了结构化程序设计的环境和工具，使得设计出来的程序可读性好，可维护性强，可靠性高。

3) 高级语言远离机器语言，与具体的计算机硬件关系不大，因而所写出来的程序可移植性好，重用率高。

4) 由于把繁杂琐碎的事务交给了编译程序去做，所以自动化程度高，开发周期短，且程序员得到解脱，可以集中时间和精力去从事对于他们来说更为重要的创造性劳动，以提高程序的质量。

(3) 语言处理程序：用高级语言编写的程序通常称为源程序，计算机不能识别和执行。语言处理程序的任务就是将源程序“翻译”成计算机可执行的目标程序。语言处理程序可分为汇编程序、编译程序和解释程序三种。

汇编程序：能把汇编语言编写的源程序“翻译”成目标程序。翻译的过程称为编译程序（也称编译方式）：能把高级语言编写的源程序“翻译”成目标程序。

解释程序（也称解释方式）：能把高级语言编写的源程序“翻译”成计算机能够理解和执行的指令，边解释边执行，翻译一句执行一句。

☞考点：计算机各种语言的特点

（4）数据库管理系统：数据库（database）是为一定的目的组织起来的相关数据的集合。数据库管理系统（DBMS）是组织、管理和处理数据库中数据的计算机系统软件。目前常用的中小型数据库管理系统有 Visual FoxPro、Access 等。大型的数据库管理系统有 Oracle、Sybase、SQL Server、Informix 等。

（5）支持软件：在软件开发过程中用于开发、管理、调试的相关软件。通常包括编辑程序、连接装配程序、诊断排错程序和调试程序等。

2. 应用软件　应用软件是指为了解决各类实际问题而设计的程序和有关技术资料。应用软件适用于特定的应用领域。随着计算机的广泛应用，应用软件的种类越来越多、数量越来越大。

应用软件可以由用户自己开发，也可在市场上购买。市售的应用软件一般有程序库、软件包和套装软件几类。常用应用软件有以下几种。

办公软件：微软 Office、永中 Office、WPS。

图像处理：Adobe Photoshop，绘声绘影。

媒体播放器：PowerDVD XP、Realplayer、WindowsMediaPlayer、暴风影音（MPC）、千千静听。

媒体编辑器：绘声绘影、声音处理软件 cool2.1、视频解码器 ffdshow。

媒体格式转换器：Moyea FLV to Video Converter Pro（FLV 转换器）、Total Video Converter、WinAVI Video Converter、WinMPG Video Convert、WinMPG IPod Convert、Real Media Editor（rmvb 编辑）、格式化工厂。

图像浏览工具：ACDSee。

图像/动画编辑工具：Flash、Adobe Photoshop CS2、GIF Movie Gear（动态图片处理工具）、Picasa、光影魔术手。

通信工具：QQ、MSN、ipmsg（飞鸽传书，局域网传输工具）、飞信。

编程/程序开发软件：Java：JDK、JCreator Pro（Java IDE 工具）、eclipse、JDoc。

翻译软件：金山词霸 PowerWord、MagicWin（多语种中文系统）、systran。

防火墙和杀毒软件：ZoneAlarm Pro、金山毒霸、卡巴斯基、江民、瑞星、诺顿、360 安全卫士。

阅读器：CajViewer、Adobe Reader、PDFFactory Pro（可安装虚拟打印机，可以自己制作 PDF 文件）。

输入法（有很多版本）：紫光输入法、智能 ABC、五笔、QQ 拼音、搜狗。

网络电视：PowerPlayer、PPlive、PPMate、PPNTV、PPStream、QQLive、UUSee。

系统优化/保护工具：Windows 清理助手、Windows 优化大师、超级兔子、奇虎 360 安全卫士、数据恢复文件 EasyRecovery Pro、影子系统、硬件检测工具 everest、MaxDOS（DOS 系统）、Ghost。

下载软件：Thunder、WebThunder、BitComet、eMule、FlashGet 等。

☞考点：计算机的软件系统

1.3.3 计算机的基本工作原理

1. 计算机的指令和指令系统　指令：指计算机所要执行的基本操作命令称为指令，指令是计算机进行程序控制的最小单位，是一种采用二进制表示的命令语言，能被计算机识别并执行，它规定了计算机能完成的某一种操作。

指令系统：计算机所能执行的全部操作命令的集合称为该计算机的指令系统。它描述了计算机全部的控制信息和“逻辑判断能力”，不同的计算机包含的指令类和数目也是不相同的，一般均包含算术运算型、逻辑运算型、数据传送型、判断和控制型、输入输出型等指令。指令系统是表征一台计算机性能的重要因素，它的格式与功能，不仅直接影响到机器的配件结构，也直接影响到系统软件，影响到机器的适用范围，指令系统是计算机硬件和软件之间的桥梁，是汇编语言程序设计的基础。

每条指令都要求计算机完成一定的操作，一条指令通常由如下两个部分组成，即操作码和操作数。

1）操作码。它是指明该指令要完成的操作，如存数、取数等。操作码的位数决定了一个机器指令的条数。当使用定长度操作码格式时，若操作码位数为 n，则指令条数可有 2^n 条。

2）操作数。它指操作对象的内容或者所在的单元格地址。操作数在大多数情况下是地址码，地址码有 0～3 位。从地址代码得到的仅是数据所在的地址，可以是源操作数的存放地址，也可以是操作结果的存放地址。

2. 计算机的工作原理　计算机的工作过程实际上是快速地执行指令的过程。当计算机在工作时，有两种信息在流动，一种是数据流，另一种是控制流。

数据流是指原始数据、中间结果、结果数据、源程序等。控制流是由控制器对指令进行分析、解释后向各部件发出的控制命令，用于指挥各部件协调地工作。

下面以指令的执行过程来认识计算机的基本工作原理。计算机的指令执行过程分为如下几个步骤：

1）取指令。从内存储器中取出指令送到指令寄存器。

2）分析指令。对指令寄存器中存放的指令进行分析，由译码器对操作码进行译码，将指令的操作码转换成相应的控制电信号，并由地址码确定操作数的地址。

3）执行指令。它是由操作控制线路发出的完成该操作所需要的一系列控制信息，以完成该指令所需要的操作。

4）为执行下一条指令作准备。形成下一条指令的地址，指令计数器指向存放下一条指令的地址，最后控制单元将执行结果写入内存。

上述完成一条指令的执行过程叫做一个“机器周期”。指令的执行过程如图 1-3 所示。

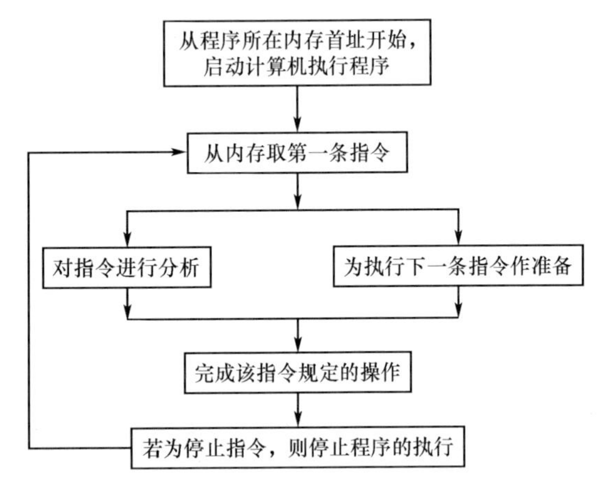

图 1-3 指令的执行过程

计算机在运行时，CPU 从内存读取一条指令到 CPU 内执行，指令执行完，再从内存读取下一条指令到 CPU 执行。CPU 不断地取指令，分析指令，执行指令，再取下一条指令，这就是程序的执行过程。

总之，计算机的工作就是执行程序，即自动连续地执行一系列指令，而程序开发人员的工作就是编制程序，使计算机不断地工作。

☞考点：计算机的工作原理

3. 计算机的主要性能指标

（1）字长：是 CPU 能够直接处理的二进制数据位数，它直接关系到计算机的计算精度、功能和速度。字长越长处理能力就越强。常见的微机字长有 8 位、16 位和 32 位。

（2）运算速度：是指计算机每秒中所能执行的指令条数，一般用 MIPS 为单位。

（3）主频：是指计算机的时钟频率，单位用 MHz 表示。

（4）内存容量：是指内存储器中能够存储信息的总字节数，一般以 KB、MB 为单位。

（5）外设配置：是指计算机的输入/输出设备及硬盘容量。

☞考点：计算机的性能指标

1.4 计算机微机系统的主要硬件及功能

一个完整的计算机系统由两大部分组成，即硬件（hardware）系统和软件（software）系统，其系统组成如图 1-4 所示。

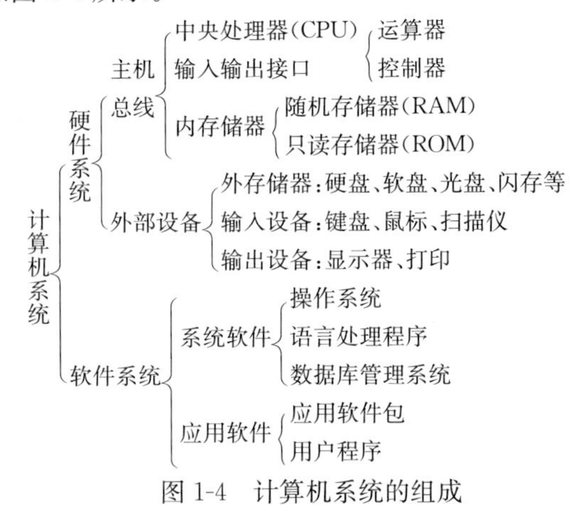

图 1-4 计算机系统的组成

☞考点：计算机系统的组成

微机与传统的计算机没有本质的区别，它也是由运算机、控制器、存储器、输入和输出设备等部件组成。不同之处是微机把运算器和控制器集成在一块芯片上，称之为 CPU。下面以微机为例说明计算机各部分的作用。

1.4.1 主 板

主板又叫主机板（mainboard）、系统板（systemboard）或母板（motherboard）；它安装在机箱内，是微机最基本的也是最重要的部件之一，它几乎集中了系统的主要核心部件，控制着整个系统各部件之间的信息门流动，并能够根据系统的需要，有机调度各子系统，为实现系统的科学管理提供充分的硬件保障。

当主机加电时，电流会在瞬间通过 CPU、南北桥芯片、内存插槽、AGP 插槽、PCI 插槽、IDE 接口、SATA 接口以及主板边缘的串口、并口、PS/2 接口等。随后，主板会根据 BIOS(基本输入输出系统)来识别硬件，并进入操作系统发挥出支撑系统平台工作的功能。

主板由芯片组和插槽/接口两大部分组成。

1. 芯片组 CPU 通过主板芯片组对主板上的各个部件进行控制，因此主板芯片组是整块主板的核心所在，芯片组几乎决定了这块主板的功能，进而影响到整个电脑系统性能的发挥，芯片组是主板的灵魂。

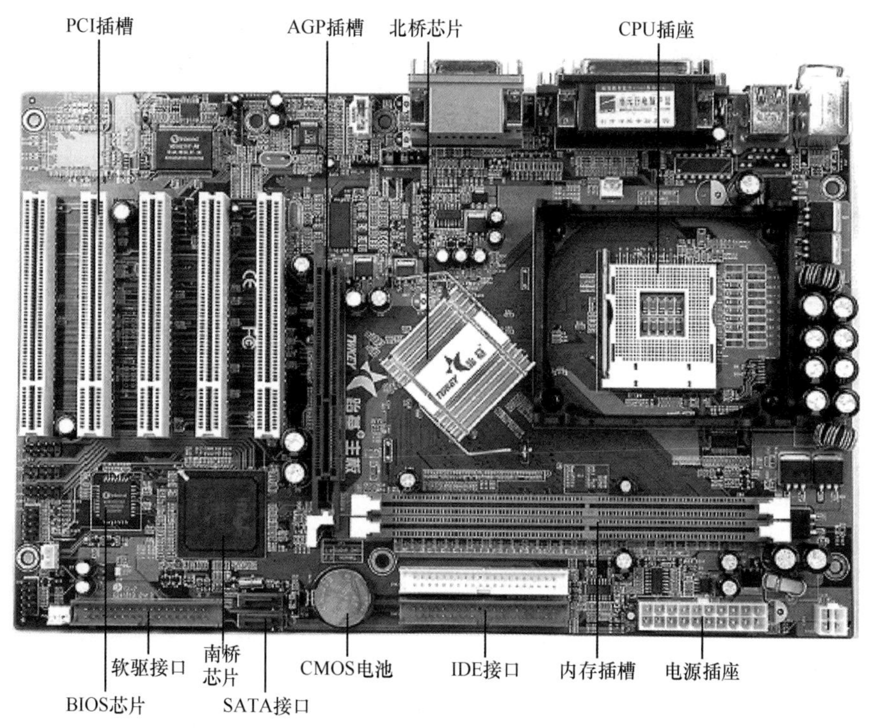

图 1-5　计算机主板

主板芯片组由北桥芯片和南桥芯片组成的。北桥芯片是芯片组中的主导芯片，负责与CPU的联系并控制内存、AGP、PCI数据的传输，决定主板可以支持CPU的种类、内存类型和容量等。通常在主板上靠近CPU插槽的位置；南桥芯片主要负责控制设备的中断、各种总线和系统的传输性能，让所有的资料都能有效传递。南桥不和CPU连接，通常用来作I/O和IDE设备的控制，所以速度比较慢。如图1-5所示。

2. 计算机总线BUS　一组用来传送信息的公共连接通信线路，是计算机各部件联系的桥梁。它可以是特殊的线缆，也可以是印刷电路板上的连线。任一瞬间总线上只能出现一个部件发往另一部件的信息，总线只能分时使用，由控制器加以控制。

I/O接口通常由一些寄存器或RAM芯片以及一些能够进行信息格式与类型转换的电路组成。介于总路线与I/O设备之间。

总线类型：

(1) 地址总线AB(Address Bus)：传送地址信息。

(2) 数据总线DB(Data Bus)：传送系统中的数据或指令；是双向总线。

(3) 控制总线CB(Control Bus)：传送控制信号；也是是双向总线。

CPU与不同设备交换信息的速度、频率有差别，所以现在分别设计了CPU、主存之间独立交换信息的系统总线，I/O设备之间、I/O设备与CPU之间交换信息的I/O总线或扩展总线。有ISA，EISA，PCI，AGP，PCI－E，USB类型总线。

3. 插槽/接口　插槽/接口主要包括CPU(central processing unit)插座、控制芯片组、I/O接口、内存插槽、PCI插槽、AGP插槽、ATA接口、电源插口及主板供电部分BIOS及电池；接口类型有IDE、SATA、USB、PCI-E等。

(1) IDE接口。IDE的英文全称为"Integrated Drive Electronics"，即"电子集成驱动器"，是现在普遍使用的外部接口，主要接硬盘和光驱。采用16位数据并行传送方式，体积小，数据传输快。一个IDE接口只能接两个外部设备。它的本意是指把"硬盘控制器"与"盘体"集成在一起的硬盘驱动器。如图1-6所示。

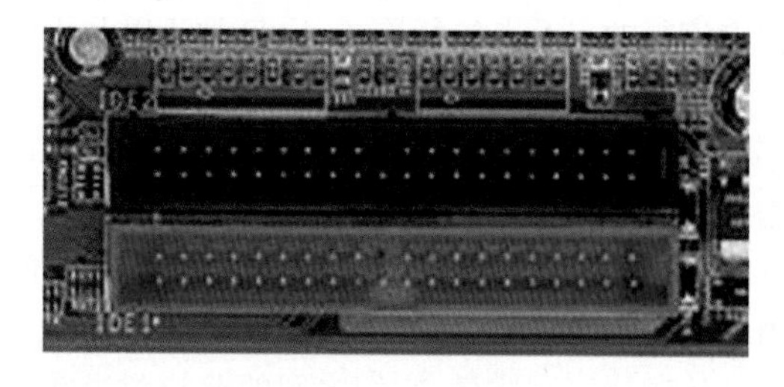

图 1-6　IDE接口

(2) SATA接口。SATA是Serial ATA的缩写，即串行ATA。这是一种完全不同于并行ATA的新型硬盘接口类型，由于采用串行方式传输数据而得名。SATA总线使用嵌入式时钟信号，具备了更强的纠错能力，与以往相比其最大的区别在于能对传输指令(不仅仅是数据)进行检查，如果发现错误会自动矫正，这在很大程度上提高了数据传输的可靠性。串行接口还具有结构简单、支持热插拔的优点。如图1-7所示。

图 1-7　SATA 接口

(3) USB 接口。即通用串行总线(universal serial bus,USB)是连接外部装置的一个串口汇流排标准,在计算机上使用广泛,但也可以用在机顶盒和游戏机上,补充标准 On-The-Go(OTG)使其能够用于在便携装置之间直接交换资料。USB 是一个外部总线标准,用于规范电脑与外部设备的连接和通信。USB 接口支持设备的即插即用和热插拔功能。USB 接口可用于连接多达 127 种外设,如鼠标、调制解调器和键盘等,如图 1-8 所示。

图 1-8　USB 接口

(4) PCI-E 接口。PCI Express(PCI-E)采用了目前业内流行的点对点串行连接,比起 PCI 以及更早期的计算机总线的共享并行架构,每个设备都有自己的专用连接,不需要向整个总线请求带宽,而且可以把数据传输率提高到一个很高的频率,达到 PCI 所不能提供的高带宽。相对于传统 PCI 总线在单一时间周期内只能实现单向传输,PCI-E 的双单工连接能提供更高的传输速率和质量,它们之间的差异跟半双工和全双工类似。如图 1-9 所示。

1.4.2　CPU

CPU 又称中央处理器(central processing unit)是计算机的核心部件,负责控制和协调整个计算机系统的工作,它由运算器、控制器和寄存器集成,主要完成计算机的运算和控制功能。如图 1-10 所示。

1. 运算器　运算器又称算术逻辑部件(arithmetical logic unit,ALU),它主要由算术逻辑部件、寄存器

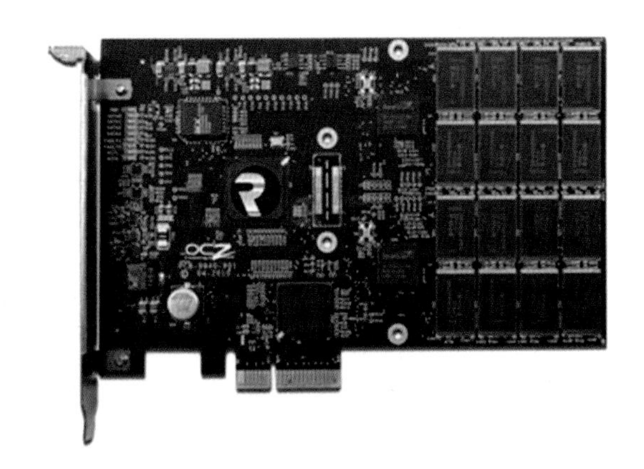

图 1-9　PCI-E 接口

图 1-10　CPU

组和状态寄存器组成。主要功能是完成对数据的算术运算、逻辑运算和逻辑判断等操作,运算器是计算机对数据进行加工处理的中心。

2. 控制器　控制器(control unit,CU)是整个计算机的指挥中心,根据事先给定的命令,发出各种控制信号,指挥计算机各部分工作。它的工作过程是负责从内存储器中取出指令并对指令进行分析与判断,并根据指令发出控制信号,使计算机的有关设备有条不紊地协调工作,在程序的作用下,保证计算机能自动、连续地工作。控制器由程序计数器、指令寄存器、指令译码器、操作控制器等部分组成。

3. CPU 的性能指标　CPU 的性能大致上反映出了它所配置的那部微机的性能,因此 CPU 的性能指标十分重要。CPU 性能主要取决于其主频和工作效率。

(1) 主频也叫时钟频率,单位是 MHz(随着计算机的发展,主频由过去 MHz 发展到了现在的 GHz (1G=1024M)),用来表示 CPU 的运算速度。CPU 的主频=外频×倍频系数。由于主频并不直接代表运算速度,所以在一定情况下,很可能会出现主频较高的 CPU 实际运算速度较低的现象。因此主频仅仅是 CPU 性能表现的一个方面,而不代表 CPU 的整体性能。

(2) 外频是 CPU 的基准频率,单位也是 MHz。CPU 的外频决定着整块主板的运行速度。

(3) 倍频系数是指 CPU 主频与外频之间的相对比例关系。在相同的外频下,倍频越高 CPU 的频率也越高。

(4) 缓存(cache)大小也是 CPU 的重要指标之一,而且缓存的结构和大小对 CPU 速度的影响非常大,CPU 内缓存的运行频率极高,一般是和处理器同频运作,工作效率远远大于系统内存和硬盘。缓存分为以下三级:①L1 即一级缓存是 CPU 第一层高速缓存,分为数据缓存和指令缓存。在 CPU 里面内置了高速缓存可以提高 CPU 的运行效率。②L2 即二级缓存是 CPU 的第二层高速缓存,指 CPU 外部的高速缓存。分内部和外部两种芯片。但是 L2 Cache(L2 高速缓存)并不是越大越好,超过某一额定效率提高并不明显。③L3 即三级缓存分为两种,早期的是外置,现在的都是内置。

(5) CPU 扩展指令集。CPU 依靠指令来计算和控制系统,每款 CPU 在设计时就规定了一系列与其硬件电路相配合的指令系统。指令的强弱也是 CPU 的重要指标,指令集是提高微处理器效率的最有效工具之一。

1.4.3 存 储 器

存储器(memory)是计算机存储信息的场所。所谓"信息"是指计算机系统所要处理的数据和程序。程序是一组指令的集合。存储器是有记忆能力的部件,用来存储程序和数据,存储器可分为两大类:内存储器和外存储器。

1. 内存储器 在计算机内部设有一个直接存储器与 CPU 交换信息,简称内存。内存由半导体存储器组成,存取速度快,由于价格上的原因,一般容量较小。内存中每个字节有一个固定的编号,这个编号称为地址,CPU 在存放内存储器中的数据时是按地址进行的。存储器容量即指所包含的字节数,通常用 KB(1KB=1024B)、MB(1MB=1024KB)和 GB(1GB=1024MB)作为存储器的容量单位,如图 1-11 所示。

图 1-11 内存条

内存储器按其工作特点分为随机存储器和只读存储器。

(1) 随机存储器(random access memory, RAM),RAM 有以下特点:可以读出,也可以写入,断电后,存储内容立即消失,RAM 可分为动态(dynamic RAM)随机存储器和静态(static RAM)随机存储器两大类。DRAM 的特点是集成度高,主要用于大容量内存储器;SRAM 的特点是存取速度快,主要用于高速缓冲存储器。

(2) 只读存储器(read only memory,ROM),只能读出不能写入数据,常用来存放固定不变、重复使用的程序或数据,最典型的是 ROM BIOS(基本输入/输出系统),其中部分内容是用于启动计算机的指令,内容固定但每次开机时都要执行。

2. 外存储器 外存储器又称辅助存储器,简称外存,主要用于保存暂时不用但又需长期保留的程序或数据。存放在外存中的程序必须调入内存才能运行,外存的存取速度相对来说较慢,但外存价格比较便宜,可保存的信息量大。常用的外存有硬盘、可移动存储器、光盘等。

(1) 硬盘存储器(hard disc memory):硬盘是利用磁记录技术在涂有磁记录介质的旋转圆盘上进行数据存储的辅助存储器。具有存储容量大、数据传输率高、存储数据可长期保存等特点。在计算机系统中,常用于存放操作系统、程序和数据,是主存储器的扩充。发展趋势是提高存储容量,提高数据传输率,减少存取时间,并力求轻、薄、短、小。磁盘存储器通常由磁盘、磁盘驱动器(或称磁盘机)和磁盘控制器构成。硬盘结构如图 1-12 所示。硬盘容量的计算方法为:

硬盘容量=磁头数×柱面数×扇区数×扇区字节数

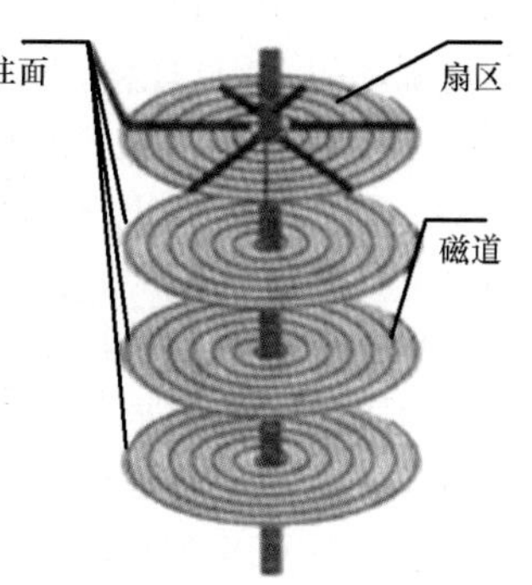

图 1-12 硬盘结构示意图

通常计算机硬盘在安装操作系统前已进行过格式化，一般情况下不需重新进行格式化操作。

(2) 光盘存储器(optical disc memory)：光盘存储器是利用光学原理进行信息读写的存储器。光盘存储器主要由光盘、光盘驱动器(即 CD-ROM 驱动器)和光盘控制器组成。

光盘驱动器是读取光盘的设备，通常固定在主机箱内，如图 1-13 所示。

图 1-13　光盘驱动器

1) 光盘的分类。按用途可分为只读型光盘、一次写型和可重写型光盘。只读型光盘由厂家预先写入数据，用户不能修改，这种光盘主要用于存储文献和不需要修改的信息。只写一次型光盘的特点是可以由用户写信息，但只能写一次，写后将永久存在盘上不可修改。可重写型光盘类似于磁盘，可以重复读写，它的材料与只读型光盘有很大的不同，是磁光材料。

2) 光盘的特点。光盘的主要特点是：存储容量大、可靠性高，只要存储介质不发生问题，光盘上的信息就永远存在。

3) 常用光盘。CD 是当今应用最广泛的光盘，CD 驱动器是许多微机的标准配置。CD 有 CD-ROM、CD-R、CD-RW 等三种基本类型。

最早出现的 DVD 叫数字视频光盘(digital video disk)，是一种只读型 DVD 光盘，必须由专用的影碟机播放。随着技术的不断发展及革新，IBM、HP、Apple、Sony、Philips 等众多厂商于 1995 年 12 月共同制定统一的 DVD 规格，并且将原先的 Digital Video Disk 改成现在的“数字通用光盘”(digital versatile disk)。DVD 是以 MPEG-2 为标准，每张光盘可储存的容量可以达到 4.7 GB 以上。

(3) 可移动存储器

由于软盘存储器容量较小，也容易损坏，目前正在逐渐被一种可移动的存储器所取代，这就是我们常见的优盘和可移动硬盘。

1) U 盘，又称为闪存盘(flash disk)，是一种新型的移动存储产品，如图 1-14 所示。U 盘采用一种可读写的半导体存储器——闪速存储器(flash memory)作为存储媒介。U 盘不需要物理驱动器，也不需要外接电源，只需要通过通用串行接口(USB)与主机相连，可热插拔，读写文件、格式化等操作与软、硬盘操作一样，使用非常方便。

图 1-14　U 盘

2) 可移动硬盘。尽管 U 盘具有体积小、性能高等优点，但为了满足较大数据量存储的需要，可移动硬盘(也称 USB 硬盘)就应运而生了，外形如图 1-15 所示。

图 1-15　可移动硬盘

可移动硬盘与主机内的“温盘”相比具有较强的抗震性，使用方法与优盘一样。

1.4.4　输入设备

输入设备是将外界的各种信息(如程序、数据、命令等)送入到计算机内部的设备。常用的输入设备有键盘、鼠标、扫描仪。

1. 键盘　键盘是计算机最常用的输入设备之一。其作用是向计算机输入命令、数据和程序。它由一组按阵列方式排列在一起的按键开关组成，按下一个键，相当于接通一个开关电路，把该键的位置码通过接口电路送入计算机。

键盘根据按键的触点结构分为机械触点式键盘、电容式键盘和薄膜式键盘几种。键盘由导电橡胶和电路板的触点组成。

机械键盘的工作原理是：按键按下时，导电橡胶与触点接触，开关接通；当松开按键时，导电橡胶与触点分开，开关断开。

目前，微机上使用的键盘都是标准键盘(101 键、104 键等)，键盘分为 4 个区：功能键区、标准打字键区、数字键区和编辑键区，如图 1-16 所示。

图 1-16　键盘

键盘上各键符号及其组合所产生的字符和功能在不同的操作系统和软件支持下有所不同。在主键盘和小键盘上，大部分键面上，上下标有两个字符，这两个字符分别称为该键的上档符和下档符。主键盘第四排左右侧各有一个称为换档符的 Shift 键(或箭头符号)，用来控制上档符与下档符的输入。在按下 Shift 键不放的同时按下有上档符的某键时，则输入的是该键的上档符，否则输入的是该键的下档符。字母的大小写亦可由 Shift 键控制，例如，单按字母键 A 则输入小写字母 a，同时按下 Shift 键和 A 键则输入的是大写字母 A。小键盘上下档键由 NumLock 键控制。

2. 鼠标　鼠标是一种输入设备。由于它使用方便，几乎取得了和键盘同等重要的地位。常见的鼠标有机械式和光电式两种。机械式鼠标底部有一个小球，当手持鼠标在桌面上移动时，小球也相对转动，通过检测小球在两个垂直的方向上移动的距离，并将其转换为数字量送入计算机进行处理，如图 1-17 所示。光电式鼠标的底部装有光电管，当手持鼠标在特定的反射板上移动时，光源发出的光经反射板反射后被鼠标接收为移动信号，并送入计算机，从而控制屏幕光标的移动，如图 1-18 所示。机械式鼠标的移动精度一般不如光电式。根据鼠标的工作原理，鼠标分为机械鼠标、光电鼠标、光学机械鼠标、轨迹球和无线鼠标等。鼠标有 3 个按键或两个按键，各按键的功能可以由所使用的软件来定义，在不同的软件中使用鼠标，其按键的作用可能不相同。一般情况下最左边的按键定义为拾取。使用鼠标时，通常是先移动鼠标，使屏幕上的光标固定在某一位置上，然后再通过鼠标上的按键来确定所选项目或完成指定的功能。

图 1-17　机械式鼠标

图 1-18　光电式鼠标

1.4.5　输 出 设 备

输出设备是将计算机处理后的信息以人们能够识别的形式(如文字、图形、数值、声音等)进行显示和输出的设备。常用的输出设备有显示器、打印机、绘图仪等。

1. 显示器　显示器通常也被称为监视器。显示器是属于电脑的 I/O 设备，即输入输出设备。常见的显示器有 CRT 显示器、LCD 显示器、LED 显示器、3D 显示器等。

(1) CRT 显示器：CRT 显示器是一种使用阴极射线管(cathode ray tube)的显示器，阴极射线管主要有五部分组成：电子枪(electron gun)、偏转线圈(deflection coils)，荫罩(shadow mask)、高压石墨电极和荧光粉涂层(phosphor)及玻璃外壳。它是目前应用最广泛的显示器之一，CRT 纯平显示器具有可视角度大、无坏点、色彩还原度高、色度均匀、可调节的多分辨率模式、响应时间极短等 LCD 显示器难以超过的优点，而且现在的 CRT 显示器价格要比 LCD 显示器便宜不少，如图 1-19 所示。

图 1-19　CRT 显示器

(2) LCD显示器：LCD(liquid crystal display)显示器也称液晶显示器，为平面超薄的显示设备，它由一定数量的彩色或黑白像素组成，放置于光源或者反射面前方。液晶显示器功耗很低，因此备受工程师青睐，适用于使用电池的电子设备。它的主要原理是以电流刺激液晶分子产生点、线、面配合背部灯管构成画面。与CRT显示器相比具有以下优点：机身薄，节省空间，省电，不产生高温，液晶显示器的辐射远低于CRT显示器，画面柔和不伤眼。如图1-20所示。

图1-20 LCD显示器

(3) LED显示器：LED显示屏(LED panel)，是一种通过控制半导体发光二极管的显示方式，用来显示文字、图形、图像、动画、行情、视频、录像信号等各种信息的显示屏幕。

LED显示器与LCD显示器相比，LED在亮度、功耗、可视角度和刷新速率等方面，都更具优势。LED与LCD的功耗比大约为1∶10，而且更高的刷新速率使得LED在视频方面有更好的性能表现，能提供宽达160°的视角，可以显示各种文字、数字、彩色图像及动画信息，也可以播放电视、录像、VCD、DVD等彩色视频信号，多幅显示屏还可以进行联网播出。有机LED显示屏的单个元素反应速度是LCD液晶屏的1000倍，在强光下也可以照看不误，并且适应零下40摄氏度的低温。利用LED技术，可以制造出比LCD更薄、更亮、更清晰的显示器，拥有广泛的应用前景。如图1-21所示。

图1-21 LED显示器

2. 打印机 打印机(printer)是计算机的输出设备之一，用于将计算机处理结果打印在相关介质上。衡量打印机好坏的指标有三项：打印分辨率、打印速度和噪声。打印机的种类很多，按打印元件对纸是否有击打动作，分击打式打印机与非击打式打印机。按打印字符结构，分全形字打印机和点阵字符打印机。按一行字在纸上形成的方式，分串式打印机与行式打印机。按所采用的技术，分柱形、球形、喷墨式、热敏式、激光式、静电式、磁式、发光二极管式等打印机。如图1-22所示。

图1-22 打印机

1.4.6 平板电脑

平板电脑(tablet personal computer，Tablet PC、Flat PC、Tablet、Slates)，是一种小型、方便携带的个人电脑，以触摸屏作为基本的输入设备。它拥有的触摸屏(也称为数位板技术)允许用户通过触控笔或数字笔来进行作业而不是传统的键盘或鼠标。用户可以通过内建的手写识别、屏幕上的软键盘、语音识别或者一个真正的键盘(如果该机型配备的话)。平板电脑由比尔·盖茨提出，至少应该是X86架构，从微软提出的平板电脑概念产品上看，平板电脑就是一款无须翻盖、没有键盘、小到足以放入女士手袋，但却功能完整的PC。如图1-23所示。

图1-23 平板电脑

1. 主要特点

(1) 平板电脑的最大特点是,数字墨水和手写识别输入功能,以及强大的笔输入识别、语音识别、手势识别能力,且具有移动性。

(2) 显示器可以随意旋转,一般采用小于10.4英寸的液晶屏幕,并且都是带有触摸识别的液晶屏,可以用电磁感应笔手写输入。平板式电脑集移动商务、移动通信和移动娱乐为一体,具有手写识别和无线网络通信功能,被称为笔记本电脑的终结者。

平板电脑按结构设计大致可分为两种类型,即集成键盘的“可变式平板电脑”和可外接键盘的“纯平板电脑”。平板式电脑本身内建了一些新的应用软件,用户只要在屏幕上书写,即可将文字或手绘图形输入计算机。

2. 主要缺点

(1) 因为屏幕旋转装置需要空间,平板电脑的“性能体积比”和“性能重量比”就不如同规格的传统笔记本电脑。

(2) 译码——编程语言不有益于手写识别。

(3) 打字(学生写作业、编写email)——手写输入跟高达30～60个单词每分钟的打字速度相比太慢了。

(4) 另外,一个没有键盘的平板电脑(纯平板型)不能代替传统笔记本电脑,并且会让用户觉得更难(初学者和专家)使用电脑科技(纯平板型是人们经常用来做记录或教学工具的第二台电脑)。可是,一个可旋转型平板电脑——就是有键盘的那种——是一种非常理想及强大的传统电脑替代品,特别对于那些需要抄写笔记的学生而言。

平板电脑是PC家族新增加的一名成员,其外观和笔记本电脑相似,但不是单纯的笔记本电脑,它可以被称为笔记本电脑的浓缩版。其外形介于笔记本和掌上电脑之间,但其处理能力大于掌上电脑,相比笔记本电脑,它除了拥有其所有功能外,还支持手写输入或者语音输入,移动性和便携性都更胜一筹。平板电脑有两种规格,一为专用手写板,可外接键盘、屏幕等,当做一般PC用。另一种为笔记型手写板,可像笔记本一般开合。

☞考点:微型机系统的组成和主要硬件及功能

技能训练1-1　键盘和鼠标的基本操作

1. 熟悉键盘的基本结构及各键的功能

2. 练习键盘的中英文输入,可以通过“金山打字”软件辅助练习

3. 熟悉鼠标的基本操作

4. 练习鼠标和键盘的综合运用

技能训练1-2　计算机主机的组装

1. 熟悉主机各部件的基本结构及功能

2. 练习计算机的组装(硬件部分)

练习1　计算机基础知识测评

一、单选题

1. 当前,在计算机应用方面已进入以________为特征的时代。
   A. 并行处理技术　　B. 分布式系统
   C. 微型计算机　　D. 计算机网络
2. 第一台电子计算机是1946年在美国研制的,该机的英文缩写名是________。
   A. ENIAC　　B. EDVAC
   C. EDSAC　　D. MARK-Ⅱ
3. 个人计算机属于________。
   A. 小巨型机　　B. 中型机
   C. 小型机　　D. 微机
4. 一个完整的微型计算机系统应包括________。
   A. 计算机及外部设备
   B. 主机箱、键盘、显示器和打印机
   C. 硬件系统和软件系统
   D. 系统软件和系统硬件
5. 十六进制1000转换成十进制数是________。
   A. 4096　　B. 1024
   C. 2048　　D. 8192
6. 汉字国标码(GB2312－80)规定的汉字编码,每个汉字用________。
   A. 一个字节表示　　B. 二个字节表示
   C. 三个字节表示　　D. 四个字节表示
7. 半导体只读存储器(ROM)与半导体随机存储器(RAM)的主要区别在于________。
   A. ROM可以永久保存信息,RAM在掉电后信息会丢失
   B. ROM掉电后,信息会丢失,RAM则不会
   C. ROM是内存储器,RAM是外存储器
   D. RAM是内存储器,ROM是外存储器
8. 微机唯一能够直接识别和处理的语言是________。
   A. 汇编语言　　B. 高级语言
   C. 甚高级语言　　D. 机器语言
9. 断电会使原存信息丢失的存储器是________。
   A. 半导体RAM　　B. 硬盘
   C. ROM　　D. 软盘
10. 在内存中,每个基本单位都被赋予一个唯一的序号,这个序号称之为________。
    A. 字节　　B. 编号
    C. 地址　　D. 容量
11. 在下列存储器中,访问速度最快的是________。
    A. 硬盘存储器　　B. 软盘存储器
    C. 内存储器　　D. 磁带存储器
12. 计算机软件系统应包括________。
    A. 编辑软件和连接程序　　B. 数据软件和管理软件
    C. 程序和数据　　D. 系统软件和应用软件
13. 某单位的人事档案管理程序属于________。

A. 工具软件　　B. 应用软件
C. 系统软件　　D. 字表处理软件

14. 在微机中的"DOS",从软件归类来看,应属于________。
A. 应用软件　　B. 工具软件
C. 系统软件　　D. 编辑系统

15. 操作系统是________。
A. 软件与硬件的接口
B. 主机与外设的接口
C. 计算机与用户的接口
D. 高级语言与机器语言的接口

16. 用计算机管理科技情报资料,是计算机在________方面的应用。
A. 科学计算　　B. 数据处理
C. 实时控制　　D. 人工智能

17. 微型计算机的性能主要由微处理器的________决定。
A. 质量　　B. 控制器
C. CPU　　D. 价格性能比

18. CGA、EGA 和 VGA 标志着________的不同规格和性能。
A. 打印机　　B. 存储器
C. 显示器　　D. 硬盘

19. I/O 接口位于________。
A. 主机和 I/O 设备之间　　B. 主机和总线之间
C. 总线和 I/O 设备之间　　D. CPU 与存储器之间

20. 微机的性能指标中的内存容量是指________。
A. RAM 的容量　　B. RAM 和 ROM 的容量
C. 软盘的容量　　D. ROM 的容量

二、多选题

1. 下列哪些是输出设备________
A. 打印机　　B. 键盘
C. 扫描仪　　D. 显示器

2. 计算机硬件一般包括中央处理器、(　)和输出设备。
A. 外存储器　　B. 输入设备
C. 内存储器　　E. 运算器

3. 计算机的特点有________
A. 运算速度快　　B. 计算精度高
C. 记忆力强　　D. 具有逻辑判断能力

4. 常用的外存储器有________
A. 软盘驱动器　　B. 随机存取存储器
C. 硬盘驱动器　　D. U 盘

5. 微机软盘与硬盘比较,硬盘的特点是________
A. 存取速度较慢　　B. 存储容量大
C. 便于随身携带　　D. 存取速度快

三、判断题

1. 操作系统是为实现计算机的各种应用而编制的计算机程序软件。(　　)
2. 微机的核心部件是 CPU。(　　)
3. 在微机中,bit 的中文含义是字节。(　　)
4. 启动 DOS 系统就是把 DOS 系统装入内存并运行。(　　)
5. 一个汉字在计算机存储器中占用两个字节。(　　)
6. Windows XP 是一个多用户多任务操作系统。(　　)
7. CPU 能直接访问存储在内存中的数据,也能直接访问存储在外存中的数据(　　)
8. 所有计算机的字长都是固定不变的。(　　)
9. 扇区是磁盘存储信息的最小单位。(　　)
10. 温度是影响计算机正常工作的重要因素。(　　)

四、填空题

1. 世界上第一台电子计算机的名字是________。
2. 第________计算机采用的逻辑元件是电子管。
3. 1KB=________B;1MB=________KB。
4. 计算机最早的应用领域是________。
5. 计算机中,中央处理器 CPU 由________和________两部分组成。
6. 运算器是能完成________运算和________运算的装置。
7. 世界上公认的第一台电子计算机诞生在________年。
8. "长城 386 微机"中的"386"指的是________。
9. 在微机中,应用最普遍的字符编码是________。
10. 微型计算机的发展是以________的发展为表征的。

(范胜廷)

第2章 中文操作系统 Windows XP 的使用

学习目标

1. 了解操作系统的概念、功能、特点
2. 掌握 Windows XP 的基本知识和基本操作
3. 学会使用“Windows 资源管理器”管理文件和文件夹
4. 掌握 Windows XP 的磁盘管理
5. 掌握 Windows XP 的任务管理
6. 了解 Windows XP 的系统设置

Windows XP 中文操作系统是微软公司于 2001 年推出的又一个 Windows 版本。它是一种基于 NT 技术的纯 32 位操作系统，使用了更加稳定和安全的 NT 内核。Windows XP 有两个版本，即家庭版 Windows XP Home Edition 和办公扩展专业版 Windows XP Professional。本章主要介绍 Windows XP Professional 的主要功能和使用方法。

2.1 Windows XP 的桌面元素

2.1.1 任　　务

任务 1：排列桌面图标。

任务 2：改变任务栏的大小和位置。

2.1.2 相关知识与技能

1. 操作系统的概念 操作系统（operating system，OS）是管理、控制计算机软件和硬件资源协调运行的程序系统，由一系列具有不同控制和管理功能的程序组成。只有硬件部分，还未安装任何软件系统的电脑叫做裸机，操作系统是直接运行在裸机上的最基本的系统软件，是系统软件的核心，一台电脑硬件配置好后，首先必须安装操作系统，然后安装其他系统软件和应用软件。

2. 操作系统的五大功能 现代操作系统的功能十分丰富，操作系统通常应包括下列五大功能模块：

（1）进程管理，又称处理器管理。当多道程序同时运行时，如何分配处理器（CPU）的时间。

（2）作业管理，完成某个独立任务的程序及其所需的数据组成一个作业。作业管理的任务，主要是为用户提供一个使用计算机的界面，使其方便地运行自己的作业，并对所有进入系统的作业进行调度和控制，尽可能高效地利用整个系统的资源。

（3）存储器管理，实质是对存储“空间”的管理，主要指对内存资源的管理。包括内存分配、内存保护、地址映射以及内存扩充等。

（4）设备管理，实质是对硬件设备的管理，其中包括对输入输出设备的分配、启动、完成和回收。设备管理负责管理计算机系统中除了中央处理机和主存储器以外的其他硬件资源。

（5）文件管理，主要负责文件的存储、检索、共享和保护，为用户提供文件操作的方便。

3. 常用操作系统 在计算机的发展过程中，出现过许多不同的操作系统，其中最为常用的有：DOS、Windows、Linux、Unix、OS/2 等，下面介绍常见的微机操作系统的发展过程和功能特点。

（1）DOS 操作系统：DOS 是磁盘操作系统（disk operating system）的英文缩写，它的主要功能是管理磁盘文件，所以把它称为磁盘操作系统。DOS 系统是一个单用户、单任务、字符界面和 16 位的操作系统，DOS 最初是微软公司为 IBM-PC 开发的操作系统，因此它对硬件平台的要求很低，因此适用性较广。常用的 DOS 有三种不同的品牌，它们是 Microsoft 公司的 MS-DOS、IBM 公司的 PC-DOS 以及 Novell 公司的 DR DOS，这三种 DOS 相互兼容，但仍有一些区别，三种 DOS 中使用最多的是 MS-DOS。

（2）Windows 操作系统：Windows 是 Microsoft 公司在 1985 年 11 月发布的第一代窗口式单用户多任务系统，它使 PC 机开始进入了图形用户界面时代。最早推出的 Windows 1.0 版是一个具有多窗口及多任务功能的版本，但由于当时的硬件平台为 PC/XT，速度很慢，所以 Windows 1.0 版本并未十分流行。

1995 年，Microsoft 公司推出了 Windows 95。在此之前的 Windows 都是由 DOS 引导的，也就是说它们还不是一个完全独立的系统，而 Windows 95 是一个完全独立的系统，并在很多方面作了进一步的改进，还集成了网络功能和即插即用（plug and play）功能，是一个全新的 32 位操作系统。

2001 年 10 月 25 日，Microsoft 发布了功能及其强大的 Windows XP，该系统采用 Windows 2000/NT 内核，运行非常可靠、稳定，用户界面焕然一新，使用起来得心应手，这次微软终于可以和苹果的 Macintosh 软件一争高下了，优化了与多媒体应用有关的功能，内建了极其严格的安全机制，每个用户都可以拥有高度保密的个人特别区域，尤其是增加了具有防盗版作用的激活功能。

(3) Unix操作系统：Unix是一个强大的多用户、多任务操作系统，支持多种处理器架构，Unix系统是1969年在贝尔实验室诞生，目前它的商标权由国际开放标准组织(The Open Group)所拥有。

(4) Linux操作系统：Linux是一个多用户操作系统，是Unix操作系统的一种克隆系统，与主流的Unix系统兼容。Linux最初由世界名牌大学——赫尔辛基大学(芬兰)计算机科学系学生Linus Torvalds开发，其源程序发布在Internet上，全球电脑爱好者下载该源程序，加入到Linux的开发队伍中，Linux也因此成为一个全球最稳定的、最有发展前景的操作系统，是Windows操作系统强有力的竞争对手。

(5) OS/2操作系统 ：OS/2是“Operating System/2”的缩写，该系统是作为IBM第二代个人电脑PS/2系统产品的理想操作系统引入的。DOS于PC上获得巨大成功后，在图形用户界面(graphical user interface，GUI)的潮流影响下，IBM和Microsoft共同研制和推出了OS/2这一当时先进的个人电脑上的新一代操作系统。最初它主要是由微软开发，由于在很多方面的差别，微软最终放弃了OS/2而转向开发Windows系统。

4. Windows XP的特点 正如比尔·盖茨所说的那样，Windows XP将是微软自从发布视窗Windows 95软件以来所推出的意义最为重大的一个操作系统软件。它将彻底改变许多人对电脑的看法，尤其是那些现在还迟迟没有购买电脑的人们。

Windows XP具有运行可靠、稳定而且速度快的特点，它不但运用更加成熟的技术，而且外观设计清新明快，使用户有良好的视觉享受。XP系统增强了多媒体功能，使媒体播放器与系统完全融为一体，用户无需安装其他的多媒体播放软件，就可以播放和管理各种格式的音频和视频文件。在新的中文版Windows XP系统中增加了众多的新技术和新功能，使用户能轻松地在其环境下完成各种管理和操作。

5. Windows XP的启动与关闭

(1) 启动Windows XP：启动计算机时，首先要接通计算机的电源，然后依次打开显示器电源开关和主机电源开关。开机后，屏幕上将显示计算机的自检信息，如显卡型号、主板型号和内存大小等。自检通过后，计算机将显示欢迎界面，如果用户在安装Windows XP时设置了用户名和密码，将出现Windows XP登录界面，如果计算机系统本身没有设密码的用户，系统将自动以该用户身份进入Windows XP系统；如果系统设置了一个以上的用户并且有密码，用鼠标单击相应的用户图标，然后从键盘上输入相应的登录密码并按回车键就可以进入Windows XP系统。如图2-1所示。

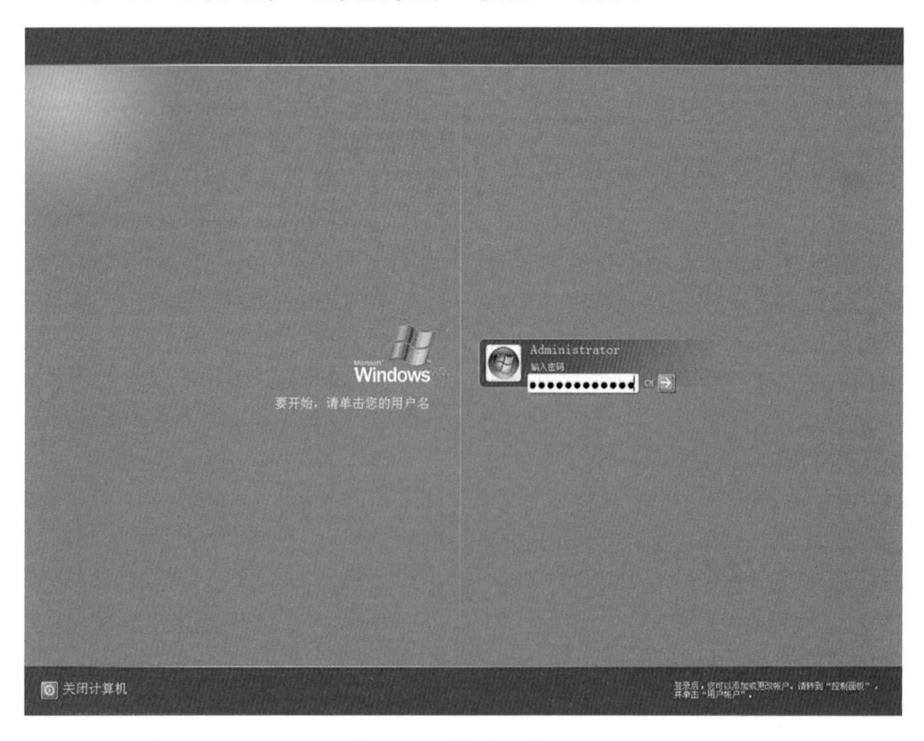

图2-1 用户登录界面

(2) 关闭 Windows XP　关闭 Windows XP 的操作步骤如下：

1) 保存打开的所有文档，退出正在运行的应用程序。

2) 单击任务栏上的“开始”按钮，打开【开始】菜单→ 选[关闭计算机] 命令，弹出“关闭计算机”对话框，如图 2-2 所示。

3) 单击[关闭]按钮，系统会自动关闭计算机电源。

图 2-2　Windows XP 关闭界面

链　接

若单击[待机]按钮，系统保持当前的运行，计算机将进入低能耗状态，要再次使用计算机，只需单击键盘上任意键，或单击鼠标即可唤醒计算机；若单击[重新启动]按钮，将关闭计算机并重新启动计算机。

6. 认识及操作 Windows XP 桌面　“桌面”就是在安装好中文版 Windows XP 后，用户启动计算机登录到系统后看到的整个屏幕界面，它是用户和计算机进行交流的窗口，上面可以存放用户经常用到的应用程序和文件夹图标，用户可以根据自己的需要在桌面上添加各种快捷图标，在使用时，双击图标就能够快速打开相应的程序或文件，如图 2-3 所示。

(1) 桌面图标：“图标”是指在桌面上排列的小图像，它包含图形、说明文字两部分，如果用户把鼠标放在图标上停留片刻，桌面上会出现对图标所表示内容的说明或者是文件存放的路径，双击图标就可以打开相应的内容。

1) “我的文档”图标。它用于管理“我的文档”下的文件和文件夹，可以保存信件、报告和其他文档，它是系统默认的文档保存位置。

2) “我的电脑”图标。用户通过该图标可以实现对计算机硬盘驱动器、文件夹和文件的管理，在其中用户可以访问连接到计算机的硬盘驱动器、照相机、扫描仪和其他硬件设备，其功能和资源管理器相同。

3) “网上邻居”图标。该项中提供了访问网络上其他计算机资源的途径，可以查看工作组中的计算机。如果想要使用其他计算机上的文件或文件夹，只需进入网上邻居，双击目标计算机，就可以使用这个计算机上被设置为共享的文件或文件夹了。如果自己计算机上的文件夹要设置为能被别的计算机访问，可以在该文件夹上单击鼠标右键，在弹出的快捷菜单上选[共享]命令，该文件夹即成为共享文件夹。

图 2-3　Windows XP 桌面

4）“回收站”图标。在回收站中暂时存放着用户已经删除的文件或文件夹，当用户还没有清空回收站时，可以从中还原删除的文件或文件夹。

5）“Internet Explorer”图标。用于浏览互联网上的信息，通过双击该图标可以访问网络资源。

（2）创建桌面图标：桌面上的图标实质上就是打开各种程序和文件的快捷方式，用户可以在桌面上创建自己经常使用的程序或文件的图标，这样使用时直接在桌面上双击即可快速启动该项目。

创建桌面图标的操步骤如下：

1）右击桌面上的空白处，在弹出的快捷菜单中选[新建]命令。

2）利用[新建]命令下的子菜单，用户可以创建各种形式的图标，比如文件夹、快捷方式、文本文档等，如图 2-4 所示。

图 2-4 “新建”命令

3）当用户选择了所要创建的选项后，在桌面会出现相应的图标，用户可以为它重命名，以便于识别。

（3）图标的排列：当用户在桌面上创建了多个图标时，如果不进行排列，会显得非常凌乱，这样不利于用户选择所需要的项目。使用排列图标命令，可以使用户的桌面看上去整洁而富有条理。用户需要对桌面上的图标进行排列时，可在桌面上的空白处右击，在弹出的快捷菜单中选择[排列图标]命令，在子菜单项中包含了多种排列方式，如图 2-5 所示。

1）名称。按图标名称开头的字母或拼音顺序排列。

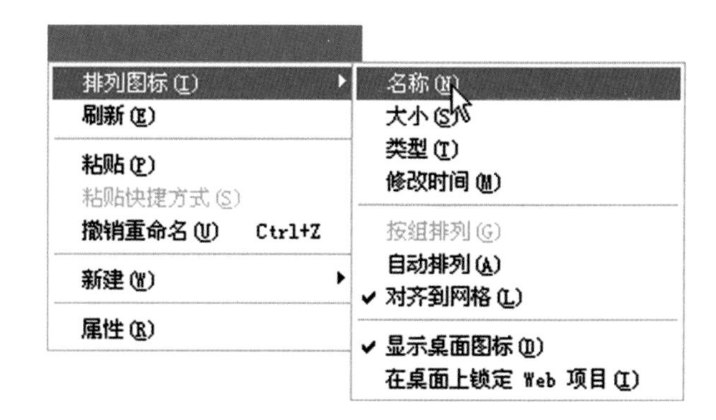

图 2-5 “排列图标”命令

2）大小。按图标所代表文件的大小的顺序来排列。

3）类型。按图标所代表的文件的类型来排列。

4）修改时间。按图标所代表文件的最后一次修改时间来排列。

当用户选择“排列图标”子菜单后，在其左边出现“√”标志，说明该选项被选中，再次选择这个命令后，“√”标志消失，即表明取消了此选项。如果用户选择了“自动排列”命令，在对图标进行移动时会出现一个选定标志，这时只能在固定的位置将各图标进行位置的互换，而不能拖动图标到桌面上任意位置。

而当选择了“对齐到网格”命令后，如果调整图标的位置时，它们总是成行成列地排列，也不能移动到桌面上任意位置。

（4）任务栏：桌面的底部是任务栏，从左到右分别是“开始”按钮、快速启动栏、任务按钮栏、通知区域，如图 2-6 所示。

1）“开始”按钮。位于最左边，单击该按钮就会弹出【开始】菜单，所有应用程序，系统程序，关机，注销均可以从这里操作。

2）快速启动栏。一般用于放置应用程序的快捷图标，单击某个图标即可启动相应的程序，用户可以自行添加或删除快捷图标。

3）任务按钮栏。在 Windows XP 中可以打开多个窗口，每打开一个窗口，在任务栏中就会出现相应的按钮，单击某个按钮，代表将其窗口显示在其他窗口的最前面，再次单击该按钮可将窗口最小化。单击任务按钮，可以相互切换窗口。

4）通知区域。其中显示了系统当前的时间，声音图标，还包括某些正在后台运行的程序的快捷图标，比如防火墙、QQ、杀毒软件等。双击就可以将其打开；系统将自动隐藏近期没有使用的程序图标，单击箭头按钮将其展开。

图 2-6 Windows XP 任务栏

2.1.3 实施方案

1. 任务1操作步骤

(1) 右击桌面空白处，在弹出的快捷菜单中选择[排列图标]命令。

(2) 在子菜单项中包含了多种排列方式，分别选择[名称]命令、[大小]命令、[修改时间]命令、[类型]命令，都可将桌面图标排列整齐，操作中，注意观察选择不同的排列方式排列图标后，桌面图标的顺序如何变化。

2. 任务2操作步骤

(1) 右击任务栏空白处，在弹出的快捷菜单中，选择[锁定任务栏]命令；取消"锁定任务栏"，鼠标放在任务栏的上边缘处，当鼠标变成双向箭头时，拖动鼠标即可改变任务栏的大小。

(2) 鼠标按住任务栏空白区域不放，拖动鼠标在屏幕上移动即可改变任务栏的位置。

2.2 Windows XP 的基本操作

2.2.1 任　　务

任务1：使用金山打字通2011。

任务2：启动 Windows XP 实用程序。

2.2.2 相关知识与技能

1. 鼠标的基本操作　目前主流的鼠标为三键鼠标，由左键、右键、滚轮组成。使用时用大拇指和小指夹住鼠标的两侧，必要时无名指帮忙，食指放在左键上，中指放在右键上，一起握住鼠标。

鼠标的基本操作如下：

(1) 指向。指移动鼠标，将鼠标指针移到操作对象上。

(2) 单击。指快速按下并释放鼠标左键。单击一般用于选定一个操作对象执行命令。

(3) 双击。指连续两次快速按下并释放鼠标左键。双击一般用于打开窗口，启动应用程序。

(4) 拖动。指按下鼠标左键，移动鼠标到指定位置，再释放左键。拖动一般用于选择多个操作对象，复制或移动对象等。

(5) 右击。指快速按下并释放鼠标右键。右击一般用于打开一个与操作对象相关的快捷菜单。

浏览网页或文本时，拨动滚轮向前或向后进行浏览。

2. 键盘的基本操作　键盘是计算机的主要输入设备，使用键盘可以输入字母、数字、特殊符号等，可以用方向键移动光标指针，使用键盘操作有时比鼠标操作更快捷。

(1) 键盘键位分布：键盘分为主键盘区、功能键区、编辑键区、辅助键区、状态指示区，如图2-7所示。

A. 主键盘区

主键盘区包括字母键、数字键、标点符号键、控制键、Windows键、快捷菜单键 。如图2-8所示。

1) Space。空格键，键盘最下面长条形状的键。

2) Enter。标有 Enter 的键，叫做回车键。执行命令或需要换行时，一般都要按一次回车键。

3) Shift ↑。主键盘区左右两侧各有一个标有 Shift 的键，叫做换档键。键帽上标有两个字符的键，叫做双字符键，上面的字符叫上档字符，下面的字符叫做下档字符。要输入上档字符，需先按下 Shift 键不放，再按下双字符键。若按下 Shift 不放，再按字母键，可以临时改变字母的大小写状态。

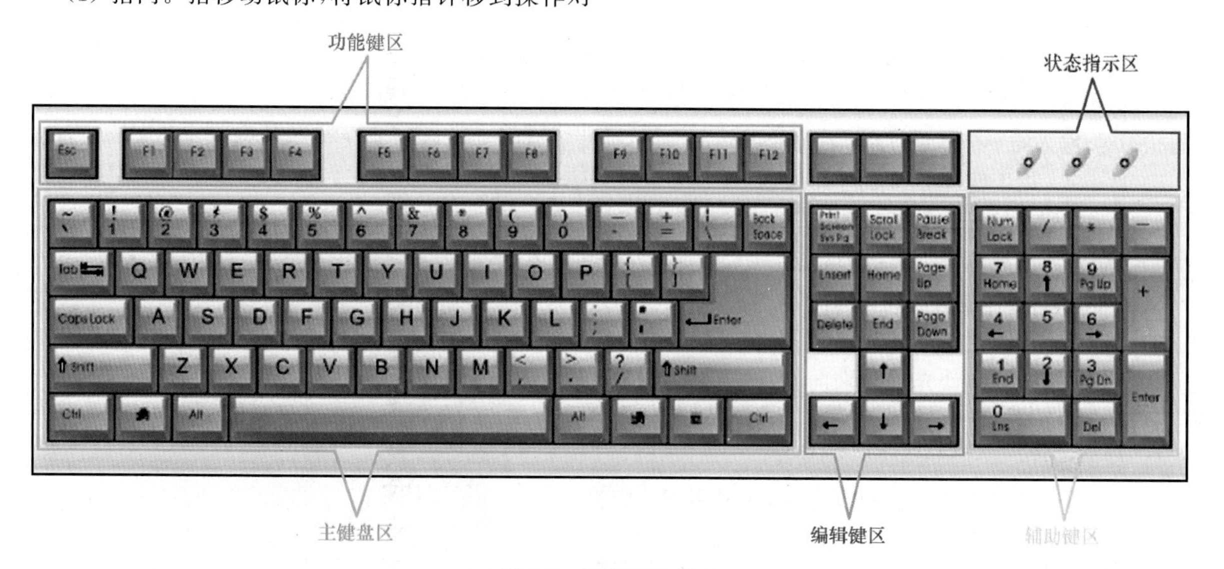

图2-7　键盘键位分布

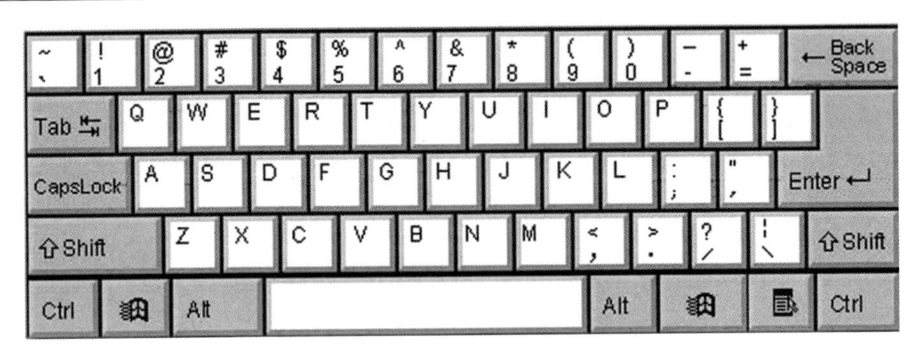

图 2-8 主键盘键位

4）Caps Lock。标有 Caps Lock 的键，叫做大写字母锁定键。这个键是字母大小写的切换键，如果按下此键，键盘右上角的指示灯亮，是输入大写字母状态；如果指示灯灭，则是输入小写字母状态。

5）Back Space 或←。标有 Back Space 或←的键，叫做退格键。按下该键，可以删除光标左边的字符，并使光标向左移动一格，通常用于修改错误。

6）Ctrl 和 Alt。主键盘区左右两侧各有一个标有 Ctrl 和 Alt 的键，叫做控制键。此键和其他键一起使用。

7）Tab。制表定位键。

B. 功能键区

1）F1～F12。功能键，其功能由系统程序或应用软件来定义其控制功能。F1 键常常用来打开帮助信息。

2）Esc。强制退出键。

C. 编辑键区

1）Print Screen。将屏幕内容拷贝到剪贴板；Alt＋Print Screen：将当前活动窗口复制到剪贴板上，供其他程序使用。

2）Scroll Lock。滚动锁定键。

3）Pause/Break。暂停/中止键，使屏幕显示暂停，按回车键后屏幕继续显示。

4）Insert。插入状态/改写状态切换键。处于插入状态时，输入的字符就插入到光标所在的位置上；处于改写状态时，输入的字符就改写光标右边的字符。

5）Home。用于使光标移至行首。

6）End。用于使光标移至行尾。

7）Page Up。显示上一页的内容。

8）Page Down。显示下一页的内容。

9）Delete。删除光标后的字符。

10）↑↓←→键。使光标分别向上、向下、向左、向右移动一格。

D. 辅键盘区

辅键盘区也叫数字键区或小键盘区，主要用于快速输入数字。在小键盘区左上角标有 Num Lock 的键称为数字锁定键，在键盘右上角有与它对应的指示灯。指示灯亮时是数字输入状态，指示灯灭时是光标控制状态。其中大部分是双字键，上档键是数字，下档键具有编辑和光标控制功能。

（2）打字姿势：保持身体端正，两脚放平，椅子的高度以双手可平放桌上为准，桌、椅间的距离以手指能轻放在基准键盘上为准。两臂自然下垂，两肘轻贴腋边。肘关节呈垂直弯曲，手腕平直，身体与打字桌距离为 20～30 厘米。

（3）键盘操作基本指法

1）基准键位。F 键和 J 键（基准位定位键）上都有一根凸起的小横线，是为操作者不看键盘，通过触摸这两个键位来确定基准位而设置的，这种设置，为盲打提供了方便。基准键位，如图 2-9 所示。

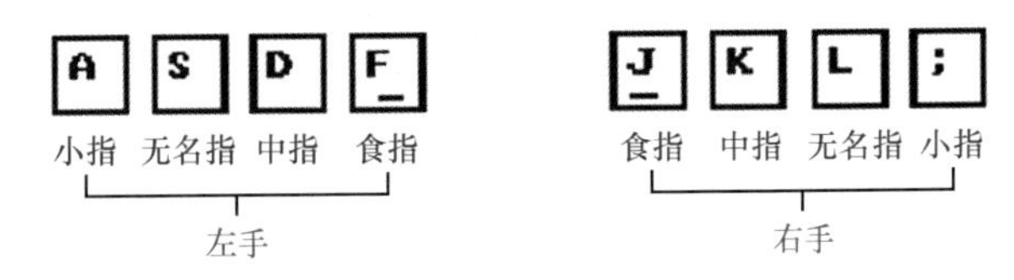

图 2-9 基准键位

2）击键指法。准备打字时，双手拇指轻放在空格键上，其余 8 个手指垂放在各自的基准键上，如图 2-10 所示。击键时左右手指自然弯曲，手指向上略微拱起，手指的第一关节呈微弧形，手指放在按键中央。两手同时击键时除外。以指尖击键，瞬间发力，并立即反弹。击键不要过猛，用力要适度，节奏要均匀。非击键的手仍自然地停留在基准键上，击键完毕，手指应立即回到基准键上。

图 2-10 击键指法

图 2-11　手指分工

3）各个手指的分工。各个手指的分工如图 2-11 所示。

3. 窗口认识与操作　窗口是桌面上用于查看应用程序或文档等信息的一块矩形区域，在 Windows XP 中有应用程序窗口、文档窗口等。在同时打开几个窗口时，处于当前工作状态的窗口（其标题栏颜色深蓝色，如果是文档窗口，则有光标在其中闪烁），就称为当前窗口，或者叫做前台窗口、活动窗口；其他窗口则称为非当前窗口或后台窗口。如果要激活后台窗口，可以单击它的标题栏或者单击在任务栏上的相应按钮。激活以后，该窗口就相应地成为当前窗口了。

（1）窗口的组成：Windows XP 的窗口分为应用程序窗口和文档窗口。应用程序都有自己的工作窗口，并且窗口的组成基本相同。双击桌面上"我的电脑"图标，就可以打开"我的电脑"窗口，如图 2-12 所示。由标题栏、菜单栏、工具栏、地址栏、滚动条、工作区和状态栏等几部分内容组成。

1）标题栏。位于窗口最上面。标题栏中的标题也称为窗口标题，通常是应用程序名、窗口名等。应用程序的标题栏中常常还有利用此应用程序正在创建的文档名，新建文档未被保存前则会显示诸如"无标题"、"未命名"、"文档 1"等。标题栏最左边是控制菜单按钮，最右边是最小化按钮、最大化按钮和关闭按钮。双击标题栏中空白部分，会最大化或还原窗口；右键单击则弹出快捷菜单。窗口最大化后，最大化按钮为还原按钮所代替。

2）控制菜单按钮与控制菜单。控制菜单按钮指窗口标题栏最左边的图形按钮。单击该按钮，可打开控制菜单（与右键单击标题栏弹出的快捷菜单是一样的）；双击则关闭该窗口。

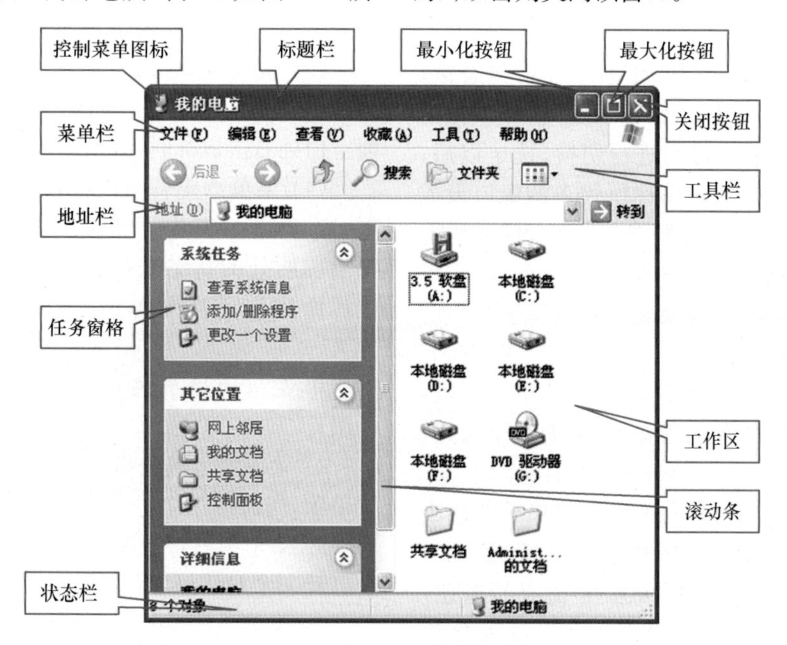

图 2-12　"我的电脑"窗口

3）菜单栏。位于标题栏下面，其中包含应用程序或文件夹等的所有菜单项。不同的窗口有不同的菜单项，也有一些是相同的，比如“文件”、“查看”、“帮助”等。单击一个菜单项，打开一个下拉菜单，列出相关的命令项。

4）工具栏。位于菜单栏的下面，上面列出了常用命令的快捷方式按钮，比如：新建、保存、打开、打印、查找、剪切、复制、粘贴、撤销等。单击这些按钮，就等同于从下拉菜单中选择并执行一项命令。

5）状态栏。窗口的最下面是状态栏，常显示一些与窗口中的操作有关的提示信息。

6）滚动条。当窗口中的内容不能全部显示时，就会出现滚动条。左键按住滚动条进行拖动，就可以查看相应内容。

7）工作区。窗口中面积最大的是应用程序工作区。

（2）窗口的基本操作

1）窗口的打开。双击文件、文件夹或应用程序的图标，就可以打开相应的文件、文件夹或应用程序。

2）窗口的关闭。单击窗口的“关闭”按钮；双击控制菜单按钮；选择控制菜单中的[关闭]命令；按快捷键 Alt＋F4。

3）窗口的移动。左键按住标题栏，拖动到适当的位置；从控制菜单选择［移动］命令，按方向键到合适位置后，按回车键。

4）窗口的大小调整。把鼠标指针放在窗口的四个边框上，或四个角上，当指针形状改变时，就可以拖动鼠标来调整窗口的大小。或者在控制菜单中选择［大小］命令，按方向键进行移动来调整，并按回车键结束。

5）窗口的切换操作。①利用 Alt＋Tab 组合键，按住 Alt 键不动，然后不停地按 Tab 键，就可以在已经打开的窗口的不同图标之间进行切换，选定以后，松开 Alt 键，就可以把选定的图标所代表的窗口设成当前窗口（活动窗口）；②利用任务栏，单击任务栏上的任务按钮，可以把相应的窗口置为活动窗口；③单击非活动窗口的任何部分，这要在可以看见该窗口的一部分的前提下才可以。

6）窗口的排列。在任务栏的空白处单击右键，在弹出的快捷菜单中选[层叠窗口]、[横向平铺窗口]或[纵向平铺窗口]。

7）最小化、最大化和还原窗口。单击“最小化”按钮，则窗口将缩小为任务栏上一个按钮，这时窗口仍保持打开状态，单击任务栏上相应的按钮，窗口将还原至最小化之前的大小；单击最大化按钮，窗口将以全屏的方式显示，此时，“最大化”按钮将变成“还原”按钮，单击“还原”按钮，窗口恢复原来的大小。

4. 菜单的操作　菜单是一组命令的集合，是 Windows XP 执行命令的主要形式。Windows XP 提供了三种菜单形式：【开始】菜单、下拉式菜单、快捷菜单。

（1）【开始】菜单：当用户在使用计算机时，利用【开始】菜单可以完成启动应用程序、打开文档以及寻求帮助等工作，单击任务栏上的“开始”按钮打开【开始】菜单，如图 2-13 所示。

图 2-13　“开始”菜单

（2）下拉式菜单：应应用程序窗口和文档窗口中，通常采用下拉式菜单，单击菜单栏中的菜单项，可打开下拉式菜单，如图 2-14 所示。

（3）快捷菜单：用户在某个对象上右击鼠标时，会弹出一个快捷菜单。如图 2-15 所示，是用户在桌面空白处右击鼠标时，弹出的快捷菜单。

（4）菜单约定：一个菜单通常包含若干个菜单项，Windows XP 为了帮助用户操作时对不同菜单项当前所处的状态进行识别，在一些菜单项的前面或后面加上了特殊标记，不同的标记代表不同的含义。

1）菜单项呈灰色显示。表示该菜单项当前不可用。

2）菜单项呈黑色显示。表示该菜单项为正常的菜单项，当前可用。

3）菜单项后带省略号“…”。表示执行该命令后会打开一个对话框，需要用户输入信息或更改设置。

4）菜单项右端带三角标记“▶”。表示该菜单项还有下一级菜单（也称为子菜单或级联菜单），鼠标指向该菜单项时会自动弹出下一级子菜单。

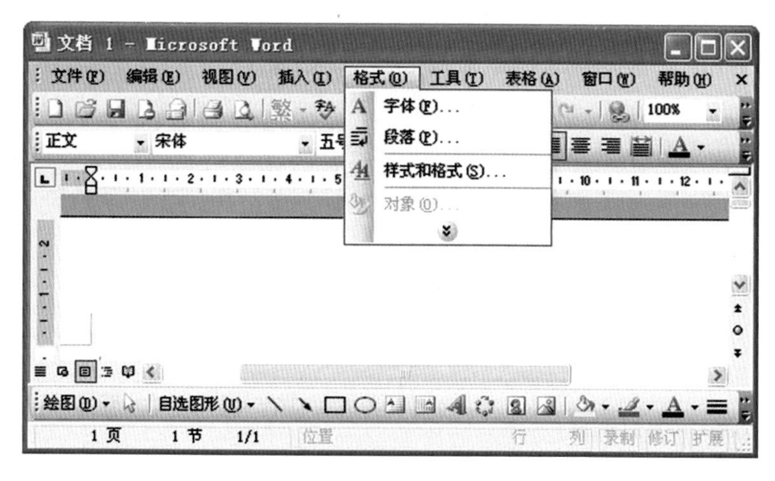

图 2-14　下拉式菜单

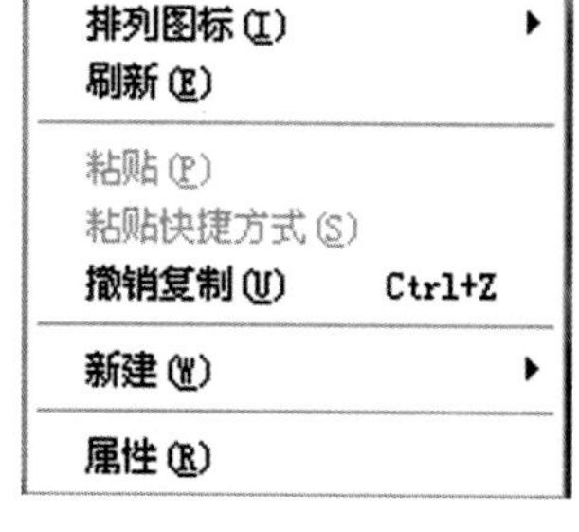

图 2-15　快捷菜单

5）菜单项前有符号“√”。选择标记。当菜单项前有此符号时，表示该命令有效，如果再一次选择，则删除该标记，命令无效。

6）菜单项名字前有符号“●”。表示可选项，但在分组菜单中，有且只有一个选项带有符号“●”，表示被选中。

7）分组线。菜单项之间的分隔线条，通常按功能分组。

8）菜单项后面带组合键。是执行该命令的快捷键。

9）命令项后的字母。菜单栏中的菜单项括号中的单个字母，按住 F10 或 Alt 键后，可通过键盘键入该字母，打开其对应的下拉菜单；下拉菜单命令项后括号中的单个字母，当菜单被打开时，可通过键盘键入该字母执行该项命令。

5. 对话框认识与操作　对话框是用户与计算机系统之间进行信息交流的窗口，用于输入信息，设置选项。对话框没有菜单栏，大小是固定的。对话框中包含的主要控件有：文本框、单选按钮、复选框、列表框、下拉列表框、选项卡、命令按钮等。如图 2-16 所示。

（1）文本框。文本框是提供给用户输入一定的文字和数值信息的地方，其中可能是空白，也可能有系统填入的默认值。

（2）单选按钮。对话框的某一栏中可能有若干个圆形的单选按钮，供单项选择。单击要选择的一项，则该项前面的圆中出现黑点。圆中有黑点表示该项处于选中状态；圆中没有黑点表示该项未被选中。

（3）复选框。用小正方形表示，供多项选择。当框内出现符号“√”，表示该项处于选中状态；再次单击，该项变为未选中状态。

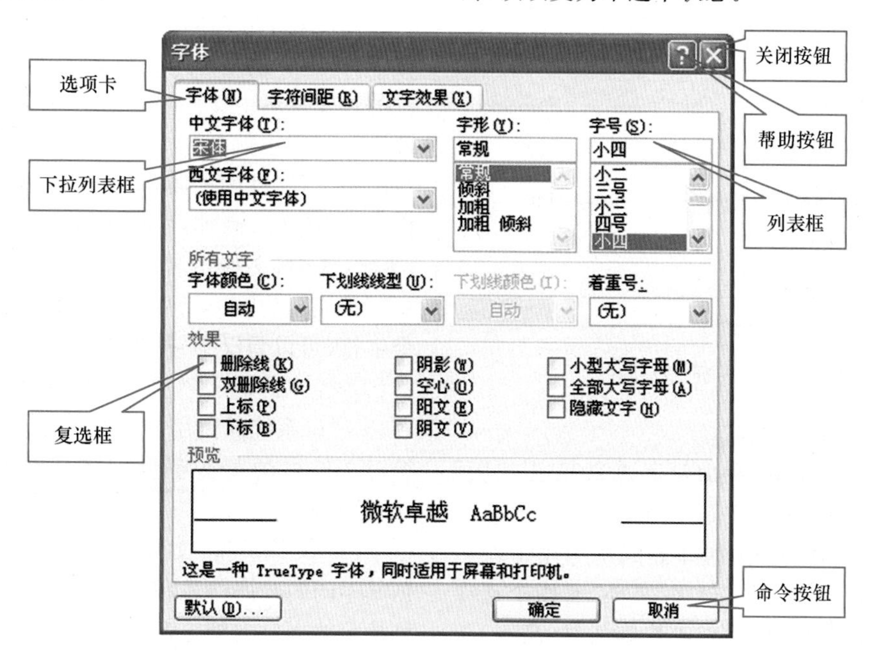

图 2-16　对话中常用控件

(4) 列表框。列表框中列出可供选择的内容，框中不能一次显示全部可供选择内容时，会出现滚动条。

(5) 选项卡。Windows 应用程序的对话框中常常有不同的选项卡(或称为标签)，每个选项卡下面是相关主题信息的集合。

(6) 下拉列表框。单击下拉列表框右边的向下箭头按钮，打开可供选择的选项列表。

(7) 滑块。拖动滑块可以改变数值大小，一般用于调整参数。

(8) 数值框。用于调整或输入数值，单击数值框右边的向上或向下微调按钮改变数值大小，也可以直接输入一个数值。

(9) 命令按钮。用于执行命令。如果命令按钮后有省略号“…”，表示将打开一个对话框；如果命令按钮呈暗淡色，表示该按钮当前不可用。

(10) 帮助按钮。位于标题栏右侧，单击该按钮，获取在线帮助信息。

6. 快捷键的应用 键盘上有些键需要和其他键配合使用，通过在键盘上的单键或多键组合完成一条功能命令，我们通常把这些按键称为快捷键，俗名又叫热键。因此，如果我们能熟练掌握并灵活运用这些快捷键便可大大提高我们日常的工作效率。表 2-1 列出了 Windows XP 中的常用快捷键及功能。

表 2-1 常用快捷键及功能

快捷键	功能	快捷键	功能
Alt+Tab	切换当前程序	Ctrl+C	复制
Alt+Esc	循环切换当前程序	Ctrl+X	剪切
Alt+F4	关闭当前应用程序	Ctrl+V	粘贴
Alt+Space	打开程序的控制菜单	Ctrl+S	保存
Print Screen	拷贝屏幕到剪贴板	Ctrl+Z	撤销
Alt+ Print Screen	拷贝当前活动窗口到剪贴板	Esc	取消当前任务

2.2.3 实施方案

1. 任务 1 操作步骤

(1) 从 Internet 下载“金山打字通 2011 正式版”并安装。

(2) 启动“金山打字通 2011 正式版”，单击左边[英文打字]按钮，进入“英文打字”页面，有四个选项卡，分别为“键盘练习(初级)”、“键盘练习(高级)”、“单词练习”、“文章练习”，依次选择进行练习，在每项练习前，单击[课程选择]按钮，在“课程选择”列表框中选择相应的练习内容。

2. 任务 2 操作步骤

(1) 单击任务栏上的“开始”按钮，打开【开始】菜单→ 选[所有程序] → 选[附件] 命令。

(2) 在子菜单中选[画图] 命令，即可启动“画图”程序。

2.3 Windows XP 的文件管理

2.3.1 任　　务

任务 1：在文件夹 D:\xze 中查找 2011 年 1 月 1 日至 2011 年 7 月 31 日之间修改过且扩展名为 doc，文件名的第三个字母为 S 的文件。

任务 2：使用 360 杀毒软件和 360 安全卫士。

2.3.2 相关知识与技能

1. 文件知识 对于十分庞杂的磁盘中的文件系统，必须要能够对所有的文件或文件夹进行快速、有序的管理。在 Windows XP 操作系统中，管理文件或文件夹的工作主要由“ Windows 资源管理器”、“我的电脑”等来完成。

(1) 文件的概念：文件是一组被命名的、存放在存储介质上的相关信息的集合。Windows 将各种程序和文档以文件的形式进行存储和管理。文件中的信息可以是文字、图形、图像、声音等，也可以是一个程序 。每个文件必须有名字，操作系统对文件的组织和管理都是按文件名进行的。

(2) 文件的命名：每个文件都有自己的文件名称，Windows 就是按照文件名来识别、存取和访问文件的。文件名由文件主名和扩展名(类型符)组成，两者之间用小数点“ . ”分隔。文件主名一般由用户自己定义，文件的扩展名标识了文件的类型和属性，由系统定义。例如：“Windows XP 中文操作系统 . doc”，其中，文件主名为“Windows XP 中文操作系统”，扩展名为“doc”。Windows XP 最多可以使用 255 个字符(可以是汉字)作为文件名。但不能包含以下 9 个字符：“:”、“ * ”、“? ”、“| ”“" ”、“＜ ”、“＞”“\”、“ /”。系统保留用户命名时的大小写字母，但系统对文件名的英文字母不区分大小写，如 ABC 和 abc 是相同的。

(3) 文件类型：文件都包含着一定的信息，而根据其不同的数据格式和意义使得每个文件都具有某种特定的文件类型。Windows 利用文件的扩展名来区别每个文件的类型。其中一些基本类型如表 2-2 所示。

表 2-2　常见文件类型及其扩展名

文件类型	扩展名	文件类型	扩展名
可执行程序	com、exe	文本文件	txt
批处理文件	bat	Word 文档文件	doc
Excel 文档文件	xls	PowerPoint 演示文稿	ppt
系统配置文件	sys	帮助文件	hlp
压缩文件	zip、rar	网页文件	html、asp
备份文件	bak	字体文件	fon
图像文件	bmp、jpg、gif	视频文件	wmv、rm、asf
音频文件	wav、mp3、mid	可移植文档文件	pdf

(4) 文件夹：文件夹是用来组织磁盘文件的一种数据结构，相当于 DOS 中的目录。文件夹被组织成树状结构，即一个文件夹下可以有多个其他文件夹（称子文件夹）。每一个文件夹也有一个相应的文件夹名称。文件夹的命名规则与文件命名规则完全相同，只不过没有扩展名。在对文件管理时，可以把同一类型的文件保存在一个文件夹中，也可以根据用途将不同的文件保存在一个文件夹中。

(5) 路径：路径是描述文件位置的一条通路，这些文件可以是文档或应用程序，路径是操作系统和用户查找文件的路线图。路径的使用规则是：逻辑盘符（如 C、D），后跟冒号（:）和反斜杠（\），再接文件所属的所有文件夹名和子文件夹名，文件夹名和子文件夹名中间用反斜杠分隔，最后是文件名。如：C:\xze\jc\中文操作系统 Windows XP 的使用 . doc。

2. 资源管理器启动与界面认识　“资源管理器”是 Windows 系统提供的资源管理工具，采用双窗格树形的文件系统结构，通过它可以方便地管理计算机的软硬件资源，和“我的电脑”相比，操作上更直观、更方便。

(1) 启动资源管理器：启动资源管理器有多种方法。常用的有以下几种方法：

1) 单击任务栏上的“开始”按钮，打开【开始】菜单→ 选[所有程序]→选[附件] →选[Windows 资源管理器]命令 。

2) 右键单击“开始”按钮，在其快捷菜单中选[资源管理器]命令。

3) 右键单击“我的电脑”或其他文件夹图标，在其快捷菜单中选[资源管理器]命令。

(2) 资源管理器窗口组成：资源管理器窗口，如图 2-17 所示。

“资源管理器”窗口工作区包含了两个小区域。左边小区域称为文件夹区，它以树形结构表示了桌面上的所有对象，文件夹树的根是桌面；下一级是“我的电脑”、“网上邻居”和“回收站”，再下一级就是“软盘驱动器”和“硬盘”等。用户可以在软盘或硬盘的文件夹下创建自己的文件夹来管理自己的文档；右边小区域称为内容区，它显示出左边小窗口被选定文件夹的内容。可以用鼠标拖动左右区域之间的分隔线调整左右窗口的大小。

在图 2-17 所示资源管理器窗口的文件夹区中，文件夹图标前有“ + ”号，表示该文件夹中所含的子文件夹没有被显示出来（称为收缩），单击“ + ”号，其子文件夹结构就会显示出来（称为扩展），“ + ”同时变成了“ − ”。类似地，单击“ − ”号，其子文件夹结构就会被隐藏起来，“ − ”同时变成了“ + ”。

☞考点：资源管理器

3. 文件和文件夹的管理操作

(1) 显示隐藏文件和文件夹：在资源管理器窗口中，单击【工具】菜单→ 选[文件夹选项]命令，打开“文件夹选项”对话框，单击“查看”选项卡，如图 2-18 所示。具有“隐藏”属性的文件和文件夹的设置有一组单选按钮，选中左边的单选按钮，分别设置“不显示隐藏的文件和文件夹”和“显示隐藏的文件和文件夹”；勾选“隐藏已知文件类型的扩展名”左边的复选框，则隐藏已知文件类型的扩展名，再次单击，则显示已知文件类型的扩展名。

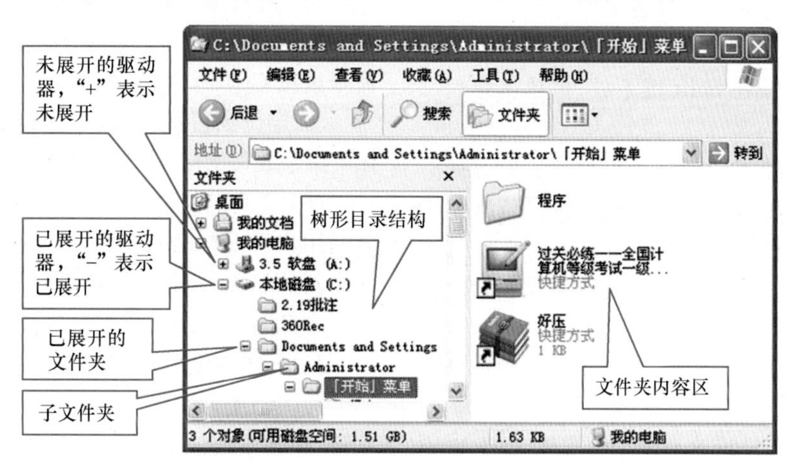

图 2-17　“资源管理器”窗口

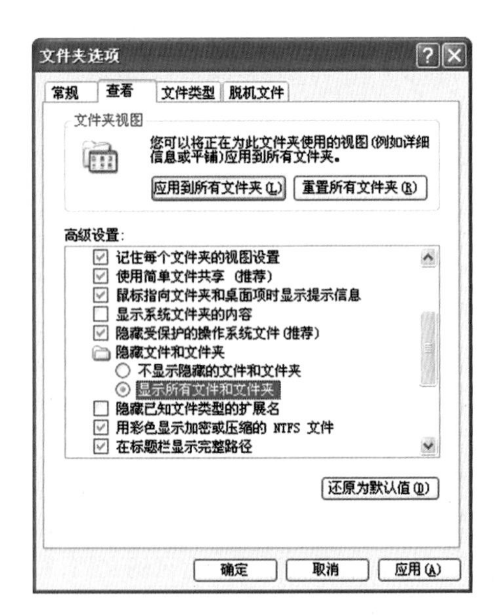

图 2-18 “文件夹选项”对话框

☞考点:显示隐藏的文件和文件夹、显示已知文件类型的扩展名

(2) 新建文件或文件夹:新建文件或文件夹的操作步骤如下:

1) 在“我的电脑”或“资源管理器”窗口中,定位需要新建文件或文件夹的位置。

2) 单击【文件】菜单→选[新建]→选[文件夹]命令;或在文件夹内容区的空白处单击鼠标右键,在其快捷菜单中选【新建】→选[文件夹]命令。

3) 对所建立的文件夹图标,将其原名称“新建文件夹”改成(重命名)一个新的文件夹名称即可。

☞考点:新建文件或文件夹

(3) 选定文件或文件夹:在 Windows 中,一般都是先选定要操作的对象,再对选定的对象进行处理。在文件夹内容区选定文件或文件夹的基本方法有以下几种,被选定的文件或文件夹呈反相显示。

1) 选择一个文件或文件夹:用鼠标单击所需的文件或文件夹,即可选定该文件或文件夹。

2) 选择连续的多个文件或文件夹:先单击第一个文件或文件夹,再按住 Shift 键不放,再单击最后一个或拖动鼠标框选。

3) 选择不连续的多个文件或文件夹:先选择一个文件或文件夹,然后按住 Ctrl 键不放,再依次单击要选择的其他文件或文件夹。

4) 选择全部文件或文件夹:单击【编辑】菜单 → 选[全选] 命令;或按 Ctrl+A 快捷键。

5) 反向选择文件或文件夹:先选定不需要的文件或文件夹,然后单击【编辑】菜单 → 选[反向选定] 命令。

对于所选定的文件或文件夹,再按住 Ctrl 键不放,单击某个已选定的文件或文件夹,即可以取消对该文件或文件夹的选定;如果单击文件或文件夹列表外任意空白处可取消全部选定。

(4) 移动文件或文件夹:“移动”是指文件和文件夹从原位置上消失,出现在指定的新位置上。

A. 使用鼠标拖放

1) 选定要移动的文件或文件夹。

2) 用鼠标拖动所选定的文件或文件夹图标到目标位置,松开鼠标即可。若源位置与目标位置在同一驱动器中,直接拖放;若源位置与目标位置在不同驱动器中,拖放时须按住 Shift 键。

B. 利用剪贴板

剪贴板是 Windows 系统为传递信息在内存开辟的临时存储区,具有转运站的功能,可实现同一个窗口内或不同窗口间文件及文件夹的复制和移动,剪贴板中的内容可以多次粘贴,关闭计算机,信息会丢失。

1) 选定要移动的文件或文件夹。

2) 单击【编辑】菜单 → 选[剪切] 命令,将其存入剪贴板(或单击右键,在弹出的快捷菜单中选[剪切]命令或按 Ctrl+X 快捷键)。

3) 定位到目标位置,单击【编辑】菜单 → 选[粘贴] 命令或按 Ctrl+V 快捷键。

☞考点:移动文件或文件夹

(5) 复制文件或文件夹:“复制”是指原来位置上的文件和文件夹保留不动,在指定的位置上出现源文件和文件夹的一个拷贝。

A. 使用鼠标拖放

1) 选定要复制的文件或文件夹。

2) 用鼠标拖动所选定的文件或文件夹图标到目标位置,松开鼠标即可。若源位置与目标位置在不同驱动器中,直接拖放;若源位置与目标位置在同一驱动器中,拖放时须按住 Ctrl 键。

B. 利用剪贴板

1) 选定要复制的文件或文件夹。

2) 单击【编辑】菜单 → 选[复制] 命令,将其存入剪贴板(或单击右键,在弹出的快捷菜单中选[复制]命令或按 Ctrl+C 快捷键)。

3) 定位到目标位置,单击【编辑】菜单 → 选[粘贴] 命令或按 Ctrl+V 快捷键。

(6) 重命名文件或文件夹:重命名文件或文件夹就是用户根据自己的需要,给文件或文件夹重新命名一个新的名称,使其名称能更好地描述其内容。

重命名文件或文件夹的具体操作步骤如下:

1) 选择要重命名的文件或文件夹;

2) 单击【文件】菜单 → 选[重命名] 命令,或单击右键,在弹出的快捷菜单中选[重命名]命令;

3) 这时文件或文件夹的名称将处于编辑状态(蓝色

反白显示)，用户可直接键入新的名称进行重命名操作。

☞考点：重命名文件或文件夹

(7) 删除文件或文件夹：回收站是硬盘的一个特殊文件夹，我们删除的一些文件放在这里。其具有保护功能，可以从回收站还原误删除的文件或文件夹。但是软盘、可移动硬盘的文件删除后不会放到回收站。

删除操作一定要慎重，应能保证所删除的是不再有用的。删除时，选定要删除的文件或文件夹，再从以下几种方法中选用一种来删除这些文件或文件夹。

1) 把要删除的文件或文件夹的图标用鼠标拖到回收站图标中；

2) 选定要删除的文件或文件夹，按 Delete 键；

3) 在要删除的文件或文件夹图标上单击鼠标右键，在其快捷菜单中选择[删除]命令(如在执行[删除]命令时，按 Shift 键，则直接从磁盘中删除)。

除非是将文件直接拖入回收站中，否则 Windows 为了防止用户误操作，都会弹出如图 2-19 所示对话框，要求确认。

图 2-19　"确认文件夹删除"对话框

在硬盘上默认情况下，无论何时删除了硬盘上的文件或文件夹，Windows 并没有真正将其从磁盘中删除，而是将该文件或文件夹暂时移动到桌面上的"回收站"里。如果发生误删除，可以通过"回收站"进行恢复。"回收站"本身将占用一定的磁盘空间。因此，用户应该定期清理"回收站"。执行清空"回收站"操作后，原删除的内容将从计算机的磁盘中被永久删除而无法恢复。

上述删除文件方法一般用于删除文档文件，要删除应用程序时，应该用卸载功能或"控制面板"中的"添加与删除程序"。

☞考点：删除文件或文件夹

(8) 查找文件或文件夹：在查找文件或文件夹时，若名字不是十分清楚，可以使用通配符"*"和"?"。

? 表示在该位置可以是一个任意合法字符。

* 表示在该位置可以是若干个任意合法字符。

查找文件或文件夹的操作步骤如下：

1) 单击"开始"按钮，打开【开始】菜单 → 选[搜索]命令，或者在"我的电脑"中单击工具栏上的"搜索"按钮，打开"搜索结果"窗口，如图 2-20 所示。

2) 在"搜索结果"窗口中，输入要搜索的文件或者文件夹的有关信息。在"要搜索的文件或文件夹名为"文本框中输入："*.txt"。

3) 在"包含文字"文本框：输入所知道的文件内容，可以缩小搜索范围。

4) 在"搜索范围"下拉列表框中，指定文件查找的位置，如在"搜索范围"下拉列表框中选择"本地磁盘(C:)"。

5) 如果要设置更多的搜索选项，可以单击"搜索选项"超级链接。

6) 单击[立即搜索]按钮。

7) 单击"新建"按钮开始另一次搜索。如果不想搜索了，可以关掉"搜索结果"窗口。

☞考点：查找文件或文件夹

图 2-20　"搜索结果"窗口

(9) 创建快捷方式:对象(应用程序、文件、文件夹等)的快捷方式是一个链接对象的图标,它可以看做是指向该对象的指针文件,是一种特殊的文件类型,可为任何一个对象在任意地方建立快捷方式,当用户双击快捷方式图标时,可以打开这个对象,删除快捷方式不影响相应的对象。创建桌面快捷方式的操作步骤如下:

1) 在"资源管理器"窗口中,选定要创建快捷方式的应用程序、文件、文件夹等;

2) 单击【文件】菜单 → 选[创建快捷方式] 命令,或单击右键,在弹出的快捷菜单中选[创建快捷方式]命令,则在当前位置创建了该对象的快捷方式,可以为该快捷方式重命名;

3) 右击快捷方式的图标,在弹出的快捷菜单中选[发送到] → 选[桌面快捷方式]命令,则在桌面上创建了该对象的快捷方式,如要打开该对象,只需在桌面上双击该对象的快捷方式。

☞考点:创建快捷方式并重命名

4. 计算机病毒防范 计算机病毒(computer viruses)是人为设计的,以破坏计算机系统为目的的程序,它寄生于其他应用程序或系统的可执行部分,当条件成熟时发作,对计算机系统起破坏作用。由于具有生物病毒的某些特征,因此它被称为"计算机病毒"。《中华人民共和国计算机信息系统安全保护条例》将计算机病毒定义为:"计算机病毒,是指编制或者在计算机程序中插入的破坏计算机功能或者破坏数据,影响计算机使用并且能够自我复制的一组计算机指令或者程序代码。"

(1) 计算机病毒的特点

1) 寄生性:计算机病毒寄生在其他程序之中,当执行这个程序时,病毒就起破坏作用,而在未启动这个程序之前,它是不易被人发觉的。

2) 传染性:传染性是计算机病毒最重要的特征,病毒程序一旦侵入计算机系统就开始搜索可以传染的程序或者存储介质,然后通过自我复制迅速传播。只要一台计算机感染病毒,如不及时处理,计算机病毒通过U盘、计算机网络去传染其他的计算机。

3) 破坏性:不同类型的病毒对系统的破坏性是不一样的。有的计算机病毒仅干扰软件的运行而不破坏该软件;有的无限制地侵占系统资源,使系统无法运行;有的可以毁掉部分数据或程序,使之无法恢复;有的恶性病毒甚至可以毁坏整个系统,导致系统崩溃。

4) 潜伏性:一个编制精巧的计算机病毒程序,进入系统之后一般不会马上发作。在潜伏期中,它并不影响系统的正常运行,只是悄悄地进行传播、繁殖,传染正常的程序。病毒的潜伏性越好,它在系统中存在的时间也就越长,病毒传染的范围也越广,其危害性也越大。

5) 隐蔽性:计算机病毒是一种具有很高技巧、短小精悍的可执行程序。编程时精心设计,隐藏在正常程序之中或磁盘引导扇区中,具有很强的隐蔽性,有的可以通过杀毒软件检查出来,有的根本就查不出来。

(2) 计算机感染病毒的症状:计算机一旦感染病毒,会有一些异常的症状出现。通过对这些异常症状的分析,就可以初步判断计算机是否感染了病毒。计算机感染病毒后有如下症状。

1) 计算机突然无法启动。

2) 系统的运行速度明显下降,打开文件时的速度比以前慢,经常无故发生死机。

3) 计算机存储的容量异常减少,系统中的文件长度无故发生变化,文件或文件夹被莫名其妙地删除。

4) 计算机屏幕上出现异常显示。主要有屏幕异常滚动、屏幕上出现异常信息显示、屏幕上显示的汉字不全。

5) 磁盘卷标发生变化,系统不能识别硬盘。

6) 文件的日期、时间、属性等发生变化;文件无法正确读取、复制或打开。

7) 系统自行重新启动。

☞考点:计算机病毒的定义、特点

(3) 计算机病毒的防范:计算机病毒预防是在计算机病毒尚未入侵或刚刚入侵,就拦截、阻击计算机病毒的入侵或立即报警。

1) 及时下载并安装操作系统的安全补丁,修复操作系统漏洞。

2) 使用防火墙或者杀毒软件自带防火墙,最大限度地阻止网络中的黑客来访问你的网络。

3) 及时更新杀毒软件主版本和病毒库,以快速检测到可能入侵计算机的新病毒或者变种。

4) 安装安全监视软件,如360安全卫士。开启木马防火墙,定时全盘病毒木马扫描,及时查杀木马,修复漏洞。

5) 不接收来历不明的电子邮件,或通过QQ传递的文件。

6) 使用移动存储器前,要先使用杀毒软件查杀病毒,然后再使用。

7) 使用正版软件。如需从Internet下载免费软件,要选择信得过的安全站点下载,安装前要使用杀毒软件查毒。

8) 定期备份重要的数据文件,一旦感染病毒,可以用备份恢复数据。

2.3.3 实施方案

1. 任务1操作步骤

(1) 单击“开始”按钮，打开【开始】菜单 → 选[搜索] 命令，打开“搜索结果”窗口。

(2) 在“搜索结果”窗口中，在“要搜索的文件或文件夹名为”文本框中输入：?? S*.doc。

(3) 在“搜索范围”下拉列表框中，单击“浏览”，打开“浏览文件夹”对话框，展开本地磁盘(D:)，单击文件夹：xze，单击[确定]按钮。

(4) 在“搜索选项”组中，选中复选按钮“日期”，在其中的单选按钮组中，选中并输入：介于 2011-01-01 和 2011-07-31，单击[立即搜索]按钮。

2. 任务2操作步骤

(1) 双击桌面上的“360 杀毒”图标，启动“360 杀毒软件”；

(2) 单击“病毒查杀”选项卡，单击“快速扫描”、“全盘扫描”或“指定位置扫描”大按钮，启动“病毒扫描程序”，选中“自动处理扫描出的病毒威胁”复选按钮；

(3) 单击“实时防护”选项卡，根据需要，拖动滑块，设置防护级别；

(4) 单击“产品升级”选项卡，及时升级病毒库；

(5) 单击任务栏上“通知区域”中的“360 安全卫士”图标，启动“360 安全卫士”，分别单击工具栏中的工具按钮“电脑体验”、“查杀木马”、“清理插件”、“修复漏洞”、“清理垃圾”等。

2.4 Windows XP 的磁盘管理

2.4.1 任　务

计算机在使用过程中，由于用户常频繁地进行应用程序的安装、卸载，文件的移动、复制、删除或在 Internet下载程序文件等多种操作，过一段时间后，计算机硬盘上将会产生很多磁盘碎片或大量的临时文件等，致使运行空间不足，程序运行和文件打开变慢，计算机的系统性能下降。因此，用户需要定期对磁盘进行维护，以使计算机始终处于较好的状态。

2.4.2 相关知识与技能

1. 查看磁盘属性　磁盘的常规属性包括：磁盘的类型、文件系统、磁盘总容量、已用空间和可用空间大小、卷标信息等，查看磁盘的常规属性的操作步骤如下：

(1) 打开“我的电脑”或“资源管理器”窗口。

(2) 右击要查看属性的磁盘盘符(如 C:)，在弹出的快捷菜单中选[属性] 命令(或单击【文件】菜单 → 选[属性] 命令)，打开“磁盘属性”对话框，选择“常规”选项卡，如图 2-21 所示。

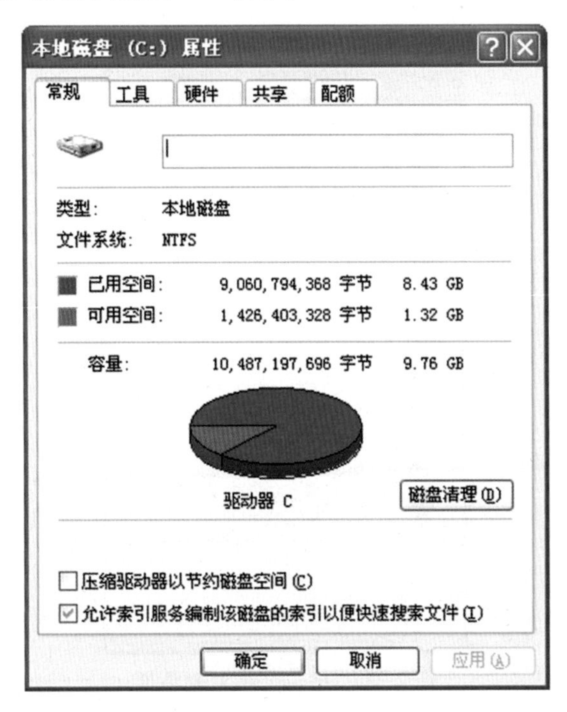

图 2-21　“磁盘属性”对话框

(3) 在该选项卡中，用户可以在最上面的文本框中键入该磁盘的卷标；在该选项卡的中部显示了该磁盘的类型、文件系统、已用空间及可用空间等信息；在该选项卡的下部显示了该磁盘的容量，并用饼图的形式显示了已用空间和可用空间的比例信息。单击[磁盘清理]按钮，可启动磁盘清理程序，进行磁盘清理。

(4) 单击[确定]按钮，既可应用在该选项卡中更改的设置。

2. 格式化磁盘　格式化磁盘就是在磁盘内进行分割磁区，作内部磁区标示，以方便存取。格式化磁盘可分为格式化硬盘和格式化软盘两种。格式化硬盘又可分为高级格式化和低级格式化，高级格式化是指在 Windows XP 操作系统下对硬盘进行的格式化操作；低级格式化是指在高级格式化操作之前，对硬盘进行的分区和物理格式化。

进行格式化磁盘的操作步骤如下：

(1) 若要格式化的磁盘是 U 盘，应先将其插入计算机中；若要格式化的磁盘是硬盘，可直接执行第二步。

(2) 双击“我的电脑”图标，打开“我的电脑”窗口。

(3) 选择要进行格式化操作的磁盘，单击【文件】菜单 → 选[格式化] 命令，或右击要进行格式化操作的磁盘，在打开的快捷菜单中选[格式化]命令，打开“格式化”对话框，如图 2-22 所示。快速格式化不扫描磁盘的坏扇区而直接从磁盘上删除文件。只有在磁盘已经进行过格式化而且确信该磁盘没有损坏的情况下，才使用该选项。

图 2-22 “格式化磁盘”对话框

(4) 单击[开始]按钮，将弹出“格式化警告”对话框，若确认要进行格式化，单击[确定]按钮即可开始进行格式化操作。

(5) 这时在“格式化”对话框中的“进程”框中可看到格式化的进程；格式化完毕后，将出现“格式化完毕”对话框，显示该磁盘的属性报告，单击[确定]按钮即可。

3. 磁盘清理　系统使用一段时间之后，有可能存在各种各样的无用文件，它们往往占据了部分硬盘空间，如果手工对其删除清理需要切换到不同的目录中进行操作，非常麻烦，可以通过 Windows XP 提供的磁盘清理程序来完成，操作步骤如下：

(1) 单击“开始”按钮，打开【开始】菜单 →选[所有程序] →选[附件]→选[系统工具]→选[磁盘清理]命令，打开“选择驱动器”对话框，如图 2-23 所示。

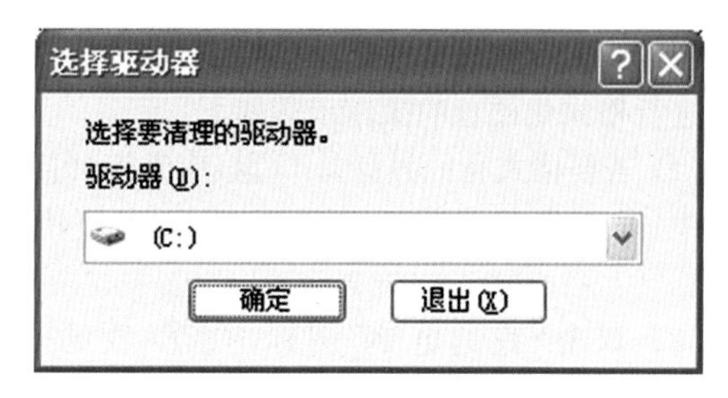

图 2-23 “选择驱动器”对话框

(2) 在“选择驱动器”对话框中，选择要清理的磁盘驱动器(如 C:)，再单击[确定]按钮。Windows XP 开始扫描该磁盘上的可删除文件，将“要删除的文件”以列表的形式显示在“磁盘清理”对话框中，如图 2-24 所示。

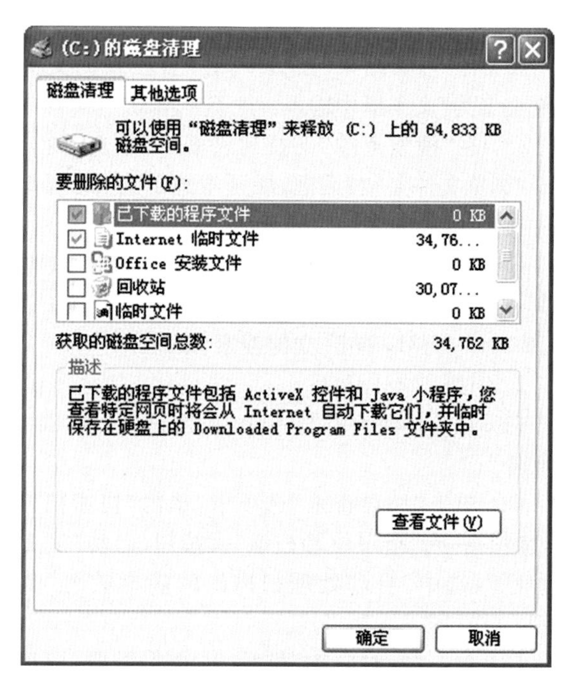

图 2-24 “磁盘清理”对话框

(3) 在“磁盘清理”对话框中，选中要删除文件前面的复选框，单击[确定] 按钮，在系统弹出的警告对话框中，单击[是]按钮，即可删除选中的文件。

(4) 在“磁盘清理”对话框中，单击“其他选项”标签，这里面集成了 Windows 组件、安装的程序和系统还原三部分内容，它们也能够释放出更多的磁盘空间。

4. 磁盘碎片整理　“磁盘碎片整理程序”具有分析磁盘文件、合并碎片文件和文件夹的功能，对磁盘进行碎片整理的目的是使每个文件和文件夹尽可能占用连续的磁盘空间，提高程序运行、文件打开和读取的速度。磁盘碎片整理的操作步骤如下：

(1) 单击“开始”按钮，打开【开始】菜单 →选[所有程序] →选[附件]→选[系统工具]→选[磁盘碎片整理程序]命令，打开“磁盘碎片整理程序”窗口，如图 2-25 所示。

(2) 单击[分析]按钮，弹出“磁盘碎片整理程序”分析结果对话框，如图 2-26 所示，系统提示“您应该对该卷进行碎片整理”，单击[碎片整理]按钮，系统开始对此驱动器进行磁盘碎片整理。整理完毕后，在弹出的对话框中，单击[关闭]按钮。

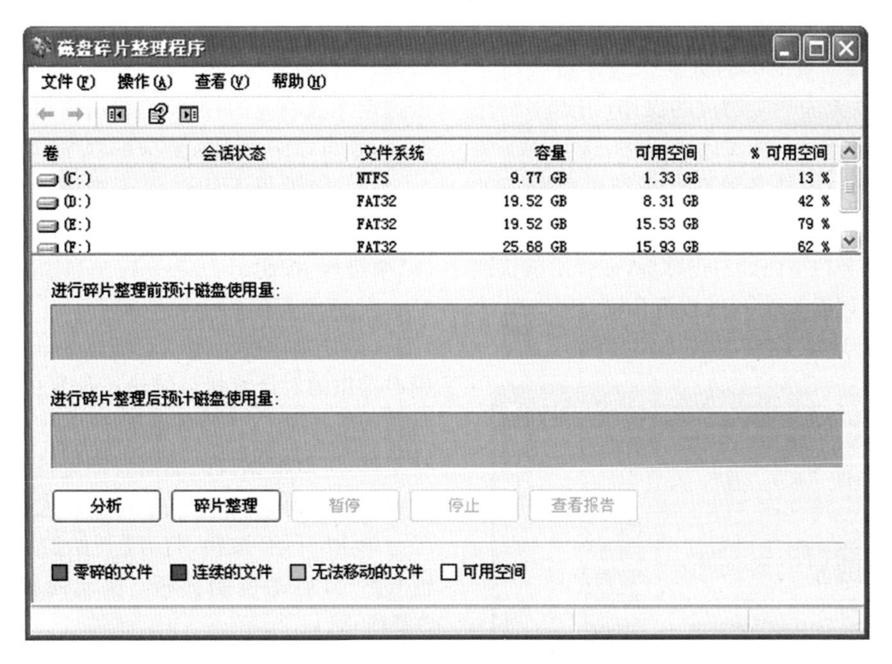

图 2-25　“磁盘碎片整理程序”窗口

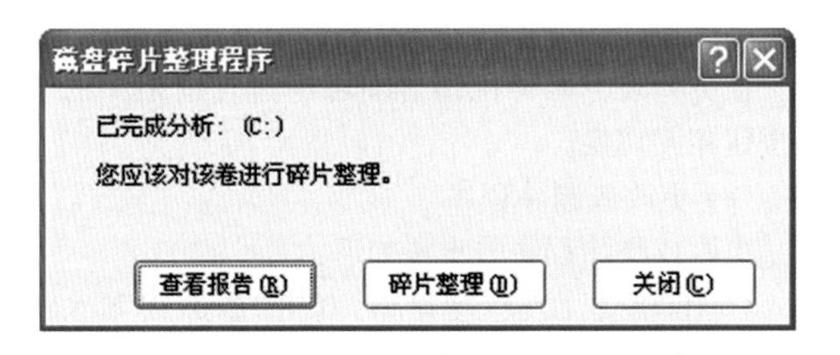

图 2-26　“磁盘碎片整理程序” 分析结果对话框

2.4.3　实 施 方 案

(1) 查看磁盘属性:查看磁盘属性,合理安排磁盘空间,一般 C 盘是系统盘,用户数据一般不要放在 C 盘,C 盘留有余地,供安装应用程序预留空间。

(2) 格式化磁盘:一般不要格式化磁盘,但当系统不能运行,无法修复时,这时就要格式系统盘,重装系统。

(3) 磁盘清理:定期对磁盘清理,释放部分磁盘空间。

(4) 磁盘碎片整理:定期对磁盘进行磁盘碎片整理,由于此项操作,用时比较长,在进行磁盘碎片整理前,先启动分析程序,如果系统提示“您应该对该卷进行碎片整理”,再启动碎片整理程序。

2.5　Windows XP 的任务管理

2.5.1　任　　务

任务 1:使用计算器,计算$(37)_8+(765)_8$的值。

任务 2:结束无响应的程序。

任务 3:安装搜狗拼音输入法。

2.5.2　相关知识与技能

1. 应用程序的启动与退出

(1) 应用程序的启动

应用程序的启动有以下几种方法:

1) 应用程序安装后一般在桌面都会创建快捷方式,双击快捷方式就可以启动相应的应用程序;

2) 单击“开始”按钮,打开【开始】菜单→选[所有程序]命令,然后单击要打开的程序;

3) 单击“开始”按钮,打开【开始】菜单→选[运行]命令,弹出“运行”对话框,在“打开”下拉列表框中输入应用程序的文件名,如图 2-27 所示,最后单击[确定]按钮;

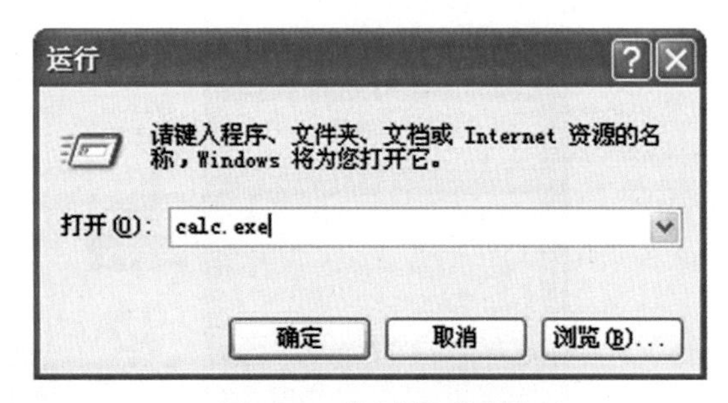

图 2-27　“运行”对话框

4) 双击一个文档的图标,可启动创建该文档的应用程序。

(2) 退出程序

退出程序有以下几种方法:

1) 单击应用程序窗口标题栏右边的关闭按钮;

2) 单击【文件】菜单 → 选[退出] 命令;

3) 双击标题栏最左边的小图标或单击标题栏最左边的小图标,选[退出] 命令;

4) 按组合键 Alt + F4。

2. 任务管理器 有时候打开一个程序或执行某项命令的时候程序无法响应对应的操作,用退出程序的方法来结束其运行也不能关闭该程序,这时就需要使用 Windows XP 中的任务管理器来结束无响应的程序,操作步骤如下:

(1) 在桌面任务栏空白处右击鼠标,在弹出的快捷菜单中,选[任务管理器] 命令;或按组合键 Ctrl+Alt+Delete 打开“任务管理器”窗口,如图 2-28 所示。

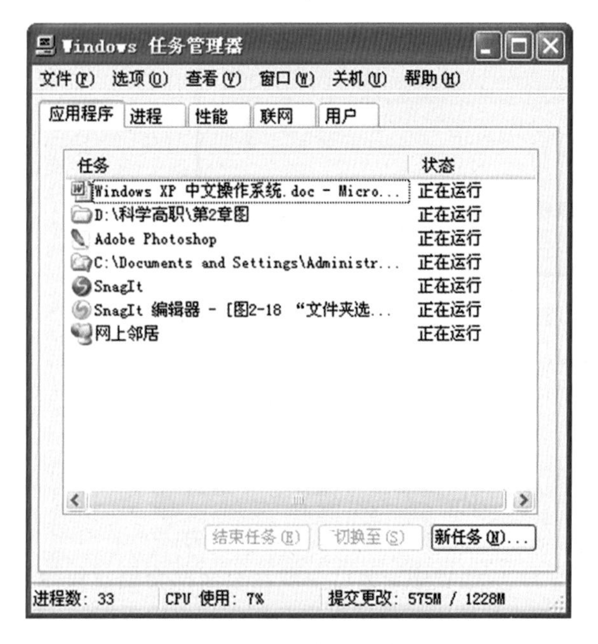

图 2-28 “任务管理器”窗口

(2) 单击任务管理器窗口中的“应用程序”选项卡,就可以看到用户打开的所有应用程序。用鼠标单击选定无法响应的程序,再单击窗口下边[结束任务]按钮,就可以结束无法响应的程序。

(3) 如果仍无法结束不响应的程序,可以单击“进程”选项卡,然后选择应用程序所对应进程,单击[结束进程]按钮。

3. 应用程序的添加与删除

(1) 控制面板:控制面板是 Windows XP 专门为用户提供的对计算机系统进行配置的工具,主要用于更改 Windows XP 的外观和行为方式。用户利用这些工具,可以根据自己的需要调整计算机系统的相关设置,从而使得操作电脑变得更加人性化与个性化。

单击“开始”按钮,打开【开始】菜单→选[控制面板]命令 ,启动控制面板。控制面板窗口组成如图 2-29所示。

“控制面板”提供了两种视图方式:经典视图和分类视图。经典视图将所有任务显示在一个窗口中;分类视图是按任务分类组织,单击其中一类任务,会打开子任务列表。两种视图之间可通过左窗格中的切换按钮相互切换。

(2) 更改或删除程序

更改或删除程序的步骤如下:

1) 在“控制面板”窗口中,双击“添加或删除程序”图标,打开“添加或删除程序” 对话框,如图 2-30 所示。

图 2-29 “控制面板”窗口

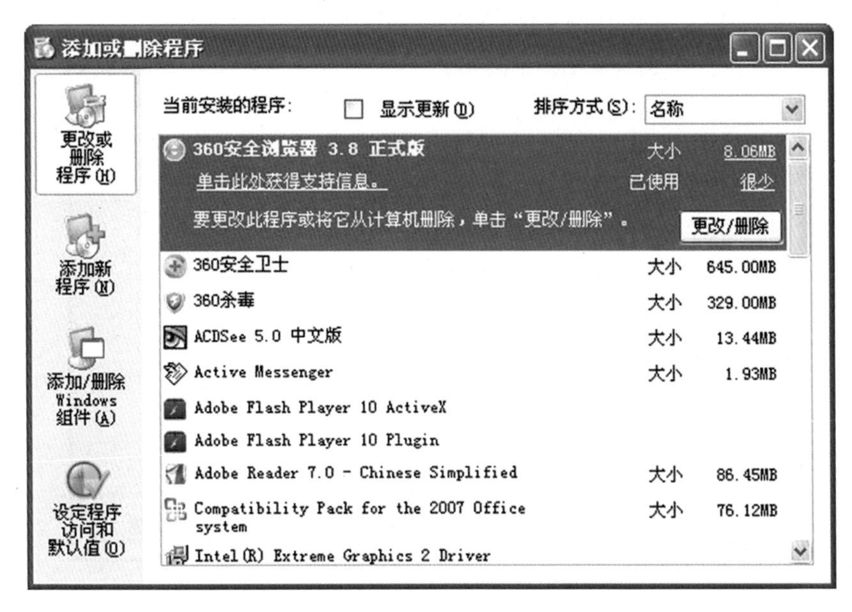

图 2-30　“添加或删除程序”对话框

2）单击左窗格的“更改或删除程序”大按钮，在“当前安装的程序”列表框中，单击要更改或删除程序名，然后单击[更改/删除]按钮，根据提示选择修复或卸载该程序。

（3）添加新程序：在图 2-30 中，单击左窗格的“添加新程序”大按钮，进入到选择安装方式对话框，如图 2-31 所示。单击[CD 或软盘]按钮，打开“从软盘或光盘安装程序”对话框，根据安装向导即可完成安装。还可单击[Windows Update]按钮，通过 Internet 添加一个新的 Windows 功能、设备驱动程序和系统更新。

（4）添加/删除 Windows 组件

1）在图 2-30 中，单击左侧的“添加/删除 Windows 组件”大按钮，打开“Windows 组件向导”对话框，按照向导提示可以方便的添加和删除 Windows XP 的组件，如图 2-32 所示。

2）在组件列表中，单击组件前的复选框，选中该组件，如单击“Internet 信息服务（IIS）”前的复选框，再单击[详细信息]按钮，打开“Internet 信息服务（IIS）”对话框，选择所需子组件。单击[确定]按钮，回到“Windows 组件向导”对话框。

3）插入 Windows XP 系统安装盘，单击[下一步]按钮，安装程序将按照选定的设置安装、删除或配置系统组件。

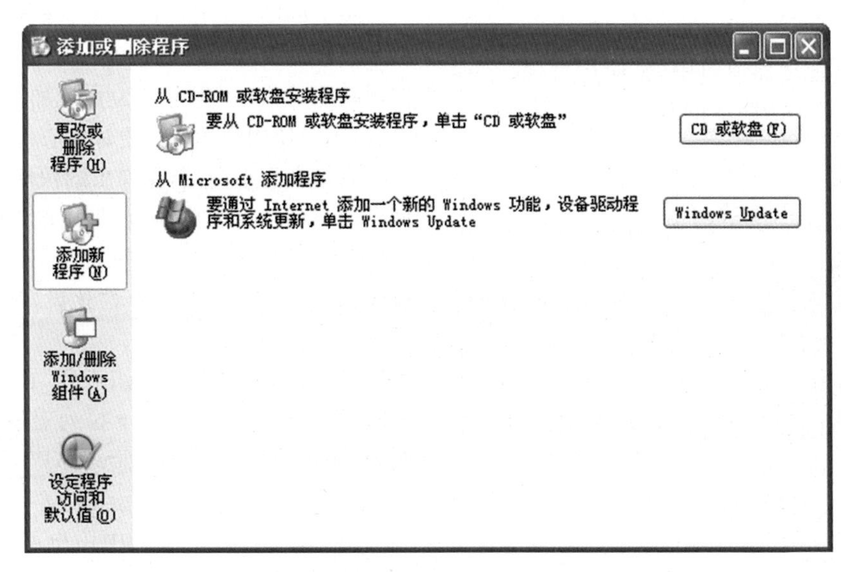

图 2-31　“添加或删除程序”对话框选择安装方式

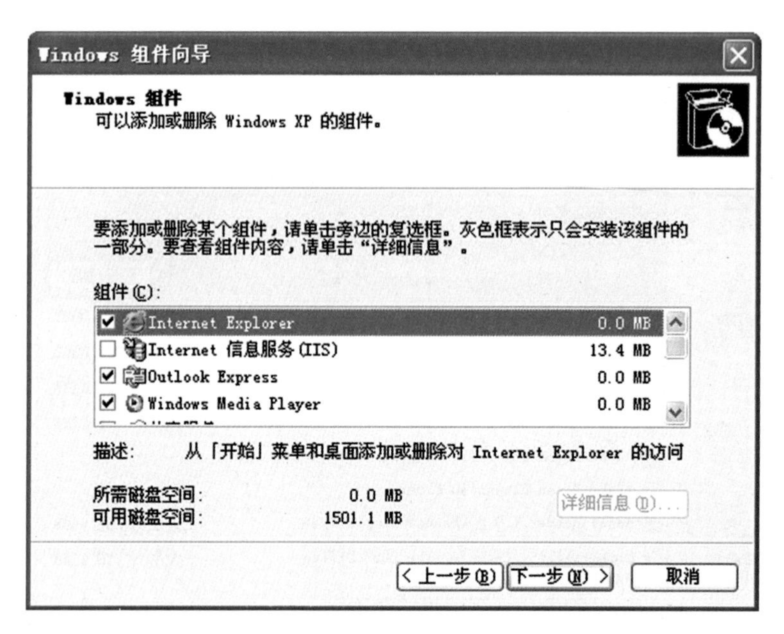

图 2-32 "Windows 组件向导"对话框

2.5.3 实 施 方 案

1. 任务 1 操作步骤

(1) 单击"开始"按钮，打开【开始】菜单→选[所有程序] → 选[附件] → 选[计算器]命令，或在文件夹 C:\WINDOWS\system32 中找到计算器的可执行程序：calc. exe，双击，启动计算器。

(2) 单击【查看】菜单→选[科学型]命令，选中"八进制"前的单选按钮，用键盘或鼠标输入：37＋765＝，即可得到运算结果，单击"计算器"窗口中的[关闭]按钮，退出计算器。

2. 任务 2 操作步骤

(1) 按组合键 Ctrl ＋ Alt ＋ Delete ，打开"任务管理器"窗口。

(2) 单击任务管理器窗口中的"应用程序"选项卡，用鼠标单击选定无法响应的程序，再单击窗口下边[结束任务]按钮。

3. 任务 3 操作步骤

(1) 在浏览器地址栏中输入：http://pinyin. sogou. com，按回车键，进入搜狗拼音输入法官方网站，找到搜狗拼音输入法，单击"立即下载"链接，将"搜狗拼音输入法"安装程序：sogou_pinyin_60b. exe 保存在本地计算机硬盘上。

(2) 双击 sogou_pinyin_60b. exe 的图标，打开"搜狗拼音输入法 6.0 正式版 "安装向导。

(3) 单击[下一步]按钮，打开"许可协议"对话框。

(4) 单击[我接受]按钮，打开"选择安装位置"对话框，通常按系统提供的安装位置，不作更改；再连续单击二次[下一步]按钮，即可完成安装。

(5) 安装完后，会自动启动"个性化设置"向导，按照向导提示，即可完成个性化设置。

2.6 Windows XP 的系统管理

2.6.1 任 务

任务 1:设置显示属性。

任务 2:使用打印机。

2.6.2 相关知识与技能

1. 显示属性设置 在中文版 Windows XP 系统中为用户提供了设置个性化桌面的空间，系统自带了许多精美的图片，用户可以将它们设置为墙纸；通过显示属性的设置，用户还可以改变桌面的外观，或选择屏幕保护程序，还可以为背景加上声音，通过这些设置，可以使用户的桌面更加赏心悦目。

右击桌面空白处，在弹出的快捷菜单中选[属性]命令；或双击"控制面板"窗口中的"显示"图标，打开"显示属性"对话框，在其中包含了五个选项卡，用户可以在各选项卡中进行个性化设置。选择"主题"选项卡，如图 2-33 所示。

(1) 主题是背景加一组声音，在"主题"选项中单击向下的箭头，在弹出的下拉列表框中有多种选项。例如，当前主题为："Windows XP"，可以将其设为："Windows 经典"。

(2) 在"桌面"选项卡中用户可以设置自己的桌面背景，在"背景"列表框中，提供了多种风格的图片，可根据自己的喜好来选择，也可以通过浏览的方式从已保存的文件中调入自己喜爱的图片，"位置"下拉列

2.6.3 实施方案

1. 任务1操作步骤

(1) 右击桌面空白处，在弹出的快捷菜单中选[属性]命令，打开"显示属性"对话框。

(2) 单击"桌面"选项卡，在"背景"列表框中，单击"deep"，在"位置"下拉列表框中单击"居中"；再单击"自定义桌面"按钮，打开"桌面项目"对话框，在"常规"选项卡的"桌面图标"选项组中，取消对"网上邻居"复选框的选中，单击[确定]按钮。

(3) 单击"屏幕保护程序"选项卡，在"屏幕保护程序"下拉列表框选择"变幻线"，单击[预览]按钮，预览其效果。

(4) 单击"外观"选项卡，在"窗口和按钮"下拉列表框中，选择"Windows XP 经典样式"；在"色彩方案"下拉列表框中，选择"银色"。

(5) 单击"设置"选项卡，拖动屏幕分辨率滑块至 1280×1024 像素，单击[确定]按钮。

2. 任务2操作步骤

(1) 如安装了两台以上打印机，必须设定一台打印机为默认打印机。在"打印机和传真"窗口，右击要设置为默认打印机的打印机图标，在弹出的快捷菜单中，单击[设为默认打印机] 命令。

(2) 打印队列是发送到打印机上的文件列表，是当前正在打印和等待打印的文件，在安装本地打印机的计算机上，双击打印机图标，弹出"打印队列"窗口。

(3) 选定一个文档，单击【打印机】菜单 → 选[暂停打印] 命令，可以暂停该文档的打印作业；单击【打印机】菜单 → 选[取消所有文档] 命令，可以清除当前的所有打印作业。

技能训练 2-1　基本操作

1. 将D盘下 QUEN 文件夹中的 XINGMING. TXT 文件移动到C盘下 WANG 文件夹中，并改名为 SUI. DOC。

2. 在D盘下创建文件夹 NEWS，并设置属性为只读。

3. 将D盘下 WATER 文件夹中的 BAT. BAS 文件复制到C盘下 SEEE 文件夹中。

4. 将D盘下 KING 文件夹中的 THINK. TXT 文件删除。

5. 在D盘下为 DENG 文件夹中的 ME. XLS 文件建立名为 MEKU 的快捷方式。

技能训练 2-2　综合操作

在D盘下创建两个文件夹，文件夹名分别为：学习、娱乐，在"学习"文件夹中创建两个文件，文件名分别为：xx1. doc、xx2. doc，在"娱乐"文件夹中创建三个文件 yl1. doc、yl2. doc、xxyyl. doc，完成下列操作：

1. 将文件夹"学习"设置为隐藏，将文件 xxytl. doc 设置为隐藏和只读。

2. 显示隐藏的文件和文件夹，显示已知文件类型的扩展名。

3. 在D盘下查找第1个字母和第2个字母均为 x 且扩展名为 doc 的所有文件，将 xxytl. doc 更名为"学习与娱乐 . doc"，并将其移动到"学习"文件夹中。

4. 为文件 xx1. doc 建立名为 xxkj 的桌面快捷方式。

练习2　基础知识测评

一、单选题

1. 操作系统是________的接口。
   A. 用户与软件　　B. 系统软件与应用软件
   C. 主机与外设　　D. 用户与计算机

2. 操作系统是现代计算机系统不可缺少的组成部分。操作系统负责管理计算机的________。
   A. 程序　　B. 功能
   C. 资源　　D. 进程

3. 下列关于任务栏的说法正确的是________。
   A. 任务栏位置不可变，大小可变
   B. 任务栏大小不可变，位置可变
   C. 任务栏大小和位置都可变
   D. 任务栏大小和位置都不可变

4. 在 Windows XP 中，按 Print Screen 键，则使整个桌面显示的内容________。
   A. 打印到打印纸上　　B. 打印到指定文件
   C. 复制到指定文件　　D. 复制到剪贴板

5. 在 Windows XP 窗口中，选中末尾带有省略号(…)的菜单意味着________。
   A. 将弹出下一级菜单　　B. 将执行该菜单命令
   C. 表明该菜单项已被选中　　D. 将弹出一个对话框

6. 把 Windows XP 的窗口和对话框作一比较，窗口可以移动和改变大小，而对话框________。
   A. 既不能移动，也不能改变大小
   B. 仅可以移动，不能改变大小
   C. 仅可以改变大小，不能移动
   D. 既能移动，也能改变大小

7. 非法的 Windows XP 文件夹名是________。
   A. x+y　　B. x-y
   C. x*y　　D. x÷y

8. Windows XP 对文件和文件夹的管理工具是________。
   A. 我的电脑　　B. 网上邻居
   C. Internet Explorer　　D. 回收站

9. 关闭资源管理器窗口的组合键是________。
   A. Alt+F5　　B. Alt+F4
   C. Ctrl+F4　　D. Ctrl+F5

10. 含有________属性的文件不能修改。
    A. 系统　　B. 存档
    C. 隐藏　　D. 只读

11. 在不同驱动器间移动文件夹，须在鼠标选中并拖曳至目标位置的同时要按下________键。
    A. Ctrl　　B. Alt
    C. Shift　　D. Caps Lock

12. 在同一驱动器上复制文件夹，须在鼠标选中并拖曳至目标位置的同时要按下________键。
    A. Ctrl　　B. Alt
    C. Shift　　D. Caps Lock
13. 如果要查找 Glossary. txt、Glossary. doc 和 Glossy. doc 三个文件，可键入________。
    A. gloss *　　B. gloss?
    C. * gloss　　D. gloss? . *
14. 在 Windows XP 提供的搜索功能中不包含哪种搜索功能？________
    A. 按日期搜索　　B. 按类型搜索
    C. 按大小搜索　　D. 按访问顺序搜索
15. 下列关于计算机病毒的叙述中，错误的是________。
    A. 计算机病毒具有潜伏性
    B. 计算机病毒具有传染性
    C. 感染过计算机病毒的计算机具有对该病毒的免疫性
    D. 计算机病毒是一个特殊的寄生程序
16. 传播计算机病毒的两大可能途径之一是________。
    A. 通过键盘输入数据时传入
    B. 通过电源线传播
    C. 通过使用表面不清洁的光盘
    D. 通过 Internet 网络传播
17. Windows XP 中“磁盘碎片整理程序”的主要作用是________。
    A. 修复损失的磁盘　　B. 缩小磁盘空间
    C. 提高文件访问速度　　D. 扩大磁盘空间
18. 假设 Windows XP 桌面上已经有某应用程序的图标，要运行该程序，可以________
    A. 用鼠标左键单击该图标
    B. 用鼠标右键单击该图标
    C. 用鼠标左键双击该图标
    D. 用鼠标右键双击该图标
19. 在 Windows XP 中，当程序因某种原因陷入死循环，下列哪一个方法能较好地结束该程序________？
    A. 按 Ctrl+Alt+Del 键，然后选择结束任务结束该程序的运行
    B. 按 Ctrl+ Del 键，然后选择结束任务结束该程序的运行
    C. 按 Ctrl+Shift+Del 键，然后选择结束任务结束该程序的运行
    D. 直接按 Reset 键，结束该程序的运行
20. 要设置桌面墙纸，我们可以在显示属性的哪个选项卡里进行设置？________。
    A. 外观　　B. 屏幕保护程序
    C. 背景　　D. 桌面

二、多选题

1. 以下关于对话框说法正确的是________。
   A. 对话框不能改变大小，但可以移动位置
   B. 对话框没有最大化、最小化、还原按钮
   C. 对话框有标题栏
   D. 对话框无菜单栏和控制菜单图标
2. 关于窗口的描述，错误的是________。
   A. 当应用程序窗口被最小化时，就意味着该应用程序转到后台继续运行
   B. 当应用程序窗口被最小化时，就意味着该应用程序暂时停止运行
   C. 在窗口之间切换时，必须先关闭活动窗口才能使另外一个窗口成为活动窗口
   D. 打开的多个窗口会在桌面上自动纵向平铺显示
3. 以下可以打开控制面板窗口的操作是________。
   A. 右击“开始”按钮，在弹出的快捷菜单中选择[控制面板]命令
   B. 右击桌面上“我的电脑”图标，在弹出的快捷菜单中选择[控制面板]命令
   C. 打开“我的电脑”窗口，双击“控制面板”图标
   D. 右击任务栏的空白位置，在弹出的快捷菜单中选择[控制面板]命令
4. 在 Windows XP 缺省状态下，下列关于文件复制的描述正确的是________。
   A. 利用鼠标左键拖动可实现文件复制
   B. 利用鼠标右键拖动不能实现文件复制
   C. 利用剪贴板可实现文件复制
   D. 利用组合键 Ctrl+C 和 Ctrl+V 可实现文件复制
5. 在 Windows 中，为了弹出“显示属性”对话框以进行显示器的设置，下列操作中错误的是________。
   A. 用鼠标右键单击“任务栏”空白处，在弹出的快捷菜单中选择[属性]命令
   B. 用鼠标右键单击桌面空白处，在弹出的快捷菜单中选择[属性]命令
   C. 在“我的电脑”图标上点击右键，在弹出的快捷菜单中选择[属性]命令
   D. 用鼠标右键单击“资源管理器”窗口空白处，在弹出的快捷菜单中选择[属性]命令

三、判断题

1. Windows 是一种单用户多任务的操作系统。(　　)
2. 通常，在地址栏上显示的就是当前对象的路径。(　　)
3. Windows 中要想将多个窗口的排列方式改为层叠窗口，应该先打开“我的电脑”，选择其中的“查看”菜单下的[排列图标]命令。(　　)
4. Windows 中在不同文件夹中不允许建立两个名字完全相同的文件。(　　)
5. “复制”操作的快捷键是 Ctrl+X。(　　)
6. 回收站可以存放 U 盘上被删除的信息。(　　)
7. 在资源管理器中将一个文件设置为隐藏，需要选中该文件，然后单击鼠标左键，在打开的对话框中选择相应选项即可。(　　)
8. 在资源管理器中，要想使具有系统和隐藏属性的文件和文件夹不显示出来，应该单击工具菜单，选[文件夹选项]命令。(　　)
9. 记事本所创建的文件的默认扩展名是. exe。(　　)

10. 窗口和对话框的明显区别在于有没有菜单栏。(　　)

四、填空题

1. 启动 Windows XP 后,看到的整个屏幕界面称为________。在 Windows XP 下,要移动已打开的窗口,可用鼠标指针指向该窗口的________将窗口拖到新位置。
2. Windows XP 在同一驱动器下,不同目录之间复制文件的鼠标操作是:按住________键的同时拖曳。
3. 在 Windows XP 中,鼠标单击某个窗口的标题栏左端(即窗口的左上角)的图标,打开的是________。
4. 在 Windows XP 中删除硬盘上的文件或文件夹时,如果用户不希望将它移至回收站而直接彻底删除,则可在选中后按________键和________键。
5. 在 Windows XP 中,如果要选中不连续的多个文件或文件夹,在按住________键的同时,用鼠标单击要选中的对象。
6. 文件名中引入"?",表示所在位置上是任意________个字符;引入"*"时,则表示所在位置上是任意________个字符。
7. 要查找所有第三个字母为 S 且扩展名为 wav 的文件,应输入________。
8. 文本文件的扩展名是________;声音文件的扩展名是________;程序文件的扩展名是________。
9. 在 Windows XP 中,要将当前屏幕上的全屏幕画面截取下来,放置在系统剪贴板,应该使用________键。
10. 在 Windows XP 中,有两个对系统资源进行管理的程序,它们是"资源管理器"和________。

(薛洲恩)

第3章 Word 2003的应用

学习目标

1. 熟悉Word中文字处理软件的窗口组成和视图方式
2. 熟练掌握文本的编辑和文档的格式化操作
3. 熟练掌握图形、表格等对象的操作
4. 掌握长文档的处理和常用工具的使用
5. 掌握数据的基本计算及统计分析

Office是微软(Microsoft)公司推出的办公自动化软件包,包括Word、Excel、Powerpoint、Access、Outlook、FrontPage等应用程序,功能十分强大,操作方式简单易学,具有通用性,掌握一个应用程序后,很容易触类旁通,学习其他程序。

文字处理软件是计算机最常用的应用软件之一,是为人们能够方便地使用计算机进行文字处理工作而编制的软件,日常办公、编写教材和书稿都离不开文字处理,为提高办公效率,信息时代要求所有使用计算机的人都应该学会至少一种文字处理软件。

文字处理软件从最早的西文处理到中/西文兼容处理,从单一的文字处理到图、文、表混排技术,从单一文档的处理到多文档之间的协同处理等,文字处理软件在不断地发展,功能越来越强大,操作越来越简单、方便。

文字处理软件应具有以下功能:

(1) 文档管理功能,包括文档的建立、保存、加密、意外情况的恢复。

(2) 编辑功能,包括文档内容的多途径的录入、文本的选定、复制、粘贴、查找替换、删除、自动更正错误、评写语法检查、简体/繁体转换等。

(3) 排版功能,包括字符、段落、页面格式的设置等。

(4) 表格功能,包括表格的建立、编辑、格式化、排序、统计以及生成图表等。

(5) 图形处理,包括多种图形/图像的建立、插入、编辑、图文混排等。

(6) 高级功能,包括文档的自动处理,如建立目录、域、邮件合并、使用向导以及宏的建立和使用等。

文字处理软件从内部看虽然比较复杂,但对用户来说,它提供的是一组使用简单、方便的功能命令。由于文档是电子格式的,所以可以方便地重用、共享、甚至进行协同处理。

目前流行的文字处理软件主要有:办公自动化软件包Microsoft Office家族中的Word、WPS办公软件中的金山文字编辑系统、北大方正排版系统等,它们功能基本相同和相近,但是运行环境、处理方式、功能表达与操作界面等方面各有不同。

从处理方式看这些流行的文字处理软件有批处理和"所见即所得"(what you see is what you get)两种方式。批处理方式是指通过对文档加上排版符号后再排版的过程,实现对文档格式的相关处理,如北大方正排版软件;而"所见即所得"方式是在屏幕上经过设置,直接看到编排结果,也就是说,窗口中看到的编辑结果与打印出来的文件完全相同,如Word、WPS等,相对来说,其中Word是目前使用最广泛的文字处理软件。

☞考点:Word字处理软件的主要功能

3.1 Word工作环境

3.1.1 任　　务

某单位办公室有一台电脑和打印机,电脑装有Windows XP操作系统及办公软件Office 2003。办公人员想用电脑处理日常文书资料并打印输出,需要做哪些准备工作?

3.1.2 相关知识与技能

在Windows操作系统下,Word提供了直观的图形用户工作界面,操作便捷灵活,深受文秘工作者的喜爱。

1. Word的启动与退出 Word的启动和退出有多种方法,可根据需要灵活选择,下面介绍两种最常用的方法。

(1) 启动

方法一:单击【开始】→【所有程序】→[Microsoft Office]→[Microsoft Office Word 2003]。

方法二:在桌面或任何窗口中,双击Word文档,都可启动Word并同时打开所选已存在的文档。

(2) 退出

方法一:单击Word窗口标题栏右侧的"关闭"按钮。

方法二:按 Alt+F4 组合键可以方便地退出 Word。

如果在退出 Word 之前,工作文档没有保存,系统会提示用户是否将编辑的文档存盘,出现如图 3-1 所示的对话框。

2. Word 的窗口组成　Word 2003 窗口分为 8 大部分,分别是标题栏、菜单栏、工具栏、标尺、文本编辑区、滚动条、状态栏和任务窗格,如图 3-2 所示。

(1) 标题栏。位于窗口最上方,除了包含控制菜单按钮、应用程序名、正在编辑的文档名等信息外,还包括"最小化"、"最大化"、"关闭"控制按钮,可以控制窗口的状态。

(2) 菜单栏。菜单栏提供了 9 组下拉式菜单,菜单命令是根据选中的对象而动态变化的。打开菜单,选择其中的命令,就等于执行了 Word 的某一项功能,其中几乎包括了对文档操作的全部命令。

(3) 工具栏。工具栏可以随着不同的操作而自行改变,显示系统工具栏有两种方法:选择【视图】菜单中【工具栏】,并选择其级联菜单中某个选项,隐藏或者显示某个工具栏(左侧"√"号的,表示被选中)。当打开某一工具栏时,右击该工具栏,选择快捷菜单中工具栏选项来隐藏或者显示某个工具栏。经常使用的是"常用"工具栏和"格式"工具栏,制表时使用"表格与边框"工具栏。

操作技巧:在操作之前,应先准备好常用工具,把它放到操作界面上。显示或隐藏工具,单击【视图】菜单中的[工具]子菜单命令可达到目的。

(4) 标尺。单击【视图】菜单选择[标尺],可以控制标尺在屏幕上是否显示或者隐藏。标尺可用于缩进段落、设置制表位等。

(5) 编辑区。又称文本工作区,位于窗口中心位置,其中闪烁的"I"是插入点,表示当前输入文字将要出现的位置,使用鼠标双击可定位当前文本插入点。

(6) 滚动条。位于文档窗口的右边和下边,用来查看文档的显示位置,包括水平滚动条和垂直滚动条。其操作与 Windows 中滚动条的操作相同。

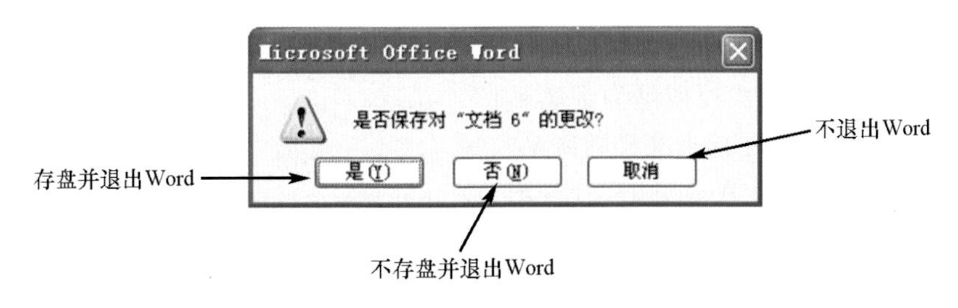

图 3-1　关闭文档对话框

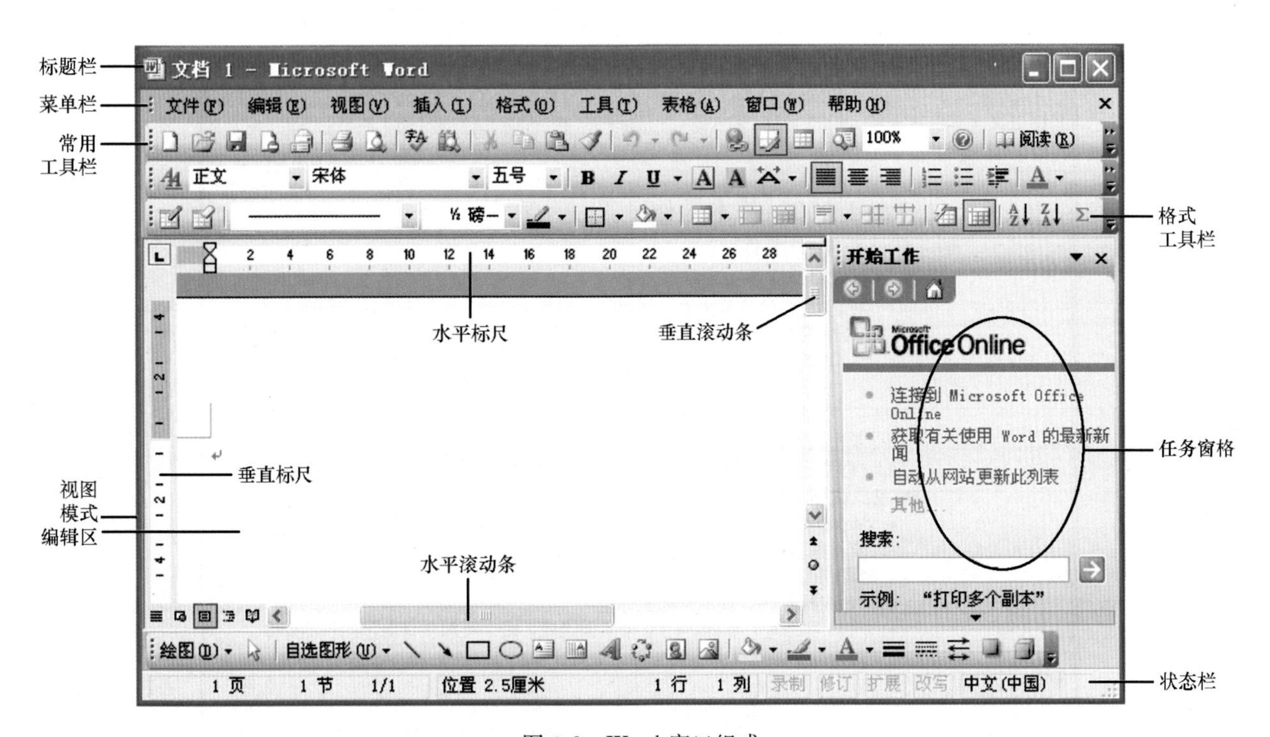

图 3-2　Word 窗口组成

（7）状态栏。提供有关文档和当前插入点的信息，如文档总页数；插入点所在的页码和节号；插入点在该页的行号、列号及距页面顶端距离等，右侧提供“录制”、“修订”、“扩展”和“改写”等功能按钮，双击按钮可以激活/屏蔽其功能。

（8）任务窗格。相当于对话框窗口，是人机交互的一种工作方式。

3. Word 的视图　Word 2003 共有五种视图模式：标准模式、页面视图、Web 版面模式、大纲视图、阅读版面模式。文档编排主要使用页面视图。

（1）普通视图。普通视图是系统的默认视图，可以显示所有的字符格式、段落格式和分页符等，但是不能显示页眉、页脚、浮动方式图形和页边距等信息。在普通视图中，留下了较大的文本编辑区空间，文本刷新和操作速度比较快，适合于键入文字。

（2）页面视图。页面视图是以实际打印形式显示的文档视图，这正是 Word “所见即所得”功能的体现。在页面视图中，除了显示普通视图包含的信息外，还可以查看和编辑页眉和页脚，调整页边距，处理分栏、图形和边框等打印页面的全面信息。

（3）Web 版式视图。Web 版式视图是为了满足用户利用 Internet 发布信息和创建 Web 文档的需要。在 Web 版式视图中可看到常用的 Web 页的 URL 地址、背景、阴影和其他效果，且不再进行分页，就像在 Web 浏览器中浏览 Web 一样。

（4）大纲视图。大纲视图是显示文档结构的视图，帮助显示文档的组织方式，并使得重新组织文档变得方便快捷。它用可多达 9 级的标题层次组织文档，清晰地显示出章、节、小节等文档层次，如图 3-3 所示。

（5）文档结构图。快速阅读长文档，在文档结构图视图窗口中，单击结构窗格的不同内容，就可以快速跳转到不同的页面进行文档浏览。

（6）阅读版式。Word 2003 新增的文档阅读版式视图，可以方便地阅读文档内容，通过“阅读版式”工具栏控制文档阅读的调节选项，如图 3-4 所示。

（7）按比例显示。可以通过“显示比例”列表项选择文档在屏幕上的显示比例，按所选比例设置文档的缩放。

（8）全屏显示。当文档切换为全屏显示模式。此时，标题栏、菜单栏、工具栏、状态栏及其他所有窗口对象均消失，整个屏幕仅显示正文，这种状态最大限度地提供了键入和浏览正文的空间。

链 接

单击【视图】菜单，在其下拉菜单中选择各种视图方式；也可单击 Word 窗口左下角的按钮来选择，而文档结构图、预览视图、显示比例可通过“常用”工具栏中的按钮选择。

☞考点：Word 的工作界面、视图方式、工具栏的使用

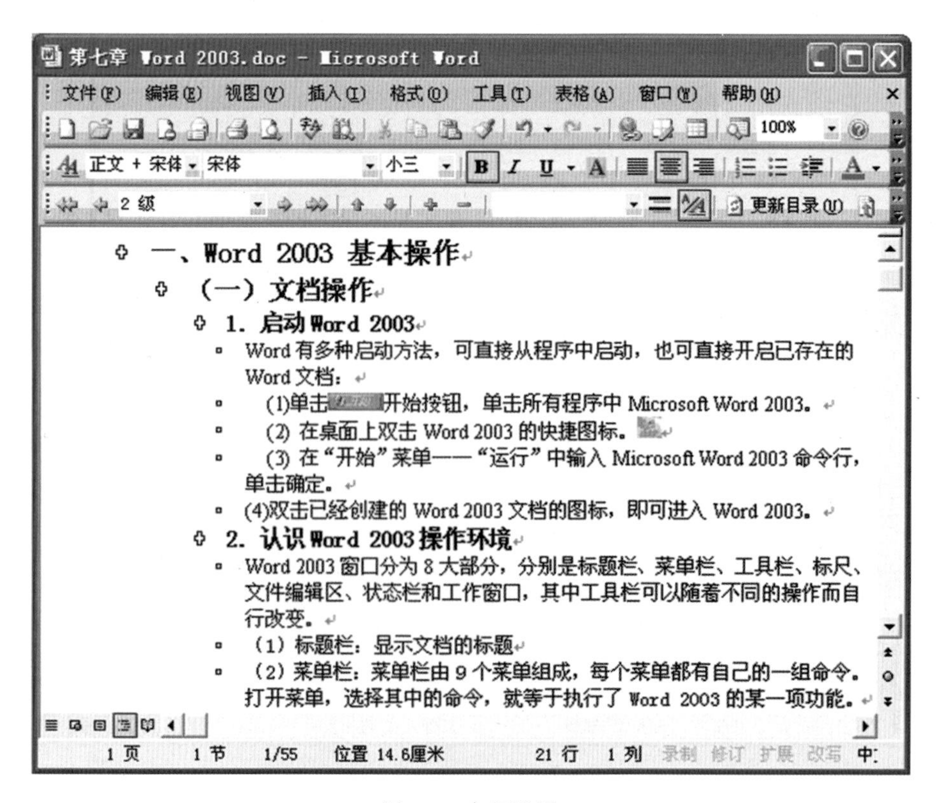

图 3-3　大纲视图

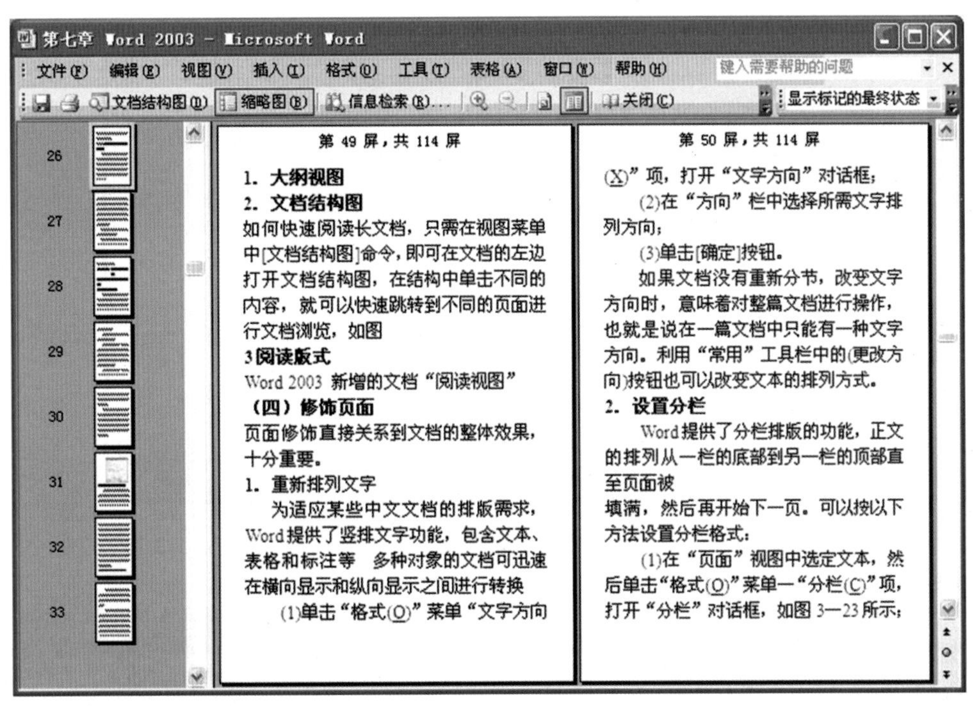

图 3-4　阅读视图

3.1.3　实 施 方 案

要实现文书资料的电脑处理，最初的工作准备一般可分以下阶段实施：

(1) 创建一个 Word 文档；

(2) 调整工作界面，选择“页面视图”方式，打开“常用”“格式”工具栏；

(3) 设置页面结构，纸张大小、方向和页面边距等；

(4) 录入文档内容；

(5) 确定文档的保存位置、文件名和文件类型（一般为“Word 文档”）。

其中(3)、(4)、(5)为后面小节完成内容。

3.2　Word 文档的基本操作

3.2.1　任　　务

在熟悉了 Word 文字处理软件的窗口界面等工作环境后，如何掌握建立一个 Word 空白文档，录入相关内容，保存到指定位置，关闭或打开文档等处理方法？

3.2.2　相关知识与技能

1. 文档的创建与打开

(1) 新建文档：在输入文本之前首先要创建一个新文档，就如同拿来一张白纸，准备工作，操作方法是：

方法一：单击“常用”工具栏上的按钮。

方法二：键盘输入 Ctrl+N 即可建立一个新的文档。

方法三：选择【文件】菜单中的[新建]命令项，打开“新建文档”工作窗格，选择“空白文档”即可。

(2) 打开文档：打开已有文档的方法有如下 3 种。

方法一：单击“常用”工具栏上的按钮。

方法二：使用快捷键 Ctrl+O。

方法三：选择【文件】菜单中的[打开]命令项。

不管使用上述哪种方法，均能打开“打开”对话框，然后选择文档位置、文档类型以及文档名，单击[打开]按钮，所选文档即被打开。

操作技巧：若要打开最近使用过的文档，可利用【文件】菜单上所列出的最近使用过的文档列表，单击文件名即可；也可以利用【开始】菜单。

2. 文档的保存与关闭

(1) 保存文档：保存文档的操作方法有如下几种。

方法一：单击“常用”工具栏上的按钮。

方法二：选择【文件】菜单中的[保存]命令项。

方法三：使用快捷键 Ctrl+S。

> **提示**
>
> 在保存新建的文档时，如果在文档中已输入了一些内容，Word 自动将输入的第一行内容作为文件名，我们常常修改这个文件名，输入新的文件名后再存盘。

方法四：选择【文件】菜单中的[另存为]命令项或按 F12 键，保存已命名的文档，如图 3-5 所示。在“另存为”窗口操作中，要注意选择文档位置、文档类型以及文档名，然后单击[保存]按钮，回到 Word 窗口。

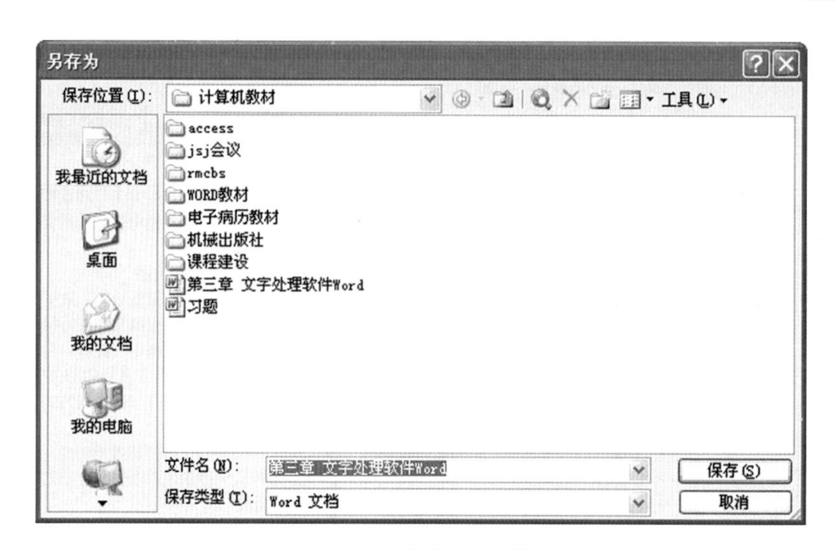

图 3-5 文档保存对话框

链 接

如果是新建文件，标题栏中的“文档”会变成刚才所设定的文件名；如果是已存在文件，标题栏中的文件夹名称会变成刚才所设定的存盘名称，而旧文件名的文件仍然保留在磁盘中。

(2) 关闭文档：当要结束一个文档的编辑，关闭目前编辑的文档窗口，或者需要退出 Word 程序时，如果文档还未存盘，Word 会自动询问是否要将这个文档存盘，如图 3-1 所示。关闭所有文档的方法是按住 Shift 键不放，选择【文件】菜单［全部关闭］命令，或按组合键 Alt+W+A。

3. 选项设置　选择【工具】菜单中的［选项］命令，即可打开如图 3-6 所示的选项对话框。

(1) 常规选项：单击“常规”标签，如图 3-6 所示，如果打开被损坏的文档时，例如，使用特定的文件转换器把被破坏的文档中的文字恢复，可选择“打开时确认转换”复选框，在“打开”对话框中，选择“文件类型”下拉列表中的［从任意文件中的恢复文本(*.*)］，通过［工具］下拉列表中选择“查找……”命令，打开“文件搜索”对话框，寻找所需文档，并双击左键，即可恢复破坏文档中的文本内容。

因编辑或排版的需求可选择不同的度量单位，可设定为厘米、字符、磅值、英寸等单位。如图 3-6 图所示，当选择“使用字符单位”时，虽然选择了“厘米”但一些文档的设置对话框使用字符单位，取消“使用字符单位”时才使用“厘米”度量单位。

(2) 自动保存：选择“保存”选项标签，在对话框中选择［自动保存时间间隔］，并在分钟文本框中输入一个数字(默认时间间隔为 10 分钟)。

(3) 文档的保护：有时为了保护所编辑的文档不被人修改或查看，我们要对文档加以保护。在 Word 中可通过设置密码来实现这一功能。具体操作方法如下：

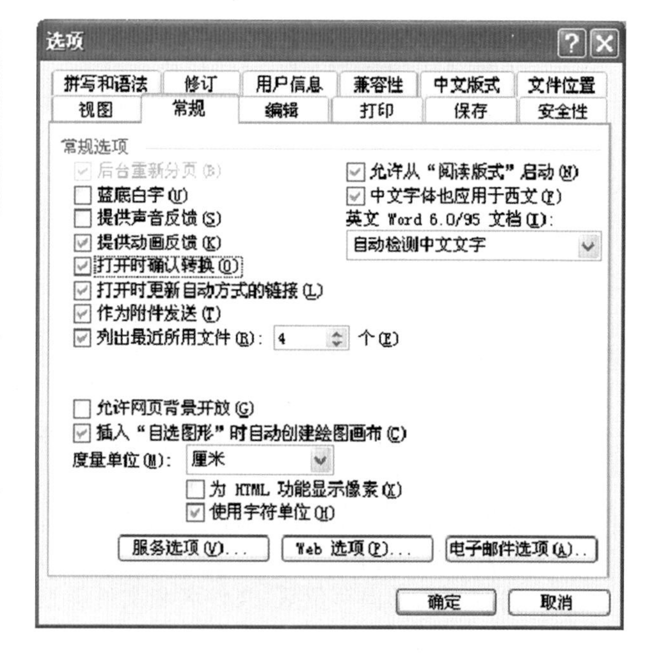

图 3-6 工具选项对话框

方法一：在“另存为”对话框中选“工具”菜单中“安全措施选项”命令项，在“安全性”对话框中输入密码，如图 3-7 所示。

方法二：在编辑状态下，选择【工具】菜单中［选项］命令，选择“安全性”选项卡，如图 3-8 所示，在此对话框中设置密码。

☞考点：文档的建立、打开、保存、关闭以及常规、编辑选项设置

3.2.3 实 施 方 案

要实现文书资料的标准化、规范化的电脑保存，一般可分以下阶段实施：

(1) 创建一个空白 Word 文档或打开一个已有 Word 文档；

图 3-7　安全性对话框

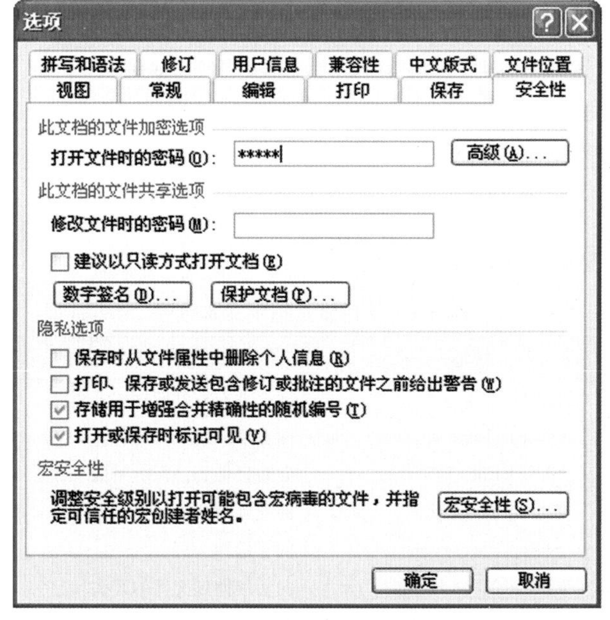

图 3-8　选项对话框

(2) 进行文档界面与处理的选项设置，录入文档的相关内容；

(3) (重新)确定文档的保存位置、文件名和文件类型，过程如图 3-5 所示。

3.3　Word 文档的编辑

3.3.1　任　　务

启动 Word 并自动建立一个空白文档后，文书资料中常常需要混合录入汉字、英文大小写字符、数字、日期和时间等，或输入一些标点符号与特殊符号等文本内容，如何进行一系列文本编辑方法。如何进行多文档操作或两文档合并?

3.3.2　相关知识与技能

1. 文本录入

(1) 输入中文与切换输入法：在 Windows 中输入汉字，要把输入状态切换到中文输入模式，这样才能依照输入法规则来输入中文文字，鼠标单击通知区按钮，选择要使用的中文输入法就可以了。

你也可以直接使用快捷键切换输入法：

1) Ctrl ＋ Shift 循环切换输入法，每按一次，Windows XP 会依次切换您所安装的输入法。

2) Ctrl ＋ Space 切换中英文输入状态，按一次由英文状态转换为中文，再按一次由中文转换为英文。

3) Shift ＋Space 切换全角半角输入状态。所谓半角输入，在 EN 状态下，输入的字母、数字或符号会占用大约半个中文字的宽度；所谓全角状态，就是所打出的字母、数字或符号占用和中文字一样的宽度。

4) Ctrl ＋“ 。” 切换中英文标点符号。

(2) 输入中文标点符号

1) 使用键盘上的符号键。选择中文输入状态，按键盘上标点符号键可直接输入所需符号。

2) 使用“符号表”工具栏输入。选择【视图】菜单中【工具栏】项，从子菜单中选择[符号栏]，出现“符号栏”工具后，从“符号栏”工具中选择想要输入的符号。符号窗口中有一个最近用过的符号列表，里面列有 16 个最近用过的符号，方便你的选择。

3) 特殊符号的输入。除了标点符号外，有时要在文件中加入一些特殊符号，如版权符、几何图形符等，它们无法在英文模式下按键输入，也不能利用“符号栏”工具来输入，需要用插入符号的方式，定位插入点后，选择【插入】菜单中的[符号]项，打开“符号”对话框，如图 3-9 所示。选择字体子集，在其中选择欲插入的符号，单击[插入]按钮即可。选择[关闭]按钮回到编辑界面后，会发现光标位置已插入所选择的特殊符号。

4) 使用软键盘输入各类特殊符号。在中文输入法托盘中右击“软键盘”按钮，出现上弹菜单，选择一类符号，即可出现有关这类符号的软键盘，鼠标单击或按相应的键选择所需符号。

(3) 移动光标位的编辑技巧：录入文本操作时“I”会出现在光标位，在编辑过程中，除使用鼠标指针选择光标位置外，键盘上的编辑键也可以移动光标，键盘是编辑的重要工具，要善于使用，以增加编辑效率，并快速修正错误，如：Backspace 向前删除光标左边的字符；Delete 或 Del 向后删除光标右边的字符；Home 开头键和 End 结尾键可迅速将光标移到同行文字的最左边和最右边。

图 3-9 “符号”对话框

> 提示
>
> 在 Word 中文本的输入可以分为两种模式:插入模式和改写模式,Word 默认的文本输入模式为插入模式。在插入模式下,输入的文本将在插入点的左侧出现,插入点右侧的文本将依次向后延伸;而在改写模式下,输入的文本将依次替换插入点右侧的文本。按下键盘上的 Insert 键可在插入和改写模式之间切换。

2. 文本的选定、复制、移动和删除

(1) 文本的选定:Word 中,不管是移动、复制或删除数据,还是格式化数据操作,都必须将操作对象设成标记区域,使文本呈现反白状态,即遵守“先选定,后操作”规则。

选择文本的方法很多,下面介绍几种常用的文本标记方法:

1) 选择任意数量的文本。如果选择文本范围较小,按住鼠标左键,从欲选定文本的开头拖动至欲选定文本的结尾处,即可选定该文本,所选文本变成文字本身颜色的反色。若要取消选择,只需用鼠标左键单击文本任何位置即可。如果选择文本范围较大,把“I”形鼠标指针定位于要选择文本的开始处单击,然后按住 Shift 键,再单击选择文本块的末尾。使用鼠标标记文本的操作方法如表 3-1 所示。

表 3-1 使用鼠标选定文本范围

标记范围	操作方法
选择一个词	双击词语(中文单词或英文单词)
选择一行文本	单击该行左侧选定栏
选择多行文本	在选定栏中拖动鼠标
选择一句文本	按住 Ctrl 键,再单击句子中的任意位置
选择一段文本	双击该段任一行的选定栏,或三击段内的任意位置
选择多段文本	双击选定栏后按左键不放,往上或往下拖移
选择整篇文件	三击选定栏

续表

2) 使用键盘按键也可以设定标记区域。常用的键盘按键如表 3-2 所示。

表 3-2 使用键盘选定文本范围

按键	说明
Shift+↑↓→←	向上下左右延伸标记范围
Shift+Home	向左延伸到一行的开头
Shift+End	向右延伸到一行的结尾
Shift+PageUp	向上延伸一页
Shift+PageDown	向下延伸一页
Ctrl+Shift+Home	向上延伸到文件的开头
Ctrl+Shift+End	向下延伸到文件的结尾

3) 选择不连续的文本。Word 中可以一次选取所需所有数据,先选取第一个标记区,按住 Ctrl 键,然后鼠标拖动选择第二个标记区,直到所有标记区选择完毕。

(2) 文本的复制、移动和删除:Office 的各组件中主要通过“剪贴板”进行文本的复制、移动和删除,剪贴板可以看成一个临时存储区,复制或剪切时将选定内容存放到剪贴板,粘贴时将剪贴板的内容复制到文档的插入点位置。Word 剪贴板最多可记录 24 项内容,同时可以进行有选择的粘贴操作。

文本的复制、移动和删除时,先要选取欲操作的文本。

1) 复制(或移动)文本。当文本相同或相似时,可以利用复制的功能,快速产生一模一样的文本,然后再稍加修改;文字的位置不对,可以利用移动的功

能,将它移动到正确的位置。常用以下三种方法:

方法一:菜单或工具按钮的方法是最基本的操作方法。单击“常用”工具栏中的[复制](或[剪切])按钮,将插入点移到欲移动(或复制)的目标位置,单击“常用”工具栏中的[粘贴]按钮。或者是选定欲移动(或复制)的文本后,用【编辑】菜单或右击菜单中的相应命令完成复制(或移动)文本。

方法二:鼠标拖动的方法是一种比较快速的方法。将鼠标指针移动到选定的文本上,等鼠标指针由“I”形变为空心箭头时,按住 Ctrl 键拖动(或直接拖动),将选定内容拖到一个新的位置完成复制(或移动)文本。

方法三:快捷键的方法,是一种更有效率的方法。在键盘上按下 Ctrl+C(或 Ctrl+X)组合键,选择想要粘贴文本的位置,然后按下 Ctrl+V 组合键。

2) 删除文本。编辑文件时,要将错误的字或多余的字删除,除使用键盘操作删除少数字符外,还可以选定文本,按下键盘上的 Delete 键,或在“编辑”菜单中选择“清除”命令,一次性删除大量文本。

3. 文本的查找与替换

(1) 查找文本:当文档比较大,有数十页或数百页时,查找功能可以快速查找到指定的数据;替换功能,可以将指定的文字进行统一的修改。

将插入点移到查找的开始位置,选择【编辑】菜单中[查找]或[替换],弹出“查找和替换”对话框,如图 3-10 所示。

例如,查找文档中“高血压”并替换为 Hypertension。

选择“查找”标签,在“查找内容”文本框中键入需要查找的内容“高血压”,单击[查找下一处]按钮,Word 开始进行查找搜索,找到第一个符合查找内容的文本处停下,不断重复查找,直到完成查找操作。

(2) 替换文本:选择“替换”标签,在“查找内容”文本框中键入要被替换的内容“高血压”,在“替换为”文本框中键入所替换的内容“Hypertension”,单击[替换](或[查找下一处]、[全部替换])按钮,Word 开始进行替换(或查找下一处、全部替换)操作。按 Esc 键可取消正在进行的搜索。若要进行格式查找和替换,则单击下方的[格式]按钮,在其弹出的菜单中选择“格式”选项。

在窗口中若单击[高级]按钮,可以设定更详细的查找和替换的格式内容,如:英文字的大小写、使用通配符、拼写相符;若选择[格式]钮,则可以查找/替换字体、样式等格式,而不局限于只是单纯的文字。

(3) 撤销和重复:在编辑文档时经常会发生一些错误操作,如误删、误改的内容,执行编辑操作时,单击“常用”工具栏的[撤销]按钮,即可纠正错误,取消上一步操作。单击[恢复]按钮是撤销命令的逆操作。

4. 多文档与多窗口操作 Word 提供了灵活的窗口操作方式。通过排列窗口功能,可以在一个屏幕中同时显示多个文档;通过拆分窗口功能,可以在屏幕有限的空间中显示文档中不相邻的两个部分。

(1) 排列窗口:如果打开了多个文档,并需要在各个文档间进行复制或移动等操作,可以使用排列窗口功能。单击【窗口】菜单中选择[全部重排]项,所有打开的窗口均可排列在 Word 应用程序的窗口中。

(2) 拆分窗口:如果要对一个文档中两个不相邻的部分同时进行浏览或编辑,可以使用拆分窗口功能实现单文档多窗口显示。拆分后的窗口分别具有各自的滚动条,拖动滚动块,可分别显示当前文档各自的内容。

选择【窗口】菜单中[拆分]命令,或拖动垂直滚动条上方的“拆分线”,均可将文档拆分开来,如图 3-11 所示。单击【窗口】菜单选择[取消拆分]项,或双击拆分线,可以取消拆分。

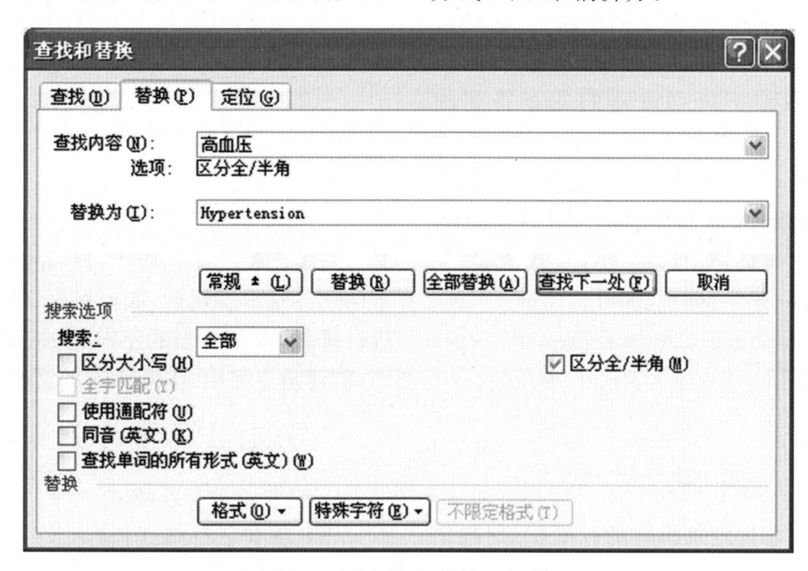

图 3-10 “查找和替换”对话框

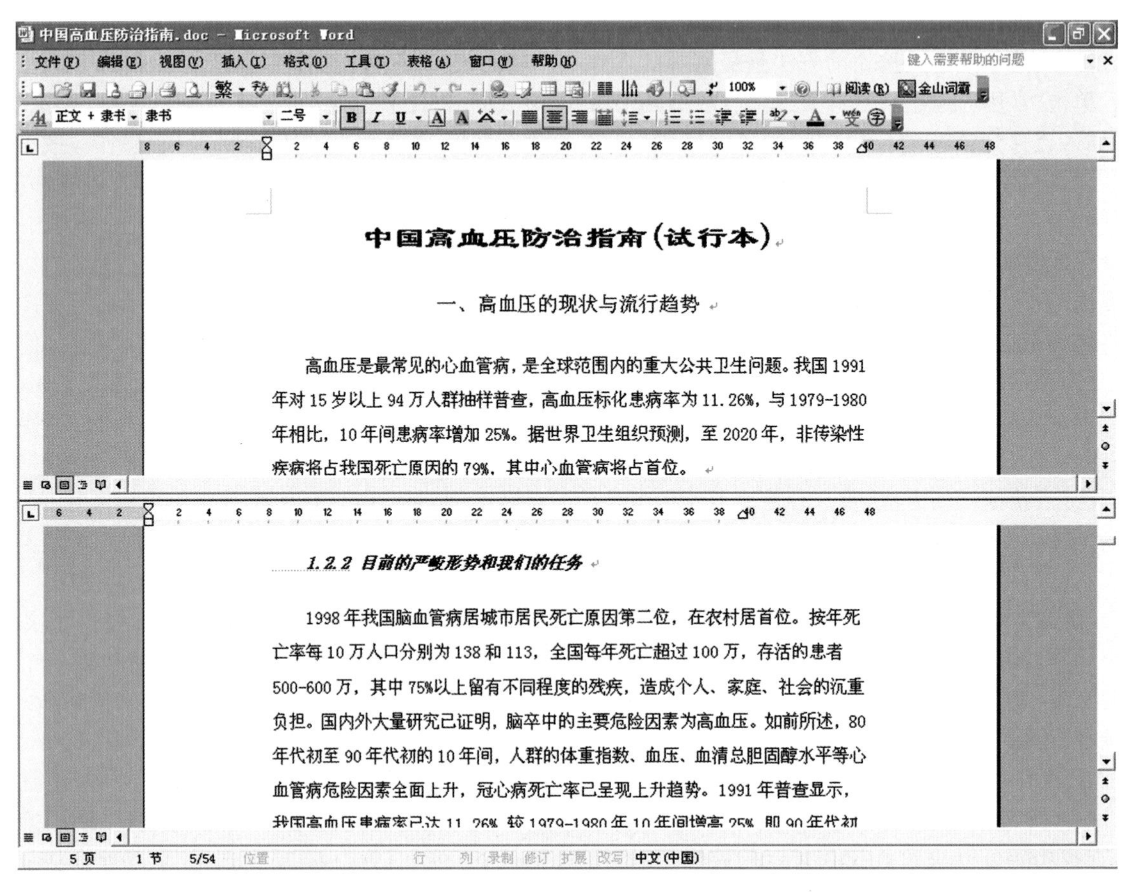

图 3-11 窗口拆分效果图

(3) 切换当前活动文档：Word 可以同时打开多个文档，但是只有一个文档是当前活动文档。在“窗口”菜单下设有当前打开的文档列表，并以“√”标记当前活动文档。如果要将另一打开文档切换为当前活动文档，只需在列表中单击该文档即可。当然也可以“所见即所得”，单击要作为当前活动文档的窗口的任何位置。

(4) 段落和文档的合并：段落通常是指以输入回车键结束的一段文字或图文，在文档中输入文本时，每按一次 Enter 键，就会产生一个新的段落，若需合并两个相邻段落，只要把前面段落的回车符删除即可。

在文档中可以插入已保存的文件，实现多文档的合并。定位插入点；选择【插入】菜单的[文件]选项；在打开的“插入文件”对话框中选择文件查找范围、文件名和文件类型，然后单击[确定]即可。

☞考点：中文输入法，输入符号方法，字符、文本块的选定、移动、复制、删除、查找 替换等操作；段落的合并，多文档操作与合并

3.3.3 实施方案

要实现各类文书不同资料内容的标准化、规范化的录入，一般可分以下阶段实施：

(1) 启动建立一个或打开一个或几个 Word 文档；

(2) 选择一种汉字输入法，使用各种方法混合录入汉字、英文大小写字符、特殊符号等各类文本内容；

(3) 复制、移动、删除、查找替换等一系列文本编辑方法，可以在一个或多文档间进行；

(4) 利用“光标位”编辑技巧进行文本内容小范围、细节上的修改；

(5) (重新)确定文档的保存位置、文件名和文件类型，过程如图 3-9～图 3-11 所示。

3.4 Word 文档的格式设置

3.4.1 任 务

一篇完整的文档应当排版精良、便于阅读。当文本录入并基本编辑后，如何根据文档内容和使用目的进行排版，选择恰当的字符格式、段落格式和页面修饰，创建重点突出、美观大方的文档？

3.4.2 相关知识与技能

1. 设置常用字符格式

(1) 基本字符格式：输入文字后，为文字设定格式，基本格式是字体、大小、字体样式、颜色等。常用

的中文字体主要有宋体、仿宋体、黑体、楷体和隶书等，常用的英文字体是 Times New Roman。对字号的规定是从最大的初号，直到最小的八号；字号也可以用“磅”作为衡量单位：5 磅最小，72 磅最大（1 磅＝1/72 英寸，或大约等于 1 厘米的 1/28。5 号字相当于是 10.5 磅）；字体样式，即字形，主要有加粗和倾斜两种字符形式，另外有下划线、字符边框、字符底纹和字符缩放等。文字默认为黑色，也可以根据需要设定其他颜色。设置字符格式的方法有两种。

方法一：打开“格式”工具栏上的字体、字号下拉列表，单击所需的字体、字号或字形。

方法二：选择【格式】菜单中的[字体]选项，打开“字体”对话框并完成设定，如图 3-12 所示。

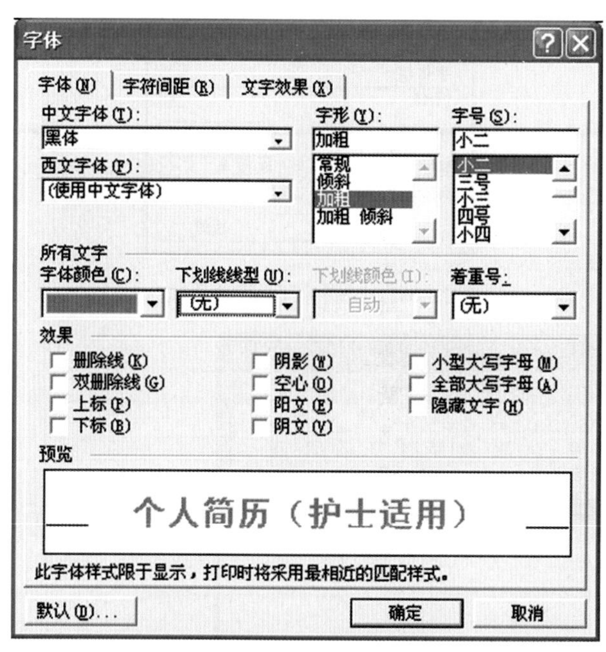

图 3-12　“字体”选项对话框

（2）字符的缩放、间距和位置：在文档中，字和字之间的距离称为字符间距，默认为标准，可依编排的要求，将字符间距加宽或紧缩。

选定要设置的字符，打开“字体”对话框，选择“字符间距”标签，在间距菜单中选择标准、加宽或紧缩间距，在磅值设定栏输入磅值，设置字符的间距，如图 3-13 所示。另外，在“位置”下拉选项中选择“提升”或“降低”，可改变字符与同行其他字符的相对位置。

（3）设定动画文字：动画文字是为了提高文档的屏幕观赏性或强调文字而设定，但不能打印出来。标记文字区域，在“字体”对话框中选择“文字效果”选项卡，选择一种内置的动画效果。

动画文字往往会分散读者的注意力，若取消文字的动画效果，只要在动画列表中选择“无”即可。如果不希望在屏幕上看到动画效果的文字，也可以隐藏文字动画效果，选择【工具】菜单的[选项]命令。出现选

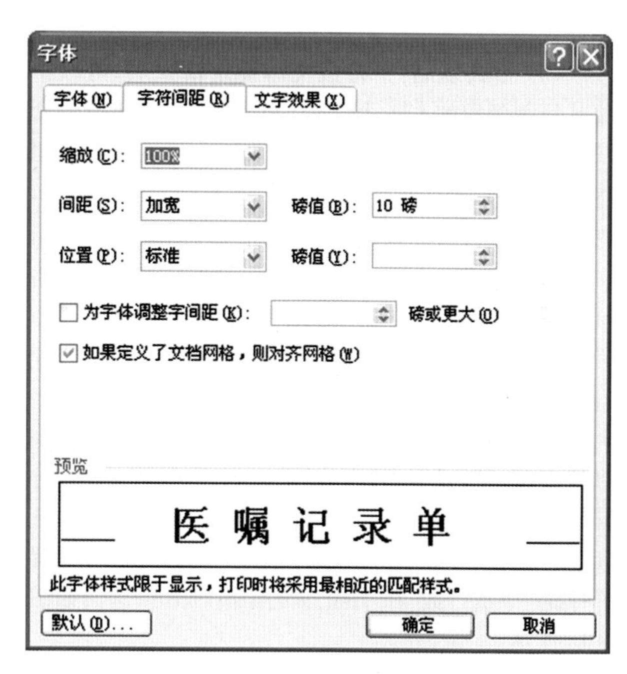

图 3-13　“字符间距”对话框

项窗口后，选择“视图”选项卡，然后取消选择，就会隐藏动画效果。所以若设定动画效果后，在屏幕上无法显示出来，就要检查是否已选“动态文字”选项。

（4）特殊字体效果：为使编辑的文档更加美观，Word 除了利用字体对话框设定字符格式外，还提供了一些特殊的字体效果如表 3-3 所示。

表 3-3　字体效果

名称	效果	举例
删除线	画一条线穿过标记的文字	~~高血压~~
双删除线	画两条线穿过标记的文字	高血压
上标	提高标记文字的位置并将字体缩小	$3^2+4^2=5^2$
下标	下移标记文字的位置并将字体缩小	硫酸 H_2SO_4
阴影	在标记文字的后方、下方和右方加阴影	健康教育
空心	将每个字留下内部和外部的边框	健康教育
阳文	将标记文字以浮标形式突出页面	健康教育
阴文	将标记文字盖入或压入页面	健康教育
着重号	将每个字下面加一个实心圆点	健康教育
下划线	将标记的文字下面画线	个人简历
边框	将标记的文字加边框	个人简历
底纹	将标记的文字加底色	个人简历

设置特殊的字体效果具体操作如下：

选定要设置的字符，单击“格式”工具栏上的相应按钮，若没有相应按钮，选择【格式】菜单中[字体]项，在“字体”对话框中进行设置；另外，在“字体”对话框中，可以为文字加下划线、加着重号或改变文字颜色等。

若为选定文本添加边框，需选择【格式】菜单中[边框和底纹]选项，选择“边框”标签，在边框和底纹对话框中，根据需要选择边框的类型、线形、宽度、颜

色和大小。在本章后面部分将作详细介绍。

(5) 格式复制：字符或文本设定格式后，可以把格式复制到别的文本上，而不必重复设定，选择要套用格式的文本，单击工具栏上像刷子一样的工具按钮，指针呈现刷子状态，移动到要复制格式的文字上，按住鼠标左键拖动，然后再放掉左键，则刷子状的指针消失。如果双击格式刷按钮，可连续设定多次格式，直到按 ESC 键取消格式刷为止。

(6) 首字下沉：为了突出文字格式对比效果，往往将文档段落中第一行第一个字加大并下沉，形成一种新的风格，称为首字下沉。方法是：定位插入点到所选段落，单击【格式】菜单的[首字下沉]项，显示“首字下沉”对话框，如图 3-14 所示，在对话框中选择“下沉”或“悬挂”。如图所示，选择了“下沉”，进一步设置首字的“下沉行数”和“距正文的距离”即可，画面如图 3-15 所示。

2. 设置段落格式 段落是文本、图形、对象或其他项目等的集合，是文档排版的基本单位。

(1) 段落标尺

1) 认识标尺。标尺是设定数据排列方式的工具，分为水平标尺和垂直标尺，水平标尺标示每一段落的编排方式；垂直标尺则用来标示文档的长度。标尺上的刻度单位一般设定为字符，也可以因编辑的需求，将它设定成英寸、厘米、磅值等单位，利用这些刻度可以了解输出时，实际的文档尺寸。

2) 标尺的组成。在水平标尺上会以符号显示段落的左右边界，首行的缩进或缩进位置等信息，只要在标尺上调整符号的位置，数据便会随之更改，段落的编排的方式也随之更改；标尺白色部分是文档编辑范围。如图 3-16 所示。

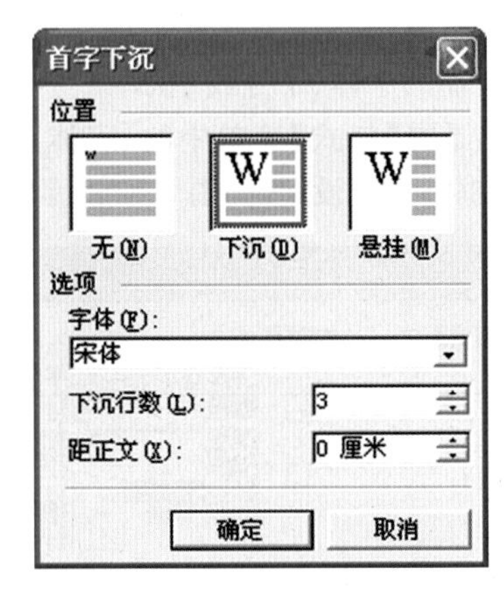

图 3-14 “首字下沉”对话框

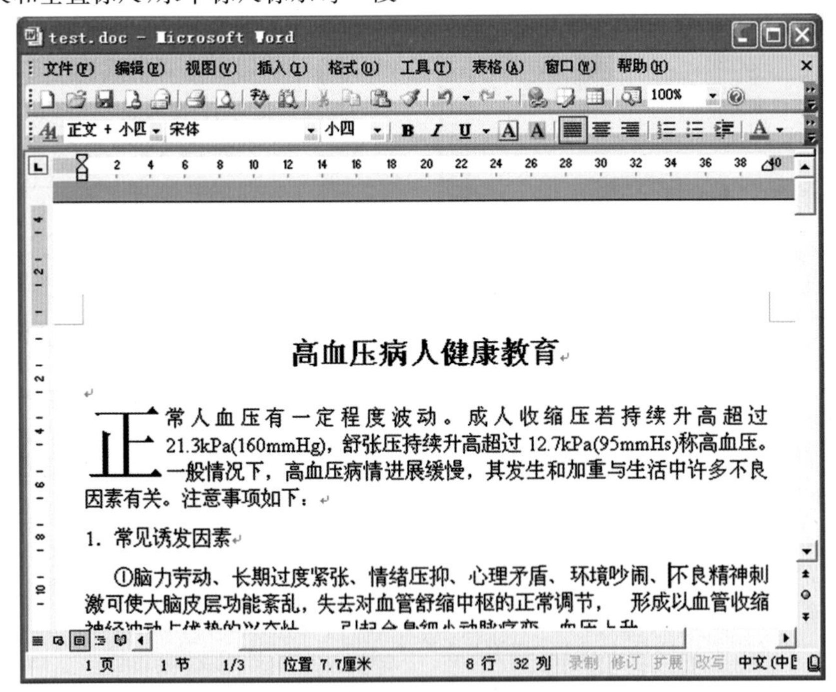

图 3-15 首字下沉效果图

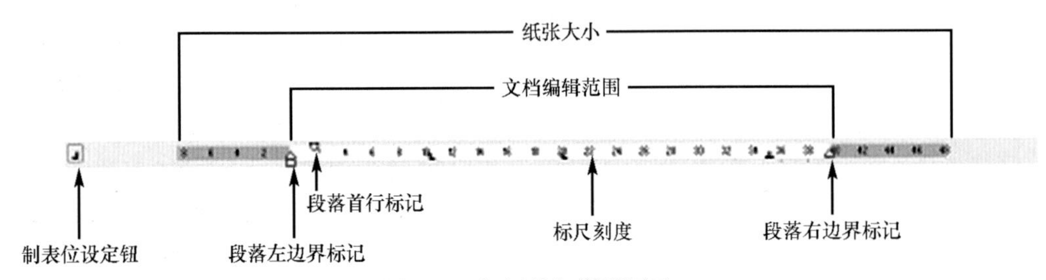

图 3-16 标尺按钮说明图示

链 接

标尺显示的 等符号，是代表跳格键（按 Tab 键）的设定位置。

3）用标尺调整段落边界。每一段落均有一个标尺，所以每一个段落都可以独立用标尺来设定文字的编排方式，不受其他段落编排方式的影响。当需要调整段落边界时，必须先将光标停在段落上，再拖动标尺上的左右边界按钮。如果要同时调整多个段落的边界，必须先将想调整的多个段落设成标记区域，再调整标尺上的边界标记。

4）在标尺上设定纸张的边界。利用标尺，可以调整文档的左右边界及上下边界，以设定整份文档的编辑范围。

（2）段落格式：文档的段落格式主要包括段落缩进、段落间距、行距、段前段后距离、段落对齐方式等。

利用标尺设定段落格式，无法精确调整位置，在“段落”窗口中才可以精密设定段落的格式。

设定段落编排格式的操作方法是：选择【格式】菜单中的[段落]选项，出现“段落”对话框后，选择“缩进和间距”选项卡，如图 3-17 所示。

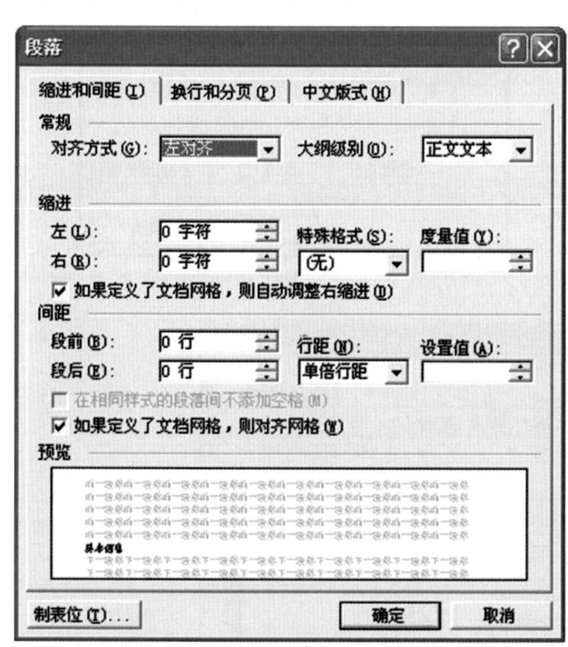

图 3-17　“缩进和间距”选项卡

调整段落格式主要包括以下几个方面：

1）段落缩进。在“段落”窗口中选择“缩进和间距”选项卡，在左、右栏输入缩进的距离，然后从“特殊格式”下拉列表中选择第一行的编排方式为“首行缩进”或“悬挂缩进”，再到“度量值”栏输入第一行首行缩进或悬挂缩进的距离。

2）行间距。从“行距”下拉列表中选择一种行距，若选择“最小值”或“固定值”时，则必须再到行高栏中输入行高磅值。

3）段落间距。为了明显分隔各个段落，在“段前”与“段后”栏中选择或输入间距大小，一般为“自动”。

4）文本水平对齐方式。在“对齐方式”下拉列表中选择一种方式，也可以直接使用“格式”工具栏的按钮。

5）文本垂直对齐方式。要选择【文件】菜单中的[页面设置]项，出现“页面设置”对话框后，选择“版面”选项标签，如图 3-18 所示，在垂直对齐下拉列表中选择内容即可。

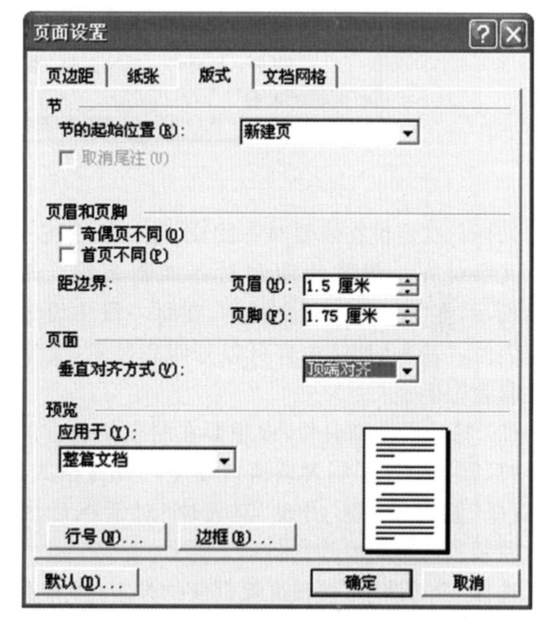

图 3-18　“页面设置”对话框

3. 制表位的使用　段落内文字中要设定空白间隔时，除了使用空格键外，可以使用制表位的设定，迅速调整精确的显示位置。

一行文字中可以设定多个制表位，当按下 Tab 键时，光标就会移到下一个制表位的位置。文档使用制表位后，可以任意修改制表位位置，并设定文字在制表位的对齐方式，为使各列文字对齐，可预先设定不同的制表位，制表位共有五种对齐方式分别说明如表 3-4 所示。

表 3-4　单元格对齐方式

按钮	对齐方式	说明
	左对齐式制表位	从制表位往右延伸文字
	居中式制表位	在制表位将文字对齐
	右对齐式制表位	从制表位往左延伸文字
	小数点对齐式制表位	将小数点对齐制表位
	竖线对齐式制表位	在制表位插入垂直线

（1）快速设定制表位，把光标定在要设定制表位的段落处，在水平标尺最左端单击制表位按钮选择需要的对齐方式，在标尺要设定处单击则出现制表位符号。在标尺上多处单击产生多个制表位。

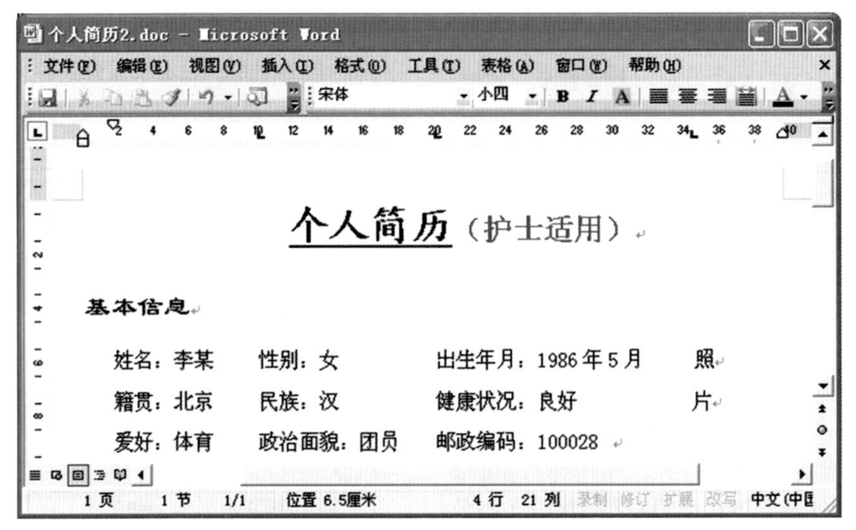

图 3-19 制表位效果图

光标每次定位在需要对齐的文字前，然后按 Tab 键。文字对齐一般常使用左对齐式制表符。如图 3-19 所示，在“个人简历”文档中，在每一段中设置三个制表位，“基本信息”内容可以分四列显示，文字对齐在制表位上。

（2）精确设定制表位，或想要在制表位前方加上前导符，就必须打开制表位窗口设定，单击【格式】菜单，选择[制表位]项，出现“制表位”对话框后如图 3-20 所示。

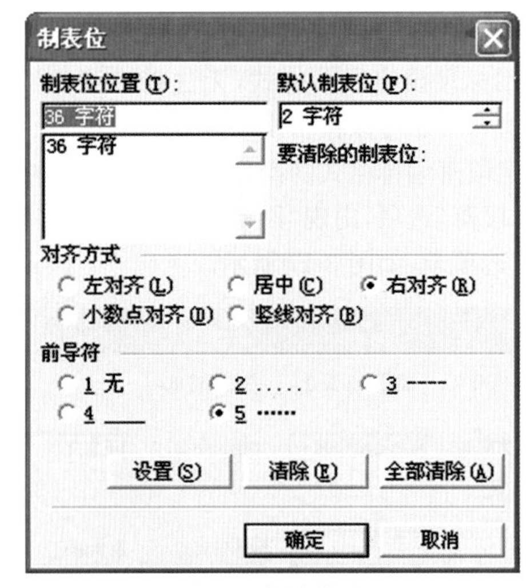

图 3-20 制表位窗口

选择“全部清空”按钮清除以前的设定，接着在制表位位置栏输入制表位的精确位置，然后在对齐方式区选择“右对齐”，在“前导符”区选择想要填满制表位符号左边空白区域的符号，再选择“设置”按钮即可设定制表位前导符，完成画面如图 3-21 所示。

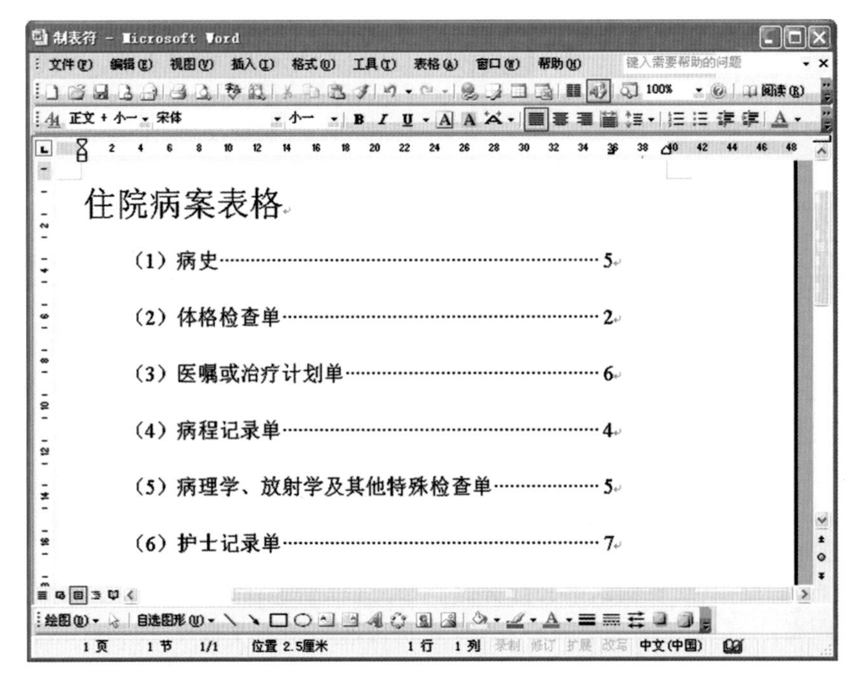

图 3-21 “前导符”制表位效果图

操作技巧：标记要重新设定制表位内容的段落，鼠标双击标尺上的已设定的制表位符号，也可以出现“制表位”对话框。

☞考点：设置字符格式、段落格式 显示标尺，设定制表位

3.4.3　实 施 方 案

要实现各种类型文书资料的标准化、规范化的排版，一般可分以下阶段实施：

（1）建立(或打开)一个 Word 文档并编辑好文档内容；

（2）选择恰当的字符格式设置，如字体、字形、大小、字符样式等；

（3）各个段落的格式设置，如段落缩进、段落间距、行距、段前段后距离、段落对齐方式等。

（4）(重新)确定文档的保存位置、文件名和文件类型。

3.5　Word 文档的页面修饰

3.5.1　任　　务

页面修饰直接关系到文档的整体效果，在前面两节中对文档基本编排操作的基础上，如何再利用 Word 页面边框底纹、分页、分栏、文字方向、页眉页脚等，创建出令人赏心悦目、富有时代气息的文档？

3.5.2　相关知识与技能

1. 边框底纹　制作文档时，善用 Word 提供的边框样式及底纹变化，可凸显重要的文字内容，并增加文件的美感。Word 的边框可分为字符边框、段落边框和页面边框三种，其中页面边框功能有多种艺术型可供选用。

（1）字符边框和底纹：在字符的外缘套上线条，称为字符边框。字符边框的线条种类很多，并可配合颜色的变化，在文档上呈现多彩的文字，另外也可以将字符设定底色，让文字更加醒目，以引起读者的注意。

例如，在“个人简历”文档中，将“基本信息”等小标题添加边框和底纹，具体操作步骤如下：

选择欲设定边框的文字，单击【格式】菜单选择[边框和底纹]项。打开“边框和底纹”窗口的“边框”选项卡，如图 3-22 所示，选择设置方式、线型及颜色；选择颜色下拉列表中颜色，可以设定边框的颜色；宽度菜单可设定边框线型的粗细；选择“底纹”选项卡，如图 3-23 所示，从填充区中选择一种颜色。然后选择[确定]按钮即可。

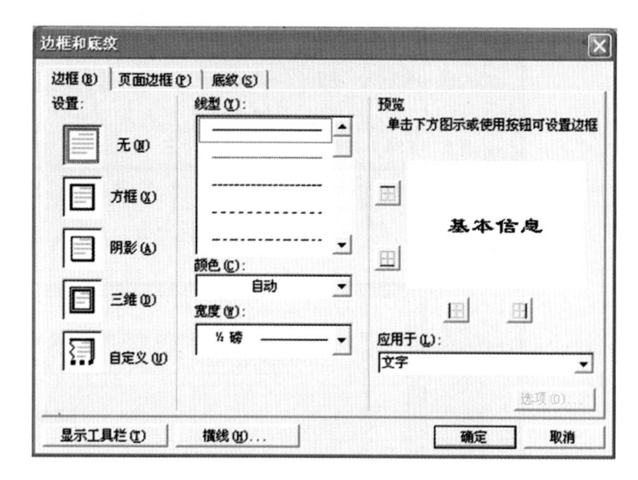

图 3-22　“边框和底纹”边框窗口

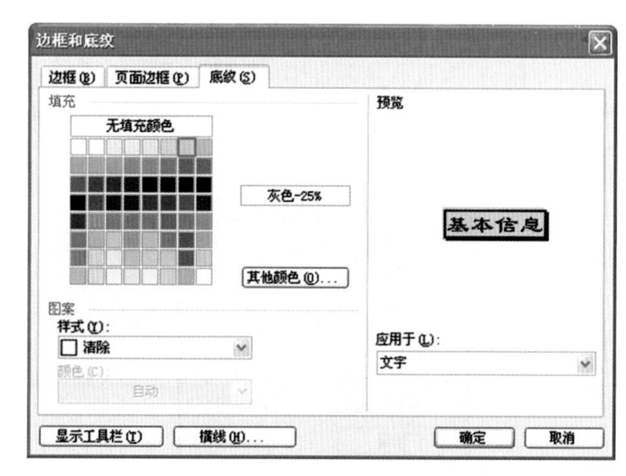

图 3-23　“边框和底纹”底纹窗口

（2）设定段落的边框和底纹：设定段落的边框和底纹的操作方法与字符边框和底纹相似，只是标记的范围和显示的结果不同而已。在边框和底纹窗口中的“应用于”下拉列表中，选择“文字”或“段落”来决定边框和底纹的应用范围。若想要去除文字的边框或底纹时，只要打开边框和底纹窗口，从窗口左侧选择“无”即可，如图 3-22 所示。

（3）整个文档加上外框：边框不仅适用于文字或段落，也适用于设定整份文档的边框。选择“页面边框”选项卡，选择设置方式、线型和艺术型中的一种样式后，从预览区可观看样式的效果。完成设置后画面如图 3-24 所示。

2. 分隔符　分隔符主要包括分页符和分节符。文档中插入分隔符可以更灵活地设置页面版式，使页面设置与文档内容有机结合。

（1）插入分页符：文档充满一页后，Word 会设置自动分页；文档未充满一页而需要分页时，可以人工插入分页符。具体操作方法是：

在普通视图中，将插入点移至待分页处；选择【插入】菜单中的[分隔符]项，打开“分隔符”对话框，如图 3-25 所示，选择[分页符]单选钮即可。

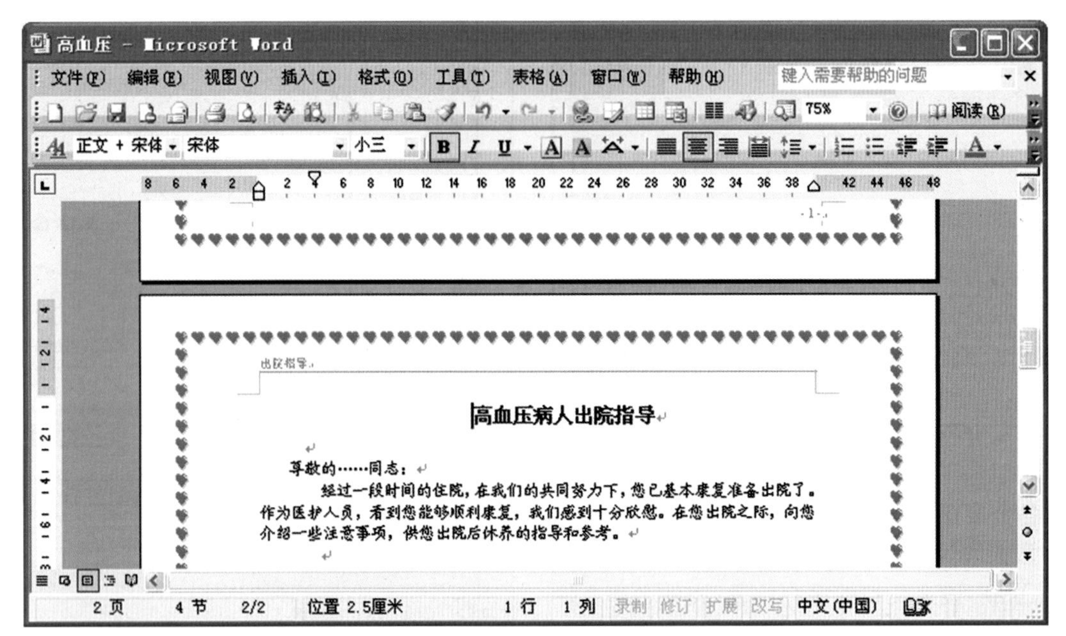

图 3-24　页面边框设置效果图

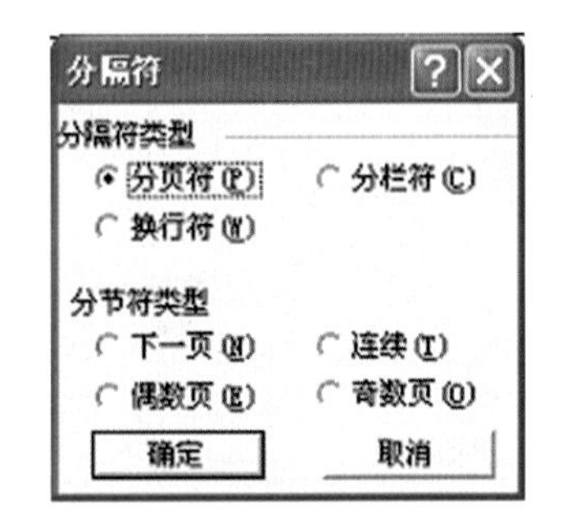

图 3-25　“分隔符”对话框

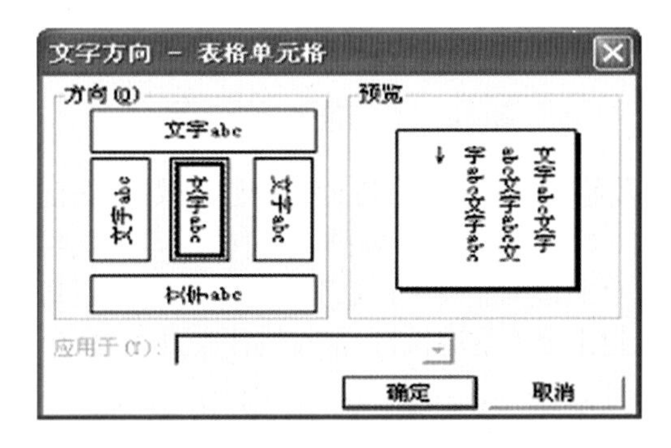

图 3-26　“文字方向”对话框

操作技巧：按 Ctrl＋Enter 组合键也可以在光标插入点处插入分页符。

(2) 插入分节符：默认情况下 Word 将整篇文档视为一节，采用相同的页面设置格式。如果一篇文档中需要采用不同排版格式，如不同的页边距、背景、页眉、页脚及纸张大小等，就必须分节。在如图 3-25 所示“分隔符”对话框中选择“分节符”即可。

3. 文字方向　为适应特殊中文文档的排版需求，Word 提供了竖排文字功能，包含文本、表格和标注等多种对象的文档，可迅速在横向显示和纵向显示之间进行转换。方法是选择【格式】菜单中的[文字方向]项，打开“文字方向”对话框；如图 3-26 所示。在“方向”栏中选择所需文字排列方向即可。

操作技巧：利用“常用”工具栏中的更改方向按钮，也可以改变文本的排列方式。

链　接

如果文档没有重新分节，改变文字方向时，意味着对整篇文档进行操作，也就是说在一篇文档中只能有一种文字方向。

4. 分栏　Word 提供了分栏排版的功能，可以提高文档的阅读速度，也可以使文档版式生动活泼，分栏时正文的排列从一栏的底部到另一栏的顶部直至页面被填满，然后再开始下一页。具体操作步骤如下：

(1) 在“页面”视图中选定文本，然后选择【格式】菜单中的[分栏]项，打开“分栏”对话框，如图 3-27 所示。

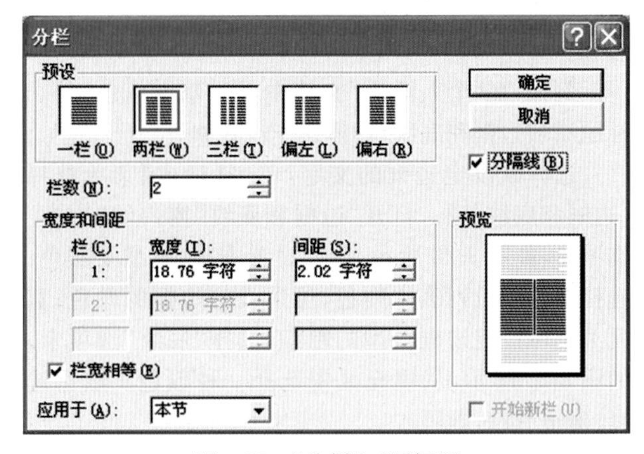

图 3-27　“分栏”对话框图

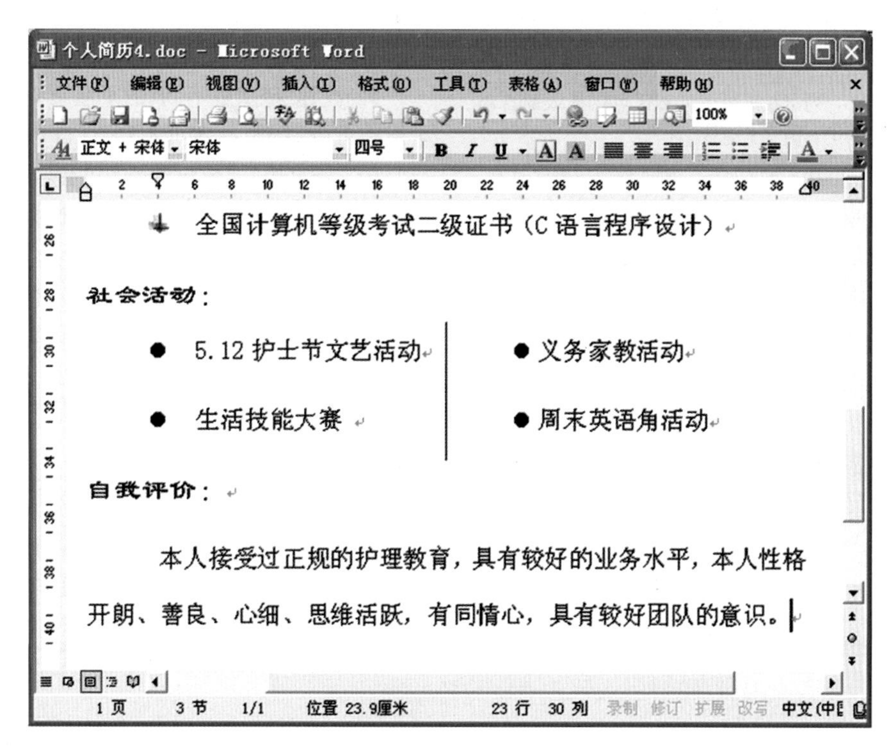

图 3-28　文档中分栏效果图

（2）选择预设项或在“栏数”框中输入分栏数，在“宽度和间距”栏中，指定各栏的栏宽和间距，栏宽和间距的总和应该等于页面宽度。

（3）设置或取消“分隔线”复选框；在“应用于”下拉列表中选择分栏应用于本节、整篇文档或插入点之后即可，如图 3-28 所示。

5. 页眉页脚　所谓页眉页脚，就是文档的辅助信息，它们通常包含章节名、标题、页数、页码和日期等，是独立于原文档的公共基本信息。

（1）插入页码：页码是一种功能变量，Word 具有自动依次编码的功能。从【插入】菜单中选择[页码]项，出现“页码”窗口后，如图 3-29 所示，在位置下拉列表中选择页码的位置，在对齐方式下拉列表中选择页码的对齐方式，若取消“首页显示页码”选择，则首页将不会出现页码。

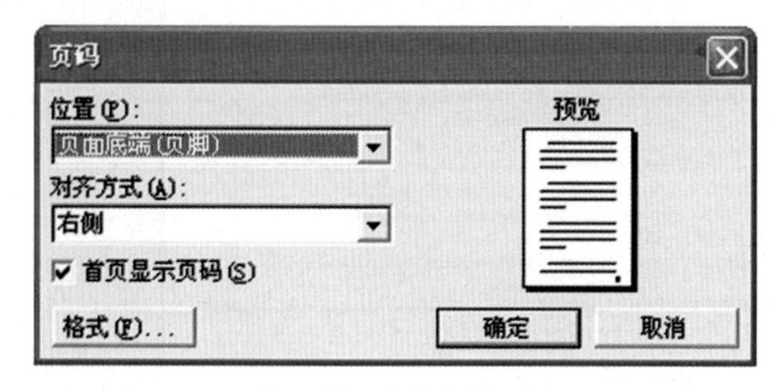

图 3-29　“页码”窗口

（2）设定页码格式：在页码窗口中选择[格式]按钮，出现“页码格式”窗口，如图 3-30 所示，从数字格式菜单中选择页码的数字格式，关闭窗口后，回到文件窗口，可见页码已更改为所设定的数字格式，页码格式约有 10 种，例如，1,2,3…；A,B,C…。

图 3-30　页码格式窗口

（3）在页眉页脚输入数据：一般的书籍、报纸杂志或文件的页眉（或页脚），大多会标上章节名称或书名，让读者比较容易查询及预览。

1）文档设置统一的页眉页脚。从【视图】菜单中选择[页眉和页脚]项，出现“页眉和页脚”工具栏，同时文档中的编辑光标出现在页眉栏，在页眉输入内容，并设定所需字体格式，单击[在页眉页脚间切换]按钮，光标出现在页脚栏，同样输入数据内容，选择[关闭]按钮即可使光标回到文件中。“页眉和页脚”工具栏各功能按钮如表 3-5 所示。

表 3-5 “页眉/页脚”工具栏包含的工具功能按钮

按钮	功能
插入“自动图文集”(S)	列出在页眉或页脚区可供插入的自动图文集词条
插入页码	插入本页页码。如果添加或删除页时，可以自动更新
插入页数	可自动插入当前文档的总页数
页码格式	设置页码编号的格式
插入日期	打开或打印文档时，自动显示当前日期
插入时间	打开或打印文档时，自动显示当前时间
页面设置	进入“页面设置”对话框
显示隐藏正文文档	在添加页眉或页脚时，显示或隐藏正文
与上一节相同	当前节的页眉和页脚与上一节的相同
页眉和页脚切换	在页眉区和页脚区之间切换插入点
显示上一个	将插入点移动到前一页的页眉或页脚
显示下一个	将插入点移动到后一页的页眉或页脚

提示

在添加页眉和页脚时，必须将文档先切换到页面视图方式，因为只有在页面视图和打印预览视图方式下才能看到页眉和页脚的效果。

操作技巧：在页眉或页脚栏中双击鼠标左键，切换到页眉或页脚栏就可编辑页眉或页脚栏。

2）设置“奇偶页不同”的页眉页脚。通常一本书的页眉和页脚设定“奇偶页不同”。奇数页中使用“章名”或“节名”作页眉；偶数页中使用“书名”作页眉。首先要选择【文件】菜单中［页面设置］项，选择“页面设置”对话框中的“版式”选项卡，如图 3-18 所示，在“页眉和页脚”区选择“奇偶页不同”，然后分别设定奇数页和偶数页页眉、页脚即可，显示画面如图 3-31 所示。

考点：字符边框、段落边框和页面边框；设置分割符、文字方向、分栏操作；插入页码，页眉和页脚

3.5.3 实施方案

要创建出的令人赏心悦目、富有时代气息的各种类型文书资料，一般可分以下阶段实施：

（1）建立(打开)一个 Word 文档并编辑好文档内容；

（2）选择恰当的页面结构、字符格式、段落的格式设置；

（3）根据具体文档的需要进行诸如首字下、文字方向、分栏、边框底纹、页眉页脚等文档修饰方面的设置，效果图如图 3-23、图 3-24、图 3-28、图 3-31 所示；

（4）(重新)确定文档的保存位置、文件名和文件类型。

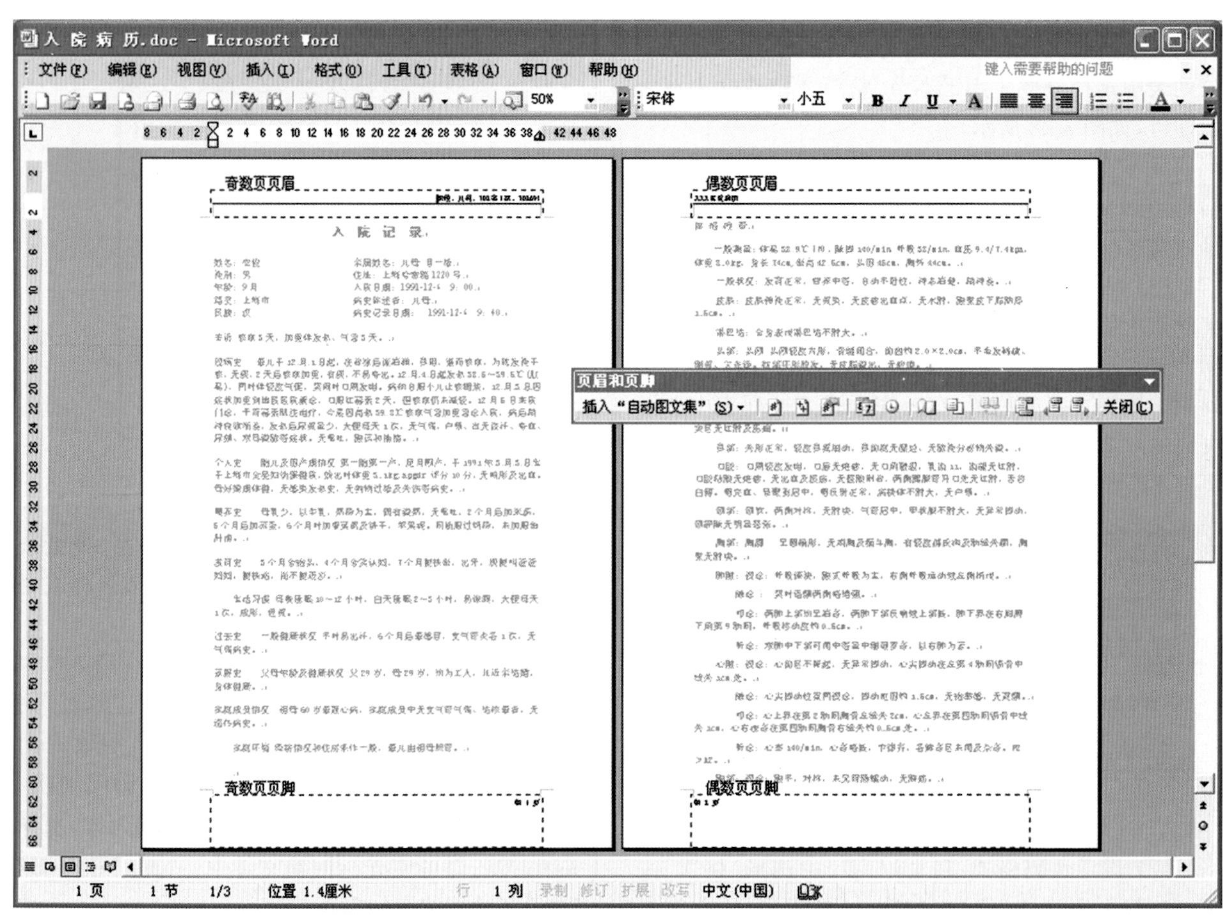

图 3-31 奇、偶页页眉和页脚不同效果图

3.6　Word 文档的打印输出

3.6.1　任　　务

制作的文档通常需要打印出来，作为最终结果保存和交流。如何既节约资源又打印出精美高质量文档？

3.6.2　相关知识与技能

1. 页面设置　利用页面设置功能，可以设定纸张大小、页边距、版式、奇偶页配置等。

(1) 选择纸张大小：因打印机厂牌不同，其使用的纸张格式也不同。以目前市面上的主流商品，例如激光打印机及喷墨打印机为例，通常可以由用户选择打印纸张尺寸。为了配合各种不同的纸张需求，通过 Word 页面设置功能，可以选择各种不同的纸张大小。

常用的纸张格式有 A3、A4、A5、B4、B5、8K、16K、信纸等，其尺寸各不相同，在“页面设置”窗口中选择“纸张”选项卡，如图 3-32 所示，可查看纸张尺寸，并选择纸张大小；也可以选择“自定义”选项，然后在“高度”和“宽度”框中输入自定义纸张的长和宽。

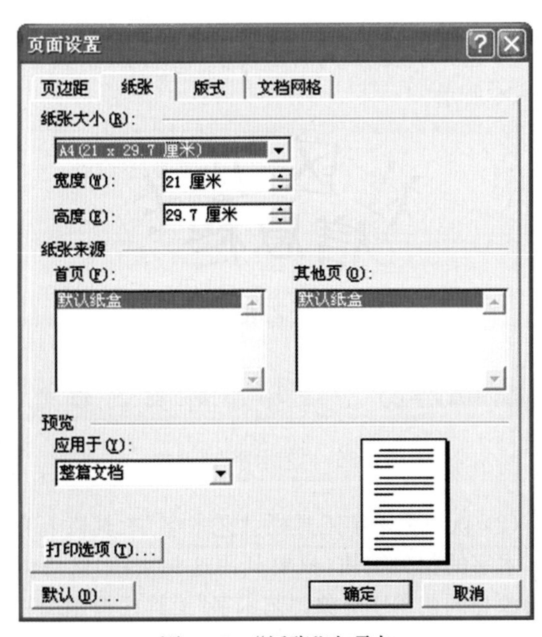

图 3-32　“纸张”选项卡

(2) 设置页边距：“页面设置”对话框中，选择“页边距”选项卡，在上、下、左、右框中分别填写上边距、下边距、左边距、右边距的数值；如果需要装订，可以选择装订线在页面顶端还是左侧，如图 3-33 所示。

(3)设置打印方向：若文档是表格且表格栏太宽，现有纸张或打印机不能全部在一页输出，可将默认的“纵向”改设为“横向”试一试。

2. 打印预览　编辑文件时，有时候需要观看文件的整体效果，此时只要调整文件的显示比例，就可以缩小或放大文件的显示比例。

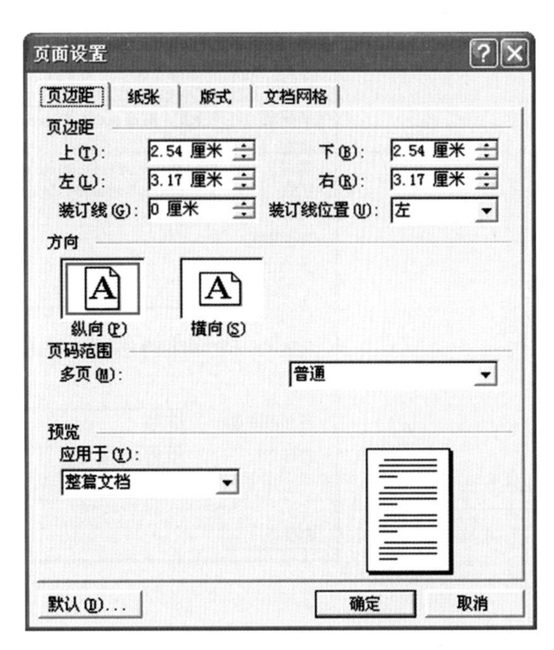

图 3-33　“页边距”选项卡

编辑完成的文件，先利用打印预览功能，观看整页文件排列方式，确定版面正确后，再将文件打印出来。

选择【文件】菜单中的[打印预览]项，或者选择工具栏的[打印预览]按钮，出现预览窗口后，选择文件的显示方式为整页、多页和全屏显示，还可以加上标尺和调整显示的尺寸，确定文档版式正确后，选择打印按钮打印输出。

链　接

在预览窗口中选择放大镜按钮，可以切换文字显示的比例；选择多页按钮，出现菜单后，可以从菜单中设定一次显示几页文件。

操作技巧：在预览窗口中若发现文件尚有瑕疵，只要取消放大镜的功能，就可以直接修改内容。

3. 打印控制　单击“常用”工具栏中或打印预览屏幕上的[打印]按钮，则按 Word 默认的设置打印整个文档。

有时候需要打印文档的一部分或需要打印多份，或者要改变默认的设置等，选择【文件】菜单中的[打印]项，在“打印”对话框中进行设置，如图 3-34 所示，在“页面范围”区中，若选择全部，会将文件的内容全部打印出来；选择当前页，会打印光标所在的那一页；选择页码范围，然后在后面空格中输入页码，则会打印指定的页码；单击[确定]按钮即可开始打印。

操作技巧：可以通过选择“手动双面打印”实现纸张双面打印功能。

☞考点：设置页面格式 定义页面大小，设置页面输出方向，设置页面边距

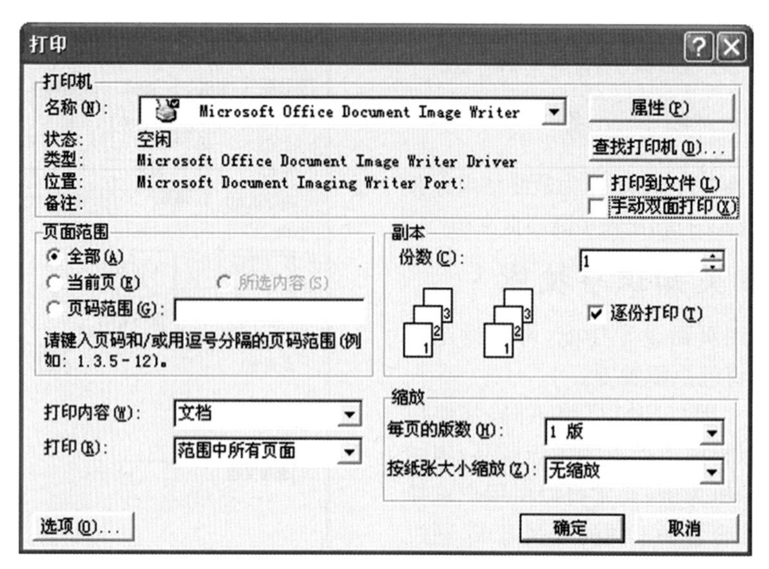

图 3-34 “打印”对话框

3.6.3 实施方案

要实现一页纸文书资料的电脑完整处理与打印输出，一般可分以下阶段实施：

(1) 建立(或打开)一个 Word 文档并编辑好文档内容。

(2) 根据具体情况进行页面设置：选择纸张大小与方向、页面边距等页面结构。

(3) 输入文档内容，保存文档，确定保存位置。

(4) 根据具体要求编辑、排版文档的内容和格式。

(5) 精心设置页面外观，反复打印预览，观看整页文件排列方式。

(6) 浏览整体效果，确定版面正确后，对打印过程严格控制，才将文件打印输出。

个人简历、入院记录、高血压健康教育、住院病案目录、出院指导等一页纸文档格式设置和页面修饰的效果图如前面小节中的图 3-19、图 3-28、图 3-11、图 3-31、图 3-21 和图 3-24 所示。

3.7 图文混排

3.7.1 任务

在掌握了的基本编排操作后，如何对前面几节中所制作的一页纸文书文件，如“高血压病人健康教育”文档：改变编排版面，插入生动有趣的图片、图形和艺术字等？以便于增加文档的信息量和感染力！

3.7.2 相关知识与技能

1. 插入艺术字 艺术字可用来制作特殊文字效果，例如，制作标题、海报和广告等，可使文档丰富多彩。

(1) 建立艺术字：在【插入】菜单中选择[图片]选项，选择“艺术字”，或单击“绘图”工具栏上的艺术字按钮，这时会出现“艺术字库”对话框，选择一种样式后，出现“编辑艺术字文字”窗口，输入需要呈现文字。选择字体、字号和字形完成后，回到文档中，会出现如图 3-35 艺术字效果，同时出现了“艺术字”工具栏，如图 3-36 所示。

图 3-35 艺术字效果

图 3-36 “艺术字”工具栏

(2) 认识艺术字工具栏：“艺术字”工具栏上有编辑艺术字的相关按钮，只要利用这些按钮，就可以制作出漂亮的艺术字对象，“艺术字”工具栏按钮的功能说明如表 3-6 所示。

表 3-6 “艺术字”工具栏按钮功能

名称	功能
插入艺术字	插入艺术字对象，建立文字效果
编辑文字(X)...	编辑选取的艺术字对象
艺术字库	选择文字表现效果，如方向、颜色及字体
设置对象格式	进一步设定文字的呈现格式，包括颜色线条大小版式及换行等
艺术字形状	设定文字呈现的方向

续表

名称	功能
文字环绕	设定文字与对象的相关位置
艺术字字母高度相同	让每一个字的高度相同
艺术字竖排文字	设定字体为竖排或横排
艺术字对齐方式	设定文字的对齐方式
字符间距	设定字与字之间的距离

操作技巧:在艺术字工具栏中选择【插入艺术字】按钮,也可完成艺术字的设置。

(3) 编辑艺术字:在文档窗口中,艺术字的大小会根据字数而自动调整;如果觉得文字大小不合适,可能移动鼠标到对象四周的小方块上并拖动鼠标,确定艺术字大小后松开鼠标。

通过艺术字工具栏,可以对已有艺术字进行形状、比例、旋转、文字竖排及格式等编辑。如已建立的艺术字对象,觉得图案形状不满意,可以改变而不需要重新制作。具体操作方法是:选择艺术字对象,选择"艺术字"形状按钮,出现形状菜单后,选择一种图案形状。或者拖动黄色箭头,改变艺术字中心点位置,成为扇形,右对齐,安排在文档边角位置,画面显示如图 3-40 所示。

操作技巧:右击艺术字,弹出一个快捷菜单,选择设置艺术字格式命令,可在对话框内设置相应的格式。也可使用绘图工具栏中的阴影、三维效果等按钮进行编辑。

2. 文本框的使用 文档中的文本一般采用字符录入的基本编辑方法,如果要改变文本版面,通常利用文本框的功能。文本框是装载图形、表格、文字等各种对象的特殊容器,它打破了规则排版的局限,它与其中对象形成独立于其他文本的可编整体。

通过改变文本框大小、文本框与周围文字的关系以及文本框的位置,可以将文本框放置在页面上的任何指定位置,甚至在页边距上。

(1) 文本框的插入:插入文本框之前,最好将视图方式设置为页面视图,以便准确观察文本框的位置和大小。插入的文本框可以是空文本框,也可以是包含选定文本的文本框。

1) 插入一个空文本框。在【插入】菜单中选择[文本框]命令,然后在下一层菜单中选择"横排"或"竖排",此时鼠标指针变成了十字形状。定位插入点,松开鼠标,即可创建出一个空文本框。

2) 插入一个包含选定文本的文本框。选定需要插入文本框中的文本。在【插入】菜单中选择"文本框"命令,并选择"横排"或"竖排"后,生成一个单线边框的实线矩形框,即文本框。该文本框自动包含了选定的文本,且其大小根据选定文本的大小自动设置。

(2) 文本框中文本的编辑:文本框实际上就是一种版面格式,因此其中的文本编辑与一般文档中的文本编辑完全一样。

(3) 文本框格式设置

1) 快速改变文本框位置和大小。文本框的位置发生变化时,Word 会自动调整该文本框周围的文本,使之达到和谐的排版,而无需人工干预。使用拖动鼠标,快速改变文本框位置和大小。用鼠标指向文本框,当鼠标指针呈四向箭头,可拖动文本框到新位置。鼠标指针呈双箭头状,拖动尺寸控制点,来实现文本框大小的调整。

2)"设置文本框格式"对话框的使用。选定文本框,使用右击菜单或在【格式】菜单中选择[文本框]命令,均可进入"设置文本框格式"对话框,如图 3-37 所示。选择"颜色和线条"选项卡,可以设置所选定文本框的填充色、边框线的有无或线形;选择大小可以改变文本框的大小,选择版式可以改变文本框的环绕方式和对齐位置等,进行文本框的所有格式设置。

图 3-37 "设置文本框格式"对话框

图 3-38 “插入剪贴画”对话框

> **提示**
>
> 在Word中所有对象包括艺术字、图片、剪贴画等的移动、复制、删除、格式设置均与文本框的操作方法相同。

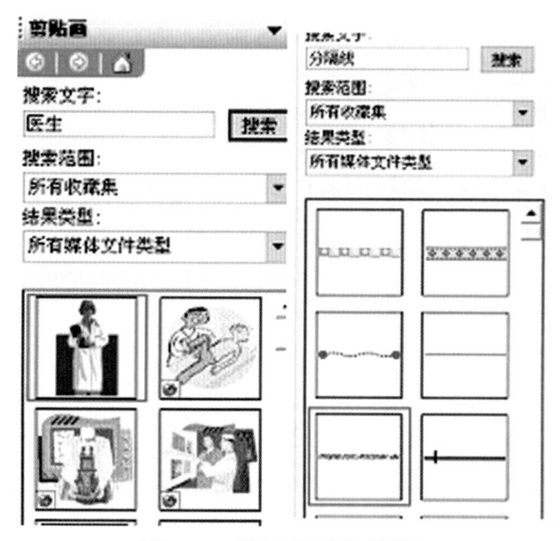

图 3-39 “插入图片”对话框

3. 图形的插入　在文档中插入图形和图片，不仅美化文档，还可以增加文档的信息量并提高文档的可读性，是文档编辑的重要操作。

选择【插入】菜单中的[图片]项，在图片类可选项有“剪贴画”、“来自文件”、“来自扫描仪和照相机”和其他选项。

(1) 插入剪贴画：Word自带的“剪辑库”中的图元文件(扩展名为.wmf)。插入方法是：定位插入点，选择“剪贴画”项，弹出“插入剪贴画”任务窗格如图3-38所示。

在搜索文字文本框中输入“医生”或“分隔线”，单击所需图片，然后右击，在所出现的菜单中选择[插入]按钮，即可将剪贴画插入文档中。

(2) 插入文件图片：绝大部分导入的图片、扫描的图片和照片等图片，首先选择图片来源，如：“来自文件”项，弹出“插入图片”对话框，如图3-39所示，在“查找范围”框中找到要插入的图片，双击即可。

如果安装了扫描仪或照相机，可以选择“来自扫描仪”或者“照相机”项，要执行该过程，设备(扫描仪或数码相机)必须与计算机相连接；如果使用扫描仪并且要更改图像设置，或者使用照相机，在“插入来自扫描仪或照相机”对话框中，单击[自定义插入]按钮。然后按照所用设备自带的指令执行操作。

(3) 绘制图形：利用“绘图”工具栏可以绘制常见的几何图形，特别是利用自选图形，如图3-40所示菜单，通过拖出、调整大小、旋转、翻转、设置颜色和组合等来制作复杂的图形；若利用富有层次感的[阴影]、[三维效果]等按钮，将使图形绚丽多彩。

例如，图3-41绘制酒精灯，可以按以下绘图方法来实现：首先绘制两梯形，下面为蓝色，上无填充；绘两矩形块为无填充；选择“自选图形”中“线条”类中的“自由曲线”，绘制灯芯(线宽6磅、黑色)和火焰(线宽为2磅，红色)；然后，移动各个自选图形拼合成酒精灯。

重复上述过程，在酒精灯下选“矩形”，填充为“纹理”，绘出深色木质填充的木块。

操作技巧：利用Shift键，同时选中所有图形后，选择右击菜单[组合]命令，图形组合成一个对象(一体化的图形)。

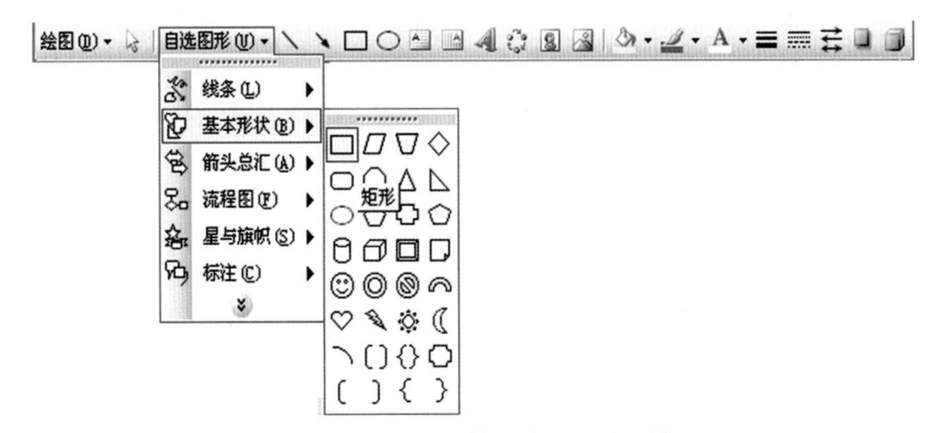

图 3-40　绘图工具栏之“自选图形”列表

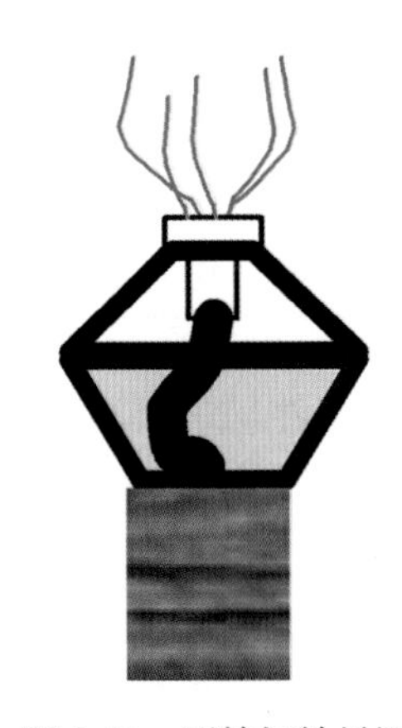

图 3-41　酒精灯效果图

4. 编辑修饰图片

(1) 拆分与组合：“剪辑库”中的图片如果“取消组合”后，可以将其转换为图形对象，如图 3-42 所示，然后使用“绘图”工具栏上的工具进行编辑，以增强这些图片的效果。

图 3-42　选定图形对象的组合与拆分

(2) 对齐或分布：对齐和排列图形的操作与上述组合操作类似，选择“绘图”菜单中的[对齐或分布]命令即可。

(3) 旋转或翻转：图形可以进行水平、垂直或任意角度自由旋转：选择图形，选择【绘图】菜单中[旋转]命令，选定需要的旋转方式；也可单击“绘图”工具栏[自由旋转]按钮或拖动绿色控制点，实现自由旋转。

(4) 修饰图片：Word 的图片工具栏提供了一整套修饰图片的工具。选定文档中的图片或者选择【视图】菜单中的[工具栏]项，选择“图片”工具；系统会弹出“图片”工具栏，如图 3-43 所示。

图 3-43　“图片”工具栏

工具栏共设有 12 个按钮，各按钮的功能如表 3-7 所示。

表 3-7　“图片”工具栏按钮功能

名称	功能
插入图片	在插入点插入一幅图片
图像控制	选择自动、灰度、黑白、水印等选项风格
增加对比度	减少图片的灰色成分，以提高图片的颜色的对比度
降低对比度	增加图片的灰色成分，以降低图片的颜色的对比度
增加亮度	增加图像中的白色，使图片颜色变亮
降低亮度	减少图像中的白色，使图片颜色变暗
裁剪	裁剪或修复被裁剪过的图片
线型	选择线条的颜色、线型、虚实、粗细
文字环绕	选择文字与图片的环绕方式，实现图文混排
设置对象格式	通过颜色和线条、大小、位置、环绕图片等选项卡，设置图片的各种属性
设置透明色	设置选定图片的透明颜色
重设图片	使图片恢复初始的颜色亮度和对比度

选择“图片”工具栏的图像控制按钮，在下拉列表中选择“自动”、“灰度”、“黑白”或“水印”等选项，图片将显示相应的效果，如设置水印效果。

文档的背景可以设定成水印效果的图片，这样就会衬托出朦胧美。在【格式】菜单中选择[背景]，在子菜单中选择[水印]，出现如图“水印”窗口，如图 3-44 所示，“选择图片”按钮，选择[插入]按钮，回到“水印”窗口，选择“缩放比例”完成后，文档每一页上衬上淡淡水印图片。

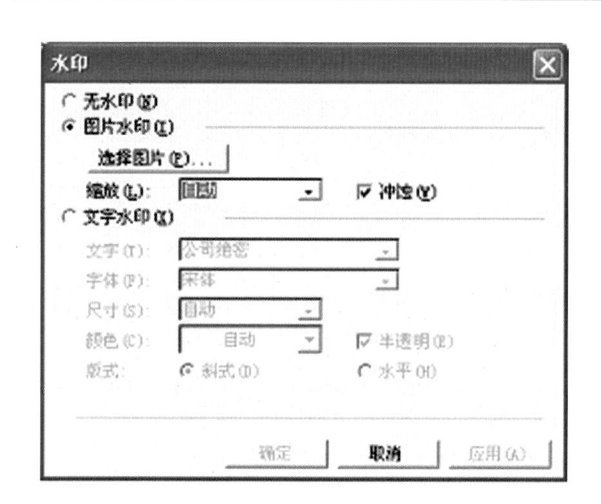

图 3-44 “水印”窗口

链 接

为了使图形更加赏心悦目，Word 提供了一系列修饰图形的手段，包括设置阴影和三维效果、添加填充色和字体颜色，操作基本相似。

☞考点：艺术字体创建与编辑；图片和图形的插入、移动、编辑等操作；首字下沉、文本框、文字方向

3.7.3 实 施 方 案

利用 Word 图文混排功能制作图文并茂的文档，类似 Word 的基本编排操作，可分以下阶段实施：

(1) 创建或打开一个 Word 文档。

(2) 根据具体情况进行页面设置：选择纸张大小与方向、页面边距等页面结构。

(3) 输入或修改文档内容，保存文档，确定保存位置。

(4) 根据具体要求插入对象，如插入艺术字、文本框、图片、剪贴画，绘制自选图形等，编排对象的内容和格式。

(5) 设计好页面后，打印预览观看文件的观看整页文件排列方式。

(6) 浏览整体效果，确定版面正确后，再将文件打印出来。

卫生信息宣传栏的制作效果图如图 3-45 所示。类似可制作产品宣传广告、年节贺卡等精美的文档。

3.8 表 格

3.8.1 任 务

表格形式显示对照内容或数据，层次清晰、简明扼要，是文档常见的组成部分；如何对前面几节中所制作的一页文书纸文件，如“个人简历”文档，使用表格形式显示个人基本情况等内容？使读者清晰明了、易于阅读！

3.8.2 相关知识与技能

Word 提供了强有力的表格处理功能，其操作命令全部集中在“表格”菜单中。

表格常常是由行和列构成，横向称为行，纵向称为列，由行和列所组成的方格，称为单元格。在单元格中分别填写文字、数字等书面材料。

图 3-45 卫生信息宣传栏效果图

1. 建立表格　使用Word创建表格的方法主要有以下三种。

(1) 使用插入表格命令：选择【表格】菜单中的[插入表格]项，在“插入表格”对话框中，设置表格的行数、列数及列宽即可出现规则表格。

(2) 使用插入表格工具按钮：比较快捷的方法是单击“常用”工具栏上的[插入表格]按钮，沿网格拖动鼠标指针定义表格的行数、列数也可创建一个规则表格。

(3) 使用绘制表格命令或按钮：选择【表格】菜单中的[绘制表格]项，使用绘制表格功能，或单击“常用”工具栏上的[表格和边框]按钮，如同用笔一样随心所欲地绘制出更复杂的表格。若有错误，可用橡皮按钮进行修正，如在医学论文中绘制“三线表格”。

2. 表格的编辑

(1) 编辑单元格：在表格中输入、编辑和格式化单元格内容与一般文件文本编辑方式相同，只是以单元格为单位。

1) 输入单元格内容。单元格中显示输入光标后即可输入文本。下面常用的光标定位键盘按键，以便于提高编辑数据的速度。

- 使用↑↓←→键，上下左右移动光标的位置。
- 使用Tab，使光标移到下一个单元格。当光标停在右下角的单元格时，按Tab会自动增加一行单元格。
- 使用Shift+Tab键，光标会移到上一个单元格。

2) 编辑单元格内容。当单元格的数据内容需要复制、移动、删除时，也是遵循“先选择，后操作”的原则，注意选择单元、行、列、整个表格时鼠标指针的变化。

3) 调整表格和单元格的大小 。鼠标对准表格的水平线(垂直线)成为“✥”状，拖动边框粗略调整单元格的大小。

精确设定单元格的大小是在“表格属性”窗口中完成，选择想要设定的“行”或“列”选项卡，在“尺寸”区选择“指定高度(宽度)”，输入高度(宽度)值即可。

链 接

从菜单栏的【表格】菜单中选择【自动调整】出现子菜单后，再选择一种调整的方式可以设定为自动调整大小。

菜单说明如表3-8所示。

表3-8　表格菜单说明

菜单名称	说明
根据内容调整表格	依据输入的方字数量，自动调整表格中的列宽
根据窗口调整表格	自动调整表格大小，使其能够显示在Web浏览器中
固定列宽	使用目前各列的宽度
平均分布各列	将先取的行或单元格转换成相同的行宽
平均分布各行	将先取的列或单元格转换成相同的列宽

(2) 修改表格：修改表格主要指修改表格单元格、行、列的数目。

1) 插入单元格、行或列。在光标定位要插入的位置，选择菜单中的【插入】项的子菜单即可在表格中插入一空白单元格、行、列。

2) 删除单元格、行或列。选择想要删除的区域，选择菜单中的【删除】项的子菜单即可。

3) 合并单元格。选定要合并的单元格区域，单击菜单中的[合并单元格]项即可。

4) 拆分单元格。选定要拆分的单元格，单击菜单中[拆分单元格]命令，会出现“拆分单元格”对话框，输入所要拆分的列数、行数后可完成拆分单元格工作。

3. 表格的格式设置　格式化表格主要通过[表格和边框]工具栏按钮来实现。另外合并和拆分单元格、加边框和底纹等，也可以利用[表格和边框]工具栏按钮来完成，“表格和边框”工具栏如图3-46所示。

(1) 表格线型和粗细：选择需要改变线型的表格区域，在工具栏中“线型”列表框和“粗细”列表框中选取所需的线型和粗细，再应用到工具栏中的外侧边框下拉列表中对应的[边框线]按钮中即可。

(2) 对齐和分布：选择表格区域，在工具栏中“对齐方式”列表有九种单元格内容对齐方式，选择所需的按钮即可。

(3) 边框与底纹：选定表格或单元格，单击[边框颜色]按钮，出现“边框和底纹”对话框后，选择“边框”选项卡，在设定的区选择想设定的边框格式；选择“底纹”选项卡，从填充区选择底纹的颜色，可以修改成自己喜爱的样式。

图3-46　“表格和边框”工具栏按钮说明

提示

在“底纹”选项卡中的“样式”菜单中选用灰度值，建议选用25%以下之灰度值，这样不会影响表格上的文字显示，打印的质量较佳，而且又节省打印机的墨汁或碳粉。

(4) 表格样式：使用“表格自动套用格式”可以快速设置表格格式，将光标设定在表格里，选择[表格自动套用格式]按钮，出现“表格自动套用格式”窗口后，从“表格样式”中选择一种格式，选择“应用”即可。

除了套用表格内定的格式外，你可以依照个人的需求去做不同的格式设定，并将其格式设成一个新的表格样式，新增到表格样式后，可以随时套用所自定义的表格样式，如：设定医学论文中的“三线表格”成为可套用样式。

4. 表格的计算　在表格中输入数值后，可以自动排序和计算数值数据。

(1) 计算公式的基本概念：Word 表格中提供简易的计算公式，让用户在制作表格过程中，凡需要计算的部分，可以直接在表格中计算出来。

1) 单元格编码。关于表格列、行坐标编排：列坐标以 A、B、C…英文字母编号，行坐标则以 1、2、3…数字编号。所以，第 A 列与第一行所组成的单元格编码为 A1，第 B 列与第 3 行所组成的单元格编码为 B3。

2) 数据范围。可以用两个单元格编码来代表某一范围的数据，例如，B2:C3 代表 B2、B3、C2、C3 等四个单元格，所以计算上述四个单元格的和，可以表示为 SUM(B2:C3)。另外，下面几个英文单词也可以表示数据范围：

- Above 表示选中单元格上方所有的单元格
- Left 表示选中单元格左方的所有的单元格
- Right 表示选中单元格右方的所有的单元格

3) 操作符。操作符指计算的符号，例如：+、—、*、/、^、<、=、>、<>等是常用的操作符。

(2) 自动求和：光标定位于结果单元格，选择“表格和边框”工具栏中的[自动求和]按钮，即可计算出插入点所在单元格上方或左方的单元格中数值的和。

(3) 利用公式或函数计算：例如，在单元格 A1、B1、C1 中输入 100、80、85，求三个单元格数值总和，将结果显示在 D1 单元格 D1。

操作步骤如下：

光标定位于求和结果单元格 D1 中，选择【表格】菜单中的[公式]项，出现“公式”对话框，会显示公式=SUM(Left)，单击“确定”按钮，表格 D1 单元格中会显示公式的计算结果 265。相单于在公式文本框中输入“=A1+B1+C1”。

操作技巧：如果在 D1 单元格中计算单元格 A1、B1、C1 的平均值，在“公式”对话框中，单击粘贴函数列表框中，选择平均值函数名，在公式文本框中显示“=AVERAGE(Left)”即可。

链 接

改变数字结果的格式，单击数字格式文本框右边的向下箭头，选择所需的数字格式即可。

(4) 表格数据排序：排序是把数据库的数据依照由小到大(升序)或由大到小(降序)的顺序来排列。在计算机中如果数据内容是数字，计算机会直接比较其大小；若数据内容是中文字，例如，姓名、地址，通常是比较其笔画数。

表格的每一行又称为一笔记录，而用来比较大小的字段称为“关键字”，Word 可以由用户来决定三个关键字来进行比对，当第一关键字相同时，则比较第二关键字，以此类推。

排序的方法是：把插入点放在表格的任一单元格，选择菜单中的[排序]项，出现“排序”对话框，如图 3-47 所示。在“主要关键字”下拉式列表框中选择列，在“类型”下拉式列表框中，指明按“升序”或“降序”排列。依此方法设定次要、第三关键字即可。

操作技巧：选择“有标题行”，表示表格的第一行为标题行，此行不参加排序。

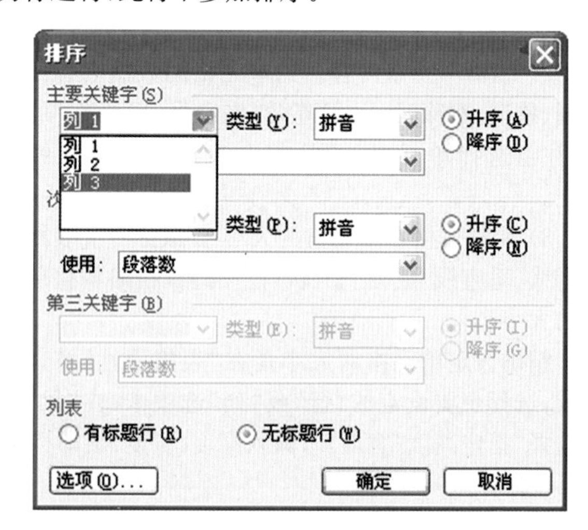

图 3-47　“排序”对话框

5. 表格处理

(1) 表格表头处理：制作表格表头时，在第一个单元格中常常需插入所需要的各种斜线表头，[表格和边框]工具栏中的按钮可完成单条斜线表头的处理。多条斜线表头要使用【表格】菜单中[绘制斜线表头…]命令。光标定位于表头单元格中，打开“插入斜线表头”对话框，如图 3-48 所示。选择表头样式、分别填写各个标题即可。

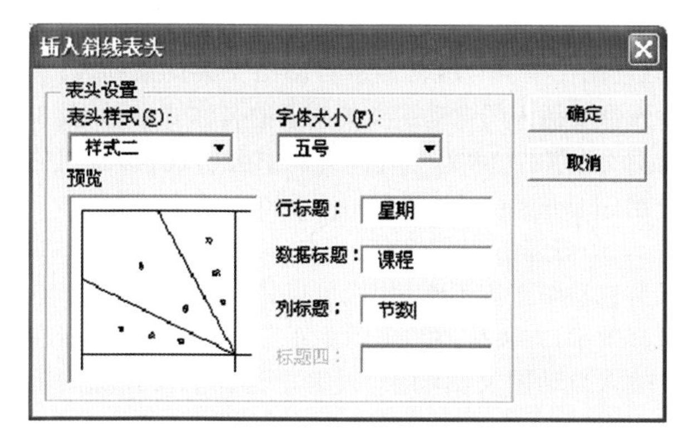

图 3-48　“插入斜线表头”对话框

实际在插入所需要的各种斜线表头时却非常不便。一是表头太大，占用的行数、列数太多，表格不协调、不美观；二是有两个或两个以上的文字标题时，如果调整好表头的大小合适时，则个别字符被遮住了。往往顾此失彼，无法调节好表头。

提示

Word 斜线表头功能是由绘制图形中的直线和文本框组合而成的，取消图形组合，对图形做相应调整，可使斜线表头更满意。

(2) 文字与表格的转换：利用“表格”菜单中的“转换”子菜单命令，可将所选文本转换为一张表格。

首先将文本用段落标记、逗号、制表符以及空格等其他特定字符隔开，然后，选定要转换成表格的文本。选择菜单中的[文本转换成表格]命令，弹出如图 3-49 所示的对话框。

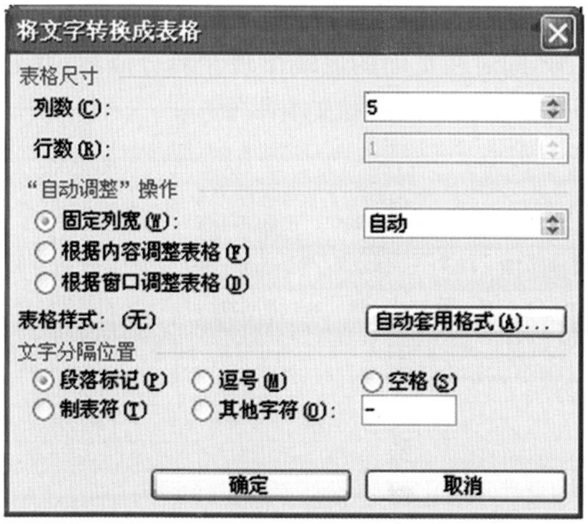

图 3-49　“将文字转换成表格”对话框

在“将文字转换成表格”对话框中的“表格尺寸”选区中“列数”中的数值为 Word 自动检测出的列数。用户可以根据具体情况选择所需要的选项，在“文字分割位置”选区中选择分隔符。设置完成后，单击[确定]按钮，即可将选定文本转换成表格。

链 接

类似地，也可将所选表格转换为文本，将表格中的数据保留下来，而删除表格边框。

考点：创建表格、表格的复制、移动、删除；单元格内容编辑，行、列、单元格的插入、删除；合并和拆分单元格；调整表格的行高和列宽；表格边框、对齐方式、字符等格式设定

3.8.3　实 施 方 案

利用 Word 表格功能制作表格，类似 Word 的基本编排操作，可分以下阶段实施：

(1) 创建或打开一个 Word 文档。

(2) 根据具体情况进行页面设置：选择纸张大小与方向、页面边距等页面结构。

(3) 输入其他文档内容或表格标题。

(4) 插入表格并输入单元格内容，保存文档，确定保存位置。

(5) 根据具体要求编排表格以及单元格内容和格式。

(6) 设计好页面后，打印预览，浏览整体效果，确定版面正确后，再将文件打印出来。

个人简历的制作效果图如图 3-50 所示。类似利用 Word 制作教学工作中常用的成绩表、课程表，报刊杂志的民意调查，各类单据或费用表，病历表格等。

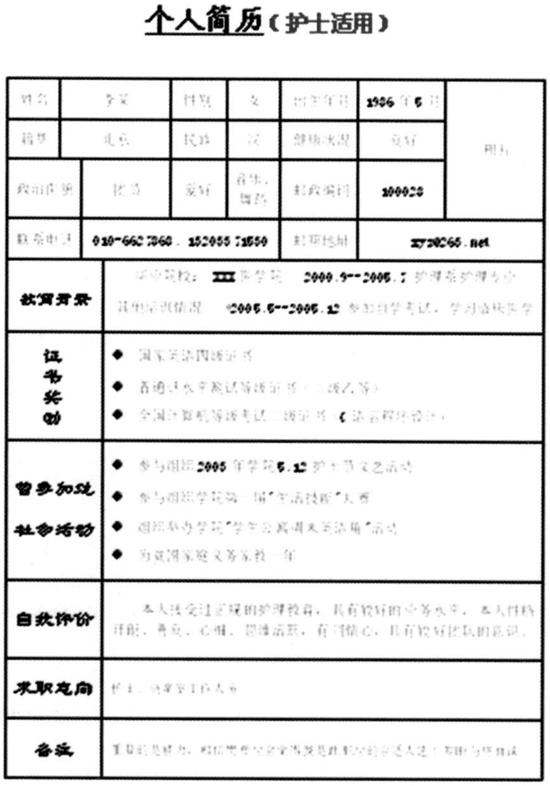

个人简历（护士适用）

姓名	[illegible]	性别	女	出生年月	1986 年 5 月	照片
籍贯	北京	民族	汉	健康状况	良好	
政治面貌	团员	爱好	音乐、舞蹈	邮政编码	100020	
联系电话	010-662[illegible]、15205[illegible]			电子邮箱	[illegible].net	
教育背景	毕业院校：XXX 医学院　2000.9--2005.7 护理系护理专业 其他培训情况　2005.6--2005.12 [illegible]					
证书奖励	◆ 国家英语四级证书 ◆ 普通话水平测试等级证书（二级乙等） ◆ 全国计算机等级考试二级证书（C 语言程序设计）					
曾参加过社会活动	◆ 参与组织 2005 年学院 5.12 护士节文艺活动 ◆ [illegible] ◆ [illegible] ◆ [illegible]					
自我评价	本人接受过正规的护理教育，具有较好的业务水平。本人性格开朗、善良、心细、思维活跃，有同情心，具有较好[illegible]的意识。					
求职意向	[illegible]					
备注	[illegible]					

图 3-50　个人简历表效果图

3.9 长文档处理

3.9.1 任　务

学生实习返校需提交毕业论文,如何利用电脑进行论文的编辑与排版?公司单位需要将宣传资料制作为手册,教师编写教案、讲稿、书稿,作家著书等,如何有效地组织和处理一篇长文档,轻松方便地进行整理并排版成册?

3.9.2 相关知识与技能

在 Word 2003 中,提供了插入批注、脚注和尾注、插入数学公式、插入超链接、样式模板、大纲目录、项目符号与编号等功能编排文章。

1. 自动图文集

(1) 建立和使用自动图文集:自动图文集是 Word 内置的文字,如参考文献行、称呼、结束语、问候/复信用语等项目,每类项目都有一个子菜单,如图 3-51 所示,可直接选择其中的文字输入到文档中。

你可以将文档中常用的名词、词组加入到自动图文集中,以"自动图文集词条"的形式储存起来,增加文件的编辑效率。特别是医学术语常常有生僻字词,增加了录入工作的困难,如在编写《诊断相关分组的研究与应用》论文时,关键词是"病例组合(case mix)""诊断相关分组(diagnosis related groups,DRGs)"等,为了方便输入,可创建为自动图文集词条。

具体操作方法是:

选择要保存为自动图文集词条的文本或图形,如果要在词条中保留段落的格式设置,所选内容应包括段落标记。

选择【插入】菜单中[自动图文集]的子菜单[自动图文集(X)]项,屏幕出现"自动更正"对话框,选择"自动图文集"选项卡,如图 3-52 所示;在文本框中输入自动图文集词条名称,然后单击[确定]按钮。

建立自动图文集词条后,可以在文档选定的位置插入该词条:定位光标插入点;选择【插入】菜单中的[自动图文集]项,屏幕显示自动图文集词条列表;从中选择要插入的自动图文集词条的名称 drgs,如图 3-53 所示,单击[确定]按钮,文档中会出现"诊断相关分组(diagnosis related groups,DRGs)"这一术语。

(2) 删除自动图文集:当自动图文集项目很多或某些自动图文集不常用时,可以将它删除,以免影响选择效率,方法是:在"自动更正"对话框中,从"请在此输入自动图文集词条"列表中选择想要删除的项目,从预览区中确认无误后,选择[删除]按钮。

2. 插入批注、脚注和尾注

在文章中可为某个文本(如一个新名词、一个英文缩写)加注释,而又不使注释出现在正文中,可采用插入批注、脚注和尾注。脚注和尾注是对正文内容的补充说明。通常脚注是与本页内容有关的说明,如注释,位于每一页的底端;尾注是与整篇文档有关的说明,位于文档的末尾,如引用的参考文献。另外,批注还用于联机审阅。

(1) 插入批注:单击【插入】菜单中[批注]项,在出现"批注"区输入批注文本即可。插入后,文本被加上黄色底纹,这种格式不会打印出来,当鼠标移至该文本时,注释文字将在屏幕中浮动显示在该文本的上方,双击批注标记进入批注窗格可以修改批注;如图 3-54 所示画面。

操作技巧:选定批注标记后按 Del 键,可以删除批注。

(2) 插入脚注或尾注:定位光标插入点,选择【插入】菜单中的[引用] 项,选择"脚注和尾注",出现"脚注和尾注"对话框;在"插入"栏中选择"脚注"或"尾注"单选框;单击[插入]按钮,光标定位处出现一个数字序号,同时在页面的底端出现注释分隔线;在分隔线下的窗口中输入注释文本即可。

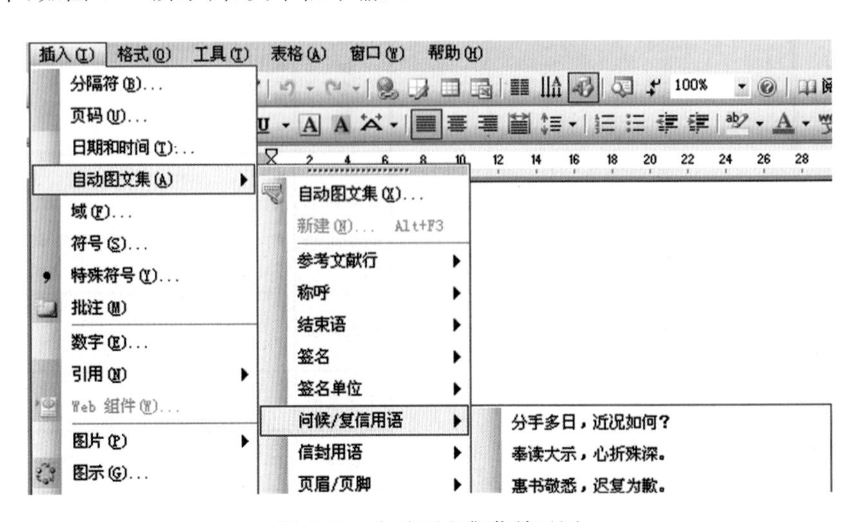

图 3-51　自动图文集菜单示图

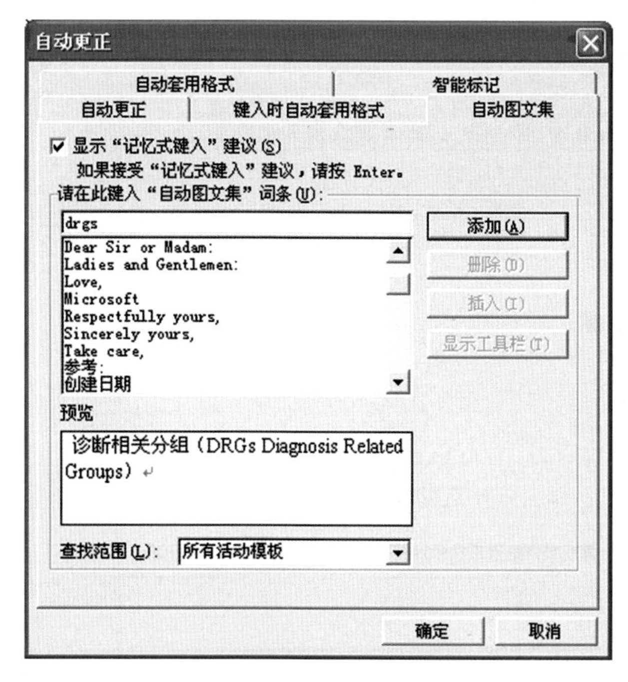

图 3-52　"自动更正"对话框

查阅脚注和尾注时选择【编辑】菜单中[定位]项，选择"定位"选项卡，选择"定为目标"后定位"脚注"或

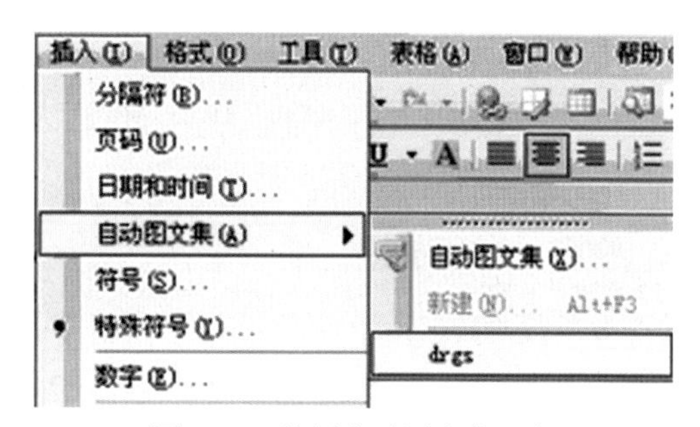

图 3-53　使用自动图文集词条

"尾注"的序号，光标移至该序号处后双击鼠标，注释文本即在文档的下方显示出来，如图 3-55 所示画面，并能打印出来。

3. 插入数学公式　在科技论文中，经常需要建立和使用数学公式，Word 提供的 Microsoft 公式编辑器实现复杂数学公式的编排。

(1) Microsoft 公式编辑器 3.0 的调用

在【插入】菜单中选择[对象]命令，屏幕将显示"对象"对话框，如图 3-56 所示。

选择"新建"选项卡后，在"对象类型"列表框中选择"Microsoft 公式编辑器 3.0"项，再单击[确定]按钮，即可调用 Microsoft 公式编辑器 3.0。

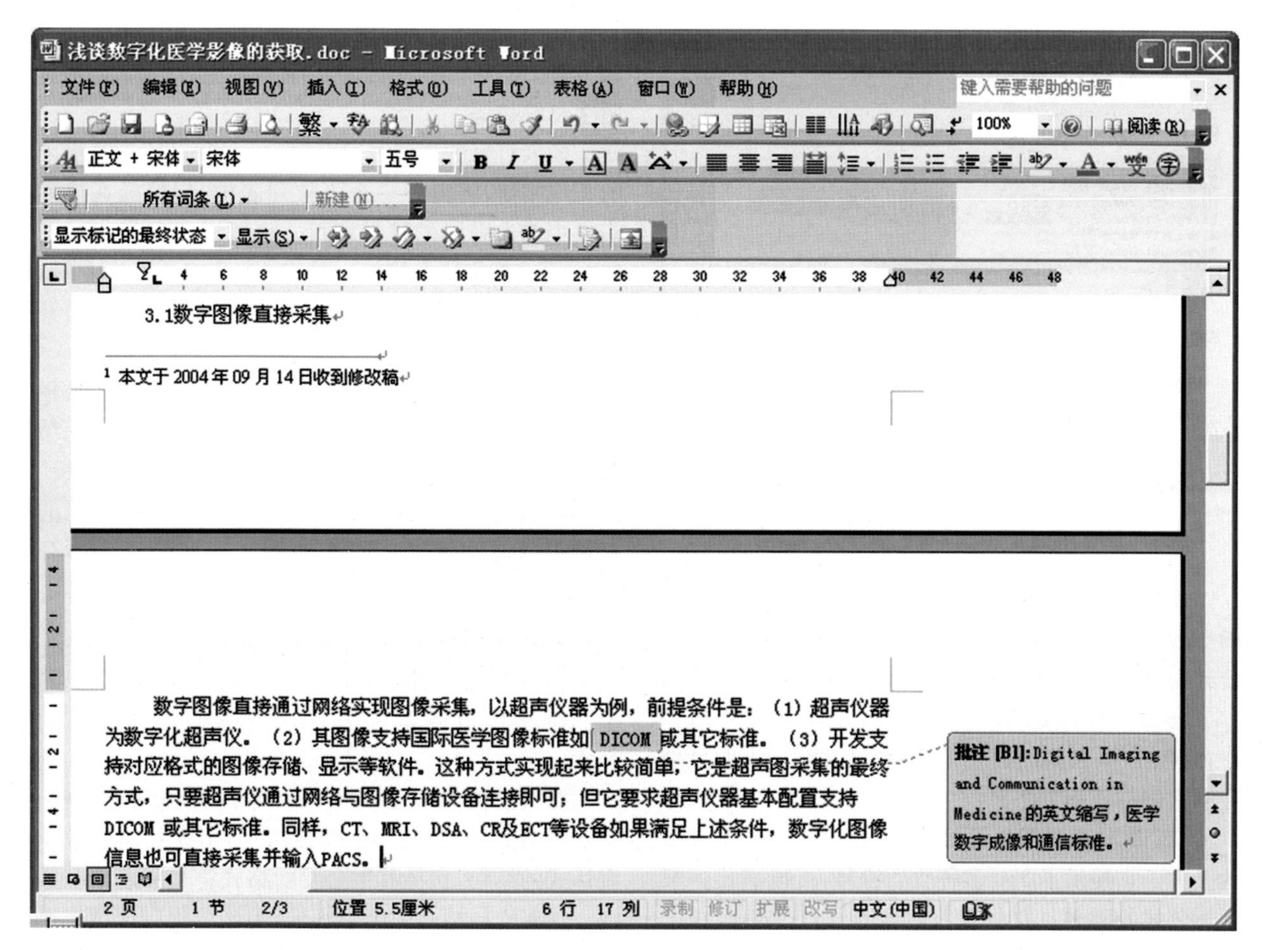

图 3-54　"插入批注、脚注"效果图

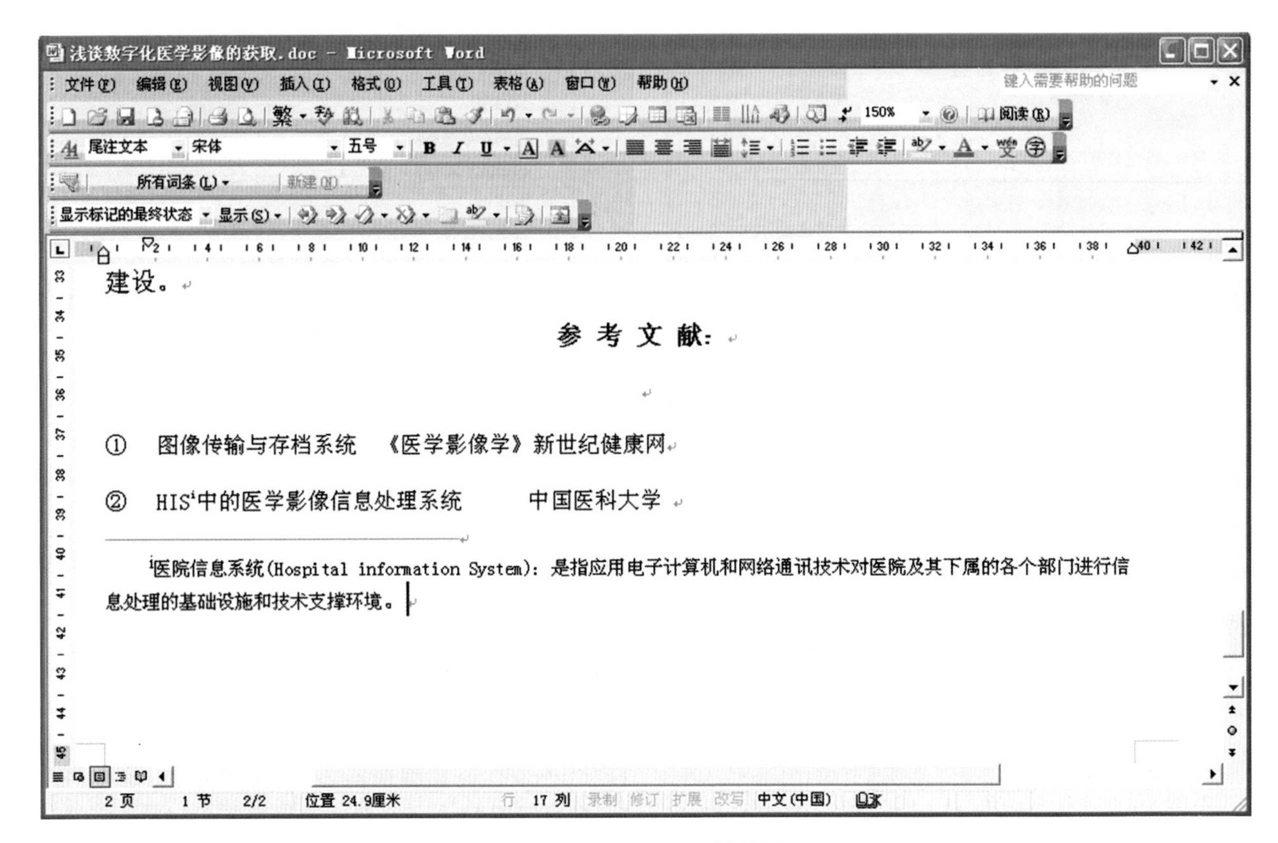

图 3-55 “插入尾注”效果图

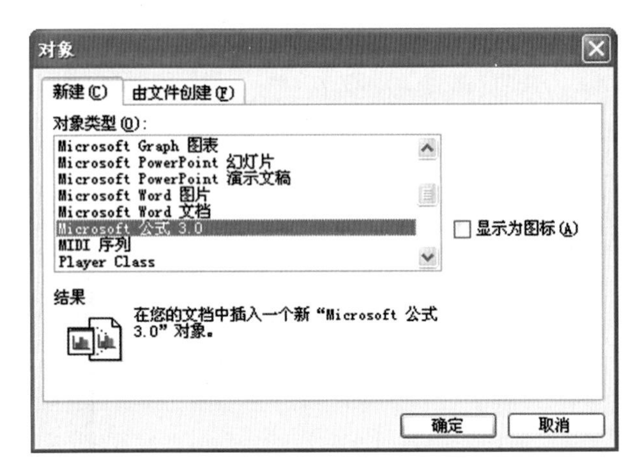

图 3-56 “对象”对话框

此时屏幕将显示“公式”工具板和一个编辑框,如图 3-57 所示,并且,原 Word 的菜单栏换为 Microsoft 公式编辑器 3.0 的菜单栏。

公式工具板是 Microsoft 公式编辑器 3.0 的核心,它包括“符号”工具栏和“模板”工具栏。下面分别介绍它们的使用方法。

(2) 符号工具栏:“符号”工具栏位于公式工具板的上方。它提供了 150 多种数学符号,可以满足一般数学公式的需要。符号工具栏含有 10 个按键,每个按键是一组同一类型的符号。如:杂项符号按钮 ∂∞ℓ :提供 18 种不属于上述类型的符号;如微分符、偏导符、无穷符、积分符、求和符等;λωθ 提供小写希腊字母符号等。

插入符号的方法是:用鼠标单击“符号”工具栏中的相应按键,将出现一个下拉列表框,用鼠标在该列表框中单击需要的符号即可。也可以用鼠标指针指向“符号”工具栏中的相应按键,然后按下鼠标左键,并拖动鼠标到其下拉列表框中的所需符号,再松开鼠标。

(3) 模板工具栏:“模板”工具栏位于公式工具板的下方。它提供了 120 多种基本的数学表达式的结构,为数学公式的书写提供了极大的方便。“模板”工具栏含有 9 个按键,每个按键是一组同一类型的数学表达式结构,如 $\frac{□}{□}\sqrt{□}$ 提供了一组可以创建分式、根式的数学表达式结构,其中的分数线、根号可以随表达式内容的增加而自动加长;$\sum□\sum□$:提供了一组可以创建各种求和表达式的求和结构,其中的求和符号可以随求和表达式内容的增高而自动变大。

插入模板的方法与插入符号的方法完全一样。需要说明的是,插入一个模板后,会出现相应的数学表达式的结构,包括其中必要的格式符号和若干空插槽。这些空插槽是一个个虚框,为该结构应该填充表达式的地方,用于引导使用者插入符号、数学表达式,甚至再嵌入一个模板等。

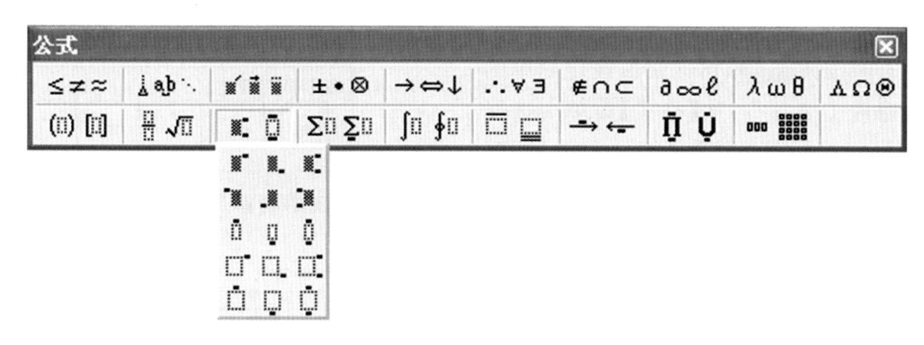

图 3-57　Microsoft 公式编辑器 3.0 的编辑窗口

(4) 公式的编排：公式的编排是使用公式工具板中的符号工具栏和模板工具栏的内容，并将二者结合起来，形成公式的全局概念。下面将介绍如何使用“公式”工具板编排数学公式。

A. 公式编排的一般步骤

公式编排的一般原则是先用插入模板，再插入符号；单击“公式”工具栏的各种模板按钮，在下拉的子模板中选择需要的形式，然后根据光标提示，在相应的插槽中依次键入公式内容。

例如，编排表达式 $\sigma^2 = \frac{\sum (X-\mu)^2}{n}$ 时，需要经过如图 3-58 所示的 5 个步骤。除了最后一步外，每一步都有空插槽。根据表达式的内容，依次往空插槽中插入符号、数学表达式以及新的模板，如果在模板中又嵌入了模板，则继续插入模板或者符号。直到所有的空插槽全部按要求填充完毕，就得到了该表达式。

B. 公式格式的设置

公式的格式包括符号的大小、字体的样式和公式的间距。Microsoft 公式编辑器 3.0 运用了智能技术，可以根据预先的公式编排规定，自动处理公式中各个部分的大小、字体和间距，用户不必为这些格式操心，只需要关心输入的公式本身。如果对公式编辑器提供的格式不甚满意，也可以重新设置和修改。

公式编辑结束后，只要单击编辑框外的任何位置，即可退出 Microsoft 公式编辑器 3.0 的编辑环境。若在文档窗口双击公式可再次启动公式编辑器，以便对公式进行修改。

4. 插入超链接　超链接目标可以选择 Internet 网址或 email 地址、本机上的文档，在文档中插入超链接，可实现资源共享。

(1) 链接至网站：如链接至“中华医学会”网站，操作步骤如下：

选中文档中的“中华医学会”文本，选择【插入】菜单中的[超链接]项，在打开的“插入超链接”对话框中，在“要显示的文字”栏中显示“中华医学会”字样；在地址栏中输入中华医学会网址 http://www.cma.org.cn；确定后“中华医学会”字样变成另一种颜色并加上了下划线；当鼠标移动到链接文字上时会变成手的形状，单击 鼠标可跳转到“中华医学会”主页。

(2) 链接本机上的文档：如果注释文本比较长，可以先将注释文本存放在一个独立的文件中，非 Word 格式也可以，然后建立一个链接。

输入前面建立的注释文本文件的详细路径及名称，单击[确定]按钮，即将需要加注释的文本变成蓝色并带有下划线形式。不影响文档的打印，按住 Ctrl 键的同时单击该文本，则可直接打开注释文本所在的文件。

5. 使用书签　插入书签的目的是对文档的特定位置进行标记，必要时可以从文档的任意位置快速移动到书签标记的位置，在阅读长文档时经常使用。

(1) 插入书签：定位光标插入点，选择【插入】菜单中的[书签]项，在出现的“书签”对话框后，在“书签名”框中键入书签的名称；选择“排序依据”，如“名称”或“位置”单选框，确定书签在列表中排序的依据；单击“添加”按钮，新书签添加到文档中光标插入点处，并将列入书签列表。

(2) 利用书签定位：定位书签标记的位置时，只要在“书签”对话框的“书签名”列表中选中欲查找的书签项，然后单击[定位]按钮，光标就可以定位到文档中书签标记处。

6. 项目符号与编号　在文档中经常会使用(一)、(二)、(三)、壹、贰、叁等符号来表示数据的顺序，或使用◆、※特殊符号提示项目的开始，以方便阅读。

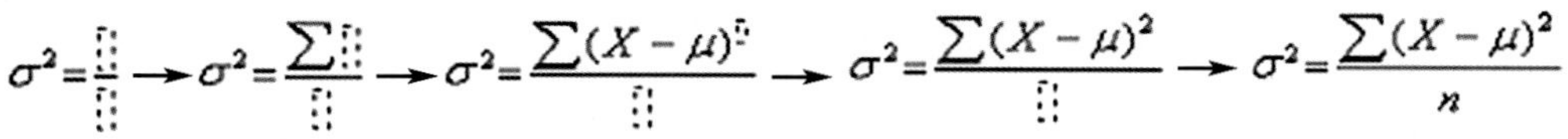

$$\sigma^2=\frac{\square}{\square} \rightarrow \sigma^2=\frac{\sum\square}{\square} \rightarrow \sigma^2=\frac{\sum(X-\mu)^{\square}}{\square} \rightarrow \sigma^2=\frac{\sum(X-\mu)^2}{\square} \rightarrow \sigma^2=\frac{\sum(X-\mu)^2}{n}$$

图 3-58　公式的书写过程

(1) 项目符号和编号:最方便的方法是使用“常用”工具栏项目符号按钮,可以快速设定简单的符号或编号,如●或 1、2、3 等;从【格式】菜单中选择[项目符号和编号]选项,打开“项目符号和编号”窗口,可以自定义“项目符号”或“编号”的样式、位置等,如图 3-59 所示,改变符号样式、图片样式等窗口如图 3-60 所示。

图 3-59 “项目符号和编号”窗口

(2) 自定义多级符号样式:当文档有多层次的项目,则可以利用多级符号功能,来为多层次结构文件加上编号,如图 3-61 所示的文档设定为章节样式的多层次的项目,方法如下:

设定多级符号的文字为标记区域,在“项目符号和编号”窗口中选择“多级符号”选项卡,选择一种多级符号,如图 3-62 所示,再选择[自定义]按钮。

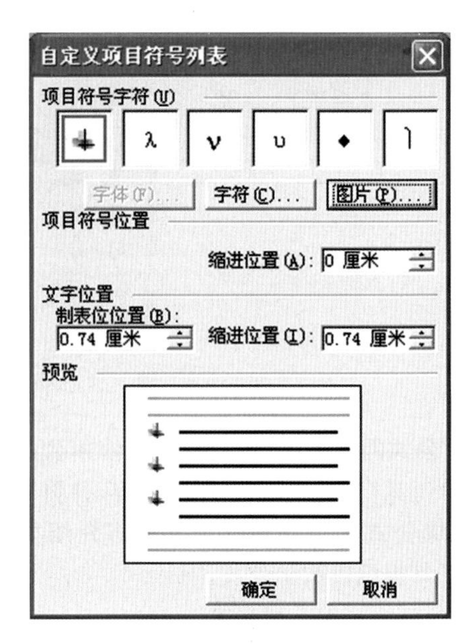

图 3-60 “自定义项目符号列表”窗口

出现“自定义多级符号列表”窗口,如图 3-63 所示,从级别中选择想要设定的级别数,设定该级别的编号格式,如第一章;设定编号样式,如一、二、三……;

设定起始编号,如 1;字体等,单击[高级]按钮转换为[常规]按钮,在将级别链接到样式下拉列表中选择无样式。第 1 级别的设定后,使用相同的方法,重复其他级别的设定。

完成设定后单击[确定]按钮。回到文档窗口中后,如果各项目的符号级别不正确,可选择重排段落进行项目编排:使用【格式】工具栏上的[减少缩进量]和[增加缩进量]两个按钮,可以调整项目符号或编号的级别。完成操作后的画面如图 3-64 所示。

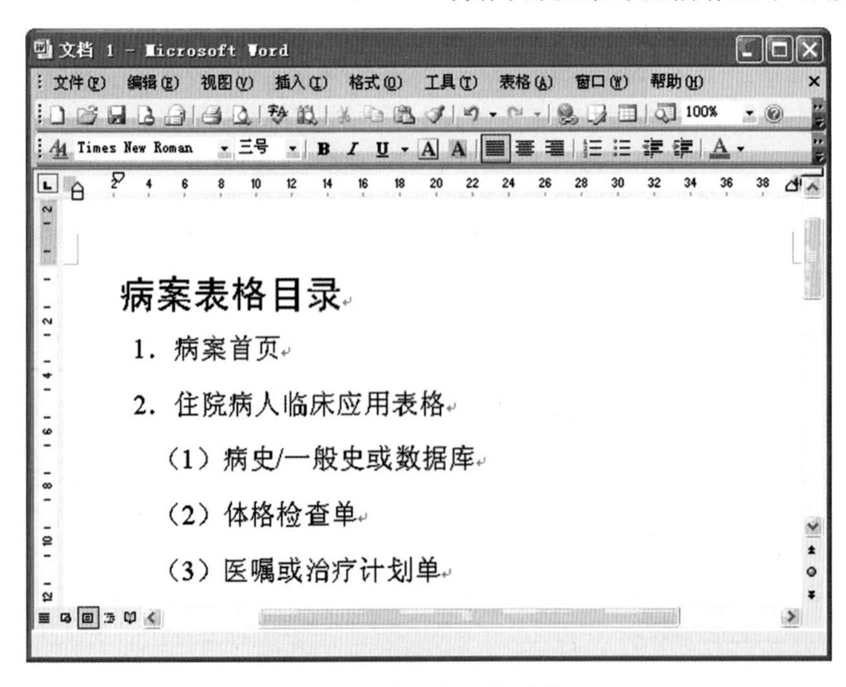

图 3-61 多层次的项目文档

图 3-62　“多级符号”选项卡

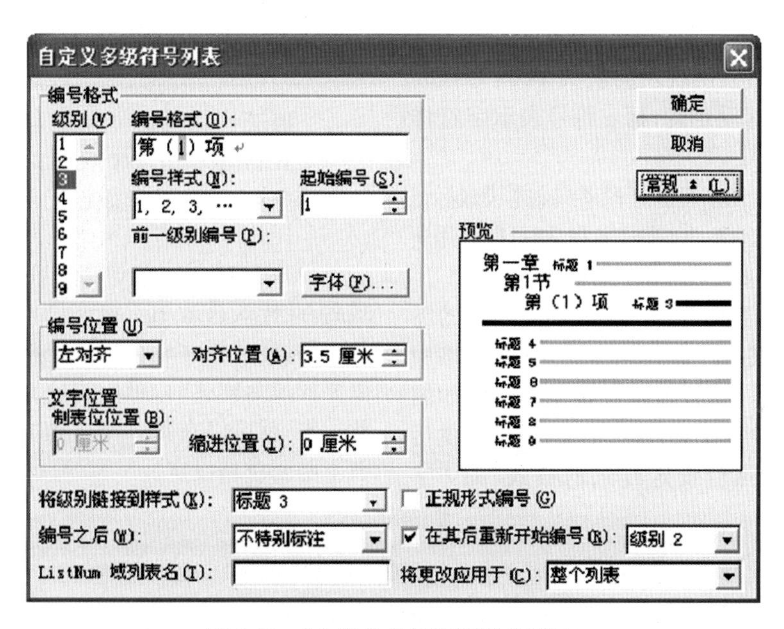

图 3-63　“自定义多级符号列表”窗口

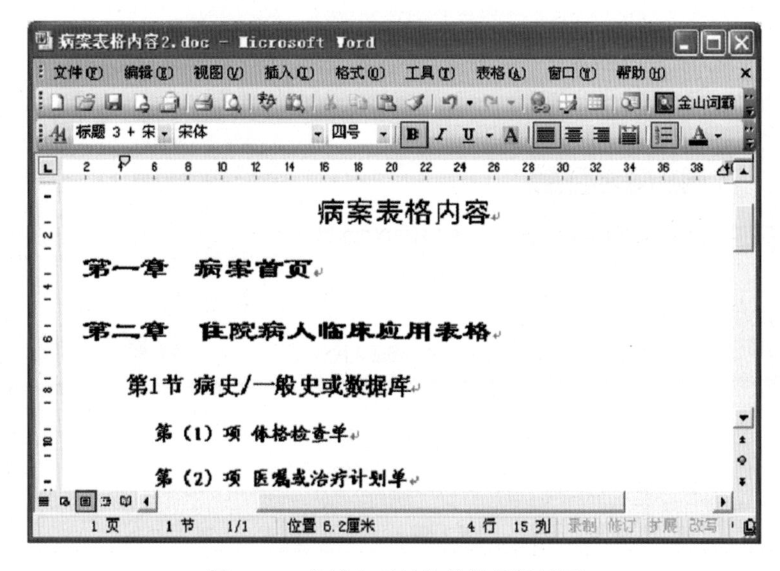

图 3-64　多层次项目符号设置效果图

> **提示**
> 取消项目符号和编号的操作方法与设定项目符号和编号相同。

7. 样式与模板

(1) 样式：样式就是将你常常使用的字体格式(字体、字号、字体颜色……)与段落格式(对齐方式、左右缩进点数、段落间距……)，设定完成后，给予一个名称，这个名称就称为样式。

为了帮助用户提高文档编辑的效率，Word 提供了“样式和格式”任务窗格来创建、查看、选择、应用甚至清除文本的样式。

在 Word 文档中内置的正文、标题 1、标题 2、标题 3 样式，选择【格式】工具栏中的格式窗格按钮，则会在窗口右边出现样式和格式任务窗格，如图 3-65 所示，在样式名称后面会出现左向箭头 ↵ 符号代表段落样式，是针对段落设定的；而 a 符号表示字符样式，是针对字符设定的。

1) 套用现有样式。光标定位于段落或文本设成标记区域后，从下拉列表中选择一种样式名称，即可以套用所选择的样式。这样不必要每段都重新调整段落格式。

2) 自定义样式。当内置样式无法满足用户的需要，可以自己定义样式：在“样式和格式”任务窗格中选择[新样式…]按钮，出现“新建样式”对话框，如图 3-66 所示，在属性区设定样式名称、类型、根据及供后续段落使用之样式，然后设定样式的格式，如“字体”、“段落”等，完成后就可以在“样式”下拉列表中出现刚才所定义的样式，然后就可以套用到其他段落上，不必每次都要调整段落样式。

3) 重新修改样式的格式。定义好的样式，它的格式内容是可以修改，在样式和格式工作窗格中选择想要修改格式的样式，然后选择名称旁的下拉列表，选择修改命令，出现“修改样式”对话框，在“修改样式”对话框中重新设定样式的格式即可。

操作技巧：段落样式修改后，文件中所套用这个段落样式的数据，就会根据新的样式来调整文档的格式。

4) 删除段落样式。不需要的段落样式可将它删除，免得样式菜单中太多选项，影响选择的效率。在“样式和格式”任务窗格中选择想要删除的样式，然后选择名称旁的下拉列表中选择“删除”，出现询问窗口，选择“是”即可删除样式，文件中套用此样式的段落会改为正文的样式。

> **提示**
> Word 默认的段落样式：正文、标题 1、标题 2、标题 3 等样式是不能删除的。

5) 把样式设定为通用的样式。在文件中设定样式后，此样式只适用于该文件，若打开其他文件或新的文件，样式栏并不会出现此样式名称，若碰到常常需要的段落样式时，可以将它设定成通用的样式，如此一来，就可以在每一个文档文件中使用该样式了，而不必要重新设定。

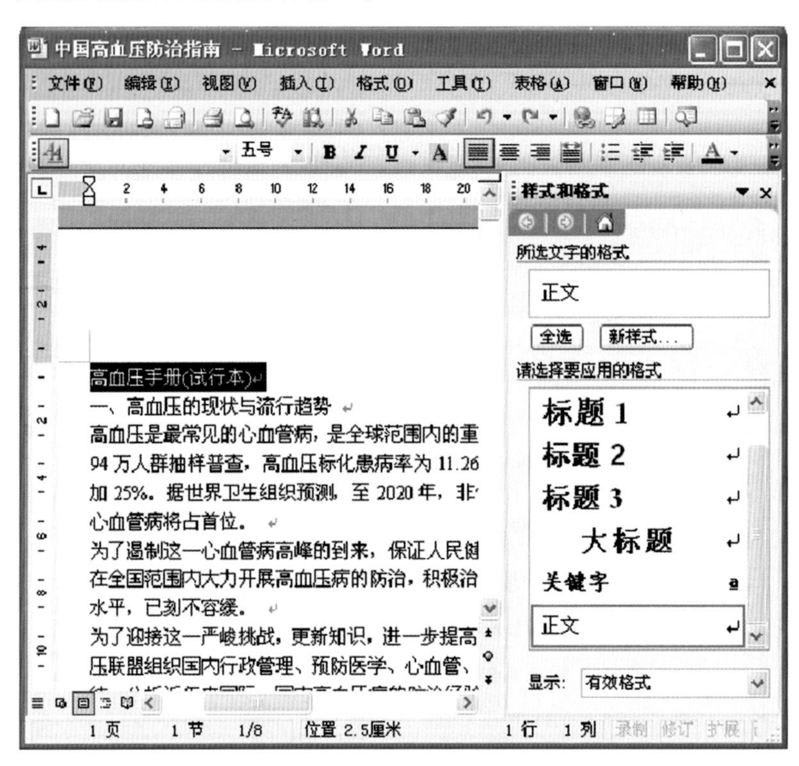

图 3-65 样式和格式任务窗口

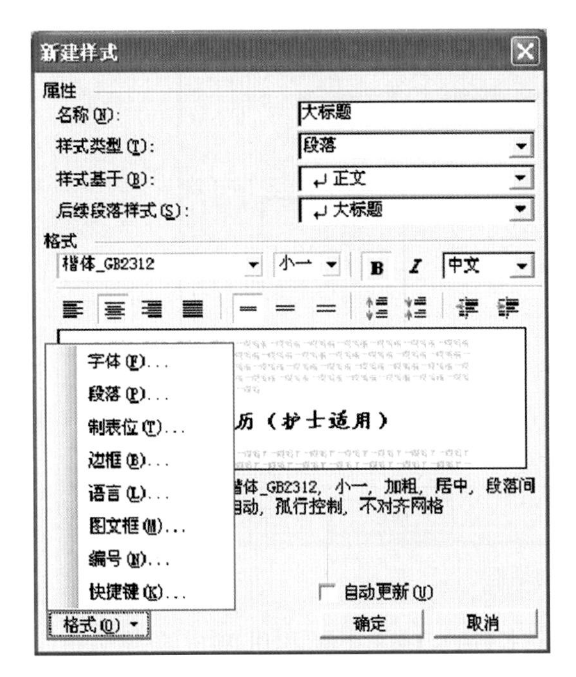

图 3-66 “新建样式”对话框

具体操作方法如下：

在“样式和格式”工作窗格中的显示列表中选择“自定义”，出现“格式设置”对话框后，选择[样式…]按钮，会出现“样式”对话框，如图 3-66 所示，选择[管理器…]按钮，出现“管理器”对话框，如图 3-67 所示。

在“管理器”对话框中，从左侧选择想要复制的样式名称，选择[复制]按钮，样式名称会出现在右侧列表中，关闭窗口即可，刚才选取的段落样式就会变成通用样式，当下一次打开新的 Word 文档时，在“样式和格式”任务窗格中，就会显示所复制的段落样式。

(2) 模板：如果经常使用的文档每次都要经过从开始编辑到最终排版成功，每一步是很辛苦的，任何 Word 文档都是以模板为基础的，模板决定文档内容和格式等的框架，是高效处理文档的重要工具。模板分为共用模板和文档模板。

Word 为用户提供了大量的标准模板，其中 Normal. dot 模板文件是默认文档模板，也称通用模板。安装 Word 时，如果选择安装“模板、向导”项，则在 Word 的子目录 template 下会装入许多现成的模板。

1) 共用模板。又称通用模板，所含设置适用于所有文档，启动 Word 时所打开的空白文档就是基于该模板的。前面样式部分，如图 3-59 所示，通过“管理器”对话框将常用样式复制到 Normal. dot 共用模板中，使段落样式变成了通用样式，它是不同模板之间的样式互相复制的中介。

2) 基于已有文档创建文档模板。如果希望用一个已经编排好的文档作为模板，去编排其他同一类型的文档，最好的办法就是依据此文档创建一个模板，然后基于此模板创建所需要的文档。方法是：打开已有文档进行修改，包括格式设置、文本内容修改、图文集和宏命令等的修改，将修改后的文档另存为模板文件，即另存为对话框中“文件类型”选项选择“文档模板(＊. dot)”，则一个模板文件就被建立起来了。

3) 基于已有模板创建文档模板。如果对创建某一类型的模板缺乏经验，希望参考一个具有示范作用的模板，并建立起自己所需要的特定模板。方法是：在【文件】菜单中选择[新建]命令后，出现“新建文档”任务窗格，选择“本机上的模板”打开“新建”对话框，如图 3-68 所示，以 Word 内置模板此为基础，选择所需要的模板进行必要的删除、修改和补充，保存文件类型为 . dot，而非文档；则一个基于已有模板的新模板文件就建立起来了。

4) 使用模板。文档模板所含设置仅适用于以该模板为基础的文档。用户在创建自己的文档时，可以选择一个模板，然后进行添加、修改、删除等字处理操作，使一篇文档很快地就可以制作完成。例如，利用“简历向导”模板建立“个人简历”文档。在“模板”对话框中，选择所需的特定模板类型(图中为“其他文

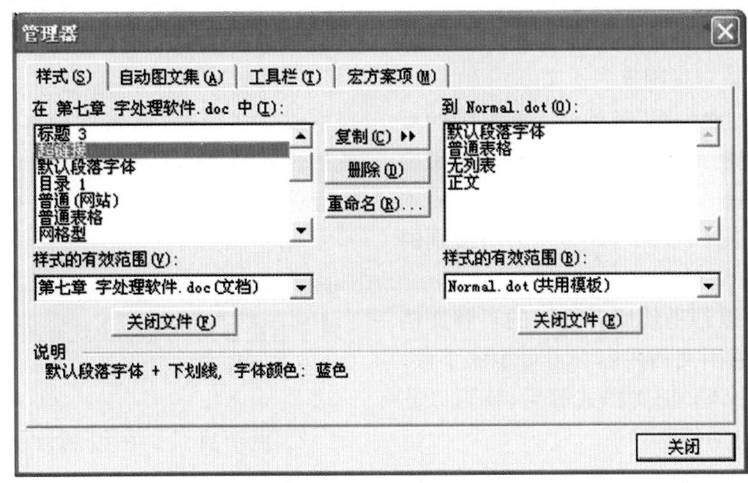

图 3-67 “管理器”对话框

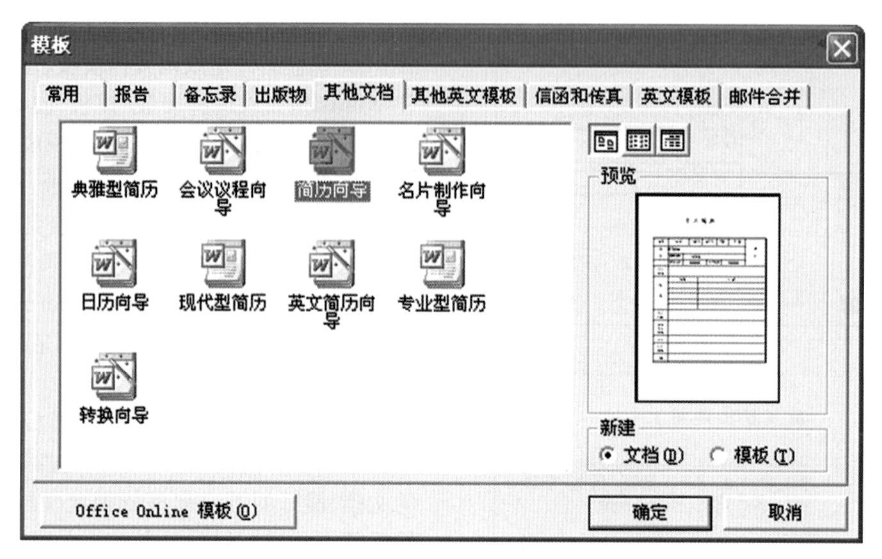

图 3-68 “模板”对话框

档”)，此时即显示该类型模板中的各种模板图标。最后选定其中的某一个所需要的模板图标(图中为“简历向导”)，在右边的“预览”框内将显示出该模板，如果感到满意即可，系统将依据该模板帮助用户建立新文档。

8. 大纲与目录

(1) 大纲：在 Word 中通过段落样式建立大纲级别后，通过大纲视图的大纲工具栏对长文档进行结构调整和快速浏览，有选择地、详略得当地查看文档。

1) 创建大纲。录入文本后，利用“格式”工具栏最左端的“样式”列表框为每一级标题定义样式。

2) 组织文档。要重新排列文档，首先将文档折叠，选中要重新排列的标题，然后单击“大纲”工具栏的[上移]或[下移]按钮，可将选中的标题及其下所有文本前后移动一个标号。

3) 调整标题级别。选定标题后单击“大纲”工具栏上的[提升]/[降低]按钮即可调整先前定义的大纲级别。每单击一次，标题将升高/降低一个级别。下属标题和正文也随着进行相应调整。单击[降为正文]按钮，标题将直接调整为正文。

4) 浏览文档。单击“大纲”工具栏上要显示的级别的编号按钮，整个文档都将展开到该级标题。需要浏览某标题中正文时双击标题，将[展开]或[折叠]本级标题中全部正文。选择“全部”，则显示所有级别的标题及正文。

(2) 目录：目录可以帮助使用者更快的了解文档的主要内容。目录是索引文档内容必不可少的手段，当文档中正确应用了标题、正文样式等后，就可以非常方便地应用 Word 自动创建目录。

1) 编制目录。最简单的方法是使用内置的大纲级别格式或标题样式，将光标定位到要插入目录的位置，选择【插入】菜单中的[引用]项中的[索引和目录]命令，打开“索引和目录”对话框中的“目录”选项卡，如图 3-69 所示。

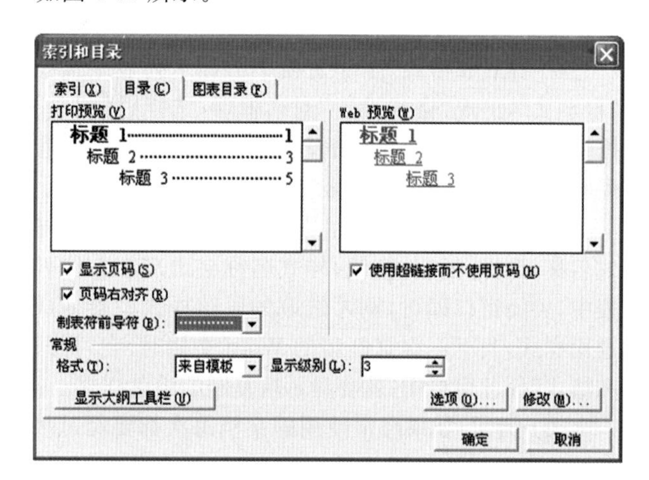

图 3-69 “索引和目录”对话框

在“目录”选项卡中选中“显示页码”和“页码右对齐”复选框；在“制表符前导符”下拉列表框中选择标题名和对应页码间的连接符号；在“常规”栏中设置“显示级别”等属性，在格式下拉列表中，选择一种目录格式；在“预览”列表框中将出现此种格式的预览效果。

链 接

Word 2003 默认的目录显示级别是 3 级，如果需要改变设置，在“显示级别”框中键入相应级别数字即可生成目录。Word 就会根据上述设置在插入点处自动创建目录。

2) 更新目录。在编制目录后，如果文档的内容有所改变，Word 可以很方便地对目录进行更新，在目录上右击鼠标，从弹出的快捷菜单中执行[更新域]命令，弹出“更新目录”对话框，如图 3-70 所示，在该对话框中选择更新类型，确认后即可。

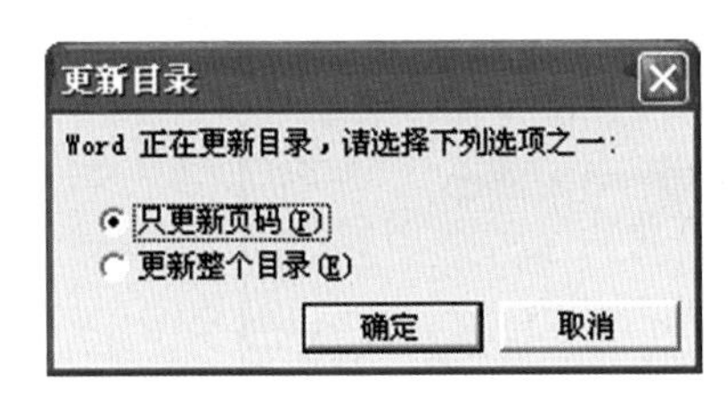

图 3-70　更新目录对话框

考点：插入操作：公式、文件、多媒体、声音、链接、书签、批注、脚注、尾注、自动图文集等；样式的建立与使用；项目符号与编号

3.9.3　实施方案

利用 Word 样式和模板等编排长文档，可分以下阶段实施：

(1) 文档中方便以后使用。

(2) 利用大纲视图调整文档的标题级别，以便于自动生成目录。

(3) 反复浏览页面整体效果，确定版面正确后再提创建或打开一个或多个 Word 文档，利用多文档操作或两文档合并相关资料为一个长文档。

(4) 根据具体情况设置页面结构，利用分隔符确定编排单元，设置页眉页脚。

(5) 根据具体要求编排内容和格式，如插入脚注和尾注，插入表格、图片、公式等，设置项目符号和编号。

(6) 利用样式和模板快速编排文档，建立样式、使用样式、将设计好并经常使用的样式添加到模板交。

高血压病人健康教育手册制作效果图如本章图 3-11所示，医学论文的制作效果如本节图 3-54、图 3-55 所示，目录的制作过程效果图如图 3-61 和图 3-64 所示。

3.10　常用工具

3.10.1　任　　务

在日常的工作与生活中，常会遇到给不同的对象发放同一类型、同一内容的文档，如大量学生通知书、聚会请柬等的制作，在进行医学科研工作时需要大量邮寄已出院病人的随诊信件，利用 Word 提供的一系列的文档处理工具——邮件合并，可解除手工填写姓名等不同内容的繁琐工作，帮助我们提高文档录入的正确性和速度，提高办公效率！

3.10.2　相关知识与技能

1. 拼写和语法错误　评价一篇文档是否具有可信度，首先要看的就是它的拼写和语法是否有问题。所以经常会用到两个参考工具——拼写和语法检查。

(1) 检查拼写错误。检查文档中所有的拼写和语法问题时，可以使用“拼写和语法”对话框来浏览文档，单击【工具】菜单中的[拼写和语法]或单击“常用”工具栏中的[拼写和语法]按钮可以打开“拼写和语法”对话框。当“拼写和语法”对话框打开时，将显示当前光标位置后查找到的第一个可能的错误。每个可能错误的单词或短语问题都被用带颜色的下划线标志出来——红色代表拼写错误，绿色代表语法错误。

(2) 检查语法错误。Word 除了检查文档中的拼写错误以外，还检查语法的准确性，Word 的语法检查器按照标准语法审阅文档中的有关问题，并用绿色波形线将可能的错误标志出来。运行语法检查器时，用鼠标右键单击一个可能的语法错误，从弹出的快捷菜单中单击[语法]选项，或者选择“工具”的“拼写和语法”项。在弹出的“拼写和语法”对话框中处理语法问题时(或在“语法”对话框中)，可以在上边的文本区中直接修改突出显示的文本，或者选择对话框中不同的选项内容。

(3) 字数统计。Word 中还提供了字数统计功能可以用来查看工作进度。工作中有时需要显示字数统计信息，如要计算一种特殊文档的字数。在 Word 中统计文档中的字数极其简单，单击【工具】菜单中的[字数统计]，弹出“字数统计”对话框，如图 3-71 所示，字数统计信息就自动显示出来。

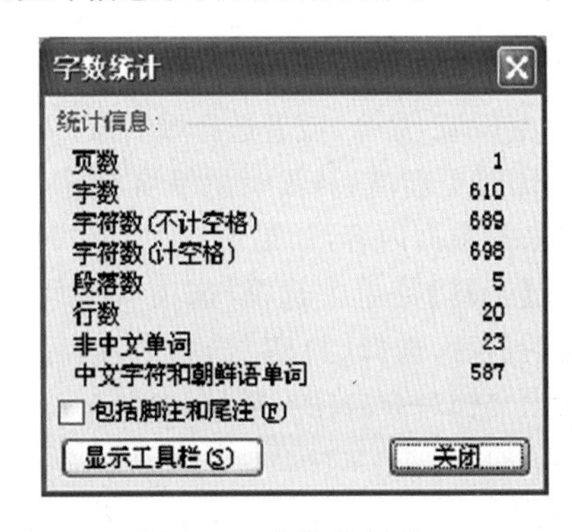

图 3-71　字数统计窗口

2. 域与邮件合并

(1) 域：域是一种特殊的代码，用于指示 Word 在文档中插入某些特定的内容或自动完成某些复杂的功能。域是 Word 的一组功能强大的命令集，它隐藏在文档的背后，一般用户在编辑文档的时候是看不见的。在文档中随时插入所需的域，以辅助文档的制作，例如，显示页码、日期、时间等，都是利用域所产生的数据。其中，显示日期的域是 Date；显示时间的域是 Time；显示页码的域是 Page 等。

例如，插入“日期域”，具体操作方法是：

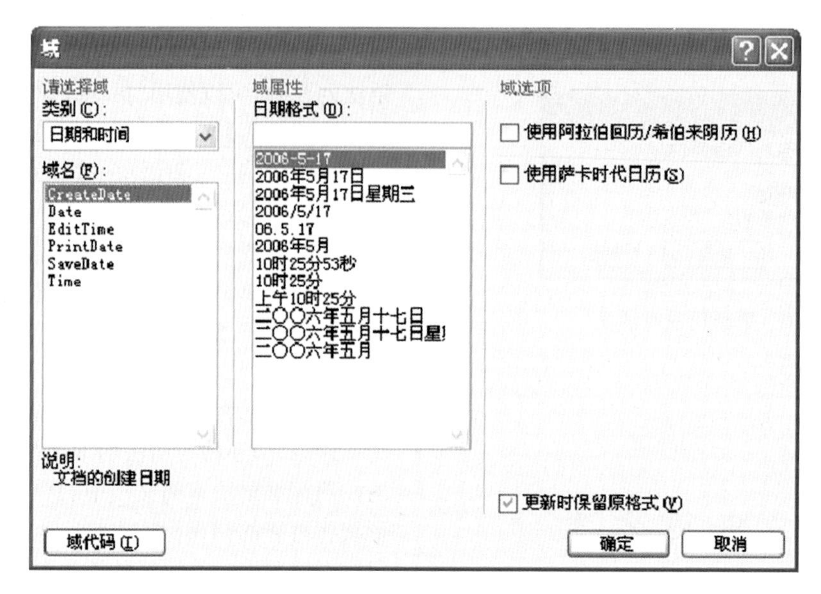

图 3-72　插入“日期时间”域 对话框

从【插入】菜单中选择[域]，出现“域”对话框后，从“类别”列表中选择域类别：日期和时间，然后从“域名”列表是选择域名：CreatDate，在“域属性”列表中选择一种格式即可插入日期域，如图 3-72 所示，完成后存盘，则下次打开文件，会显示当天日期。

1）显示或隐藏域代码。域通常为隐藏状态，需要改变域内容时再将它显示出来，移动鼠标到含有域的位置上单击鼠标右键，然后从快捷菜单中选择“切换域代码”命令来显示或隐藏域代码。

2）编辑域，对于某些域，如 Auto Text List 域，需要显示域代码以编辑域。方法是：用鼠标右键单击域，然后单击[编辑域]命令；或者选择域后按 Shift＋F9。

3）打印时更新域：若没有更新文档中的域，会一直维持原来的数据内容，如果希望在打印时能自动更新，则需在【工具】菜单中选择[选项]，出现如图 3-73 所示的对话框后，选择[打印]选项卡，然后，勾选“更新域”，输出文档时会自动更新域。

图 3-73　“选项”对话框

链 接

> 在 Word 中，可以用“域”插入许多有用的内容，包括页码、时间和某些特定的文字内容或图形等。利用“域”还可以完成一些复杂而非常实用的功能。如自动编写索引、目录等，帮助我们自动完成许多工作。

（2）邮件合并：邮件合并（mail merge）就是利用 Word 文档合并的功能，把数据库的每一笔数据填入到预先制好的文档中，以便把同一份文档分送给不同的对象。由于文档合并经常用于信函处理的相关事务，所以成为邮件合并。

例如，你写好了一封问候信，希望邮寄给十位朋友，只要利用邮件合并的功能，计算机就会自动产生十封问候信，这十封问候信的内容相同，但是问候的对象却不一样。

Word 提供的邮件合并是将相同内容创建为主文档，将不同的信息创建为数据源或数据库。利用插入域，在主文件中插入数据库字段名称。

以随诊信函为例，信函内容是主文件；而邮寄名单就是数据库，由多条记录所组成，而每一条记录又由多个字段（如姓名、电话、电子邮件、家庭住址等）组成。如将“姓名”字段域合并到主文档中，然后检查与打印文档即可完成多个文档的输出。具体操作步骤如下：

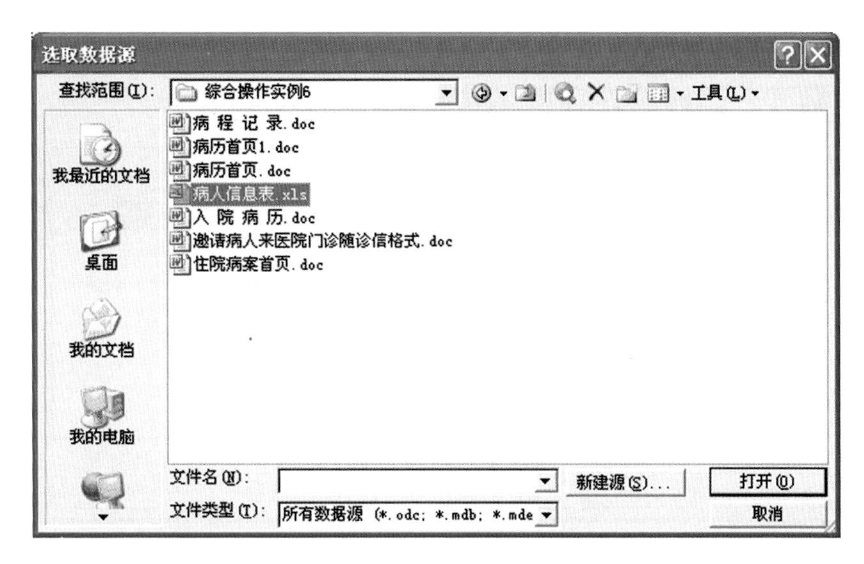

图 3-74　打开数据源对话框

1）建立主文件(信函内容)。新建或打开一个文档,选择【工具】菜单中的【信函与邮件】,子菜单［邮件合并］,出现“邮件合并”任务窗格后,在“选取文件类型”区选择“信函”,然后单击“下一步:正在启动文档”,在“选择开始文档”区选择“使用当前文件”,然后具体编辑主文档内容。主文档与一般文档的编辑排版方式完全一样,也可打开“打开”对话框,另选所需文档。

2）建立数据库(邮寄名单)。准备好主文档后,单击［下一步:选取收件人］按钮,如果“使用已有列表”的［浏览…］按钮,可以使用已有数据库,如“病人信息表.xls”数据列表,如图 3-74 所示。

如果选择“键入新列表”,则单击［创建…］按钮,则新建数据源,打开“新建地址列表”窗口,如图 3-75 所示。若认为输入地址信息区的字段不是你所需要的资料,可以单击［自定义…］按钮,打开“自定义 地址栏表”窗口,如图 3-76 所示,重新设定数据域名。

在“自定义地址栏表”窗口,利用［添加…］按钮、［删除］按钮或［重命名］按钮自定义你需要的字段名称即可。回到“新建地址栏表”窗口后,输入通讯录的数据内容,然后单击［新建条目］按钮,新增下一条数据,输入完成后,单击［关闭］按钮。出现“保存通讯录”窗口,选择文档要“保存位置”,输入数据库的“文件名称”,单击［保存］按钮后,出现“邮件合并收件人”窗口如图 3-77 所示,可以添加或删除收件人。

上述操作完成后,会自动产生一个 Access 的数据表文档,且每当打开主文件时,主文件就会自动链接数据库文档。

3）在主文档中插入合并域(数据库字段名称)。选择好收件人列表后,在主文档中会出现“邮件合并”工具栏,光标定位在需要插入数据库字段名称的位置,光标定位文档中需要插入合并域字段的位置,选择“邮件合并”工具栏上的［插入合并域］按钮,选择要合并的名称,则字段名出现在主文档中,如图 3-78 所示,完成合并操作。

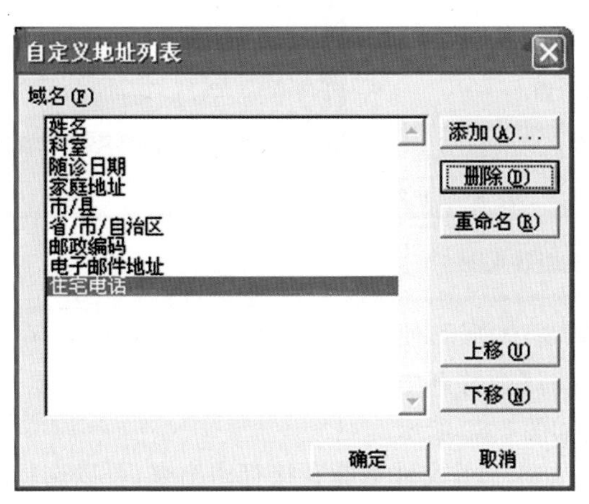

图 3-75　“自定义 地址栏表”窗口

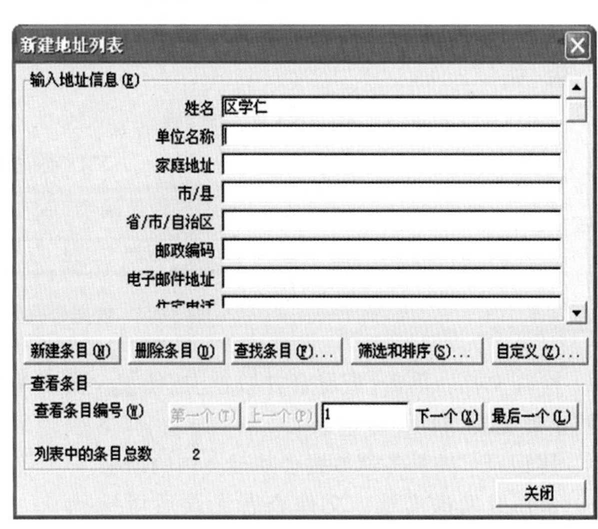

图 3-76　“新建地址列表”窗口

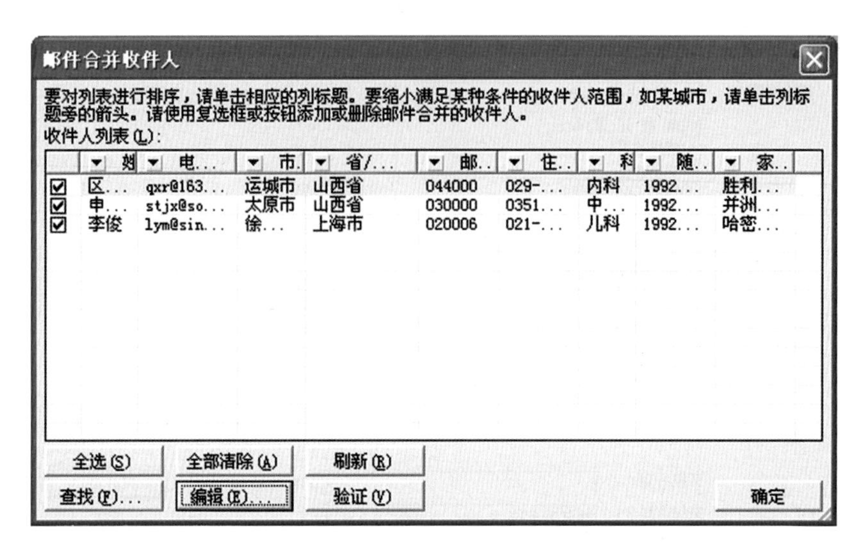

图 3-77 “邮件合并收件人”窗口

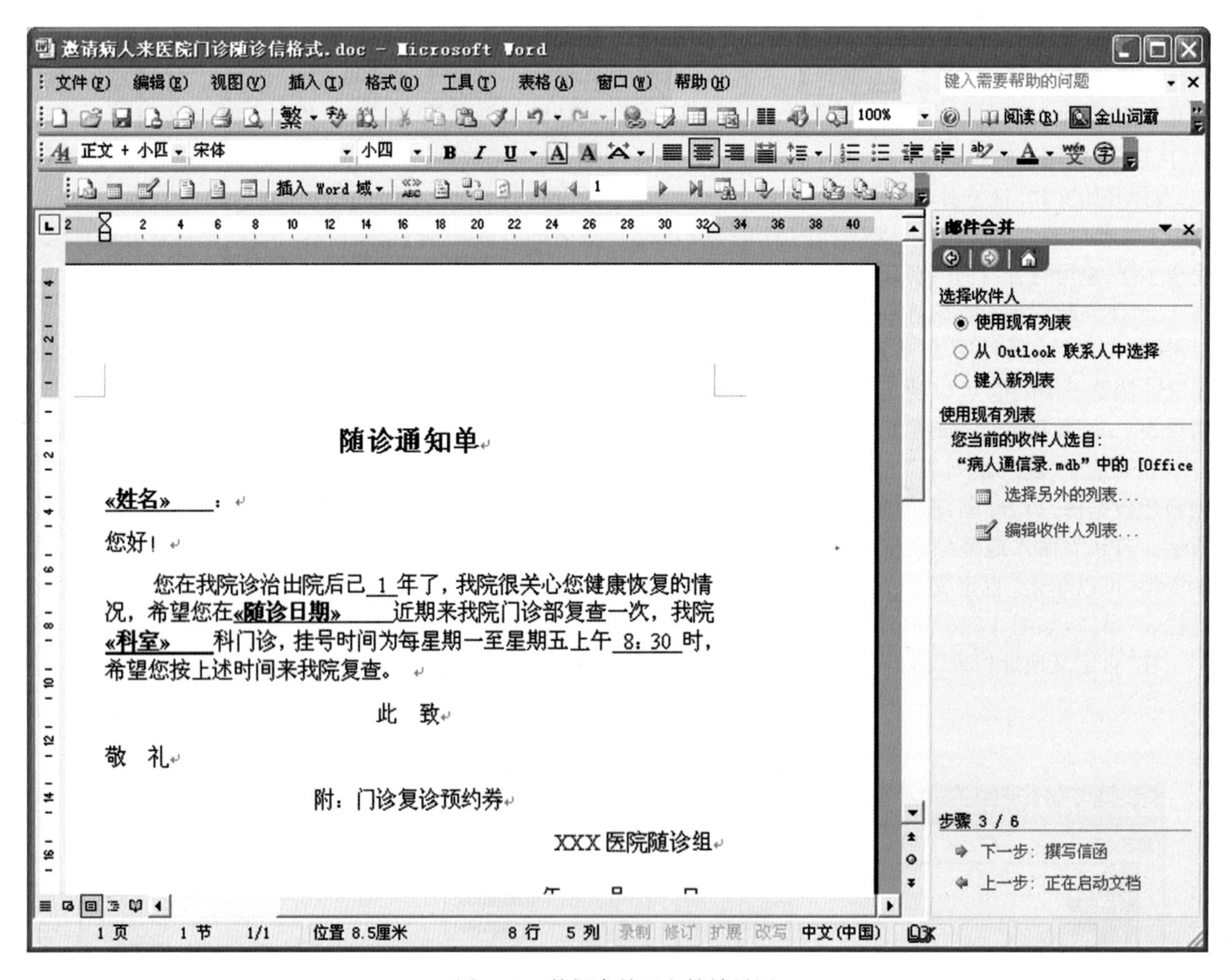

图 3-78 数据合并至文档效果图

4）检查文档。单击[查看合并数据]按钮，核对文档正确无误，利用[首记录]、[上一记录]、[下一记录]、[尾记录]，查看各笔数据合并至文档的结果。

5）合并或发送文档。文件查看无误后可选择【合并到新文档】按钮，出现“合并到新文档”窗口，如图 3-79 所示，便可能生成新的文档，进行保存文档或选择【合并到电子邮件】按钮，批量发送电子邮件，如图 3-80 所示。

如果合并文件可能直接打印出来，可以选择【合并至打印机】按钮。

图 3-79　“合并到新文档”窗口

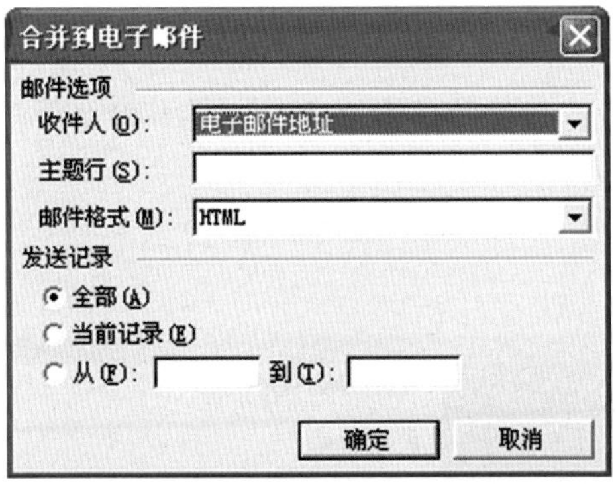

合并到电子邮件
邮件选项
收件人(O):　电子邮件地址
主题行(S):
邮件格式(M):　HTML
发送记录
全部(A)
当前记录(E)
从(F):　到(T):
确定　取消

图 3-80　“合并到电子邮件”窗口

链 接

利用邮件合并功能的基本操作技巧，还可以邮寄宣传资料或年节寄贺卡等，另外利用已建立的通讯数据库书写信封，合并出打印信封的数据，自动打印信封，这将在后面“模板与向导”中介绍。

3. 宏　所谓宏，是将许多命令或操作过程记录下来，以后只要调用这个宏名称，就会帮你完成一连串的命令或操作。

例如，宏名称“A”的内容是把一段文字的字体设定为黑体、三号、下划线、红色，以后只要调用宏“A”，就会自动完成所有设定的命令或操作。

宏适合应用于重复性很高的操作，当你经常重复某些操作时，就可以录制一段宏来简化操作的过程。事实上，Word 上的工具按钮或命令，就是由宏命令所组成的，Word 本身已经有许多内置的宏命令，如果内置的宏命令不够使用，便可以自行录制；若再把自己录制完成的宏设计成工具按钮或选项，操作会更为方便。

(1) 录制宏命令：像是录音或录制影片一般，录制前，先演练一下想要录制的内容，以免录制到不必要的命令或操作。具体操作方法如下：

移动鼠标从菜单栏的【工具】菜单中选择[宏]，然后从拉出的子菜单中选择[录制新宏]，出现“录制宏”对话框，如图 3-81 所示。

在“宏名”栏输入新的宏名称（这个宏名必须是以前没有使用过的），然后从“将宏保存在”列表中

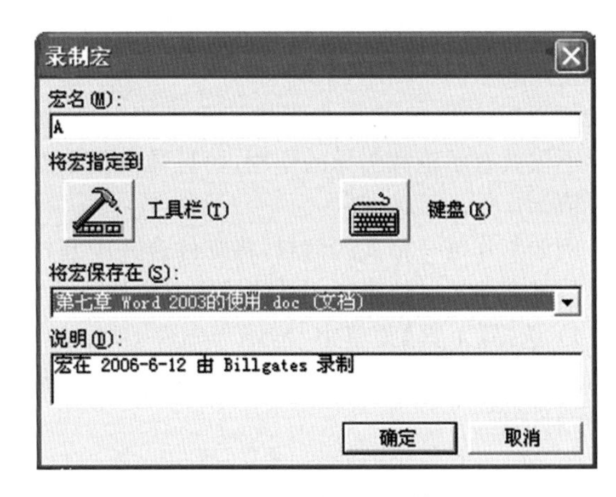

图 3-81　录制宏对话框

选择宏适用的文档。鼠标变成状态后即可开始录制，例如：修改文字的字体、字形及颜色等，完成所有录制的内容后，单击停止窗口中的[录制宏停止]按钮。

(2) 设定宏的快捷键：录制完成的宏“A”，可以为它设定快捷键 Alt+A，日后只要按下快捷键 Alt+A，就可执行宏的内容。具体操作步骤如下：

从【工具】菜单中选择[自定义]，出现自定义对话框后，选择[键盘]钮。出现“自定义”键盘窗口，如图 3-82 所示，在类别列表中选择宏，并选择宏保存的位置如：“Word 2003 的使用”，从宏列表中选择要设定快捷键的宏名称“A”，然后在“请按新设定的快捷键”栏按下要设定的快捷键 Alt + A，单击[指定]按钮，此时在“当前快捷键”栏会出现指定的快捷键，完成设置后，单击[关闭]按钮。

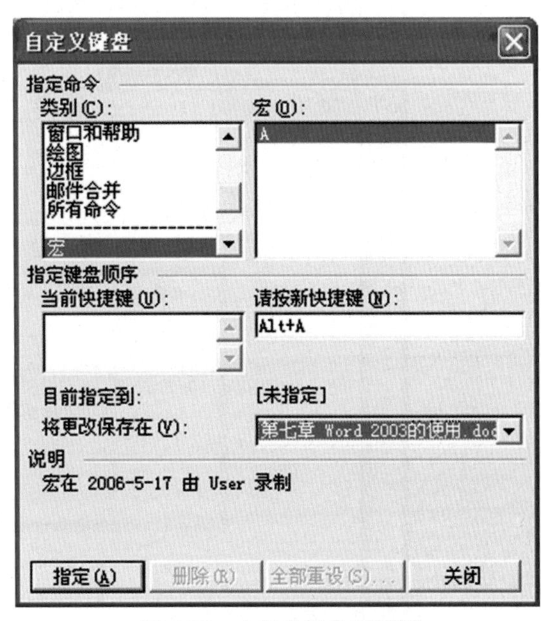

图 3-82　自定义键盘对话框

4. 向导　向导是模板的一种，只是比模板的格式多样化，并增加了自动性能。

(1) 向导的使用："向导"能提出一些问题，用户根据使用要求回答问题，系统会为用户自动创建符合要求的文档。Word 为用户提供了大量的向导，这些向导不仅具有示范和引导的作用，而且具有很大的实用价值。

例如制作统一格式的信封，将邮件合并中制作的随诊信邮寄给每一位患者。具体操作方法如下：

1) 选择【工具】菜单中[信函与邮件]项中的[中文信封向导]命令，出现如图 3-83 所示的"信封制作向导"对话框。

2) 单击[下一步]按钮，进入"信封制作向导"的样式对话框，如图 3-84 所示，在"信封样式"下拉列表中选择所需要的信封样式，如"普通信封 1"(165×102 毫米)。

3) 单击[下一步]按钮，进入"信封制作向导"的生成选项对话框，如果只制作一个信封，则选中[生成单个信封]单选钮；如果要将当前的信封作为模板，则选中[以此信封为模板，生成多个信封]单选钮，然后在"使用预定义的地址簿"下拉列表中选择要使用的地址簿；如果需要打印邮政编码边框，则选中"打印邮政编码边框"复选框。

4) 单击"下一步"进入"信封制作向导"完成对话框。单击[完成]，生成一个"信封"文档，同时出现"邮件合并"工具栏，选择[打开数据源]按钮，使用已有的 Access 数据表"病人通讯录"，并修改信封内容和格式，如图 3-85 所示。

☞考点：字数统计、显示隐藏拼写和语法错误；时间域、邮件合并概念、功能、操作方法；向导的使用

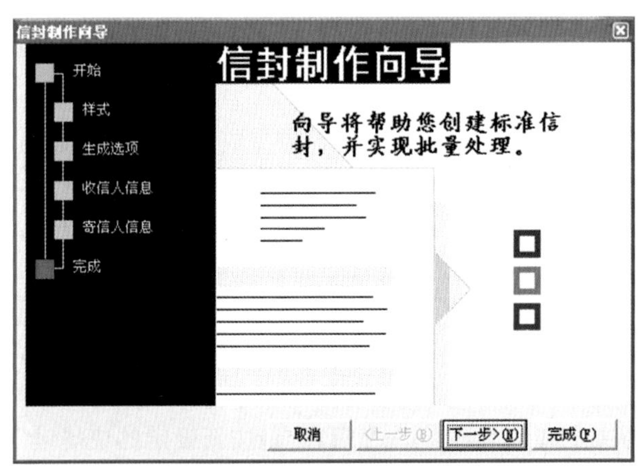

图 3-83 "信封制作向导"图

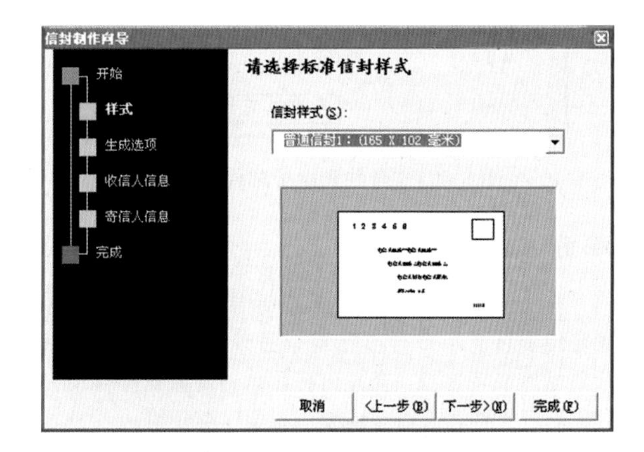

图 3-84 "信封样式"选择图

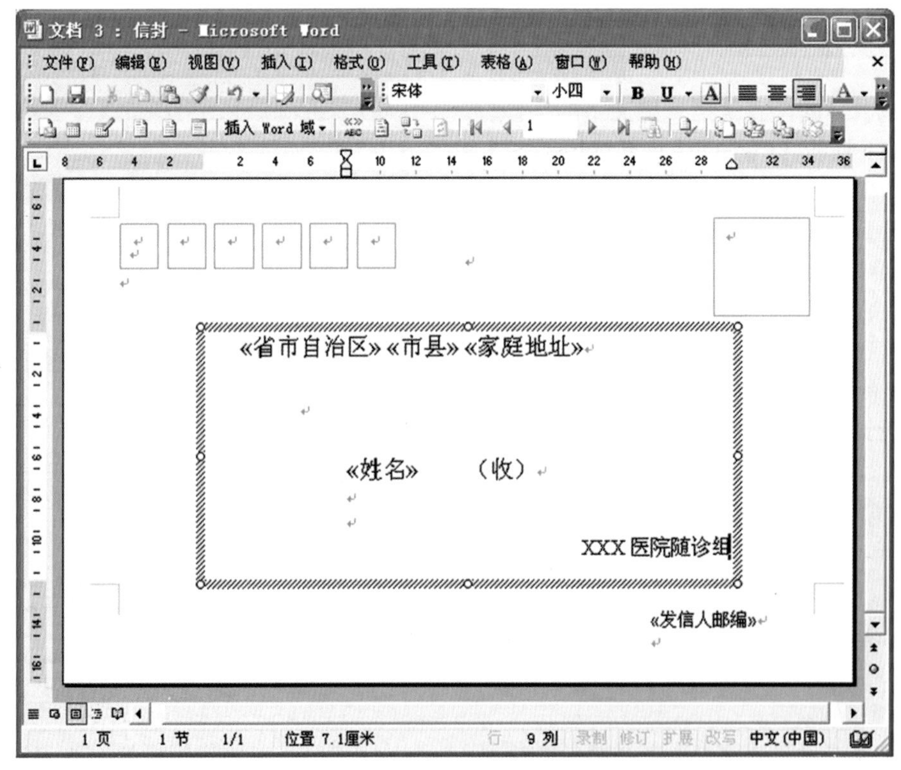

图 3-85 "信封"文档窗口

3.10.3 实施方案

要实现批量处理各种信函，同一份文档分送给不同的对象。如相同类型疾病病人随诊信函的制作，可分以下阶段实施：

(1) 建立主文档，随诊信函，与一般文档的编辑排版方式完全相同。

(2) 建立数据库即“邮寄名单”文件，是要合并到主文档中的数据。

(3) 在随诊信函文档中插入“邮寄名单”文件中的字段名称：选择插入点位置，插入合并域列表中的字段名称。

(4) 检查文档：单击“查看合并数据”按钮，可利用首记录、上一记录、下一记录、尾记录，核对文档正确无误。

(5) 合并或打印文档：使用“合并至新文档”“合并到打印机”“邮件合并”进行保存文档、打印输出文档或发送电子邮件。

(6) 制作并打印邮寄信封。

随诊信函与邮寄信封的制作效果图如本小节图3-78和图3-85所示，类似可制作学期学生成绩通知单、入学通知书、年节贺卡、聚会请柬等。

技能训练 3-1　Word 2003 基本操作

一、Word 文档编辑

任务1

在资料盘中建立学生“学号姓名”文件夹，并在其中建立新文档 test1. doc，输入以下内容，保存后关闭该文档。

【XX 医院标准高血压病人(Hypertension)健康教育　正常人血压有一定程度波动。成人收缩压持续升高超过21.3kPa(160mmHg)，舒张压持续升高超过12.7kPa(95mmHs)称高血压。一般情况下，高血压病情进展缓慢，其发生和加重与生活中许多不良因素有关。】

特别提示：

1. 不要用空格产生每个自然段的开始和标题前的空白。

2. 只在每个自然段的结尾按回车键。

3. 注意输入中文时，键盘要处在小写字母输入状态。

4. 英文字母、一般符号在西文状态下输入。

5. 数字序号可用软键盘输入：定位插入点，右击输入法状态行上软键盘按钮，单击数字序号，在显示的软键盘中单击所需的数字序号。在回到正常输入前，先右击输入法状态行上软键盘按钮，再单击 PC 键盘。要取消软键盘显示，可再次单击输入法状态行上软键盘按钮。

6. 特殊符号的输入；先定位插入点，然后单击【插入】→选择[符号]→“符号选项卡”，在“字体”中选 Wingdings，单击符号如：“👍”，再单击[插入]按钮。

任务2

在学生“学号姓名”文件夹中新建 test2. doc，输入如下内容，并对 test1. doc 与 test2. doc 两文档内容进行合并操作后，再以 test. doc 另存到资料盘“学号姓名”文件夹中。

1. 常见诱发因素

(1) 脑力劳动、长期过度紧张、情绪压抑、环境吵闹引起全身细小动脉痉挛，血压上升。

(2) 饮食不当，长期进食过咸、高脂肪、高胆固醇食品造成周围血管阻力增加，血压上升。

(3) 吸烟、饮酒、浓茶、咖啡等可诱发高血压。

2. 避免诱发因素

(1) 生活有规律，劳逸结合，避免过劳，心胸开阔，保证充足睡眠。

(2) 正进食清淡、低脂、低胆固醇饮食。避免进食动物脂肪、动物油、蛋黄、动物内脏等高胆固醇饮食。忌浓茶、咖啡、饮酒，戒烟。

(3) 多食水果、蔬菜等粗纤维饮食，保持大便通畅。平时可多食香蕉、蜂蜜水润肠通便。便秘时可遵医嘱口服麻仁丸或用开塞露塞肛。

二、文档的排版

任务1

打开文档 test. doc 在文档末尾输入以下内容，并按照下述要求设置文档格式。

1. 服降压药的注意事项

(1) 应于坐位或卧位时服，服药后半小时内禁突然变换体位，尤其站立。

(2) 应坚持长期服药。血压得到满意控制后，遵医嘱逐渐减至维持量。

2. 发现以下情况表示血压急剧上升，应及时报告您的主管护士和医生：

(1) 剧烈头痛、头晕、烦躁；

(2) 恶心、呕吐；

(3) 面色潮红、气促；

(4) 视力模糊。

要求

1. 把第一行标题设置为黑体、加粗、加阴影、小三号字、居中对齐。把文本“常见诱发因素”与“避免诱发因素”设置为黑、粗体并加下划细线。并加宽字距为3磅。左对齐。

2. 正文第一段首行缩进两个字符，正文中行距为1.5倍行距，标题与正文之间段距设置为0.5行。除已设标题文字外均为楷体。

3. 第一自然段“收缩压”、“舒张压”：加着重号；“21.3kPa(160mmHg)”“12.7kPa(95mmHs)”下加双下划线，整个自然段字间距设为3磅。第一段中第一个“高血压”文字填充“灰-15%”底纹。

4. 最后自然段分两栏，栏间距为1厘米，加分隔线，加红色段落边框，框线宽度1磅。

任务2

打开 test. doc，设置页面，页边距：上 2cm，下 2cm，左 3cm，右 3cm；页眉 1.5cm，页脚 1 纸型为 A4。在文档中删除所有数字序号，并用“项目符号和编号”中的编号 A)、B)、C)代替；删除正文中☺符号，并用“项目符号和编号”中的项目符号“➢”代替。设置页眉“健康教育”，右对齐，页脚使用自动图文集中的“-页码-”。

三、Word 图文混排

任务

1. 输入以下括号中文字，文档名为“test3. doc”，保存在学生个人文件夹中。

中国教育科研网简介

中国教育和科研计算机网 CERNET 于 1994 年开始建设，CERNET 是一个三级结构的计算机网络。它包括主干网(用速率为 6.4×10^4 bit/s 的 DDN 专线连接)、地区网(全国共分 8 个地区)和校园网，它的网络中心设在北京清华大学校园内。CERNET 于 1995 年接通了 8 个区的部分院校，2000 年接入了全国绝大部分高等院校，主干网的传输速度也提高到了 2×10^6 bit/s 以上。

至 2004 年 12 月，CERNET 接入单位超过 1600 个，其中以 100～1000Mbps 速率接入的高校 300 所以上，联网主机数超过 200 万，拥有 IP 地址数量超过了 600 万。CERNET 与国内其他网络，与美国、英国、日本等国均保持高速互联。

2. 打开 test3. doc，完成如下操作：

(1) 排版设计

纸张：A4；边距：左右页边距均为 1.5cm，上下页边距均为 2cm；

标题：宋体三号、蓝色、居中对齐，段前段后各间隔 2 行；

正文：楷体四号左对齐，行间距为 1.5 倍行距，分为两栏，中间加分割线；

(2) 将正文第一段第一个字“中”设置为首字下沉，隶书、占三行；

(3) 将正文标题“中国教育科研网简介”设置为页眉，楷体五号、红色，置于居中位置；

(4) 再次保存编辑好的 test31. DOC 文件。

四、Word 表格制作

任务 1

要求：按图 3-86 所示做排版编辑与表格制作，纸张大小为 A4，左右上下边距为 2 厘米，合计用公式计算出。

任务 2

制作如表 3-9 所示表格，要求制作在横向 16K 纸张上，上下左右边距各 2.5 厘米，页眉为班级名称。

表 3-9 课程表

时间 \ 课程 \ 星期		星期一	星期二	星期三	星期四	星期五	星期六
上午	第 1 节						
	第 2 节						
	第 3 节						
	第 4 节						
下午	第 5 节						
	第 6 节						
备注							

-1-

计算机科学技术

计算机科学技术是指围绕着电子数字计算机的研究设计、生产制造和开发应用所发生的理论基础、基本原理和工艺技术现象。由于作为人类在 20 世纪所创造的这一杰出科学技术成就具有知识密集、综合性强和跨学科的性质，所以计算机科学技术所涉及的其它学科的范围也极其广阔。它的发展不仅用到了数学、物理学、化学等学科以及从这些学科派生出来的前沿分支学科的成就，而且还直接涉及到微电子学、机械学等广泛的学科理论、原理与技术。

连锁店部分商品一周销售情况统计表

商场 \ 类别	电器		灯具		
	电冰箱	电视机	台灯	吊灯	吸顶灯
第一连锁店	23	123	80	56	34
第二连锁店	34	138	8	33	56
第三连锁店	21	210	77	123	45
合计	78	471	165	212	135

图 3-86 图文混排效果图

技能训练 3-2 word 2003 综合操作

一、Word 邮件合并

任务 1

建立 test0. doc 主文档信函，利用邮件合并新建“通讯录”数据库，将数据库中的姓名字段合并到主文档中，保存为“出院指导 . doc”。

[尊敬的________同志：

经过一段时间的住院治疗，您的身体有所好转，……

________同志，望您出院后遵循以上指导，尽快康复。]

任务 2

使用已建好的“通讯录”数据库，打印邮寄信封或邮寄标签，设定筛选收件人名单，制作保存为“信封 . doc ”，合并输出，打印预览。

二、Word 样式与模板

任务

创建文档 test. doc，输入内容，按照下述要求设置文档格式。

要求：综合利用 WORD 的强大功能将一篇长文章排版成册如：《高血压病手册》。

说明：完整手册包括封面与文章内容，主要注意以下几方面：

(1) 封面包含许多要素，要考虑整体风格、色调、信息的选择和组织、用艺术的手法统筹安排、合理布局。可仿照“素材”中“长文档”文件夹中“封面”样板。

(2) 编辑文档中使用相同的字体段落格式进行统一设置，样式功能要经常用：如在文章中使用至少一级或多级“标题”，突出重点、清晰结构；在文章中有许多项目如注解的形式、中英文字体、图片、表格、页眉页脚、公式、批注、脚注、尾注等。

(3) 目录是书和手册不可缺少的,要自动生成。

(4) 进行章节分页,设置"奇偶页不同"的"页眉页脚"。

练习3 Word2003基础知识测评

一、单选题

1. Word 是属于________
   A. 系统软件　　B. 文字和表格处理软件
   C. 编译软件　　D. 行编辑软件
2. 下列不属于 Microsoft Office 软件包的软件是________
   A. Word　　B. Excel
   C. Outlook　　D. Windows
3. 在 Word 中,当前正在编辑的文档的文档名显示在________
   A. 菜单的右边　　B. 文件菜单中
   C. 状态栏　　D. 标题栏
4. Word 中显示有页号、节号、总页数等的是________
   A. 常用工具栏　　B. 菜单栏
   C. 格式工具栏　　D. 状态栏
5. 在"文件"菜单中底部所显示的文件名是________
   A. 正在使用的文件名
   B. 正在打印的文件名
   C. 扩展名为 DOC 的文件名
   D. 最近被 Word 存取过的文件名
6. 在 Word 中进行调入各种汉字输入方法的快捷键是________
   A. Ctrl+空格　　B. Ctrl +Shift
   C. Shift +Alt　　D. Shift +End
7. 在 Word 中,要在文档中添加符号"∑",应该使用哪个菜单中命令________
   A. 文件菜单　　B. 编辑菜单
   C. 插入菜单　　D. 格式菜单
8. 在 Word 中,Ctrl +A 快捷键的作用,其效果是________
   A. 等效于鼠标在文档的选定区中连击两下
   B. 等效于鼠标在文档的选定区中单击一下
   C. 选定整个文档
   D. 选定于鼠标指针所指一段文本
9. 在 Word 2003 中,若多次使用剪贴板移动文本,当操作结束时,剪贴板中的内容是________
   A. 空白
   B. 所有被移动的文本内容
   C. 第一次移动的内容
   D. 最后一次移动的内容
10. 在________视图中,Word 的标尺是不显示的
    A. 页面　　B. 普通
    C. 打印预览　　D. 大纲
11. 在 Word 中,段落是一个格式化单位,下列不属于段落的格式是________
    A. 对齐方式　　B. 缩进
    C. 制表符　　D. 样式
12. 在 Word 中,用户可以利用________很直观地改变段落缩进方式、调整左右边界和改变表格的行列宽度。
    A. 标尺　　B. 工具栏
    C. 格式栏　　D. 菜单栏
13. 在 Word 中,利用"插入"菜单中的"图片"命令,不可以在文档中插入________
    A. 艺术字　　B. 剪贴画
    C. 公式　　D. 图表
14. 下列关于邮件合并的叙述哪一个有误________
    A. 可以将一封相同内容的信件,发送给不同的收件者
    B. 邮件合并又称为 mail merage
    C. 邮件合并的数据库只能使用 Access
    D. 制作邮件合并时,需要主文档与数据库相互配合才可完成
15. 在文档中插入下列哪一个变量,可以让文档显示 2006/12/16? ________
    A. page　　B. time
    C. edit time　　D. date
16. 模板文件的扩展名是________
    A. . doc　　B. . txt
    C. . dot　　D. . rtf
17. 在 Word 中,若要从文件的某个页面重新计算起始页码,必须要先从插入菜单,选择哪一个选项做分节设定________。
    A. 页码　　B. 书签
    C. 分隔设定　　D. 超级链接
18. 如果想要设定更精确的制表位位置,就必须在制表位窗口中设定,而下列哪一项在制表位窗口中无法设定________。
    A. 对齐方式　　B. 自定义前导符
    C. 前导符　　D. 定位停驻点位置
19. 在 Word 表格中,也可以插入运算公式来计算表格属性,下列哪一个英文单词表示单元格上方所有的单元格________。
    A. Above　　B. Top
    C. Up　　D. Left
20. 哪一种字体效果能将标记文字的位置下移,并将字体缩小________。
    A. 上标　　B. 下标
    C. 小型大写字　　D. 隐藏

二、多选题

1. 为了便于在文档中查找信息,可以使用________符号来代表任何一个或多个字符进行匹配。
   A. &　　B. %
   C. ?　　D. *
2. 在 Word 中,下列说法正确的是________。
   A. 使用"查找"命令,可以区分全角和半角字符,不能区分大小写字符
   B. 替换操作时可以设定查找范围是从光标处向上、向下或全部文档
   C. 使用"替换"命令进行文本替换时,只能替换半角字符
   D. 替换的内容可以是字体、段落的所有格式及制表符等特殊字符

3. 在 Word 中,下列关于表格操作的叙述正确的是________。
   A. 可以将表中两个单元格或多个单元格合成为一个单元格
   B. 可以将两张表格合成为一张表格
   C. 不能将一张表格拆分成多张表格
   D. 可以对表格加上实线边框
4. 在 Word 中,对文字进行存盘操作时,可以选用的格式是________。
   A. doc 格式　　B. txt 格式
   C. htm 格式　　D. rtf 格式
5. 在 Word 中,页面格式化不能设置的项目是________。
   A. 页边距　　B. 纸张大小
   C. 纸张来源　　D. 调节字符间距

三、判断题

1. Word 文档中要插入一些特殊符号时,必须在区位码输入状态下输入才行。(　　)
2. 在对某一段文本进行格式化操作之前,必须将该段所有文本选中才行。(　　)
3. Word 只能对文稿进行编辑,不能对图片进行编辑。(　　)
4. 构成表格的基本单元是单元格。在表格中输入数据,实际上是在表格的各个单元格中输入。(　　)
5. 在 Word 文档中,按“Ctrl”+“V”键可以把剪贴板中的内容插入到插入点所在位置处。(　　)
6. 可以使用“格式”菜单下的“文字方向”命令改变文本框中的文字方向。(　　)
7. 样式是一组已经命名的字符和段落格式的组合。(　　)
8. 在 Word 中可以改变图片的大小、位置、颜色、亮度、对比度,并裁剪图片。(　　)
9. 使用标尺可以控制“首行缩进”和“悬挂缩进”。(　　)
10. 可以在“普通视图”下直接看到分栏效果。(　　)

四、填空题

1. Word 文档的扩展名是________。
2. Word 窗口由________、________、________、文档编辑区域和________等部分组成。
3. Word 文本编辑操作中,文本输入的方式有________、________两种,可以双击状态条上的________域进行这两种方式的切换。
4. 在“格式”工具栏中以下拉列表框和形象化的图样方式列出了常用的排版命令,可对文字的________、________、________、________、段落编号、________等进行排版。
5. 文档窗口中的________的作用是被用来指出当输入或编辑的位置。
6. 在 Word 中,直接按照用户设置的页面大小进行显示,显示效果与打印效果完全一致的视图方式是________。
7. Word 具有分栏功能,各栏的宽度________相同。
8. 在 Word 中,分节符可以由用户手工插入,也可以在做分栏操作时由系统自动插入,分节符的标记只有在________视图模式下才能看到。
9. 段落通常是指以输入________结束的一段文字或图文。在“段落”对话框的“特殊格式”列表中有三种格式可以确定首行的格式,它们分别是“无”、________和________。
10. 在 Word 对表格进行统计时,求和函数是________。

(崔金梅)

第 4 章　Excel 2003 的应用

学习目标

1. 了解 Excel 的主要功能和特点
2. 理解 Excel 工作环境及工作界面
3. 掌握表格建立及数据的输入与编辑
4. 掌握工作表的格式化与打印
5. 掌握数据的基本计算及统计分析

4.1　Excel 2003 的概述

前面我们学习了在 Word 中制作各种较为复杂的表格样式，并能做一些简单的运算。然而在运算对象增多后，即便是算法相同的运算，都较为烦琐，而在 Excel 中将更为轻松。Excel 电子表格是 Office 系列办公软件之一，实现对日常生活、工作中的表格的数据处理。它通过友好的人机界面，方便易学的智能化操作方式，使用户轻松拥有实用美观个性十足的实时表格，是工作、生活中的得力助手。

电子表格不仅具有数据记录及超强运算功能，数据及时更新，而且还提供了图表、财会计算、概率与统计分析、求解规划方程、数据管理等工具和函数，可以满足各种用户的需求。

Excel 2003 主要具有三大功能：

（1）电子表格中的数据处理。在电子表格中允许输入多种类型的数据，可以对数据进行编辑、格式化，利用公式和函数对数据进行复杂的数学分析及报表统计。

（2）制作图表。可以将表格中的数据以图形方式显示。Excel 2003 提供了十几种图表类型，供用户选择使用，以便直观地分析和观察数据的变化及变化趋势。

（3）数据库管理方式。Excel 2003 能够以数据库管理方式管理表格数据，对表格中的数据进行排序、检索、筛选、汇总，并可以与其他数据库软件交换数据，如与 FoxPro、SQLServer 等。

4.2　Excel 2003 工作簿的创建

4.2.1　任　　务

有一个体小超市店主，拥有一台电脑和打印机，电脑装有 Windows XP 操作系统及办公软件 Office 2003。他想用电脑帮他经营管理，并记载每天的经营账目，计算每天各类商品销售毛利润（销售价减去进价）。他不知道现有条件能否实现他的这个愿望？

4.2.2　相关知识与技能

我们可以用 Office 2003 套装软件中的 Excel 2003 来帮助他实现这个梦想。

1. 启动 Excel 2003

（1）与启动 Word 2003 相似，在 Windows 环境中，单击“开始”按钮→选[程序]→选[Microsoft Office]→选[Microsoft Office Excel 2003]，启动 Excel 2003。

（2）若桌面上有 Excel 2003 的快捷方式，则双击 Excel 2003 的快捷方式启动。Excel 2003 启动后自动创建了一个空工作簿，文件名为“Book1. xls”。

当然也可以用“任务窗格”中的本机模板创建具有一定格式的新工作簿。

2. 工作界面认识

（1）Excel 2003 工作界面：启动 Excel 2003 后的工作界面如图 4-1 所示。

从图 4-1 中可以看出，Excel 2003 的工作界面是一个标准的 Windows 环境下的软件，其中包括标题栏、菜单栏、工具栏、滚动条和滚动条按钮、工作区、编辑栏、标签栏、状态栏、控制框与控制菜单和控制按钮等，与 Word 界面极为相似。

（2）常用工具栏和常用格式栏：工具栏是在菜单栏下面的一组图标按钮，每个按钮代表一个命令，许多命令与菜单栏中的命令是等价的，利用工具栏操作更为方便。在 Excel 2003 中，系统定义了很多工具，将它们分成不同的组而成为不同的工具栏，其中对最常用的操作项定义了两组工具栏，即常用工具栏和常用格式工具栏，默认状态下只有这两组工具栏显示在屏幕上。

1）常用工具栏。在这个工具栏中包括的是一些最常用的基本操作，如图 4-2 所示。当将鼠标指针移至某一按钮上时，该按钮会突出显示，并且在其下方显示出其名称提示，单击该按钮，就可以完成相应的操作。从图中可以看出该工具栏中有许多按钮与 Word 中相同，多了自动求和、排序和图表等几个按钮。

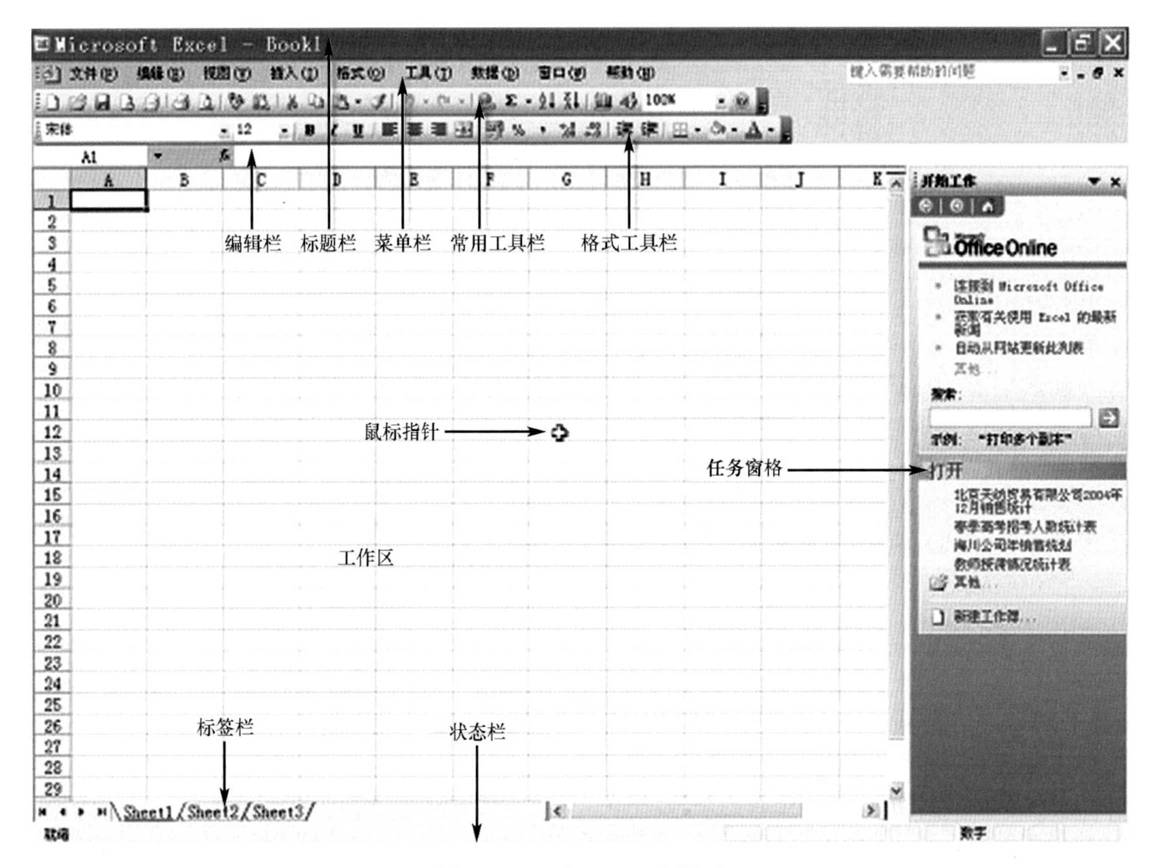

图 4-1　Excel 2003 工作界面

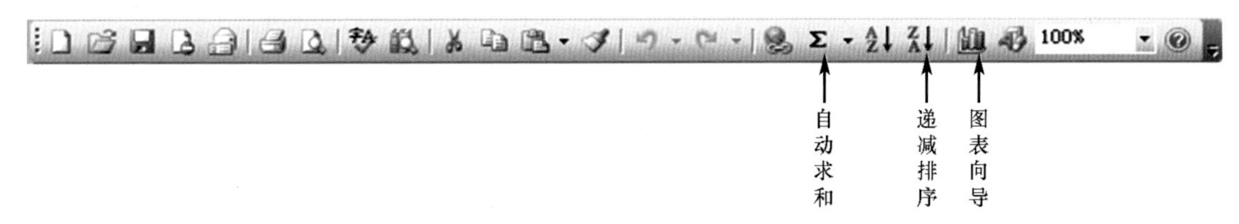

图 4-2　常用工具栏

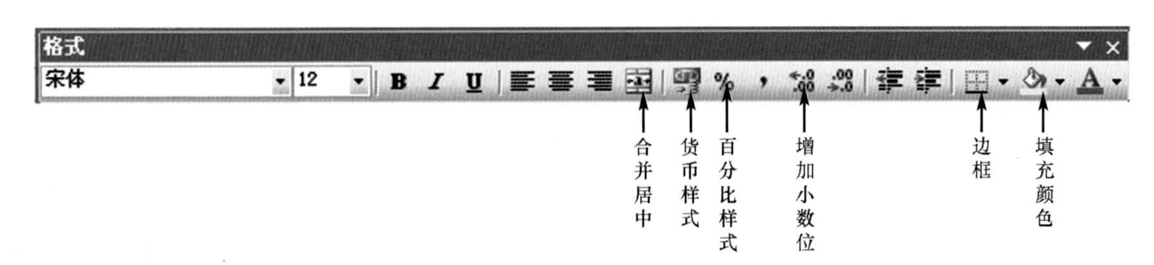

图 4-3　常用格式工具栏

2）常用格式栏。在这个格式栏中包括的是一些最常用的格式操作，如图 4-3 所示。主要有合并居中、货币样式、小数位的增或减按钮等与 Word 不同外，其余大部分相同。

操作技巧：在操作之前，应先准备好常用工具，把它放到操作界面上。显示或隐藏工具，单击【视图】菜单中的[工具]子菜单命令可达到目的。

(3) 编辑栏和名称框：在工作表外左上方有一组工具，它们有着紧密联系，相互影响。它们是由名称框、按钮工具和编辑栏组成。

名称框显示活动单元格的地址。

编辑栏可用于编辑工作簿中当前活动单元格存储的数据。

编辑栏是随着操作发生变化的，它有两种状态，当单击选中一个单元格，处于输入状态，双击单元格或按 F2 功能键可进行修改编辑，输入的数据同时在活动单元格和编辑栏中显示出来。

这组工具中各对象的功能如下：

1）名称框下拉列表框。用以显示当前活动单元格的单元引用或单元格区域名称。

2）取消按钮✕。只有在开始输入和编辑数据时才出现。用鼠标单击此按钮，将取消数据的输入或编辑工作。

3）输入按钮✓。只有在开始输入和编辑数据时才出现。用鼠标单击此按钮，可结束数据的输入或编辑工作，并将数据保存在当前活动单元格中。

4）插入函数按钮fx。用鼠标单击此按钮，将引导用户输入一个函数。具体使用方法将在后面的章节中介绍。

5）编辑栏。在插入函数按钮后面的文本框就是编辑栏，在编辑栏中可以输入或编辑数据，数据同时显示在当前活动单元格中，编辑栏中最多可以输入32 767个字符，平时我们说它可以输入32 000个字符。

（4）工作区：工作区就是一个工作簿窗口。工作区包括工作簿名、行号、列号、滚动条、工作表标签、工作表标签滚动按钮、窗口水平分隔线和窗口垂直分隔线等。下面介绍几个在Excel中与其他Office软件不同的地方。

1）单元格。工作簿中由行和列交汇处所构成的“长方形”方格称为单元格，单元格是Excel 2003的基本存储单元，可以存储各种数据、公式、图像和声音等。

2）活动单元格。在活动单元格中可以直接输入或编辑文字或数字，将鼠标光标移到一个单元格，单击鼠标左键，此单元格就成为活动单元格。

3）填充柄。拖曳填充柄可快速填充单元格数据或公式。

4）工作表标签。显示工作表的名称。单击某一工作表标签可以完成工作表之间的切换，使之成为活动工作表。

5）活动工作表标签。正在编辑的工作表的名称。

6）工作表标签滚动按钮。工作表栏目太多时，单击此按钮，可以左右滚动工作表标签。

7）工作表标签分隔线。移动后可以增加或减少工作表标签在屏幕上的显示数目。

8）水平分隔线。移动此分隔线可以把工作簿窗口从水平方向活动单元格处划分为两个窗口。

9）垂直分隔线。移动此分隔线可以把工作簿窗口从垂直方向活动单元格处划分为两个窗口。

（5）状态栏：状态栏的功能是显示当前工作状态，或提示进行适当的操作。状态栏分为两个部分，前一部分显示工作状态（如“就绪”表示可以进行各种操作，即中文Excel 2003程序已经准备就绪），后一部分显示设置状态（如“求和＝65”表示若对选定的单元格进行求和运算，其和为65，如图4-4左下方所示。

链 接

状态栏的显示信息，是用户即时看见的结果信息，并不打印出来。除了能显示求和信息外，还可右击状态栏中“数字”调出快捷菜单，如图4-4右图所示，选择计算方式显示相关信息。

（6）工作簿、工作表及单元格：一个Excel文档称为一个工作簿，在调出“保存”对话框保存时，其保存类型选择“Microsoft Office Excel工作簿”，而在“资源管理”等位置显示文件的信息时，则显示为“Microsoft Excel工作表”，工作簿文档的扩展名为.xls。

1）工作簿。一个工作簿默认有3张工作表，最少有1张工作表，最多增至255张工作；工作簿默认名book1.xls。

2）工作表。1张工作表由2^{16}＝65 536行与256列单元格所构成。每张工作表都有一个标签名（表名）如工作表Sheet1，双击标签名可更改表名；所有数据都保存在工作表中。1张工作表中最多有16 777 216（$2^{16}\times 2^{8}$）个单元格。

（3）单元格。在Excel 2003中1张工作表中最多有256列（用大写英文字母表示为A，B，…，Z，AA，AB，…，AZ，…，IV）、65 536行（用阿拉伯数字1～65 536表示）。

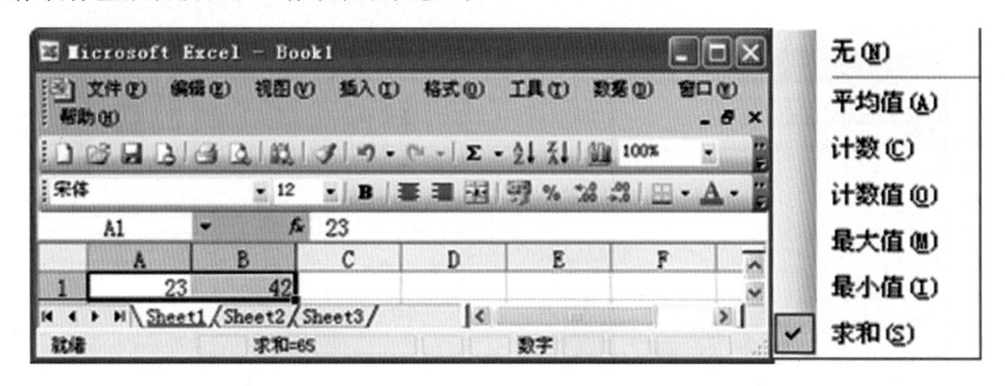

图4-4 Excel 2003状态栏

在 Excel 2003 中，单元格是按照单元格所在的行和列的位置来命名的，如 B17 表示列号是 B，行号是 17。B17 单元格还可以用 R17C2 表示。

☞考点：工作簿、工作表、单元格相关知识

3. 单元格的选定方法 在 Word 2003 中，主要是文字处理，工作区就像一张电子纸，用户在电子纸上写文稿。而在 Excel 2003 中，用户主要是在电子表格中填写数据，所有数据及运算公式都存放在单元格中。要在单元格中输入数据，必须要选中单元格，使其成为活动单元格，只有活动单元格才能接收数据，其他单元格可以存储数据。根据不同的需要，有时要选择独立的单元格，有时则需要选择一个单元格区域。

单元格区域：由多个单元格或 1 个单元格组成。

如果要表示一个单元格矩形区域，可以用该单元格区域左上角和右下角单元格来表示，中间用冒号(:)来分隔。如 G4:G12 表示从 G 列 4 行到 G 列 12 行的单元格区域；A15:F15 表示从 A 列 15 行到 F 列 15 行的 6 个单元格的单元格区域；B6:E13 表示从以 B 列 6 行到 E 列 13 行为对角线的矩形单元格区域，含 32 个单元格；B:B 表示 B 列，3:3 表示第 3 行。

选择独立的单元格有多种不同的方法，下面介绍几种选定单元格的方法。

A. 使用鼠标选择单元格

1) 单击单元格。将鼠标指针指向某个单元格，单击鼠标左键就可选定这个单元格，同时使它成为活动单元格，这时的单元格被一个粗框包围。当选定活动单元格后，行号上的数字和列号上的字母都会突出显示。

2) 使用滚动条。由于一个 Excel 2003 工作表由 65 536 行×256 列组成，屏幕上显示的只是其中的一部分，如果要选定的单元格不在屏幕上时，则要根据当前屏幕所显示的位置使用滚动条来移动表格。Excel 2003 中有垂直滚动条和水平滚动条，使用垂直滚动条的箭头按钮和水平滚动条的箭头按钮来改变表格的显示位置，找到编辑单元格，单击此单元格选定。

B. 名称框选定

在名称框中输入要选定的单元格或单元格区域的名称，按 Enter 键，就可以完成单元格的选定。

C. 选定整行或整列

1) 选定整行：在工作表上单击该行的行号就可以选定该行。例如要选择第 4 行，只需在第 4 行的行号上单击鼠标左键即可。

2) 选定整列：在工作表上单击该列的列号就可以选定整列。例如要选择第 C 列，在第 C 列的列号“C”上单击鼠标左键即可。

D. 选定整张工作表

在每一张工作表的左上角都有一个“选定整张工作表”按钮，只需将该按钮按下即可选定整张工作表。利用该功能可以对整张工作表进行修改，例如改变整张工作表的字符格式或者字体的大小等。

E. 选定连续的单元格区域

同时选定多个单元格，称之为选定单元格区域，下面介绍选择单元格区域的两种方法。

1) 鼠标拖动：选中起始单元，鼠标成白色十字架状拖动鼠标到结束单元格；

2) 选中起始单元格，鼠标移到结束单元格 Shift＋单击；(适用于单元格较多的情形)

F. 选定不连续多块的单元格区域

鼠标成白色十字架状时，按 Ctrl＋拖动选中连续区域，移到别处再按 Ctrl＋拖动同时选中另一块连续区域；

G. 定位选定法

在快速输入数据时经常会遇到选定大范围单元格区域的情况，这时使用鼠标操作选定单元格就会变得不方便，这是因为拖曳鼠标选定单元格区域时，当鼠标的拖曳超出窗口的可视范围时，Excel 会自动滚动，而且其滚动的速度与拖曳的强度有关，一般情况下，很容易就会超出目标单元格很远，往回滚动时又会因为同样的原因再次错过目标，这时使用【编辑】菜单下的[定位]命令选取单元格及单元格区域就会很方便，在“定位”对话框中输入单元格或区域，单击[确定]完成选区，如图 4-5 所示。

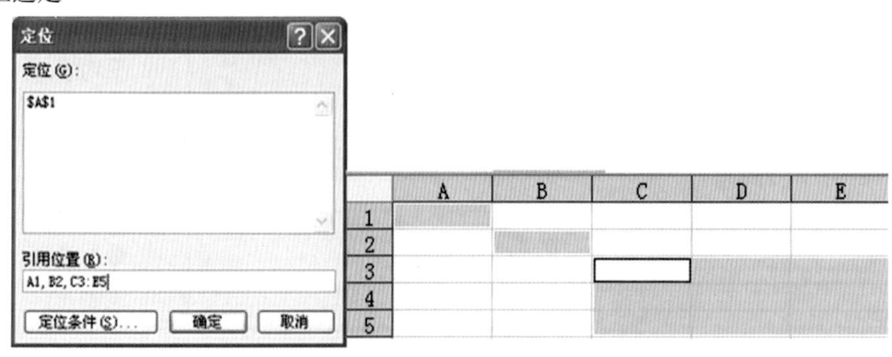

图 4-5 定位对话框与选区

4. 常用数据的输入　数据类型有文本、数值、货币、会计专用、日期、时间、百分比、分数、科学记数、特殊、自定义等。

在Excel 2003中，输入数据时，可以不考虑数据类型，你输入什么数据，系统就按此智能地匹配相应的数据类型。

(1) 数字输入：选定单元格，输入数字，回车键或Tab键结束；默认情况下，数字右对齐。数字类型的数据，能作为数学运算的对象。

(2) 字符输入：在Excel 2003中，输入文本的方法和数字的方法相似。输入字符，Excel 2003文本的规范：一个单元格中可以有32 767个字符，在单元格中只能显示1024个字符，在编辑栏中可以显示全部32 767个字符。超出常规字符数时，在编辑栏中编辑栏输入，输入完成后单击✓按钮。

输入由数字组成的字符串：对于全部由数字组成的字符串，比如邮政编码、电话号码、产品代号等这类字符串的输入，为了避免被Excel 2003认为是数字型数据，要在这些输入项前添加英文单引号(')的方法。例如，要在C3单元格中输入邮政编码100022，则应输入“'100022”。

操作技巧：输入数字字符型前，应在英文半角状态下输单引号，否则不正确。输入字符型数据时，当单元格默认宽度不够时，若又不想改变宽度时，可按Alt+Enter键强制换行。

默认情况下，文本沿单元格左对齐。在单元格中输入的数据通常是指字符或者是任何数字和字符的组合。任何输入到单元格内的字符集，只要不被系统解释成数字、公式、日期、时间和逻辑值，则Excel 2003一律将其视为文字。

(3) 日期输入：在Excel 2003中，当在单元格中输入可识别的日期和时间数据时，单元格的格式就会自动从“通用”格式转换为相应的“日期”格式或者“时间”格式，而不需要去设定该单元格为日期格式或者时间格式。在Excel 2003中对日期的输入有一定的格式要求。

输入日期时，可以先输入年份数字，然后输入“/”或“-”进行分隔，再输入数字1～12作为月份(或输入月份的英文单词)，然后输入“/”或“-”进行分隔，最后输入数字1～31作为日。例如“2008/8/3”。如果省略年份，则以系统当前的年份作为默认值。如输入“1/2”，结果为显示为当年的1月2日。

输入了以上格式的日期后，日期在单元格中右对齐。如果输入的日期是Excel 2003不能识别的格式，则输入的内容将被视为文本，并在单元格中左对齐。

(4) 时间输入：时间可以采用12小时制式和24小时制式进行表示，小时与分钟或秒之间用冒号进行分隔。Excel 2003能识别的时间格式：若按12小时制输入时间，Excel 2003一般把插入的时间当做上午时间，例如输入“5:32:25”会被视为“5:32:25 AM”，如果要特别表示上午或下午，只需在时间后留1空格，并输入“AM”或“PM”(或“A”，或“P”)。如果输入时间是Excel 2003不能识别的格式，Excel 2003将认为输入的不是时间而是文本字符串。

操作技巧：按Ctrl+“;”(分号)键，在活动单元格中输入当前日期；按Ctrl+Shift+“;”(分号)键，在活动单元格中输入当前时间。

(5) 分数输入：输入分数，必须先整数，再输入空格，最后输入分数才正确。如输入1/2，应输入：0 1/2后回车。

注意：输入数字、日期等非字符类型时，若单元格宽度不够时会出现“# # # #”。

(6) 百分比输入：有两种方式输入百分比。

A. 菜单输入方式

特点是：先设置好百分比数据类型，输入百分值后自动添加“%”号。

其操作步骤如下：

1) 选择要设置格式的单元格区域；

2) 单击【格式】菜单→选[单元格]命令，调出“单元格格式”对话框，再单击“数字”选项卡；

3) 在“分类”列表中，单击“百分比”选项，确定好“小数位数；

4) 单击[确定]按钮完成设置；

5) 在设置好的单元格区域中输入百分值数据后自动添加“%”号。

B. 常用格式栏中的百分比按钮输入方式

特点是：先输入带小数点的数，然后改成百分比类型。

其操作步骤如下：

1) 在指定的单元格区域中输完带小数点的数；

2) 选中数据区；

3) 在常用格式栏中单击%按钮，将数据变为百分比类型。

(7) 货币数据输入：与百分比类型数据输入方法类似，在这里不再详述了。

(8) 批注输入：对某些数据需要说明，但又不想占版面，当鼠标指向它时才显示出说明内容，这就须插入批注。

操作步骤如下：

1) 选中数据单元格；

2) 单击【插入】菜单→选[批注]命令；

3) 输入说明内容。

☞考点：各种数据的输入，特别是文本型、数字型、百分比类型及日期型

5. 快速输入数据

(1) 在多个单元格输入相同内容：在工作表中有时一些单元格中的内容是相同的，同时在这些单元格中输入数据可以提高输入的效率。下面以在商品销售清单中录入商品类型为例介绍其操作步骤：

1）选定要输入相同内容的单元格区域；

2）在活动单元格中输入内容；

3）输完数据后，按下 Ctrl＋Enter 组合键，则多个单元格中输入了相同的内容，结果如图 4-6 所示。

商品销售清单				
商品名	类型	销售价(元	销售量	销售金额
宁檬水		3.75	2	7.5
蓝天牙膏		4.5	1	4.5
食盐		1.88	8	15.04
蓝月亮洗涤剂		50	2	100
碧浪洗衣粉		15	4	60
金龙鱼菜籽油		75	2	150
泰国香米		3.75	10	37.5
东北大米		3	10	30
心相印卫生纸		28.75	1	28.75
蓝天牙膏		4.5	2	9
食盐		1.88	3	5.64
蓝月亮洗涤剂		50	5	250
泰国香米		3.75	5	18.75
宁檬水		3.75	11	41.25
汽水		2.5	5	12.5
蓝月亮洗涤剂		50	2	100

商品名	类型
宁檬水	饮料
蓝天牙膏	
食盐	
蓝月亮洗涤剂	
碧浪洗衣粉	
金龙鱼菜籽油	
泰国香米	
东北大米	
心相印卫生纸	
蓝天牙膏	
食盐	
蓝月亮洗涤剂	
泰国香米	
宁檬水	饮料
汽水	饮料
蓝月亮洗涤剂	

图 4-6　在多个单元格中输入相同数据

(2) 用填充功能在相邻单元格区域中输入相同内容

1）在一列(行)中输入相关内容(可以不相同)；

2）选中含初始内容的列(行)及相邻的多列(行)单元格区域；

3）向右按 Ctrl＋R(向下按 Ctrl＋D)填充可形成多列(行)相同内容；

(3) 利用"填充柄"在同一行(或列)中输入数据

填充柄：活动单元格右下角的小黑点，当鼠标指向它时变为黑色十字架。

A. 等差序列的输入

使用鼠标填充项目序号：很多表格中都有项目序号，输入这些序号的方法如下：

1）选定一个单元格，输入序列填充的第一个数据。

2）将光标指向单元格填充柄，当指针变成黑色十字光标后，沿着填充的方向(行或列)拖动填充柄。

3）拖到结束位置松开鼠标时，数据便填入拖动过的单元格区域中，同时在填充柄的右下方出现"自动填充选项"按钮。单击，选"以序列方式填充"，如图 4-7 所示。

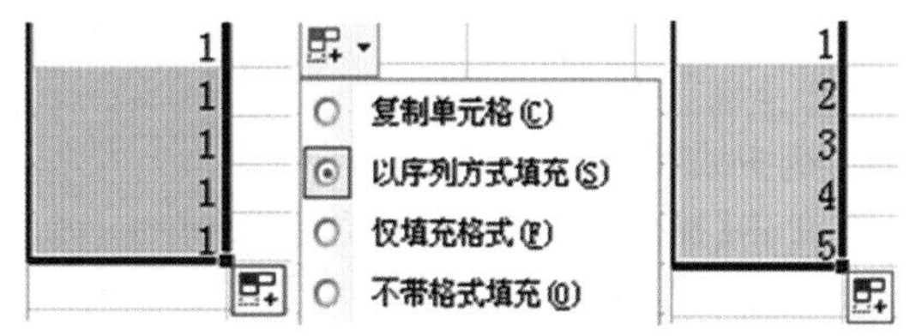

图 4-7　"填充柄"使用

操作技巧：在一个单元格中输入数据，选为活动单元格，鼠标指向填充柄，Ctrl＋向上(左)拖动为等差递减；Ctrl＋向下(右)等差递增；

若要输入指定公差的一组等差数列，可先在相邻两个单元格输入前两个数，选中这两个单元格，将光标指向单元格的"填充柄"往下(或右)拖动鼠标完成。

B. 与等差相似的日期序列和星期序列的输入

在起始单元格中输入初值，如在 A1 单元格中输入"星期一"；将光标指向单元格填充柄，当指针变成黑色十字光标后，沿着填充的方向(行或列)拖动填充柄到 G1 释放鼠标，就在 A1:G1 单元格区域中输入了"星期一"到"星期日"的数据。

(4) 使用菜单命令输入序列：如果要求输入的序列不是等差，这时就要用菜单命令进行填充。进行快速填充的数据一定是有一定规律的，这样 Excel 可以根据规律计算出所要填充的数据，而不用人工进行输入。

A. Excel 2003 中可以建立序列的类型

1）时间序列。时间序列可以包括指定的日期、星期或月增量，或者诸如工作日、月的名字或季度的重复序列。

2）等差序列。当建立一个等差序列时，Excel 2003 将用一个常量值步长来增加或减少数值。

3）等比序列。当建立一个等比序列时，Excel 2003 将以一个常量值因子与数值相乘。

4）中国的传统习惯。Excel 2003 中文版根据中国的传统习惯，预先设有星期一、星期二、星期三、星期四、星期五、星期六；一月、二月……十二月；第一季度、第二季度、第三季度、第四季度；子、丑、寅、卯……甲、乙、丙、丁……。

链 接

自定义序列

除了 Excel 2003 所提供的序列以外，有时还会用到一些特定的序列，例如一个文具店所要经常处理的有日记本、田格本、拼音本、生字本、英语本……对这种情况可以自定义成序列，这样使用"自动填充"功能时，就可以将数据自动输入到工作表中。

将工作表中已经存在的序列导入定义成序列，其操作步骤如下：

选定工作表中已经输入的序列。

单击【工具】菜单→选[选项]命令，调出"选项"对话框，在此对话框中单击"自定义序列"选项卡。

在"从单元格中导入序列"文本框中显示单元格地址(如"$C$15:$C$19")，单击"导入"按钮，可以看到自定义的序列已经出现在"自定义序列"列表中了。

单击[确定]按钮，序列定义成功，以后就可以使用刚才自定义的序列进行填充操作了。

直接在“选项”对话框中输入自定义序列，其操作步骤如下：

单击【工具】菜单→选[选项]菜单命令，调出“选项”对话框，单击“自定义序列”选项卡。

在“输入序列”文本框中输入“笔记本”，按 Enter 键；接着输入“练习本”，按 Enter 键，直至输入完所有的内容。

单击“添加”按钮，刚才定义的序列格式已经出现在“自定义序列”列表中了。

定义完一个序列以后，如果要定义新的序列，在“自定义序列”列表框中，单击最上面的“新序列”选项，就可以定义另一个序列。

B. 使用[填充]菜单命令填充序列的操作要点

1）在一个单元格中输入序列的初值。

2）是否知道终值？若有，则可以只选初值单元格，在填充中利用步长和终值，确定填充方向（列或行）；若未知，但知道填充单元格区域，则选中含初值的整个填充单元格区域，可以利用步长填充序列。

3）若知道序列的前两个值或初值与终止值及填充单元格区域，可利用预测趋势填充。

4）单击【编辑】菜单→选[填充]→选[序列]命令，调出“序列”对话框。

5）在对话框的“序列产生在”栏中指定数据序列是按“行”还是按“列”填充。

6）在“类型”栏中选择需要的序列类型，然后单击[确定]按钮。

注意：“预测趋势”只能用于等差序列和等比序列情形；自动填充只能用于等差序列或等差日期型序列。

☞考点：填充及填充柄的使用

C. 实例

填充等差序列的初值为 2，终止值为 16，填充单元格区域为 A1：A6，如图 4-8 左图所示。

A		A
2	1	2
	2	4.8
	3	7.6
	4	10.4
	5	13.2
16	6	16

图 4-8　初始状态与填充结果

填充步骤如下：

1）在单元格 A1 中输入 2；

2）在单元格 A6 中输入 16；

3）选中 A1：A6 单元格区域；

4）单击【编辑】菜单→选[填充]→选[序列]命令，调出“序列”对话框；

5）选“等差”类型及“预测趋势”，单击[确定]按钮得图 4-8 右图所示结果。

链　接

“序列”对话框中的各个选项的作用如下：

（1）类型。产生数据序列的规定。

（2）等差序列。把“步长值”框内的数值依次加入到每一个单元格数值上来计算一个序列。如果选定“预测趋势”复选框，则忽略“步长值”框中的数值，线性趋势将在所选数值的基础上计算产生，所选初始值将被符合趋势的数值所代替。

（3）等比序列。把步长值框内的数值依次乘到每一个单元格数值上来计算一个序列。如果选定“预测趋势”复选框，则忽略“步长值”框中的数值，几何增长趋势将在所选数值的基础上计算产生，所选初始值将被符合趋势的数值所代替。

（4）日期。根据“日期单位”栏中选定的选项计算一个日期序列。

（5）自动填充。根据选定区域的数据自动建立序列填充。

（6）日期单位。确定日期序列是否会以日、工作日、月或年来递增。

（7）步长值。一个序列递增或递减的量。正数使序列递增，负数使序列递减。

（8）终止值。序列的终止值。如果选定区域在序列达到终止值之前已填满，则该序列就终止在那点上。

（9）预测趋势。使用选定区域顶端或左侧已有的数值来计算步长值，以便根据这些数值产生一条最佳拟合直线（对于等差序列），或一条最佳拟合指数曲线（对于等比序列）。

若将一个或多个数字或日期的序列填充到选定的单元格区域中，在选定单元格区域的第一、二行或第一、二列中的数据将作为起始值。选“预测趋势”填充，如图 4-9 所示。

链　接

用“下拉表方式”填数据：选中单元格，在【数据】菜单中选[有效性]命令，在调出的对话框中“允许”选“序列”，“来源”中输入单词序列，用逗号分隔，如“教授，副教授，讲师，助教”等，确定完成设置，在所选单元格旁出现黑色三角形，可选填充单词。利用“填充柄”复制到相邻区域中，此区域中的单元格均可选择输入。

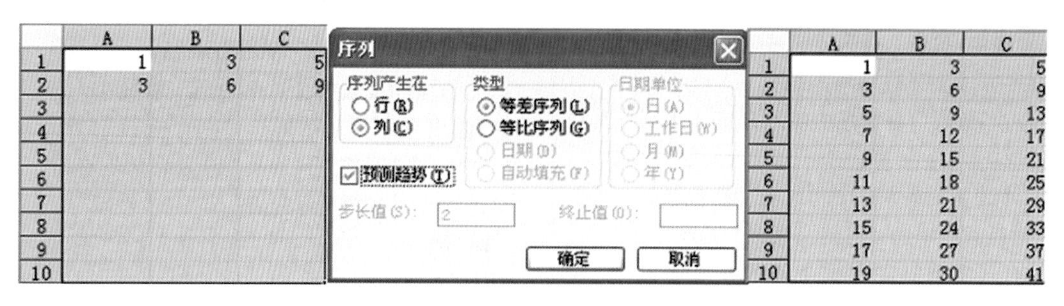

图 4-9　初始状态与填充结果

(5) 向多张工作表中同时输入相同数据：在一个工作簿中有多张工作表，每次单击一张工作表名就可以将其选中，所有的操作都是对这张工作表进行的，所以一般情况下输入的所有数据都只能进入到一张工作表。当需要在多张工作表中相同位置输入相同的数据时，可按以下步骤操作：

1) 按住 Ctrl 键，单击要输入相同数据的工作表名，选中所有要输入相同数据的工作表名。若要选中多张相邻工作表，可分别用“Shift＋单击”开始和结束的工作表名。

2) 选中需要输入相同数据的单元格，输完数据后回车。

6. 数据编辑　每一张工作表在输入数据的过程中和输入数据以后都免不了对数据进行修改、删除、移动和复制等编辑工作，下面介绍如何对数据进行编辑。

(1) 查找与替换：当一张工作表数据较多时，要查找某一个内容或要替换某些内容时，可以使用 Excel 2003【编辑】菜单中提供的查找与替换功能。

查找与替换是编辑处理过程中经常要执行的操作，在 Excel 2003 中除了可查找和替换具有一定格式的各种数据外，还可查找和替换公式及批注等。

执行[查找]、[替换]的操作与 Word 中的操作相似，在这里不再细说。

查找和替换的设置：如果不进行任何设置，Excel 默认在当前工作表中按行进行查找和替换。如果要改变设置，可单击“查找和替换”对话框中的“选项”按钮，这时的“查找和替换”对话框。如图 4-10 所示。

图 4-10　查找与替换对话框

1) 在“范围”下拉列表框中有“工作表”和“工作簿”两个选项。

2) 在“搜索”下拉列表框中有“按行”和“按列”两个选项。

3) 在“查找范围”下拉列表框中有“公式”、“值”和“批注”三个选项。

对话框中其他几个复选框的含义和使用方法与 Word 中的相同。

(2) 冻结窗格：冻结窗格的目的就是查看表中数据时前后上下都能看见。

有时数据项目较多，看见前面的数据，就看不见后面的数据；用滚动条看见后面的数据又看不见前面的数据，冻结窗格便于找到相关单元格数据。

操作：选中要永远出现在屏幕上数据项的后一列(行)，在【窗口】菜单中选[冻结窗格]命令，这样用滚动条查看左右或上下数据时，冻结前的数据总能看见。

(3) 修改单元格中的数据：要修改单元格中的数据有 3 种方法，一种方法是选中该单元格，就可以在数据编辑栏中修改其中的数据；第二种方法是双击该单元格，然后直接在单元格中进行修改；第三种方法是按 F2 键修改。修改完毕后，按 Enter 键完成修改。要取消修改，按 Esc 键或单击公式栏中的“取消”按钮。

(4) 清除单元格中的数据：清除某个单元格或某个单元格区域内的数据，首先要选中它们，然后用下面的方法清除数据。

1) 按 Delete 键。

2) 单击【编辑】菜单→选[清除]→选[内容]菜单命令。

3) 单击鼠标右键，在调出的快捷菜单中单击[清除内容]菜单命令。

用上面的方法只能删除数据，原来单元格所具有的格式并不发生变化。例如，在 A5 单元格中输入“4-8”，确认输入后，Excel 2003 自动将数据设置成日期格式，显示为“4 月 8 日”，在编辑栏中看到的数据是“2011-4-8”。将 A5 单元格中的数据用 Delete 键删除后,再输入数字“5”,则原有的日期格式没有发生变化,所以会显示为“1月5日”。

如果要连同单元格的格式一起清除,则要单击【编辑】菜单→选[清除]→选[全部]命令。

5) 移动和复制数据:在Excel 2003中可以将单元格从一个位置移动到同一张工作表上的其他地方,也可以移动到另一张工作表或者另一个应用程序中。移动和复制数据有两种方法:使用鼠标拖动和使用“剪贴板”。

A. 使用鼠标拖动移动数据的操作步骤

1) 选定要移动数据的单元格,例如“A1”单元格,移动鼠标指针到边框上。

2) 当鼠标指针变为箭头形状时,按下鼠标左键不放并拖动到适当的位置,例如拖动到“C3”单元格中。若“C3”单元格中已有数据,将调出“是否替换目标单元格”对话框,单击[确定]移动,否则取消移动操作。

3) 松开鼠标左键,此时“A1”单元格中的数据移动到“C3”单元格中。类似地,当鼠标指针变为箭头形状时,同时按下Ctrl键和拖动鼠标,到达目标位置后松开鼠标左键,再松开Ctrl键,则选定的内容连同格式被复制到目标位置。

B. 使用剪贴板移动和复制数据

与Word中相同,选中数据源单元格按Ctrl+X(或C),选中目标单元格Ctrl+V完成移动或复制数据。

☞考点:数据的查找与替换、修改、移动、复制、清除

C. 有选择地复制单元格数据

在Excel 2003中除了能够复制选定的单元格外,还能够用“选择性粘贴”命令,有选择地复制单元格的内容。使用“选择性粘贴”命令的操作步骤如下:

1) 选定要复制单元格数据的单元格区域,单击工具栏中“复制”按钮。

2) 选定粘贴单元格区域。

3) 单击【编辑】菜单→选[选择性粘贴]命令,调出“选择性粘贴”对话框,如图4-11所示。

4) 在“粘贴”栏中选择所要的粘贴方式:①在这个对话框中的“粘贴”栏中,可以设置粘贴内容是全部还是只粘贴公式、数值、格式等,用户可以选择不同的选项观察粘贴的效果。②在“运算”栏中如果选择了“加”、“减”、“乘”、“除”几个单选钮中的一个,则复制的单元格中的公式或数值将会与粘贴单元格中的数值进行相应的运算。③若选中“转置”复选框,则可完成对行、列数据的位置转换。例如,可以把一行数据转换成工作表的一列数据。当粘贴数据改变其位置时,复制单元格区域顶端行的数据出现在粘贴单元格区域左列处;左列数据则出现在粘贴单元格区域的顶端行上。注意粘贴位置不能重叠。

5) 设置各选项后,单击[确定]按钮。

图4-11

需要注意的是,“选择性粘贴”命令只能用于“复制”命令。定义的数值、格式、公式或附注粘贴到当前选定单元格区域的单元格中。剪切不能用[选择性粘贴]命令。

在选择性粘贴时,粘贴单元格区域可以是一个单元格、单元格区域或不相邻的选定单元格区域。若粘贴单元格区域选为一个单元格,则“选择性粘贴”将此单元格用作粘贴单元格区域的左上角,并将复制单元格区域其余部分粘贴到此单元格下方和右方。若粘贴单元格区域是一个单元格区域或不相邻的选定单元格区域,则它必须能包含与复制单元格区域有相同尺寸和形状的一个或多个长方形。

D. 实例

由于物价上涨,超市对原有商品价格调高1.2%。操作步骤如下:

1) 打开物价电子文档。物价表.xls,如图4-12所示;

2) 在商品清单旁空白单元格中E3输入(1+0.012=1.012);

3) 选中此单元格E3,按Ctrl+C,放入剪切板;

4) 选中修改单元格区域,如图4-12所示;

5) 单击【编辑】→选[选择性粘贴]菜单命令,调出“选择性粘贴”对话框;

6) 在“运算”选项中选“乘”,单击[确定]后,得如图4-13所示结果。

操作技巧:利用“选择性粘贴”对话框中的“乘”运算,乘数为“1”,可将数字字符型转换成数值型数据。

E. 在不同工作表间移动和复制数据

1) 用切换工作表的方法,操作步骤如下:①在其中的一张工作表中选中操作数据区,移入或复制到“剪切板”;②单击工作表名,切换到目标工作表,用“粘贴”命令或快捷键完成移动或复制。

A	B	C	D	E
商品销售清单				
商品名	类型	销售价(元)		
宁檬水		3.75		1.012
蓝天牙膏		4.5		
食盐		1.88		
蓝月亮洗涤剂		50		
碧浪洗衣粉		15		
金龙鱼菜籽油		75		
泰国香米		3.75		
东北大米		3		
心相印卫生纸		28.75		
蓝天牙膏		4.5		
食盐		1.88		
蓝月亮洗涤剂		50		
泰国香米		3.75		
宁檬水		3.75		
汽水		2.5		
蓝月亮洗涤剂		50		

图 4-12　单元格区域

A	B	C
商品销售清单		
商品名	类型	销售价(元)
宁檬水		3.795
蓝天牙膏		4.554
食盐		1.90256
蓝月亮洗涤剂		50.6
碧浪洗衣粉		15.18
金龙鱼菜籽油		75.9
泰国香米		3.795
东北大米		3.036
心相印卫生纸		29.095
蓝天牙膏		4.554
食盐		1.90256
蓝月亮洗涤剂		50.6
泰国香米		3.795
宁檬水		3.795
汽水		2.53
蓝月亮洗涤剂		50.6

图 4-13　修改结果

2）用【窗口】菜单中的[新建窗口]命令的方法，操作步骤如下：①单击【窗口】菜单→选[新建窗口]命令；②单击【窗口】菜单→选[重排窗口]命令，调出“重排窗口”对话框；③在“重排窗口”对话框中选“垂直并排”；④在两个窗口中分别单击不同的工作表标签名，显示不同的工作表；⑤选中数据区，拖动或 Ctrl＋拖动鼠标完成移动或复制数据。

7. 工作表编辑

(1) 插入单元格：在已经制作好的工作表中如果需要在某一单元格的位置增加一个数据，就需要在工作表中插入单元格。插入单元格的操作步骤如下：

1）在要插入的单元格位置单击单元格，使其成为活动单元格，例如“D7”单元格；

2）单击【插入】菜单→选[单元格]菜单命令，调出“插入”对话框；

3）在“插入”栏中选择所需要的选项，如选中“活动单元格下移”单选钮；

4）单击[确定]按钮，就会看到单元格“D7”中的内容向下移动到“D8”单元格。

(2) 删除单元格：删除单元格的操作和插入单元格的操作类似。在工作表中，如果要将刚插入的一个单元格 D7 删除，可采用下面的方法：

1）单击要删除的单元格，使其成为活动单元格。例如，选定单元格“D7”；

2）单击【编辑】菜单→选[删除]命令，调出“删除”对话框；

3）在对话框的“删除”栏中选择所需要的选项，如选中“右侧单元格左移”单选钮；

4）单击[确定]按钮，就会看到“E7”单元格的内容向左移动到“D7”单元格。

在“删除”对话框中还有 3 个选项，用户可分别选择不同的选项，观察删除单元格以后的效果。

(3) 插入行和列：对于一个已经输入完数据的表格，如果需要增加列或行数据，就需要插入行或列，在表中插入列的操作步骤如下：

1）选择插入位置(若要插入 n 列，就选中 n 列)；

2）单击【插入】菜单→选 [列]命令。

若是插入列，这时会看到在所选列前插入了新的列。

插入行和插入列的操作方法类似，先选择插入位置，然后单击【插入】菜单→选[行]命令。在进行插入行操作时，是在当前行的上面插入行，当前行向下移。

(4) 删除行和列：删除行和删除列的操作方法一样，其具体步骤如下：

1）选定要删除的行或列的编号；

2）单击【编辑】菜单→选[删除]命令，则选定的行或列被删除。

请注意，当插入行和列时，后面的行和列会自动向下或向右移动；删除行和列时，后面的行和列会自动向上或向左移动。

☞考点：插入行和列

8. 工作表的格式化

(1) 数据格式：在工作表中数字、日期和时间都以纯数字的形式储存，而在单元格中所看到的这些数字具有一定的显示格式。

默认情况下，在键入数值时，Excel 2003 会查看该数值，并将该单元格适当地格式化。例如：当键入＄2000时，Excel 2003 会将该单元格格式化成＄2000；当键入 1/3 时，Excel 2003 会显示 1 月 3 日；当键入 25％时，Excel 2003 会认为是 0.25，并显示 25％。Excel 2003 认为适当的格式，不一定是正确的格式。

A. 使用菜单命令设置数据格式

1）选定设置数据格式的单元格或一个单元格区域。

2）单击【格式】菜单→选[单元格]命令，调出“单元格格式”对话框，如图 4-14 所示。

3）单击“数字”选项卡。

4）选择所需“数字”类型设置格式。

5）单击【确定】按钮完成。

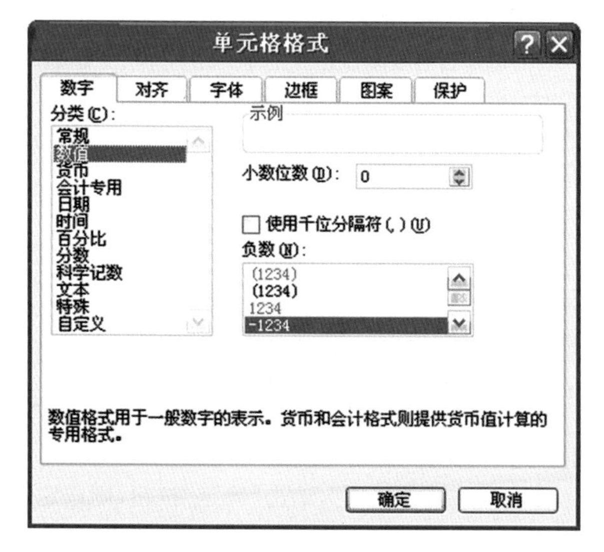

图 4-14　“单元格格式”对话框

B. 使用格式工具设置数据格式

在“格式”工具栏上有 5 个数字格式工具，分别是“货币样式”按钮、“百分比样式”按钮、“千位分隔样式”按钮、“增加小数位数”按钮和“减少小数位数”按钮。其中“货币样式”按钮和“百分比样式”按钮的作用与在“单元格格式”对话框中单击“货币”和“百分比”选项的作用基本相同，后 3 个按钮都是“数值”选项中的设置。

(2) 标题的合并居中：一般情况下，对于表格的标题都是采用居中的方式，在 Excel 2003 中，“居中”命令是指数据在一个单元格中的位置，而标题通常要跨过多个单元格，所以要用[合并及居中]命令。使标题“合并及居中”有两种方法：使用菜单命令和使用格式工具。

A. 使用菜单命令将标题合并居中

使用菜单命令将标题合并居中的操作步骤如下：

1）按照实际表格的最大宽度选定要跨列居中的标题；

2）单击【格式】菜单→选[单元格]命令，调出“单元格格式”对话框。单击“对齐”选项卡；

3）在“水平对齐”下拉列表框中选择“居中”选项；

4）选中“合并单元格”复选框；

5）单击[确定]按钮，就会看到表格的标题已经合并居中了。

B. 使用格式工具栏中的“合并及居中”按钮，可以达到同样的效果，且更简便

☞考点：合并及居中

(3) 设置数据的对齐方式：在 Excel 2003 中，对于单元格中数据的对齐方式，除了提供基本的水平对齐方式和垂直对齐方式外，还提供了任意角度的对齐方式。

A. 水平对齐

水平对齐方式有 8 种，分别是：常规、靠左(缩近)、居中、靠右(缩近)、填充、两端对齐、跨列居中、分散对齐(缩近)。

设置水平对齐的方法有两种：使用菜单命令和使用格式工具。

使用格式工具设置时先选定单元格区域，然后在“格式”工具栏中单击相应的对齐按钮，如“左对齐”按钮、“居中”按钮或“右对齐”按钮。

使用菜单命令设置水平对齐方式的操作步骤如下：

1）选定单元格区域；

2）单击【格式】菜单→选[单元格]命令，调出“单元格格式”对话框，单击“对齐”选项卡，如图 4-15 所示；

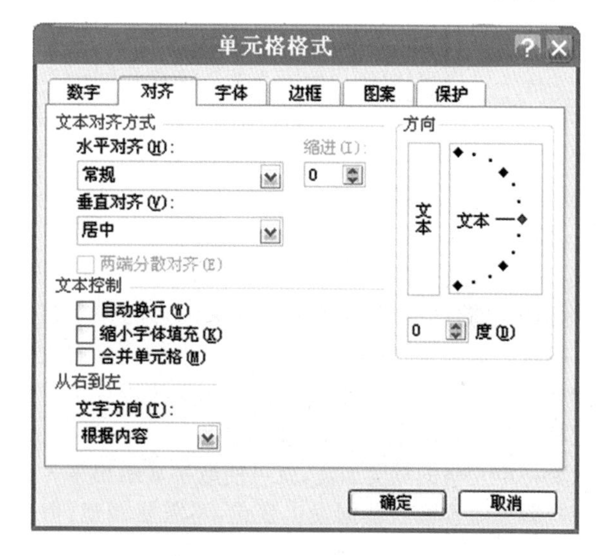

图 4-15　“单元格格式对齐”对话框

3）在“水平对齐”下拉列表框中选择需要的对齐方式；

4）单击[确定]按钮完成数据的水平对齐设置。

B. 垂直对齐

垂直对齐方式有 5 种，分别是：靠上、居中、靠下、两端对齐、分散对齐。设置垂直对齐的操作步骤与水平对齐设置相似。

C. 文字的旋转

在 Excel 2003 中，可以对单元格中的内容进行任意角度的旋转，其操作步骤如下：

1）选定要旋转的文字所在的单元格或单元格区域；

2）单击【格式】菜单→选[单元格]命令，调出“单元格格式”对话框，单击“对齐”选项卡；

3）在“方向”框中拖动红色的按钮到达目标角度。如果要精确设定可以在“方向”数值选择框中输入或选择文字旋转的度数；

4）单击[确定]按钮，即可完成旋转的设置。

☞考点：数据对齐方式

D. 文字的自动换行

一般情况下，在一个单元格中输入文字时，无论输入的数量多少，均是按一行排列的。如果相邻的单元格内有数据，那么在前一个单元格内输入较多内容时，则其中的部分显示内容将临时覆盖后一个单元格里的内容。如果在一行中允许自动换行显示内容，就可以解决这个问题。

Excel 2003 允许设置自动换行，其操作步骤如下：

1）选定要进行自动换行的单元格或单元格区域；

2）单击【格式】菜单→选[单元格]命令，调出“单元格格式”对话框，单击“对齐”选项卡；

3）选中“自动换行”复选框；

4）单击[确定]按钮，即可完成自动换行的设置。

操作技巧：有时用户所输入的数据放在同一个单元格内，为了使上下两行能够对齐，Excel 2003 允许执行“强迫换行”，其方法是先双击要换行的单元格，将鼠标指针移至需要换行的位置，然后按下 Alt＋Enter 组合键。

(5) 改变行高和列宽：在 Excel 2003 中，默认的单元格宽度是“8.38”字符宽。如果输入的文字超过了默认的宽度，则单元格中的内容就会溢出到右边的单元格内。或者单元格的宽度太小，无法以规定的格式将数字显示出来时，单元格会用“#”号填满，此时只要将单元格的宽度加宽，就可使数字显示出来。行高一般会随着输入数据发生变化，不需要调整，但有些时候，如将文字倾斜了以后就需要调整行高。

改变选定单元格区域的行高和列宽有两种方法：使用菜单命令和使用鼠标。

A. 使用菜单命令改变行高和列宽

使用菜单命令改变行高和列宽的操作步骤如下：

1）选定要改变行高（列宽）的单元格区域；

2）单击【格式】菜单→选“行（列）”→选“行高（列宽）”命令，调出“行高（列宽）”对话框，在“行高（列宽）”文本框中输入需要的数值。

B. 使用鼠标改变行高和列宽

1）鼠标指向要改变的列号（行号）边界线光标变成✛（✛）时，拖动鼠标改变列宽。

2）鼠标指向要改变的列边界线光标变成✛时，双击鼠标改变列宽，是最合适的列宽。

☞考点：自动换行、行高和列宽

(6) 使用“格式刷”和自动套用格式

A. 使用“格式刷”

复制一个单元格或单元格区域的格式是经常使用的操作之一。例如，我们已经建立并设置了一张工作表，如果在其他工作表中的单元格也要使用相同的格式，就可以使用复制格式操作，其操作步骤如下：

1）选定含有要复制格式的单元格或单元格区域；

2）单击“常用”工具栏中的“格式刷”按钮；

3）选定要设置新格式的单元格或单元格区域，即完成了格式的复制。

B. 自动套用格式

Excel 2003 内带有一些很精美的表格格式，可将用户制作的报表格式化，这就是表格的自动套用。使用自动套用格式的步骤如下：

1）选定要格式化的单元格区域；

2）单击【格式】菜单→选[自动套用格式]命令，调出“自动套用格式”对话框；

3）选择“表格格式”，单击[确定]按钮，则选定的单元格区域以选定的格式对表格进行格式化。

自动格式化时，单击“自动套用格式”对话框中的[选项]按钮，调出“格式化”选项对话框，如图 4-16 所示。格式化的项目包含数字、边框、字体、图案、对齐以及列宽/行高。在使用中可以根据实际情况选用其中的某些项目，而没有必要每一项都进行格式化。在“自动套用格式”对话框中，单击“选项”按钮，则出现 6 种“应用格式种类”。若不选某复选框，则在套用表格格式时就不会使用该项。例如，若清除“列宽/行高”复选框，则在套用表格格式时，就可以调整列宽和行高。

(7) 条件格式：根据条件确定显示格式，一次可以设 3 个条件。

例如，将学生成绩表中总评成绩栏的数据按：＜60用红色显示，≥60 且≤70 用蓝色显示，≥90 且≤100 用绿色显示。操作步骤如下：

1）打开“成绩单总评计算结果 . xls”工作簿；

2）选中总评成绩：i3：i30；

3）单击【格式】菜单→选[条件格式]命令，调出“条件格式”对话框，单击[添加]按钮，输入条件和格式如图 4-17 所示；

4）单击[确定]按钮完成格式设置，效果如图4-18 所示。

(8) 设置单元格的边框：给表格加上边框线，以便打印输出时有表格线，可进行下面的设置：

A. 使用菜单命令为表格加上边框线

使用菜单命令为表格加上边框线的操作步骤如下：

1）选定要加上框线的单元格区域；

2）单击【格式】菜单→选[单元格]命令，调出“单元格格式”对话框，单击“边框”选项卡，如图 4-19 所示；

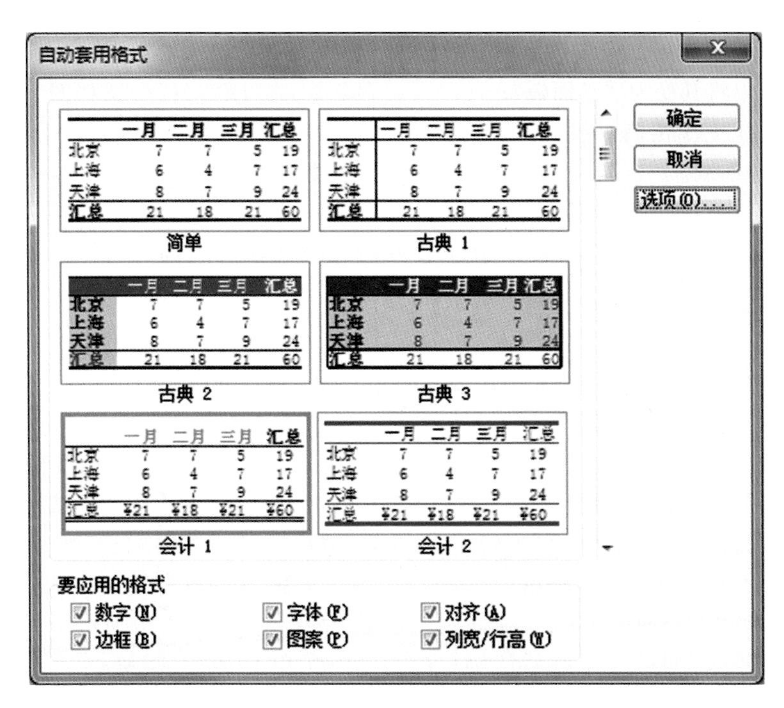

图 4-16　“自动套用格式”对话框

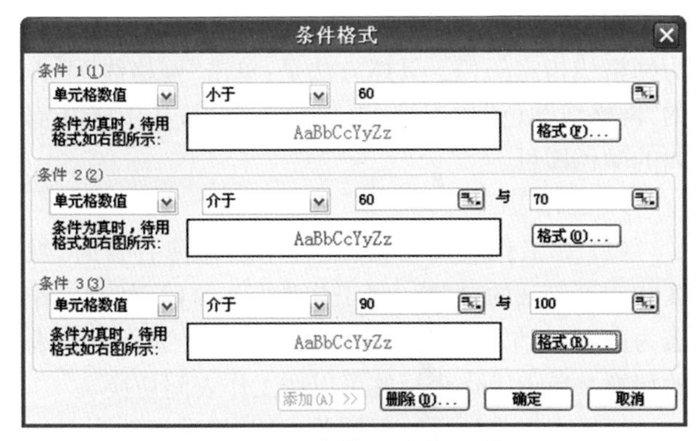

图 4-17　“条件格式”对话框

A	B	C	D	E	F	G	H	I
某医药高等专科学校计算机成绩报告单								
序	班级	学号	姓名	性别	平时	半期	期末	总评
1	10级高职护理1班	2010004002	吕娅玲	女	62	70	75	73
2	10级高职护理1班	2010004003	刘盼	女	73	76	76	76
3	10级高职护理1班	2010004004	陶茜	女	78	68	82	79
4	10级高职护理1班	2010004005	雷莉	女	87	81	90	88
5	10级高职护理1班	2010004006	李红	女	73	68	84	80
6	10级高职护理1班	2010004007	邓义红	女	73	75	82	80
7	10级高职护理1班	2010004008	龙娟	女	47	60	70	66
8	10级高职护理1班	2010004009	黄露	女	27	54	30	35
9	10级高职护理1班	2010004010	曹瀚文	男	78	67	82	79
10	10级高职护理1班	2010004011	胡登丽	女	69	73	74	73
11	10级高职护理1班	2010004012	罗燕	女	42	50	65	60
12	10级高职护理1班	2010004013	罗华	女	67	65	75	72
13	10级高职护理1班	2010004014	宾雪	女	62	78	70	71
14	10级高职护理1班	2010004015	何计韬	女	22	50	40	40
15	10级高职护理1班	2010004016	王芳	女	16	45	35	35
16	10级高职护理1班	2010004017	祝凡	女	80	89	90	89
17	10级高职护理1班	2010004018	罗宁	女	40	63	65	62
18	10级高职护理1班	2010004019	罗凤	女	56	67	75	72
19	10级高职护理1班	2010004020	向樱	女	47	56	74	68
20	10级高职护理1班	2010004021	薛靖	女	84	86	95	92
21	10级高职护理1班	2010004022	汪友美	女	16	30	25	25
22	10级高职护理1班	2010004023	廖咏梅	女	87	68	97	90
23	10级高职护理1班	2010004024	姜巧	女	69	81	78	78
24	10级高职护理1班	2010004025	薛德莲	女	76	63	85	80
25	10级高职护理1班	2010004026	陈城	女	36	46	60	55
26	10级高职护理1班	2010004027	辛雪	女	56	63	78	73
27	10级高职护理1班	2010004028	颜雪娇	女	84	78	94	90
28	10级高职护理1班	2010004029	罗影	女	42	65	75	70

图 4-18　“条件格式”效果

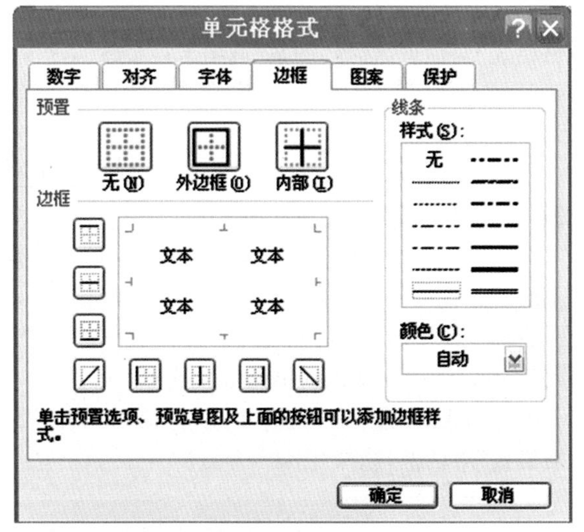

图 4-19　“单元格格式边框”对话框

3）在“线条”样式中指定外边框的线型；

4）在“颜色”下拉列表框中指定外边框的颜色；

5）单击“外边框”按钮；

6）在“线条”样式中指定表格线的线型；

7）在“颜色”列表框中指定表格线的颜色；

8）单击“内部”按钮；

9）单击[确定]按钮，为表格加上外边框线和表格线。

B. 使用格式工具为表格加上边框线

使用格式工具栏为表格加上边框线的操作步骤如下：

1）边框线列表框选定要加上边框线的单元格区域；

2）在“格式”工具栏中单击“边框”按钮右边的向下按钮，出现一个边框线列表框，（拖曳该面板上鼠标所指示位置的虚线，可以将其变为浮动面板）；

3）在需要的边框线上单击，就可以看到选定的单元格采用了指定的边框线。

☞考点：单元格的边框

（9）设置单元格颜色：默认情况下，单元格既无颜色也无图案，用户可以根据需要为单元格设置不同的颜色和底纹。

A. 用格式工具填充颜色

利用“格式”工具栏上的“填充颜色”按钮可改变所选定的单元格区域的颜色，其操作步骤如下：

1）选定要改变颜色的单元格或单元格区域；

2）在“格式”工具栏中单击“填充颜色”按钮右边的向下按钮，调出 “填充颜色”色板设置颜色。

B. 用菜单命令填充单元格颜色

“单元格格式”（图案）对话框

用菜单命令填充单元格颜色的操作步骤如下：

1）选定要改变颜色的单元格区域；

2）单击【格式】菜单→选［单元格］命令，调出“单元格格式”对话框，选择“图案”选项卡；

3）在该对话框色板中选择所需要的颜色，就可以为单元格填充颜色。

如果要取消已经填充的颜色，可单击 “无颜色”按钮，就可以恢复无填充色状态。

（10）设置单元格的图案：除了可以为单元格填充不同的颜色以外，还可以填充各种不同的图案。为单元格填充图案的具体步骤如下：

1）选定要改变颜色的单元格区域；

2）单击【格式】菜单→选［单元格］命令，调出“单元格格式”对话框，选择“图案”选项卡；

3）在“单元格底纹”栏中选择图案的底色；

4）单击“图案”下拉列表框，就可调出图案和颜色面板，在“图案”栏中选择图案的样式，在“颜色”栏中选择图案的颜色。“图案”下拉列表框的右侧是所选图案的预览；

5）单击［确定］按钮，就可以为单元格填充选定颜色的图案。

☞考点：单元格的颜色及图案填充

（11）设置显示视图

A. 取消网格线

工作表处于编辑状态时可以看见淡灰色的网格线，取消网格线的操作步骤如下：

1）单击【工具】菜单→选［选项］命令，调出“选项”对话框，单击“视图”选项卡；

2）在“窗口选项”栏中，单击“网格线”复选框，取消该项选取，如图 4-20 所示；

3）单击［确定］按钮；

这时可以看到网格线消失了。

B. 改变网格线的颜色

调出“选项”对话框后，在“视图”选项卡中还可以为网格线指定颜色。具体方法是：单击“网格线”下方的“网格线颜色”列表框，出现颜色样板，从中选择需要的颜色即可。

9. 工作表的基本操作

（1）在工作表间切换：在一个工作簿打开时，默认状态下打开的是第一张工作表“Sheet1”，当前工作表为白底，如果要使用其他工作表，就要进行工作表的切换。单击工作表标签可以在工作表间切换

切换工作表的方法很简单，只要将鼠标移到要设置为当前工作表的名称上，单击鼠标左键，即可完成切换工作。

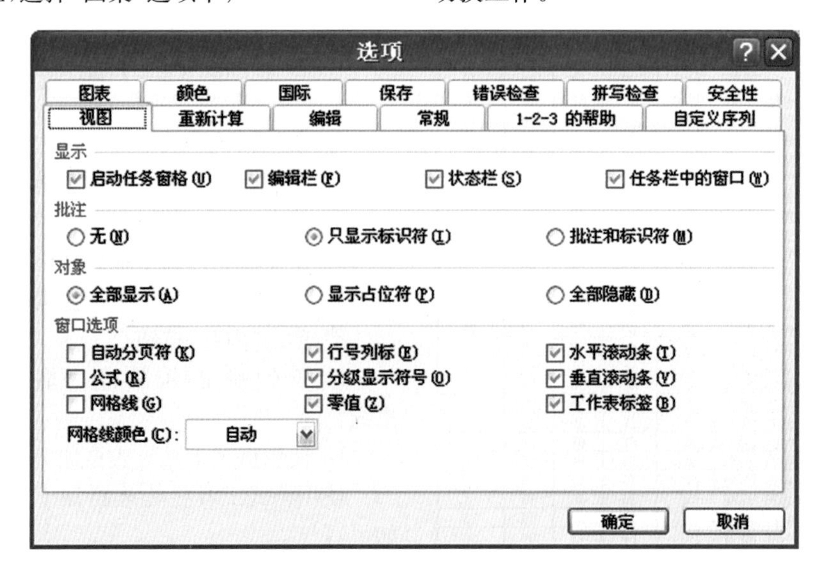

图 4-20 “选项视图”对话框

当一个工作簿中的工作表比较多时，可将鼠标指针指向工作表分隔条，当光标变为形状时，拖动鼠标即可改变分隔条的位置，以便显示更多的工作表标签。

链 接

除了使用这种单击工作表标签的方法外，还有以下几种切换工作表的方法。

（1）按 Ctrl＋PageUp 组合键，可以切换到当前工作表的上一张工作表。

（2）按 Ctrl＋PageDown 组合键，可以切换到当前工作表的下一张工作表。

（3）在工作表标签左侧有4个滚动按钮，单击它们分别可以切换到下一张工作表、上一张工作表、最后一张工作表和第一张工作表。

（2）改变工作表的默认个数：如果要在每次创建一个新的工作簿时都有6张工作表（Excel 2003默认有3张工作表），可用下面的方法进行操作。

1）单击【工具】菜单→选[选项]命令调出“选项”对话框，单击“常规”选项卡；

2）在“新工作簿内的工作表数”文本框中输入或选择工作表数，本例中设置工作表数为“6”，工作表数最小为1，最大极限为255；

3）单击[确定]按钮即可。

进行了修改以后，这时如果再建立新的工作簿，则新工作簿中的工作表个数就是6个。

（3）为工作表命名：在Excel 2003中，建立了一个新的工作簿后，所有的工作表都以“Sheet1，Sheet2…”来命名，改变工作表名称的操作步骤如下：

1）用鼠标左键双击要重新命名的工作表标签，或选定要重新命名的工作表标签，再单击【格式】菜单→选[工作表]→选[重命名]命令；

2）这时此工作表标签反白显示。在反白显示的工作表标签中输入新的名字；

3）按Enter键，新的名字出现在工作表标签中，代替了旧的名字。

（4）插入工作表：当工作簿默认的三张工作表不够用时，可插入新工作表，操作步骤如下：

1）单击工作表名，确定新工作表的插入位置；

2）右击工作表名，在快捷菜单中选[插入]再选“工作表”或单击【编辑】菜单→选[工作表]命令。完成在所选工作表前插入新工作表，并为当前活动工作表。

如果要插入多张工作表，可以在完成了一次插入工作表的操作以后，按下F4键（重复操作）来插入多张工作表。

（5）删除工作表

1）单击工作表名选中要删除的工作表；

2）右击工作表名，在快捷菜单中选[删除]或单击【编辑】菜单→选[删除工作表]命令。

（6）移动和复制工作表

A. 在工作簿中移动和复制工作表

1）移动工作表，在工作簿中调整工作表的次序，其操作步骤如下：①选定要移动的工作表标签；②沿着标签行拖曳选定的工作表到达新的位置；③松开鼠标左键即可将工作表移动到新的位置。

注意：在拖曳过程中的鼠标指针为形状，并且屏幕上出现了一个黑色三角形，用来指示工作表将要插入的位置。

2）复制工作表。如果在拖曳工作表名时按下Ctrl键，则会复制工作表，该工作表的名字以“源工作表的名字”加“（2）”命名。使用该方法相当于插入一个含有数据的新表。

B. 将工作表移动或复制到另外一个工作簿

将工作表移动到另外一个工作簿的操作步骤如下：①在源工作簿中选定要移动的工作表标签；②单击【编辑】菜单→选[移动或复制工作表]命令，调出“移动或复制工作表”对话框；③在“工作簿”列表框中选择将选定工作表移至的目标工作簿。在“下列选定工作表之前”列表中选择将选定工作表移至那张工作表之前，不选“建立副本”为移动工作表，选了“建立副本”为复制工作表。④单击[确定]按钮。

如果在移至的目标工作簿中含有相同的工作表名，则移动过去的工作表的名字会改变。

☞考点：工作表的改名、移动、复制和插入

10. 工作簿的保存与退出　上面所做的一切操作，如数据的输入及格式化等，在未保存之前，都保存在内存之中，停电或关机后，就会消失。所以在结束工作之前必须要保存工作簿。

保存工作簿的步骤如下：

（1）单击“工具”栏中保存按钮或单击【文件】菜单→选[保存]命令，若是第一次保存，将调出“另存为”对话框，如图4-21所示。

注：若要保存修改后的工作簿，单击工具栏中的[保存]按钮，不会弹出“另存为”对话框；若要将编辑过的文件保存为另一文件，则应在【文件】菜单中选[另存为]命令，重新命名。

（2）工作簿文件命名。默认文件名为Book1.xls，在“文件名”文本框中输入文件名，在“保存类型”下拉列表框中选择保存的类型，在“保存位置”处，下拉列表框中选择外存储器上的文件夹，单击[保存]按钮完成。

（3）关闭工作簿。当工作簿保存好后，就可用【文件】菜单中的[关闭]命令将其关闭，以便创建新的工作簿文件。

图 4-21 “另存为”对话框

(4) 退出 Excel 2003。与退出 Word 2003 操作一样:按 Alt+F4 或单击【文件】菜单→选[退出]命令或单击窗口右上角“关闭”按钮,将 Excel 2003 程序退出内存。

注:若在执行[关闭]或[退出]命令时,修改后的文件还没存盘时,会弹出“是否保存”工作簿的对话框,可保存。

11. Excel 2003 工作簿的打开 对已经保存在外存的 Excel 工作表(工作簿),要对它进行编辑修改,必须要先打开。

(1) 启动 Excel 应用程序:用“工具栏”中打开按钮或【文件】菜单中的[打开]命令。在调出的对话框中“查找范围”下拉表框中找到存放文件的文件夹,双击文件名打开其文件。

(2) 在“资源管理器”中找到要打开的文件,双击文件名启动 Excel 随之打开工作表。

☞考点:电子表格的保存、退出及打开

操作技巧:若要在同一工作簿中实现 2 张不同工作表出现在窗口中,单击【窗口】菜单 →选[新建窗口] →选[全部重排] →选在不同窗口中单击表标签名切换显示工作表就能实现。

链 接

若要想打开多个 Excel 工作表,可以同时选中多个文件,单击[打开]按钮。若要想将打开的文件在 Excel 中同时出现在屏幕窗口中,单击【窗口】菜单→选[全部重排]就能实现。

4.2.3 实 施 方 案

要实现小小超市店主的愿望,可分以下阶段实施:

(1) 创建一个 Excel 工作簿;按实际需要设计 3 个数据表,将 3 张工作表名分别重命名为“价格表”、“营业员操作表”、“毛利润结算表”;

(2) 设计好“价格表”、“营业员操作表”及“毛利润结算表”项目结构;

(3) 输入经营商品的价格数据,保存工作簿,文件名取为“超市经营表 . xls”,确定保存位置;

(4) 设计好“营业员操作表”、“毛利润结算表”中的算法和策略;

(5) 设计数据透视图,动态获取经营分析信息;

(6) 具有为每位顾客打印购物清单功能。

现在可以完成(1)、(2)、(3)阶段任务。

操作步骤如下:

(1) 启动 Excel 2003 创建工作簿 Book1. xls;

(2) 双击标签栏中的“Sheet1”,将其改名为“价格表”,同样的,分别将“Sheet2”、“Sheet3”改名为“营业员操作表”、“毛利润结算表”;

(3) 将“价格表”变为当前工作表;

(4) 在单元格 A1 中输入大标题“彩虹小小超市价格表”;

(5) 在 A1:B2 中输入当前日期;D2:E2 中输入当前时间;

(6) 在 A3:E3 中分别输入数据清单的项目名称:商品号、商品名、进价(元)、销售价(元)、商品类型;

(7) 按表格内容输入数据;

(8) 合并居中 A1:E1 单元格区域,字号 16,宋体加粗,单元格区域底色为“梅红”;

(9) 清单的项目名称单元格区域底色为“黄色”;

(10) 表格清单所有单元格居中对齐,外框为蓝色粗框,内框为黑色单实线,最后结果如图 4-22 所示;

注意:数据是虚构的,与实际价格无关,特此声明。

Microsoft Excel - 超市经营表效果1.xls

	A	B	C	D	E
1	彩虹小小超市价格表				
2	当前日期:	2011-4-17		当前时间:	8:36
3	商品号	商品名	进价(元)	销售价(元)	商品类型
4	13	碧浪洗衣粉	6	15	生活用品
5	8	东北大米	1.2	3	食品
6	1	海带	1	2.5	食品
7	11	汉中大米	1.2	3	食品
8	12	金龙鱼菜籽油	45	67.5	食品
9	2	康师傅方便面	1.5	3.75	食品
10	14	可乐	2	5	饮料
11	3	蓝天牙膏	1.8	4.5	生活用品
12	4	蓝月亮洗涤剂	25	37.5	生活用品
13	5	宁檬汽水	1.5	3.75	饮料
14	6	汽水	1	2.5	饮料
15	7	食盐	0.75	1.88	食品
16	10	泰国香米	1.5	3.75	食品
17	9	心相印卫生纸	11.5	17.25	生活用品
18					

图 4-22 “价格表”结构与数据

(11) 将“营业员操作表”的项目结构设计成如图 4-23 所示;

(12) 将“毛利润结算表”的项目结构设计成如图 4-24 所示;

(13) 单击工具栏中的保存按钮,文件名取为“超市经营表 . xls”保存到外存。

4.3 Excel 2003 数据的统计与分析

4.3.1 任 务

完成“营业员操作表”、“毛利润结算表”工作表数据输入设计,尽量让营业员少输数据,比如只输入商品号和销售量,就能得到“商品名”、“商品类型”、“销售价”及计算出“销售金额”等相关数据;在“毛利润结算表”中计算出毛利润;从“毛利润结算表”中动态分析出不同日期各类商品销售毛利润。怎样才能实现这些要求呢? 如图 4-25 所示。

4.3.2 相关知识与技能

Excel 具有非常强大的计算功能,有丰富的内部函数可供调用,计算相当灵活而又十分简单。若对多条相邻记录数据实施同样的计算时,可只对一条记录用公式计算,再用“填充柄”复制公式计算出其他对象记录的结果。数据处理是它的重要特色之一。

1. 计算公式

(1) 运算符

1) 算术运算符。用于完成一些基本的数学运算,包括+(加)、-(减)、*(乘)、/(除)、%(百分比)和^(乘方)。

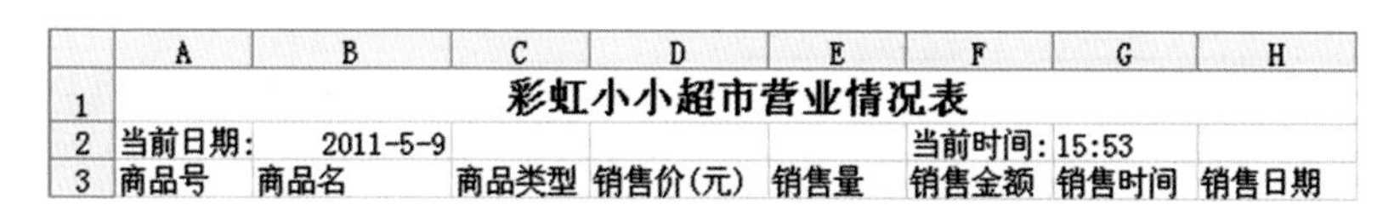

	A	B	C	D	E	F	G	H
1	彩虹小小超市营业情况表							
2	当前日期:	2011-5-9				当前时间:	15:53	
3	商品号	商品名	商品类型	销售价(元)	销售量	销售金额	销售时间	销售日期

图 4-23 “营业员操作表”的项目结构

	A	B	C	D	E	F	G	H	I
1	彩虹小小超市毛利润表								
2	当前日期:	2011-5-9				当前时间:	15:53		
3	商品名	商品类型	进价(元)	销售价(元)	销售量	销售金额	毛利润	销售时间	销售日期

图 4-24 “毛利润结算表”的项目结构

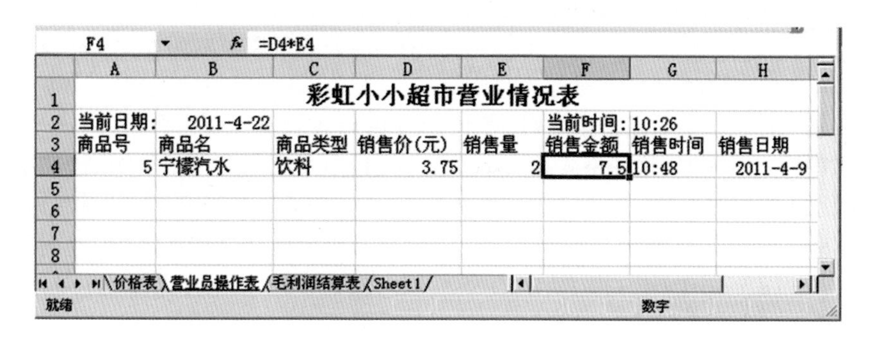

F4 =D4*E4

	A	B	C	D	E	F	G	H
1	彩虹小小超市营业情况表							
2	当前日期:	2011-4-22				当前时间:	10:26	
3	商品号	商品名	商品类型	销售价(元)	销售量	销售金额	销售时间	销售日期
4	5	宁檬汽水	饮料	3.75	2	7.5	10:48	2011-4-9
5								
6								
7								
8								

图 4-25 目标样本

2）比较运算符。按照系统内部的设置比较两个数值，并返回逻辑值“TRUE”或“FALSE”。比较运算符包括＝(等于)、＞(大于)、＜(小于)、＞＝(大于等于)、＜＝(小于等于)和“＜＞”(不等于)。

3）文本运算符。文本运算符只有一个，就是“&”，也叫做“连字符”。它将两个或多个文本链接为一个文本。

(2) 运算对象：公式中的运算对象：常数、单元地址、函数。

(3) 运算顺序：如果公式中同时用到多个运算符，Excel 将按下表所示的从上到下顺序进行运算。如果公式中包含相同优先级的运算符，例如，公式中同时包含乘法和除法运算符，则 Excel 将从左到右进行计算。运算符的说明如表 4-1 所示。

表 4-1　运算符意义说明

运算符	说明
：(冒号)	单元格区域中的连接符
(单个空格)	两单元格区域交叉引用符
，(逗号)	选择引用运算符
－	负号(例如 －1)
%	百分比
^	乘幂
* 和 /	乘和除
＋ 和 －	加和减
&	连接两个文本字符串(连接)
＝＜＞＜＝＞＝＜＞	比较运算符

要改变运算顺序用圆括弧(　)。

(4) 输入公式：当单元格中的数据以等号“＝”开头时，Excel 认为后面的数据是要开始进行计算，所以所有的公式都是以等号开头。当直接插入函数时会自动添加“＝”。

2. 公式中单元格或单元格区域的引用　单元格或单元格区域的引用有绝对引用、相对引用和混合引用之分。

(1) 单元格的相对引用：Excel 提供的相对引用功能，可减少烦琐的公式输入工作。

在公式中引用单元格地址时可以用鼠标直接点击单元格，不必手工输入地址。例如点击第 3 列、第 4 行单元格，就在公式中输入了“C4”，这种格式在 Excel 中被称为相对引用。C4 为相对地址。

下面来看一下相对引用在复制公式时的特点。现在 A4 中的公式是“＝C4＋D4＋E4”，将 A4 中的公式复制到单元格 A5 中，则公式变成“＝C5＋D5＋E5”；复制到 F5 单元格时，公式变成“＝H5＋I5＋J5”，可以看到在复制的过程中公式中单元格的地址自动发生了变化。

在公式中引用了相对地址，就是相对引用，在复制这个公式时，在不同单元格处粘贴，公式中相对地址将会相应自动变化，计算结果也就不同了。

注意：复制单元格时，遇到单元格中内容是输入的原始数据，则原样复制，若是公式，则复制的是算法而不是结果。

操作技巧：利用相对引用的特点，可减少烦琐的公式输入工作。当在一个数据表中，有多条记录，对每条记录要做统计运算时，只需对第一条记录作运算，然后选中公式单元格，鼠标指向填充柄，拖动鼠标到最后一条记录或双击填充柄(无空记录)完成。若复制目标单元格不相邻，利用复制与粘贴完成公式复制。

如按学生平时成绩占 10%，半期成绩占 20%，期末成绩占 70%，计算总评成绩。只需在第一个同学的总评单元格 I3 处输入公式“＝F3*0.1＋G3*0.2＋0.7*H3”回车，计算出总评成绩，然后选中 I3，拖曳填充柄到最后一位学生的总评单元格 I28 处，就能计算出所有学生的总评成绩，结果如图 4-26 所示。

(2) 单元格的绝对引用：在单元格的引用过程中，有时不希望相对引用，而是希望公式复制到别的单元格时，公式中的单元格地址不随活动单元格发生变化而改变，这时就要用到绝对引用。在 Excel 中的行号和列号前加“$”表示绝对引用。这样的地址称为绝对地址。

例如，在 B1 单元格中输入公式“＝$A$1＋$A$2”，当把 B1 中的公式复制到 B2 中时，公式并没有发生变化，将其复制到 D3 单元格时，也没有发生变化。

(3) 单元格的混合引用：混合引用是指在公式中用到单元格地址时，参数中采用行相对而列绝对引用，如 $A2；或正好相反，采用列相对而行绝对引用，如 A$2。

当含有混合地址的公式被复制到别的地方引起行、列地址变化时，公式中引用单元格的相对地址部分将随公式放入位置改变而发生变化，绝对地址部分则不随公式位置改变而发生变化。

如将 C1 单元格中公式“＝A$1＋$B1”复制到 C3 单元格中公式变为“＝A$1＋$B3”，复制到 D2 单元格中公式变为“＝B$1＋$B2”，如图 4-27 所示。

操作技巧：在引用单元格地址时，Excel 默认为单元格相对地址，要在相对引用、绝对引用、混合引用之间切换，在编辑栏中将光标置于要改变的单元格地址处重复按 F4 切换。

(4) 单元格区域的引用：在输入公式计算时，常常引用函数，在函数参数中大量引用了单元格区域。

I3　=F3*0.1+G3*0.2+0.7*H3

	A	B	C	D	E	F	G	H	I
1	某医药高等专科学校计算机成绩报告单								
2	序	班级	学号	姓名	性别	平时	半期	期末	总评
3	1	10级高职护理1班	2010004002	吕娅玲	女	62	70	75	72.7
4	2	10级高职护理1班	2010004003	刘盼	女	73	76	76	75.7
5	3	10级高职护理1班	2010004004	陶茜	女	78	68	82	78.8
6	4	10级高职护理1班	2010004005	雷莉	女	87	81	90	87.9
7	5	10级高职护理1班	2010004006	李红	女	73	68	84	79.7
8	6	10级高职护理1班	2010004007	邓义红	女	73	75	82	79.7
9	7	10级高职护理1班	2010004008	龙娟	女	47	60	70	65.7
10	8	10级高职护理1班	2010004009	黄露	女	27	54	30	34.5
11	9	10级高职护理1班	2010004010	曹瀚文	男	78	67	82	78.6
12	10	10级高职护理1班	2010004011	胡登丽	女	69	73	74	73.3
13	11	10级高职护理1班	2010004012	罗燕	女	42	50	65	59.7
14	12	10级高职护理1班	2010004013	罗华	女	67	65	75	72.2
15	13	10级高职护理1班	2010004014	宾雪	女	62	78	70	70.8
16	14	10级高职护理1班	2010004015	何计韬	女	22	50	40	40.2
17	15	10级高职护理1班	2010004016	王芳	女	16	45	35	35.1
18	16	10级高职护理1班	2010004017	祝凡	女	80	89	90	88.8
19	17	10级高职护理1班	2010004018	罗宁	女	40	63	65	62.1
20	18	10级高职护理1班	2010004019	罗凤	女	56	67	75	71.5
21	19	10级高职护理1班	2010004020	向樱	女	47	56	74	67.7
22	20	10级高职护理1班	2010004021	薛靖	女	84	86	95	92.1
23	21	10级高职护理1班	2010004022	汪友美	女	16	30	25	25.1
24	22	10级高职护理1班	2010004023	廖咏梅	女	87	68	97	90.2
25	23	10级高职护理1班	2010004024	姜巧	女	69	81	78	77.7
26	24	10级高职护理1班	2010004025	薛德莲	女	76	63	85	79.7
27	25	10级高职护理1班	2010004026	陈城	女	36	46	60	54.8
28	26	10级高职护理1班	2010004027	辛雪	女	56	63	78	72.8
29	27	10级高职护理1班	2010004028	颜雪娇	女	84	78	94	89.8
30	28	10级高职护理1班	2010004029	罗影	女	42	65	75	69.7

图 4-26　“总评”计算结果

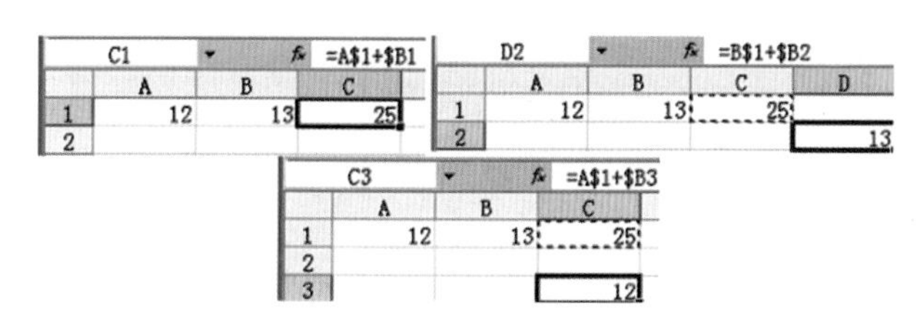

图 4-27　公式复制

C3　=B3/$B$7

	A	B	C
1	某企业员工年龄情况表		
2	年龄	人数	所占比例
3	30以下	25	0.247525
4	30至40	43	
5	40至50	21	
6	50以上	12	
7	总计	101	

C6　=B6/$B$7

	A	B	C
1	某企业员工年龄情况表		
2	年龄	人数	所占比例
3	30以下	25	25%
4	30至40	43	43%
5	40至50	21	21%
6	50以上	12	12%
7	总计	101	

图 4-28　职工年龄比例

单元格区域也有相对区域和绝对区域之分。相对区域的起始单元地址与结束地址均用相对地址表示，如 A1：C3。绝对区域的起始单元地址与结束地址均用绝对地址表示，如＄A41：＄C＄3。

名称引用：如果引用单元格区域较为复杂（由多块单元格区域组成），可以先把引用范围选中，然后在名称框处命名（中文名或英文名），以后要引用这块复杂单元格区域时，可以直接输入区域名称来引用这块区域。名称引用是绝对引用。

☞考点：相对引用与绝对引用

（5）单元格引用的综合应用：计算某企业员工各年龄段“人数”与“总计”所占比例，公式为“＝人数/总计”，用百分比显示。数据如图 4-28 左图所示。

计算步骤如下：

1）在 C3 单元格中输入公式为＝B3/＄B＄7，回车；

2）单击 C3 使其成为活动单元格，鼠标指向 C3 单元格右下角“填充柄”变形为“＋”时，拖动鼠标到 C6 得到各年龄段人数所占比例；

3）选中 C3：C6，在常用“格式”栏中单击“%”按钮，结果如图 4-28 右图所示。

在复制公式时，希望公式中引用的单元格区域随公式复制的位置不同而发生改变时，请用相对引用；当希望引用的单元格区域随公式复制的位置不同而不发生改变时，请用绝对引用。

（6）三维引用：Excel 2003 的所有工作都是以工作簿展开的，比如“超市经营表.xls”的数据就是分别放在 3 张工作表中，营业员输入顾客所购商品时，计算顾客所应付金额，要引用另一工作表“价格表”中价格数据，这也就引出了三维引用这一新概念。

所谓三维引用，是指在一个工作簿中从不同的工作表引用单元格。三维引用的一般格式为：“工作表名！单元格地址”，工作表名后的“！”是系统自动加上的。例如，在“Sheet2”工作表的单元格“B2”中输入公式“＝Sheet1！A1＋A2”，则表明要引用工作表“Sheet1”中的单元格“A1”和工作表“Sheet2”中的单元格“A2”相加，结果放到工作表“Sheet2”中的“B2”单元格。

利用三维地址引用，可一次性将一个工作簿中指定的多工作表的特定单元格进行汇总。

考点：三维引用

链 接

引用其他工作簿中的单元格

用户还可以引用其他工作簿中的单元格，例如，在单元格“D5”中引用在目录“c:\my documents\”下的文件“xu.xls”中的“Sheet1”的“C4”单元格，则引用公式为

='c:\ my documents \[xu. xls]Sheet1'! C4

若引用的工作簿已打开，则可以简单地输入文件名，而不必带全路径名。但在文件关闭时，必须给出全路径名。

如果创建公式后，引用的工作簿名改变，则公式应相应改变。例如，上面的文件改名为“mm. xls”，则相应引用的公式变为

='c:\ my documents \[mm. . xls]Sheet1'! $C$4

3. 函数的应用

(1) 输入函数：函数是预先编写的公式，可以对一个或多个参数执行运算，并返回一个值。函数可以简化和缩短工作表中的公式，尤其在用公式执行很长或复杂的计算时。对于一些烦琐的公式，如经常用到的连续求和公式以及日常生活中用到的求平均值、求最大值、最小值等，Excel 2003 已将它们转换成了函数，使公式的输入量减到最少，从而降低了输入的错误概率。Excel 2003 为我们提供了大量丰富而实用的函数，就像百宝箱一样。

A. 直接输入函数

直接输入函数的方法同在单元格中输入一个公式的方法一样，下面以在单元格“C3”中输入一个函数“=SUM(B2:B6)”为例，介绍其操作步骤：

1) 选定要输入函数的单元格，例如“C3”单元格；

2) 在编辑栏中输入一个等号“=”；

3) 输入函数本身，例如“SUM(B2:B6)”；

4) 按 Enter 键或者单击“编辑栏”上的[确认]按钮，完成从 B2 到 B6 的 5 个单元格的求和。SUM(B2:B6)=B2+B3+B4+B5+B6。

直接输入函数，适用于一些参数较少的函数，或者一些简单的函数。对于参数较多或者比较复杂的函数，建议使用插入函数来输入。

B. 使用插入函数

在空单元格中直接插入函数时，系统会自动添加“=”。使用插入函数的操作步骤如下：

1) 选定要输入函数的单元格，例如选定单元格“G4”；

2) 单击【插入】菜单→选[函数]命令(或单击编辑栏中的“插入函数”fx 按钮)，调出“插入函数”对话框；

3) 从“或选择类别”下拉列表框中选择要输入的函数分类，例如“常用函数”；

4) 从“选择函数”列表中选择所需要的函数。例如，选择求和函数“SUM”，如图 4-29 所示；

图 4-29 “插入函数”对话框

5) 单击[确定]按钮，系统显示对话框，如图 4-30 所示，要求输入相关参数。

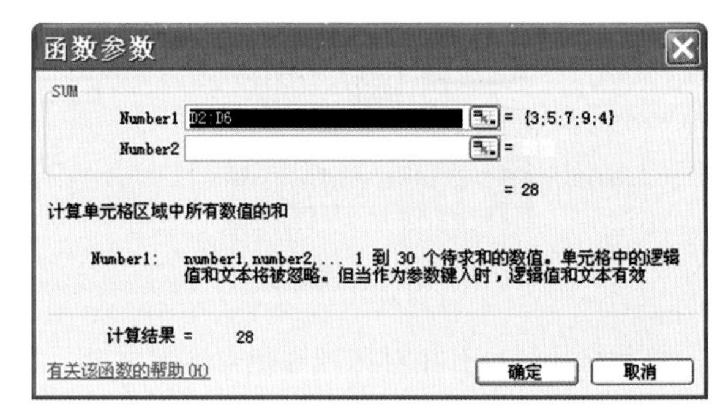

图 4-30 “函数参数”对话框

注意：函数参数个数最多不超过 30，参数可以是单元格地址、单元格区域、数字常量、文本常量及函数等。

操作技巧：在 Excel 中，输入公式或函数的参数时，并不是非要手工输入单元格地址或区域，只要将光标定在相应参数位置，单击目标单元格就输入了单元格相对地址参数或拖动鼠标选定区域就输入了相对单元格区域参数。若目标单元格或区域被函数参数对话框所掩盖，可单击参数栏右侧的“收折”按钮红色箭头可折叠函数参数对话框。

(2) 常用函数及引用的格式

我们经常使用最多的是下面的几个函数，它们的基本语法如下所述。

1) SUM( )函数：求和函数。

语法：SUM(Number1,Number2,…,Number$n$)

其中 Numberl,Number2,…,Number$n$ 为 1 到 n 个需要求和的参数。

功能:返回所有参数数值的和。

如可以用来计算学生的总成绩等。

2) AVERAGE( )函数:平均值函数。

语法:AVERAGE(Numberl,Number2,…,Number$n$)。

其中 Numberl,Number2,…,Number$n$ 为 1 到 n 个需要求平均值的参数

功能:返回所有参数数值的平均值。

如可以用来计算一个学习班的平均成绩等。

3) MAX( )函数:最大值函数。

语法:MAX(Numberl,Number2,…,Number$n$)

其中 Numberl,Number2,…,Number$n$ 为 1 到 n 需要求最大值的参数。

功能:返回参数中所有数值的最大值。

如可以用来计算一个学习班的最高分等。

4) MIN( )函数:最小值函数。

语法:MIN(Numberl,Number2,…,Number$n$)

其中 Numberl,Number2,…,Number$n$ 为 1 到 n 需要求最小值的参数。

功能:返回参数中所有数值的最小值。

如可以用来计算一个学习班的最低分等。

5) round( )函数:四舍五入函数。

ROUND(number,num_digits)

Number 需要进行四舍五入的数字。

Num_digits 指定的位数,按此位数进行四舍五入。

功能:

如果 num_digits 大于 0,则四舍五入到指定的小数位。

如果 num_digits 等于 0,则四舍五入到最接近的整数。

如果 num_digits 小于 0,则在小数点左侧进行四舍五入。

如=ROUND(125.457,2),结果为 125.46,=ROUND(125.457,−1),结果为 130。

6) IF():判断函数。

语法:IF(logical-test,value-if-true,value-if-false)

其中 logical-test 是任何计算结果为 TRUE 或 FALSE 的数值或表达式;

value-if-true 是 logical-test 为 TRUE 时函数的返回值,如果 logical-test 为 TRUE 时并且省略 value-if-true,则返回 TRUE;

value-if-false 是 logical-test 为 FALSE 时函数的返回值,如果 logical-test 为 FALSE 时并且省略 value-if-false,则返回 FALSE。

功能:指定要执行的逻辑检验,由条件的真假决定返回不同值。

如= IF(C4>=10,C4 * 1.5,C4 * 2.5)表示当条件 C4>=10 为真时,返回值为 C4 的 1.5 倍,当条件 C4>=10 为假时,返回值为 C4 的 2.5 倍。

7) COUNT( )函数:计数函数。

语法: COUNT (Numberl, Number2, …, Number$n$)

其中 Numberl,Number2,…,Number$n$ 为 1 到 n 参数,但只对数值类型的数据进行统计。

功能:返回参数中的数值参数和包含数值参数的个数。

如可以用来统计一个学习班的人数等。如用公式“=COUNT(H3:H30)”计算单元格区域 H3:H30 内数字单元格个数。

8) COUNTIF():条件计数函数。

语法:COUNTIF(range,criteria)

其中 range 为需要计算其中满足条件的单元格数目的单元格区域;criteria 确定哪些单元格将被计算在内的条件,其形式可以为数字、表达式或文本。

功能:计算满足给定条件的区间内的非空单元格个数。

如可以用来统计一个学习班的某学科的成绩及格人数等。

9) SUMIF( )函数:条件求和函数。

语法:SUMIF(range,criteria,sum-range)

其中 range 是用于条件判断的单元格区域;criteria 为单元格区域求和的条件;sum-range 是需要求和的实际单元格。条件单元格区域与计算单元格区域可以不是同一单元格区域,但两单元格区域大小应相同。

功能:按给定条件的若干单元格求和。

如营业员要统计一天营业中“食品”类商品销售金额是多少?他可在一个空单元格中输入公式“=SUMIF(C4:C12,“食品”,F4:F12)”,所得结果如图 4-31 所示。

操作技巧:若引用参数是相邻的单元格地址,可使用单元格区域引用来减少输入量。在函数参数中也可以输入表达式或函数,在函数参数中输入函数时,即所谓的函数嵌套。

如计算一个学生的平均成绩时,C2:F2 单元格区域中存放着一个学生的各科成绩。四舍五入保留 1 位小数,可在单元格中输入公式“=ROUND(AVERAGE(C2:F2),1)”。

☞考点:常用函数 sum()、average()、count()、if()、round()、max()、min()的使用

H13	▼	f_x =SUMIF(C4:C12,"食品",F4:F12)					

	A	B	C	D	E	F	G	H
1	彩虹小小超市营业情况表							
2	当前日期:	2011-5-1				当前时间:	16:3	
3	商品号	商品名	商品类型	销售价(元)	销售量	销售金额	销售时间	销售日期
4	5	宁檬汽水	饮料	3.75	2	7.5	10:48	2011-4-9
5	3	蓝天牙膏	生活用品	4.5	1	4.5	10:51	2011-4-9
6	7	食盐	食品	1.88	8	15.04	21:35	2011-4-9
7	4	蓝月亮洗涤剂	生活用品	37.5	2	75	21:45	2011-4-9
8	1	海带	食品	2.5	4	10	21:45	2011-4-9
9	12	金龙鱼菜籽油	食品	67.5	2	135	21:46	2011-4-9
10	10	泰国香米	食品	3.75	10	37.5	21:46	2011-4-9
11	8	东北大米	食品	3	10	30	21:47	2011-4-9
12	9	心相印卫生纸	生活用品	17.25	1	17.25	21:47	2011-4-9
13								227.54

图 4-31 条件求和结果

(3) 实用函数应用

A. 根据学生的总成绩输入他(她)的名次,要求不改变原有顺序

可以用函数 RANK(数字对象,条件范围):在条件范围内,对象数字所处大小排位。

如在 G2:G28 单元格区域中存放 27 位学生的总成绩,在 H2:H28 中输入相应的名次,如图 4-32 左图所示。操作步骤如下:

1) 在 H2 中输入。= RANK(G2, $G$2:$G$28,0),G2 在$G$2:$G$28 中的名次。

2) 选中 H2,双击"填充柄"得到 G2:G28 中每一个数在本组数中的大小位。并放在 H2:H26 中,得到每一位学生的名次,如图 4-32 右图所示。

B. 学生成绩分数段人数统计

分五段(60 分以下,60~70 分,70~80 分,80~90 分,90~100 分)统计各段人数。可以用频率分布函数 FREQUENCY(数据源区域,分段点区域)来实现。如学生计算机、数学、英语及语文成绩分别存在 C、D、E、F 列中,分数段在 H2:H6 区域中。操作步骤如下:

1) 选中存放计算机分段人数区域 I2:I6;

2) 插入函数 FREQUENCY(),输入第 1 个参数计算机的数据源区域 C2:C28,再输入第 2 个参数分段点区域 H2:H6 后,单击[确定]按钮;

3) 单击编辑栏中的公式"=FREQUENCY(C2:C28,H2:H6)",将 H2:H6 区域改为绝对区域$H$2:$H$6,为统计其他科目分数段的人数时所用;

4) 光标在编辑栏中,按 Ctrl+Shift+Enter 后出现{=FREQUENCY(C2:C28,$H$2:$H$6)}数组公式,完成计算机科目分数段的人数统计;

5) 选中单元格区域 I2:I6,拖曳填充柄到 L6,完成其他科目分数段的人数统计,结果如图 4-33 所示。

	A	B	C	D	E	F	G	H
1	班级	姓名	计算机	数学	英语	语文	总分	名次
2	10大专康复1班	胡文	92	93	86	79	350	
3	10大专康复1班	何金娟	92	93	93	86	364	
4	10大专康复1班	王云峰	91	92	93	86	362	
5	10大专康复1班	李丹	90	75	86	92	343	
6	10大专康复1班	池泽松	88	75	91	72	326	
7	10大专康复1班	陈超琼	87	91	93	75	346	
8	10大专康复1班	阳维	85	65	80	84	314	
9	10大专康复1班	王世锋	84	69	87	91	331	
10	10大专康复1班	尹妍妮	84	56	92	86	318	
11	10大专康复1班	邓小凤	83	78	69	81	311	
12	10大专康复1班	刘霞	83	76	92	80	331	
13	10大专康复1班	韦力	81	79	64	89	313	
14	10大专康复1班	唐勤	81	75	90	86	332	
15	10大专康复1班	刘华庆	78	89	69	80	316	
16	10大专康复1班	赵本维	77	91	83	76	327	
17	10大专康复1班	何宇	76	53	69	78	276	
18	10大专康复1班	高梅	75	86	54	95	310	
19	10大专康复1班	龙维	74	61	51	76	262	
20	10大专康复1班	张敏	74	64	81	83	302	
21	10大专康复1班	袁孟娟	73	84	83	72	312	
22	10大专康复1班	柴传凤	63	57	78	85	283	
23	10大专康复1班	罗晓莉	61	75	62	80	278	
24	10大专康复1班	陈泠伶	60	72	80	82	294	
25	10大专康复1班	刘虹杉	58	62	73	61	254	
26	10大专康复1班	滕凤	56	78	63	57	254	
27	10大专康复1班	罗佳佳	55	67	50	61	233	
28	10大专康复1班	周翠霞	45	51	49	90	235	

	A	B	C	D	E	F	G	H
1	班级	姓名	计算机	数学	英语	语文	总分	名次
2	10大专康复1班	胡文	92	93	86	79	350	3
3	10大专康复1班	何金娟	92	93	93	86	364	1
4	10大专康复1班	王云峰	91	92	93	86	362	2
5	10大专康复1班	李丹	90	75	86	92	343	5
6	10大专康复1班	池泽松	88	75	91	72	326	10
7	10大专康复1班	陈超琼	87	91	93	75	346	4
8	10大专康复1班	阳维	85	65	80	84	314	13
9	10大专康复1班	王世锋	84	69	87	91	331	7
10	10大专康复1班	尹妍妮	84	56	92	86	318	11
11	10大专康复1班	邓小凤	83	78	69	81	311	16
12	10大专康复1班	刘霞	83	76	92	80	331	7
13	10大专康复1班	韦力	81	79	64	89	313	14
14	10大专康复1班	唐勤	81	75	90	86	332	6
15	10大专康复1班	刘华庆	78	89	69	80	316	12
16	10大专康复1班	赵本维	77	91	83	76	327	9
17	10大专康复1班	何宇	76	53	69	78	276	22
18	10大专康复1班	高梅	75	86	54	95	310	17
19	10大专康复1班	龙维	74	61	51	76	262	23
20	10大专康复1班	张敏	74	64	81	83	302	18
21	10大专康复1班	袁孟娟	73	84	83	72	312	15
22	10大专康复1班	柴传凤	63	57	78	85	283	20
23	10大专康复1班	罗晓莉	61	75	62	80	278	21
24	10大专康复1班	陈泠伶	60	72	80	82	294	19
25	10大专康复1班	刘虹杉	58	62	73	61	254	24
26	10大专康复1班	滕凤	56	78	63	57	254	24
27	10大专康复1班	罗佳佳	55	67	50	61	233	27
28	10大专康复1班	周翠霞	45	51	49	90	235	26

图 4-32 用"函数 RANK"排名

I2　fx {=FREQUENCY(C2:C28,$H$2:$H$6)}

	A	B	C	D	E	F	G	H	I	J	K	L
1	班级	姓名	计算机	数学	英语	语文		分数段	计算机	数学	英语	语文
2	10大专康复1班	胡文	92	93	86	79		59	4	4	4	1
3	10大专康复1班	何金娟	92	93	93	86		69	3	6	6	2
4	10大专康复1班	王云峰	91	92	93	86		79	7	9	2	7
5	10大专康复1班	李丹	90	75	86	92		89	9	3	8	13
6	10大专康复1班	池泽松	88	75	91	72		100	4	5	7	4
7	10大专康复1班	陈超琼	87	91	93	75						
8	10大专康复1班	阳维	85	65	80	84						
9	10大专康复1班	王世锋	84	69	87	91						
10	10大专康复1班	尹妍妮	84	56	92	86						
11	10大专康复1班	邓小凤	83	78	69	81						
12	10大专康复1班	刘霞	83	76	92	80						
13	10大专康复1班	韦力	81	79	64	89						
14	10大专康复1班	唐勤	81	75	90	86						
15	10大专康复1班	刘华庆	78	89	69	80						
16	10大专康复1班	赵本维	77	91	83	76						
17	10大专康复1班	何宇	76	53	69	78						
18	10大专康复1班	高梅	75	86	54	95						
19	10大专康复1班	龙维	74	61	51	76						
20	10大专康复1班	张敏	74	64	81	83						
21	10大专康复1班	袁孟娟	73	84	83	72						
22	10大专康复1班	荣传凤	63	57	78	85						
23	10大专康复1班	罗晓莉	61	75	62	80						
24	10大专康复1班	陈泠伶	60	72	80	82						
25	10大专康复1班	刘虹杉	58	62	73	61						
26	10大专康复1班	滕凤	56	78	63	57						

图 4-33　用“函数 FREQUENCY”分段

4. 数组公式

(1) 可用数组公式执行多个计算而生成单个结果{=SUM(A3:A4 * B3:B4)},如在 A7 中输入数组公式=SUM(A3:A4 * B3:B4)后,将光标移到编辑栏处按 Ctrl+Shift+Enter 后成数组公式;结果如图 4-34 所示。

A7　fx {=SUM(A3:A5*B3:B5)}

	A	B	C	D
1				
2				
3	2	5		
4	3	6		
5	4	7		
6				
7	56			

图 4-34　用“数组公式”多运算

(2) 计算多个结果:如果要使数组公式能计算出多个结果,必须将数组输入与数组参数具有相同列数和行数的单元格区域中。操作步骤如下:

1) 选中需要输入数组公式的单元格区域。(如 C3:C5)

2) 键入数组公式。(如=A3:A5 * B3:B5)

3) 按 Ctrl+Shift+Enter 构成数组。(如{=A3:A5 * B3:B5}),如图 4-35 所示。

C3　fx {=A3:A5*B3:B5}

	A	B	C	D
1				
2				
3	2	5	10	
4	3	6	18	
5	4	7	28	

图 4-35　用“数组公式”得多结果

5. 自动求和

(1) 自动求和:利用常用工具栏中的“自动求和”按钮,可以对工作表中所设定的单元格自动求和。“自动求和”按钮实际上代表了工作表函数中的“SUM( )”函数,利用该函数可以将一个累加公式转换为一个简洁的公式。

事实上,在 Excel 2003 中自动求和的实用功能已被扩充为包含了大部分常用函数的下拉列表框。例如,单击列表框中的“平均值”可以计算选定单元格区域的平均值,或者连接到“函数向导”以获取其他选项,有关这部分的内容将在自动计算中进行介绍。

A. 对行或列相邻单元格的求和

对行或列相邻单元格的数据求和的操作非常简便,其操作步骤如下:

1) 选定要求和的行或者列中的数据单元格区;

2) 单击“自动求和”按钮即可,结果放在相邻的列或行中。

例如,对单元格“D4:F4”求和,并将结果放到单元格“G4”中,其操作步骤如下:

1) 选定单元格“D4:F4”;

2) 单击“自动求和”按钮,就可以得到结果。

B. 一次输入多个求和公式(单元格区域求和)

在 Excel 2003 中,还能够利用“自动求和”按钮一次输入多个求和公式。

若数据区为“A2:D4”，其操作步骤如下：

1）只选定数据矩形单元格区域“A2:D4”单元格区域，如图 4-36 所示。

2）单击“自动求和”按钮Σ ▾，对每列求和，结果存放在 A5:D5，如图 4-37 所示。

若比数据多选一列，如图 4-38 所示，则自动求和是对每行求和，结果存放在单元格区域 E2:E4，如图 4-39 所示。

	A	B	C	D	E
1					
2	1	2	3	4	
3	5	6	7	8	
4	9	10	11	12	
5					

图 4-36　统计数据区

	A	B	C	D
1				
2	1	2	3	4
3	5	6	7	8
4	9	10	11	12
5	15	18	21	24

图 4-37　列求和

	A	B	C	D	E
1					
2	1	2	3	4	
3	5	6	7	8	
4	9	10	11	12	

图 4-38　统计数据区

	A	B	C	D	E
1					
2	1	2	3	4	10
3	5	6	7	8	26
4	9	10	11	12	42

图 4-39　行求和

注：自动求和的操作与输入单一公式操作有些不同：输入单一公式时，要先选中存入公式的单元格，再确定计算数据源。而自动求和是先选定计算数据区，根据所选区域决定是按列向求和还是按横向求和。

☞考点：自动求和

（2）自动计算：有时用户可能会要求快速查看某些数值，如某个范围内的最大值、最小值、平均值和计数等，如果使用公式就显得比较烦琐，这时，可以使用 Excel 2003 中“自动求和”按钮组中的自动计算功能。

例如，计算所选单元格区域中的平均值，其操作步骤如下：

1）选定计算单元格区域。

2）单击“自动求和”按钮Σ ▾的下拉箭头，如图 4-40 所示。

3）这时系统会调出一个下拉列表框，在列表中单击“平均值”命令，则会自动在下一个单元格填充平均值公式并求出值，用鼠标拖曳选择数据单元格区域，就可以完成平均分的计算。

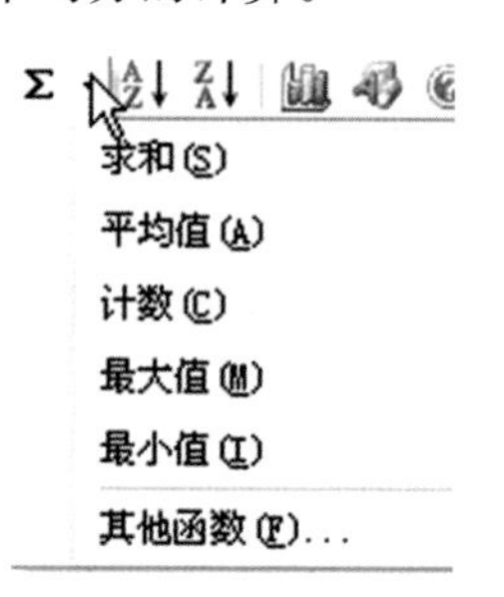

图 4-40　“自动求和”下拉列表框

6. 数据清单　Excel 对数据进行筛选等操作的依据是数据清单，所谓数据清单是包含列标题的一组连续数据行的工作表。从定义可以看出数据清单是一种有特殊要求的表格，它必须要由两部分构成，即表结构和纯数据。

在 Excel 2003 中对数据清单执行查询、排序和汇总等操作时，自动将数据清单视为数据库，数据清单中的列是数据库中的字段，数据清单中的列标题是数据库中的字段名称，数据清单中的每一行对应数据库中的一个记录。Excel 2003 中数据清单是对外开放的，它可以与许多数据库系统相互交换数据。

（1）建立数据清单的规则：表结构是数据清单中的第一行列标题，Excel 将利用这些标题名进行数据的查找、排序和筛选等。纯数据部分则是 Excel 实施管理功能的对象，不允许有非法数据出现。因此，在 Excel 创建数据清单要遵守一定的规则。

1）在同一个数据清单中列标题必须是唯一的。

2）列标题与纯数据之间不能用分隔线或空行分开。如果要将数据在外观上分开，可以使用单元格边框线。

3）同一列数据的类型、格式等应相同。

4）在一张工作表上避免建立多个数据清单。因为数据清单的某些处理功能，每次只能在一个数据清单中使用。

5）尽量避免将关键数据放到数据清单的左右两侧。因为这些数据在进行筛选时可能会被隐藏。

6）在纯数据区不允许出现空行。

7）在工作表的数据清单与其他数据之间至少留出 1 空白行或 1 空白列。

☞考点：数据清单、字段、记录概念

A	B	C	D	E	F	G	H	I
班级	姓名	计算机	数学	英语	国文	总分	平均分	成绩
						0		

图4-41　数据清单列标题

（2）使用“记录单”对话框建立数据清单：用“记录单”对话框建立数据清单的具体操作步骤如下：

1）新建一个工作簿，将“Sheet1”工作表命名为“学生成绩表”，在数据清单的首行依次输入各个字段，如图4-41所示；

2）在要加入记录的数据清单中选定任一个单元格[本例中因为总分是要计算出来的，所以要选中G3单元格，在其中输入公式“＝SUM(C2:F2)”，并将其复制到这一列的其他单元格中]；

3）单击【数据】菜单→选[记录单]命令；

4）如果在第一行下面没有数据，则屏幕上会出现提示对话框，请用户仔细阅读对话框的内容，然后单击“确定”按钮(本例中已经输入了公式所以不会出现该对话框)，如图4-42所示；

5）这时屏幕上出现了对话框，该对话框标题栏上的名字是工作表的名字；在各个字段中输入新记录的值，要移动到下一个字段中，请按Tab键；

6）当输完所有的记录内容后，按Enter键(或单击“新记录”按钮)即可加入一条记录，同时出现等待新建记录的记录单；

7）重复操作步骤(5)、(6)输入更多的记录；

8）当输入所有记录后，单击[关闭]按钮，就会看到在清单底部加入了新增的记录。

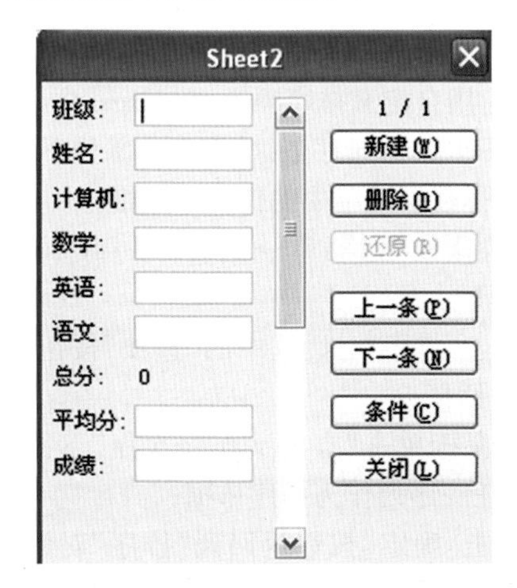

图4-42　数据清单“记录单”对话框

（3）修改数据清单

1）追加新的记录：追加新记录有两种方法，一种是直接在单元格中输入，另一种是使用记录单。直接在单元格中输入的方法：在要插入记录的行号下方选中某一单元格，单击【插入】菜单→选[行]命令，插入新的一行，在这行里输入数据。

使用记录单的方法：单击【数据】菜单→选[记录单]命令，调出记录单的对话框，用新建数据清单相同的方法可以输入追加的新记录。

2）修改记录：修改数据清单中的记录有两种方法，一种是直接在相应的单元格中进行修改，另一种是使用记录单进行修改。

使用记录单方式，修改记录的具体操作是：单击数据清单中的任一单元格，然后单击【数据】菜单→选[记录单]命令，则调出记录单对话框。单击[下一条]按钮查找并显示出要修改数据的记录，修改该记录的内容。修改完毕，单击[关闭]按钮，退出记录单对话框。

3）删除记录：删除记录有两种方法，一种是直接在相应的单元格中进行删除操作，另一种是使用记录单进行删除。

使用记录单删除一条记录的具体操作方法是：单击数据清单中的任一单元格，单击【数据】菜单→选[记录单]命令，则调出一个记录单对话框。单击[上一条]或[下一条]按钮查找要删除的记录，单击[删除]按钮，则屏幕上调出一个提示对话框。单击[确定]按钮，在记录单中显示的记录被删除。

（4）使用记录单查找数据：在1张大表中，要找到一个学生可不是件容易的事情，这时就可以使用记录单方式，找到这条记录。具体方法如下：

1）单击记录单中的“条件”按钮，设置查找条件；

2）单击“下一条”按钮，向下查找符合条件的记录，如果单击“上一条”按钮，则向上查找符合条件的记录。

7. 数据排序　排序是根据一定的规则，将数据重新排列的过程。

（1）Excel的默认顺序：Excel是根据排序关键字所在列数据的值来进行排序，而不是根据其格式来排序。在升序排序中，它默认的排序顺序如下所述：

1）数值：数字是从最小负数到最大正数。日期和时间则是根据它们所对应的序数值排序。

2）文字：文字和包括数字的文字排序次序如下：数字顺序 (空格)!”# $%&'()* ＋，－./:;＜：＞?@“\”^—‘{ →选 }～ 大写字母顺序 小写字母顺序；

3）逻辑值：逻辑值FALSE在TRUE之前。

4）错误值：Error Values所有的错误值都是相等的。

5）空格：Blanks 总是排在最后。

降序排序中，除了总是排在最后的空白单元格之外，Excel 将顺序反过来。

（2）排序原则：当对数据排序时，Excel 2003 会遵循以下的原则。

1）如果对某一列排序，那么在该列上有完全相同项的行将保持它们的原始次序。

2）一般隐藏行不会被移动。

3）如果按一列以上进行排序，主要列中有完全相同项的行会根据用户指定的第二列进行排序。第二列中有完全相同项的行会根据用户指定的第三列进行排序。

（3）简单排序：在“常用”工具栏中提供了两个排序按钮：“升序排序”AZ↓（从小到大排序）和“降序排序”ZA↓（从大到小排序）。具体步骤如下：

1）在数据清单中单击某一字段名；

2）根据需要，可以单击“常用”工具栏中的“升序排序”或“降序排序”按钮。例如，单击“降序排序”按钮。

（4）多列排序：利用“常用”工具栏中的排序按钮，仅能对一列数据进行简单的排序，如果要对几项内容进行排序时，就需要利用菜单中的[排序]命令来进行排序。如对学生成绩表中的“总评”列为主降序排序，当总评成绩相同时，按“期末”列升序排列，当“总评”成绩、“期末”成绩相同时，按“半期”成绩升序排列，操作步骤如下：

1）在数据清单中单击任意单元格；

2）单击【数据】菜单→选[排序]命令，调出“排序”对话框；

3）“主要关键字”选“总评”列标题，降序；

4）“次要关键字”选“期末”列标题，升序；

5）“第三关键字”选“半期”列标题，升序，如图 4-43所示；

图 4-43　多条件排序设置

6）单击[选项]，调出“排序选项”对话框，如图 4-44 所示，可选排序方向和排序方法，单击[确定]按钮；

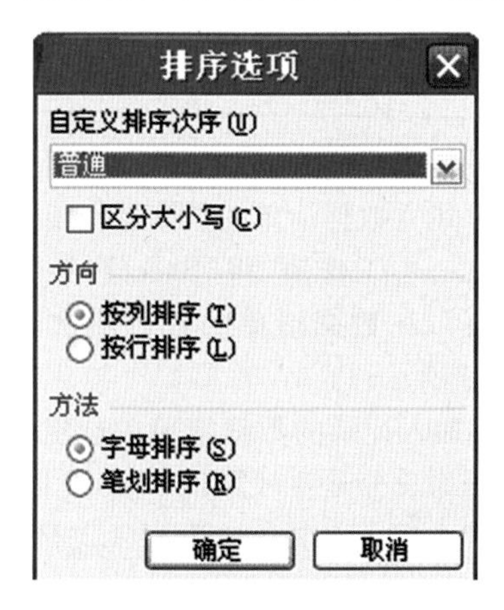

图 4-44　“排序选项”对话框

7）单击[确定]按钮，结果如图 4-45 所示。

注意：选“有标题行”表示“标题行”不参与排序，否则“标题行”将参与排序。若在含有合并单元格的数据表中排序时，排序数据区域不应含有合并单元格行。

（5）排序数据顺序的恢复：数据清单内的数据，在经过多次排序后，它的顺序变化比较大，如果要让数据回到原来的排列次序，可以用下面的方法解决这个问题。

在创建数据清单时，加上一个序号字段，并输入连续的记录编号，如“学号”字段，在需要恢复原来排列顺序时，单击选中这一列中的任一单元格，单击格式工具栏中的“升序”按钮，就可使数据排列的次序恢复原状。

（6）应用自定义排序顺序：在 Excel 中，可以利用“自定义序列”作为排序依据，操作步骤如下：

1）选择数据清单中的任一单元格；

2）单击【数据】菜单→选[排序]命令，调出“排序”对话框；

3）单击“排序”对话框中的“选项”按钮，调出“排序选项”对话框；

4）用鼠标单击“自定义排序次序”下拉列表框，从中选择任一序列作为排序依据；

5）单击[确定]按钮返回到“排序”对话框中，再次单击[确定]按钮则按指定的排序方式进行排序。

☞考点：数据清单排序

8. 筛选　筛选的功能就是在数据清单中只显示出符合设定条件的某一记录或符合条件的一组记录，而隐藏其他记录，打印输出时只打印筛选结果记录。在 Excel 中提供了“自动筛选”和“高级筛选”命令来进行筛选。

	A	B	C	D	E	F	G	H	I
1	某医药高等专科学校计算机成绩报告单								
2	序	班级	学号	姓名	性别	平时	半期	期末	总评
3	20	10级高职护理1班	2010004021	薛靖	女	84	86	95	92.1
4	22	10级高职护理1班	2010004023	廖咏梅	女	87	68	97	90.2
5	27	10级高职护理1班	2010004028	颜雪娇	女	84	78	94	89.8
6	4	10级高职护理1班	2010004005	雷莉	女	87	81	90	87.9
7	16	10级高职护理1班	2010004017	祝凡	女	79	85	90	87.9
8	6	10级高职护理1班	2010004007	邓义红	女	73	75	82	79.7
9	5	10级高职护理1班	2010004006	李红	女	73	68	84	79.7
10	24	10级高职护理1班	2010004025	薛德莲	女	76	63	85	79.7
11	3	10级高职护理1班	2010004004	陶茜	女	78	68	82	78.8
12	9	10级高职护理1班	2010004010	曹瀚文	男	78	67	82	78.6
13	23	10级高职护理1班	2010004024	姜巧	女	69	81	78	77.7
14	2	10级高职护理1班	2010004003	刘盼	女	73	76	76	75.7
15	10	10级高职护理1班	2010004011	胡登丽	女	69	73	74	73.3
16	1	10级高职护理1班	2010004002	吕娅玲	女	62	70	75	72.7
17	26	10级高职护理1班	2010004027	辛雪	女	55	63	78	72.7
18	12	10级高职护理1班	2010004013	罗华	女	67	65	75	72.2
19	18	10级高职护理1班	2010004019	罗凤	女	56	67	75	71.5
20	13	10级高职护理1班	2010004014	宾雪	女	62	78	70	70.8
21	28	10级高职护理1班	2010004029	罗影	女	42	65	75	69.7
22	19	10级高职护理1班	2010004020	向樱	女	47	56	74	67.7
23	7	10级高职护理1班	2010004008	龙娟	女	47	60	70	65.7
24	17	10级高职护理1班	2010004018	罗宁	女	40	63	65	62.1
25	11	10级高职护理1班	2010004012	罗燕	女	42	50	65	59.7
26	25	10级高职护理1班	2010004026	陈城	女	36	46	60	54.8
27	14	10级高职护理1班	2010004015	何计韬	女	22	50	40	40.2
28	15	10级高职护理1班	2010004016	王芳	女	16	45	35	35.1
29	8	10级高职护理1班	2010004009	黄露	女	27	54	30	34.5
30	21	10级高职护理1班	2010004022	汪友美	女	16	30	25	25.1

图 4-45　多条件排序结果

为了能更清楚地看到筛选的结果，系统将不满足条件的数据暂时隐藏起来，当撤销筛选条件后，这些数据又重新出现。

（1）自动筛选

A. 操作步骤

1）首先打开要进行筛选的数据清单，然后在数据清单中选中一个单元格，这样做的目的是表示选中整个数据清单。若数据清单上方有另外的数据，可选中数据清单区域。

2）单击【数据】菜单→选［筛选］→选［自动筛选］命令。在列标题的右侧将会出现自动筛选箭头。

3）单击字段名右边的下拉列表按钮，例如单击“商品类型”右边的，出现一个下拉列表，单击要显示的项，例如单击“食品”，就可以将食品类的单位筛选出来。所筛选的这一列的下拉列表按钮箭头的颜色发生变化，以标记是哪一列进行了筛选，结果如图 4-46 所示。

	A	B	C	D	E
1	彩虹小小超市				
2	当前日期:	2011-5-7	当前时间:8:20		
3	商品号	商品名	进价(元	销售价(元	商品类型
5	8	东北大米	1.2	3	食品
6	1	海带	1	2.5	食品
7	11	汉中大米	1.2	3	食品
8	12	金龙鱼菜籽油	45	67.5	食品
9	2	康师傅方便面	1.5	3.75	食品
15	7	食盐	0.75	1.88	食品
16	10	泰国香米	1.5	3.75	食品

图 4-46　“自动筛选”结果

B. 自动筛选前 10 个

在自动筛选的下拉列表框中有一项是“前 10 个”，利用这个选项，可以自动筛选出列为数字的前几名，操作方法如下：

1）按照上面的方法进行自动筛选，使自动筛选的下拉箭头出现在列标题的右侧，单击此箭头，出现下拉列表框。“自动筛选前 10 个”对话框；

2）单击“前 10 个”选项，调出“自动筛选前 10 个”对话框。

C. 多个条件的筛选

有两种方法实现：

1）从多个字段处的下拉列表框中选择了条件后，这些被选中的条件具有“与”的关系。

2）如果对筛选所提供的筛选条件不满意，则可单击“自定义”选项，调出“自定义自动筛选方式”对话框，从中选择所需要的条件，如图 4-47 所示。单击［确定］按钮，就可以完成条件的设置，同时完成筛选。

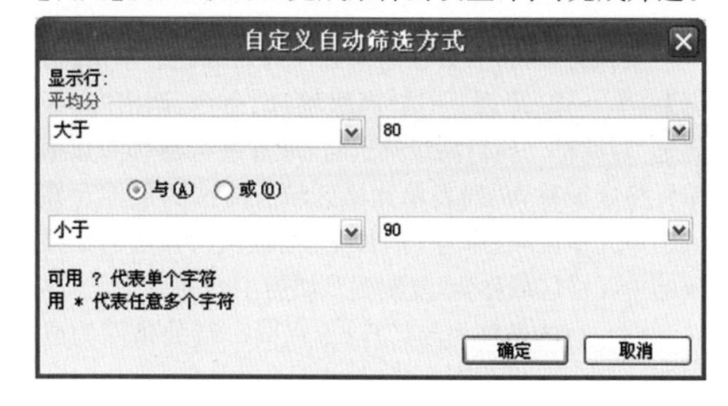

图 4-47　“自定义自动筛选方式”对话框

D. 移去筛选

对于不再需要的筛选数据，可以将其移去，其操作步骤如下：

1）单击设定筛选条件的列旁边的下拉列表按钮，从下拉列表中单击“全部”选项，即可移去列的筛选；

2）单击【数据】菜单→选[筛选]→选[全部显示]命令，即可重新显示筛选数据清单中的所有行。

E. 取消自动筛选

单击【数据】菜单→选[筛选]→单击[自动筛选]命令去勾，取消自动筛选。

（2）高级筛选：自动筛选已经能满足一般的需求，但是它还有些不足，如果要进行一些特殊要求的筛选就要用到“高级筛选”。

在“自动筛选”中，筛选的条件采用列表的方式放在列标题栏上，而“高级筛选”的条件是要在工作表中写出来的。建立这个条件的要求包括：在条件单元格区域中首行所包含的字段名与数据清单上的字段名相同，在条件单元格区域内不必包含数据清单中所有的字段名，在条件单元格区域的字段名下必须至少有一行输入查找的要满足的条件，如图 4-48 所示。

	A	B	C	D	E	F
1	彩虹小小超市营业情况表					
2	当前日期：2011-5-7				当前时间：9:1	
3	商品号	商品名	商品类型	销售价(元	销售量	销售金额
4	5	宁檬汽水	饮料	3.75	2	7.5
5	3	蓝天牙膏	生活用品	4.5	1	4.5
6	7	食盐	食品	1.88	8	15.04
7	4	月亮洗涤	生活用品	37.5	2	75
8	1	海带	食品	2.5	4	10
9	12	龙鱼菜籽	食品	67.5	2	135
10	10	泰国香米	食品	3.75	10	37.5
11	8	东北大米	食品	3	10	30
12	9	相印卫生	生活用品	17.25	1	17.25
13	3	蓝天牙膏	生活用品	4.5	2	9
14	7	食盐	食品	1.88	3	5.64
15	4	月亮洗涤	生活用品	37.5	5	187.5
16	10	泰国香米	食品	3.75	5	18.75
17	5	宁檬汽水	饮料	3.75	11	41.25
18	6	汽水	饮料	2.5	5	12.5
19	4	月亮洗涤	生活用品	37.5	2	75
20						
21	商品号	商品名	商品类型	销售价(元	销售量	销售金额
22			食品	>=3		
23			饮料			

图 4-48 “高级筛选”条件

要执行该操作，数据清单必须有列标记。单击【数据】菜单→选[筛选]→选[高级筛选]命令，调出“高级筛选”对话框。执行高级筛选时，准备进行筛选的数据单元格区域称为“列表单元格区域”；筛选的条件写在一个单元格区域，称为“条件单元格区域”；筛选的结果放的单元格区域称为“复制到”，如图 4-49 所示。

同一行的条件为与运算，不在同一行的条件为或运算。

单击[确定]按钮，高级筛选结果如图 4-50 所示。

图 4-49 “高级筛选”对话框

25	商品号	商品名	商品类型	销售价(元	销售量	销售金额
26	5	宁檬汽水	饮料	3.75	2	7.5
27	12	龙鱼菜籽	食品	67.5	2	135
28	10	泰国香米	食品	3.75	10	37.5
29	8	东北大米	食品	3	10	30
30	10	泰国香米	食品	3.75	5	18.75
31	5	宁檬汽水	饮料	3.75	11	41.25
32	6	汽水	饮料	2.5	5	12.5

图 4-50 “高级筛选”结果

☞考点：自动筛选、高级筛选

9. 分类汇总 一般建立工作表是为了将其作为信息提供给他人。报表是用户最常用的形式，通过概括与摘录的方法可以得到清楚与有条理的报告。借助 Excel 提供的数据“分类汇总”功能可以完成这些操作。

（1）建立分类汇总的方法

1）将数据清单，按要进行分类汇总的列排序。如对“分类汇总 . xls”工作簿中 Sheet1 工作表的“商品类型”字段排序。

2）单击数据清单中的某一数据或选中数据清单区域。如选 A3：F19 区域。

3）单击【数据】菜单→选[分类汇总]命令，调出“分类汇总”对话框。在“分类字段”下拉列表框中选择某一分类的关键字段(排序字段“商品类型”)。

4）在“汇总方式”下拉列表框中选择汇总方式。如求和。

5）在“选定汇总项”列表中选择汇总项，可指定对其中哪些字段进行汇总。

6）可根据标出的功能选用对话框底部的 3 个可选项，如图 4-51 所示。

7）设定后单击[确定]按钮，分类汇总的结果如图 4-52 所示。

（2）分类汇总的嵌套：有时要对多项指标汇总，例如在对“商品类型”进行汇总后，还可以对“商品名”进行汇总。操作步骤如下：

1）单击【数据】菜单→选[分类汇总]命令，调出“分类汇总”对话框。

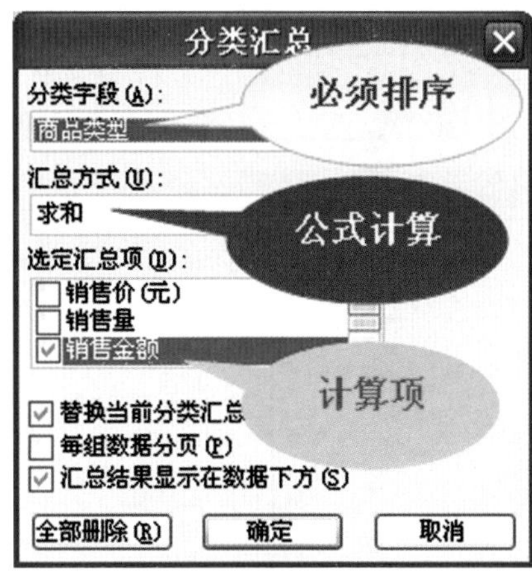

图 4-51　“分类汇总”对话框

	A	B	C	D	E	F
1			彩虹小小超市营业情况表			
2	当前日期:	2011-5-7			当前时间:9:1	
3	商品号	商品名	商品类型	销售价(元)	销售量	销售金额
4	3	蓝天牙膏	生活用品	4.5	1	4.5
5	3	蓝天牙膏	生活用品	4.5	2	9
6	4	蓝月亮洗涤剂	生活用品	37.5	2	75
7	4	蓝月亮洗涤剂	生活用品	37.5	5	187.5
8	4	蓝月亮洗涤剂	生活用品	37.5	2	75
9	9	心相印卫生纸	生活用品	17.25	1	17.25
10			生活用品 汇总			368.25
11	8	东北大米	食品	3	10	30
12	1	海带	食品	2.5	4	10
13	12	金龙鱼菜籽油	食品	67.5	2	135
14	7	食盐	食品	1.88	8	15.04
15	7	食盐	食品	1.88	3	5.64
16	10	泰国香米	食品	3.75	10	37.5
17	10	泰国香米	食品	3.75	5	18.75
18			食品 汇总			251.93
19	5	宁檬汽水	饮料	3.75	2	7.5
20	5	宁檬汽水	饮料	3.75	11	41.25
21	6	汽水	饮料	2.5	5	12.5
22			饮料 汇总			61.25
23			总计			681.43

图 4-52　“分类汇总”结果

2）汇总方式选“求和”，在“选定汇总项”列表中选择“销售金额”复选框，“分类字段”选“商品名”，取消选取“替换当前分类汇总”复选框，如图 4-53 所示。

3）单击[确定]按钮，得到有商品类型分类汇总销售金额，又有各种商品分类汇总销售金额，结果如图 4-54 所示。

☞考点：分类汇总

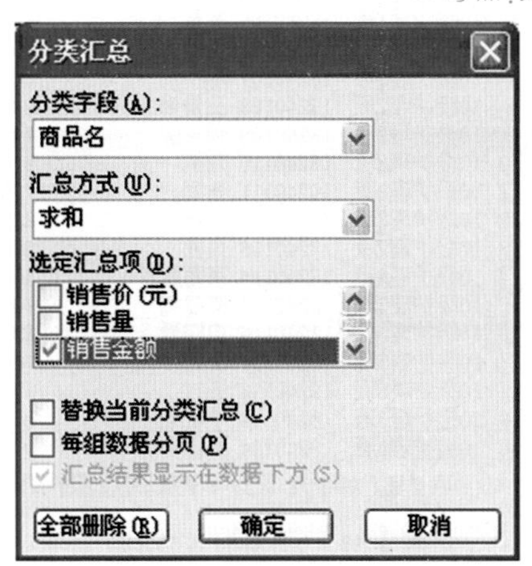

图 4-53　“分类汇总嵌套”对话框

	A	B	C	D	E	F
1			彩虹小小超市营业情况表			
2	当前日期:	2011-5-7			当前时间:9:1	
3	商品号	商品名	商品类型	销售价(元)	销售量	销售金额
4	3	蓝天牙膏	生活用品	4.5	1	4.5
5	3	蓝天牙膏	生活用品	4.5	2	9
6		蓝天牙膏 汇总				13.5
7	4	蓝月亮洗涤剂	生活用品	37.5	2	75
8	4	蓝月亮洗涤剂	生活用品	37.5	5	187.5
9	4	蓝月亮洗涤剂	生活用品	37.5	2	75
10		蓝月亮洗涤剂 汇总				337.5
11	9	心相印卫生纸	生活用品	17.25	1	17.25
12		心相印卫生纸 汇总				17.25
13			生活用品 汇总			368.25
14	8	东北大米	食品	3	10	30
15		东北大米 汇总				30
16	1	海带	食品	2.5	4	10
17		海带 汇总				10
18	12	金龙鱼菜籽油	食品	67.5	2	135
19		金龙鱼菜籽油 汇总				135
20	7	食盐	食品	1.88	8	15.04
21	7	食盐	食品	1.88	3	5.64
22		食盐 汇总				20.68
23	10	泰国香米	食品	3.75	10	37.5
24	10	泰国香米	食品	3.75	5	18.75
25		泰国香米 汇总				56.25
26			食品 汇总			251.93
27	5	宁檬汽水	饮料	3.75	2	7.5
28	5	宁檬汽水	饮料	3.75	11	41.25
29		宁檬汽水 汇总				48.75
30	6	汽水	饮料	2.5	5	12.5
31		汽水 汇总				12.5
32			饮料 汇总			61.25
33			总计			681.43

图 4-54　“分类汇总嵌套”结果

（3）删除分类汇总：对已经进行分类汇总的工作表，单击【数据】菜单→选[分类汇总]命令，调出“分类汇总”对话框，选择[全部删除]按钮，就可以将当前的全部分类汇总删除。

10. 合并计算　合并计算主要用于计算的数据分布在不同的工作表或不同的工作簿中。Excel 提供几种方式来合并计算数据。但最灵活的方法是创建公式，该公式引用的是您将进行合并的数据区域中的每个单元格。引用了多张工作表上的单元格的公式被称之为三维公式。

（1）公式合并计算：对于所有类型或排列的数据计算，推荐使用公式中的三维引用。

如果要合并的数据在不同的工作表的不同单元格中，请输入形如公式“＝SUM(Sheet3！B4，Sheet4！A7，Sheet5！C5)”。

若要合并工作表 2 到工作表 4 的单元格 B3 中的数据，也可以键入公式

“＝SUM(Sheet2:Sheet4！B3)”。

（2）位置合并计算：如果所有不同工作表源区域中的数据按同样的顺序和位置排列，则可通过位置进行合并计算。

（3）实例：某教研室要把本室各教师的教学班期末成绩，汇总在一张总表中上报，教学班成绩表的结构、名单顺序与总表完全相同，任课教师只填写自己上的教学班学生成绩。汇总操作步骤如下：

图 4-55 “合并计算”数据源

1）打开含有总表及各班成绩的工作簿，将各班成绩工作表复制到含有总表的工作簿其他不同工作表中。

2）单击【窗口】菜单新建多个窗口，再垂直排列窗口。

3）在“总表”中选中要放入成绩的第一个单元格，如图 4-55 所示。

4）单击【数据】菜单→选[合并计算]命令，调出对话框。

5）在“合并计算”对话框中，在“函数”选项中选“求和”，在“引用位置”选项中分别选在不同表中要添加的教学班成绩数据区，单击[添加]，对每个区域重复这一步骤。选择如图 4-56 所示；如果要在数据源区域的数据更改的任何时候都会自动更新合并表，并且你确认以后在合并中不需要包括不同的或附加的区域，请选中“创建连至源数据的链接”复选框。

6）单击[确定]按钮，完成成绩汇总，结果如图 4-57 所示。

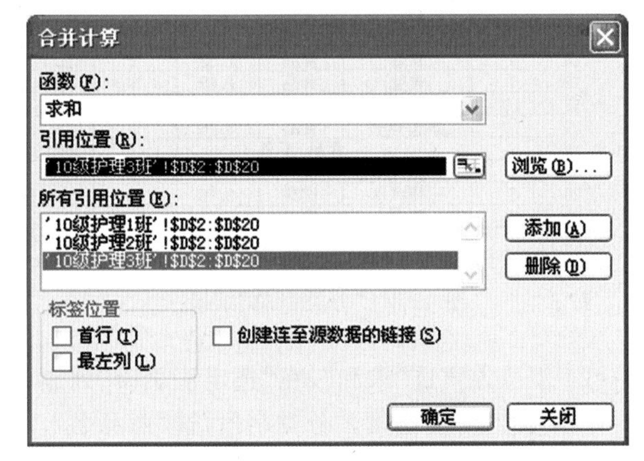

图 4-56 “合并计算”对话框设置

	A	B	C	D
1	班级	学号	姓名	计算机成绩
2	10级护理1班	18240120	李嫦	86
3	10级护理1班	18250101	柏雪	75
4	10级护理1班	18250102	卢圣忠	85
5	10级护理1班	18240105	胡苗	53
6	10级护理1班	18240106	付敏	90
7	10级护理1班	18240107	蒋小莉	64
8	10级护理2班	18240108	王爱琳	93
9	10级护理2班	18240109	周家国	74
10	10级护理2班	18240110	刘凯	87
11	10级护理2班	18240111	谢娟	75
12	10级护理2班	18240112	张梓成	88
13	10级护理2班	18240113	冉秘	60
14	10级护理3班	18240114	韦雨露	45
15	10级护理3班	18240115	龚建梅	76
16	10级护理3班	18240116	田晓翠	83
17	10级护理3班	18240117	王娅	74
18	10级护理3班	18240118	王红	60
19	10级护理3班	18240119	李晓燕	86
20	10级护理3班	18240104	王樱洁	97

总表 / 10级护理1班 / 10级护理2班 / 10级护理3班

图 4-57 “合并计算”结果

11. 数据透视表 数据透视表是一种对大量数据快速汇总和建立交叉列表的交互式表格，它提供了操纵数据的强大功能。它能从一个数据清单的特定字段中概括出信息，可以对数据进行重新组织，根据有关字段去分析数据库的数值并显示最终分析结果。

数据透视表是交互式报表，可快速合并和比较大量数据。您可旋转其行和列以看到数据源的不同汇总，而且可显示感兴趣区域的明细数据。

数据透视表可实现按多个字段分类汇总。

数据透视表中的数据，可以从 Excel 数据清单、外部数据库、多张 Excel 工作表或其他数据透视表中获得。

(1) 数据透视表的组成部分

1) 页字段：页字段用于筛选整个数据透视表，是数据透视表中指定为“页方向”的源数据清单或表单中的字段。

2) 行字段：行字段是在数据透视表中指定为行方向的源数据清单或表单中的字段。

3) 列字段：列字段是在数据透视表中指定为列的方向源数据清单或表单中的字段。

4) 数据字段：数据字段提供要汇总的数据值。通常，数据字段包含数字，可用 Sum 汇总函数合并这些数据。但数据字段也可包含文本，此时数据透视表使用 Count 汇总函数。如果报表有多个数据字段，则报表中出现名为“数据”的字段按钮，以用来访问所有数据字段。

5) 数据项：字段的子分类或成员，即相同的数值为一类，项代表数据源中同一字段右列中数值的单独条目，因而数据项中不会出现相同的数值。数据项以行标题或列标题的形式出现在或在页字段的下拉列表框中。

6) 汇总函数：用来对数据字段中的值进行合并的计算类型。数据透视表通常为包含数字的数据字段使用 Sum，而为包含文本的数据字段使用 Count。可选择其他汇总函数，如 Average、Min、Max 和 Product。

(2) 数据透视表的创建过程：工作簿“超市经营表 .xls”中有一“毛利润结算”工作表，由它产生每天经营的各类商品的毛利润数据透视表。操作步骤如下：

1) 打开工作簿“超市经营表 .xls”，选“毛利润结算”工作表为当前工作表；

2) 选中数据清单 A3:I27；

3) 单击【数据】菜单→选[数据透视表和数据透视图]命令，调出对话框如图 4-58 所示；

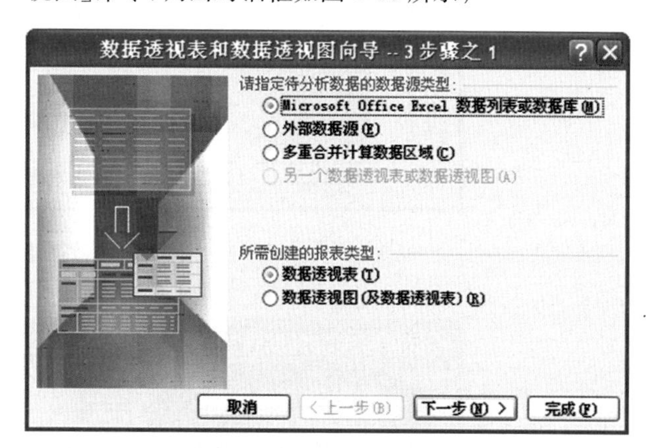

图 4-58　“数据透视表”向导 1 对话框

4) 保持默认状态，单击[下一步]按钮，调出对话框如图 4-59 所示，确定数据清单；

5) 保持默认状态，单击[下一步]按钮，调出对话框如图 4-60 所示；

6) 单击[布局]按钮，调出对话框，如图 4-61 所示；

7) 拖动“销售日期”到“页(P)”，拖动“商品名”到“行(R)”，拖动“商品类型”到“列(C)”(最多可放置 3 列)，“毛利润”拖到“数据(D)”处，如图 4-62 所示；

8) 单击[确定]按钮，返回到如图 4-60 所示界面；

9) 单击[完成]按钮，数据透视表如图 4-63 所示。

☞考点：数据透视表的建立

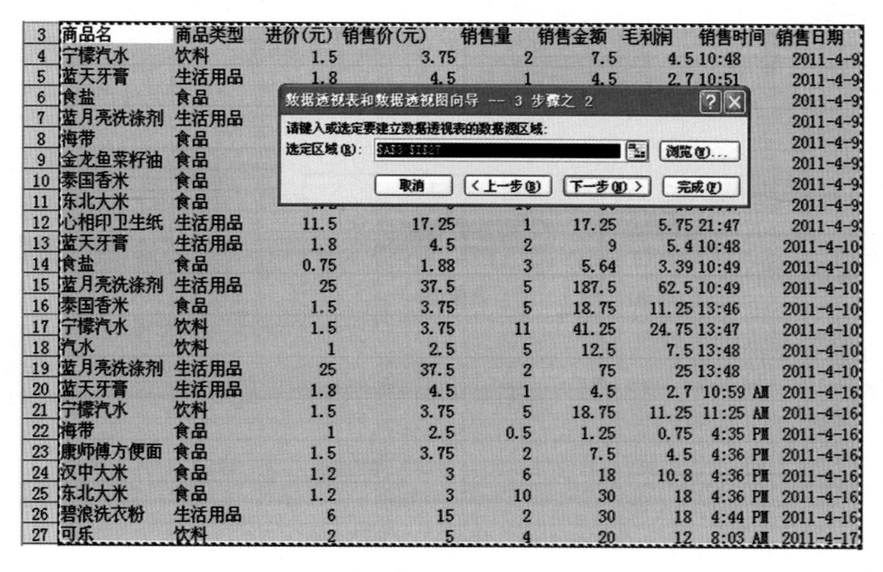

3	商品名	商品类型	进价(元)	销售价(元)	销售量	销售金额	毛利润	销售时间	销售日期
4	宁檬汽水	饮料	1.5	3.75	2	7.5	4.5	10:48	2011-4-9
5	蓝天牙膏	生活用品	1.8	4.5	1	4.5	2.7	10:51	2011-4-9
6	食盐	食品							2011-4-9
7	蓝月亮洗涤剂	生活用品							2011-4-9
8	海带	食品							2011-4-9
9	金龙鱼菜籽油	食品							2011-4-9
10	泰国香米	食品							2011-4-9
11	东北大米	食品							2011-4-9
12	心相印卫生纸	生活用品	11.5	17.25	1	17.25	5.75	21:47	2011-4-9
13	蓝天牙膏	生活用品	1.8	4.5	2	9	5.4	10:48	2011-4-10
14	食盐	食品	0.75	1.88	3	5.64	3.39	10:49	2011-4-10
15	蓝月亮洗涤剂	生活用品	25	37.5	5	187.5	62.5	10:49	2011-4-10
16	泰国香米	食品	1.5	3.75	5	18.75	11.25	13:46	2011-4-10
17	宁檬汽水	饮料	1.5	3.75	11	41.25	24.75	13:47	2011-4-10
18	汽水	饮料	1	2.5	5	12.5	7.5	13:48	2011-4-10
19	蓝月亮洗涤剂	生活用品	25	37.5	2	75	25	13:48	2011-4-10
20	蓝天牙膏	生活用品	1.8	4.5	1	4.5	2.7	10:59 AM	2011-4-16
21	宁檬汽水	饮料	1.5	3.75	5	18.75	11.25	11:25 AM	2011-4-16
22	海带	食品	1	2.5	0.5	1.25	0.75	4:35 PM	2011-4-16
23	康师傅方便面	食品	1.5	3.75	2	7.5	4.5	4:36 PM	2011-4-16
24	汉中大米	食品	1.2	3	6	18	10.8	4:36 PM	2011-4-16
25	东北大米	食品	1.2	3	10	30	18	4:36 PM	2011-4-16
26	碧浪洗衣粉	生活用品	6	15	2	30	18	4:44 PM	2011-4-16
27	可乐	饮料	2	5	4	20	12	8:03 AM	2011-4-17

图 4-59　透视数据源

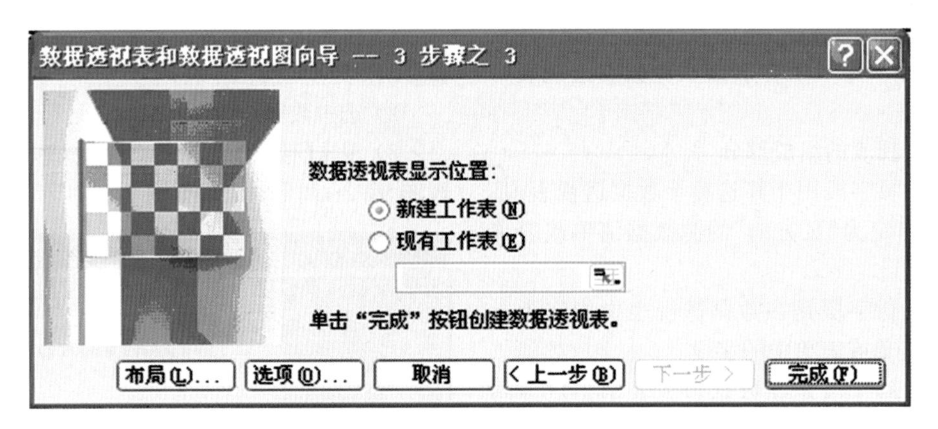

图 4-60 “数据透视表”向导 3 对话框

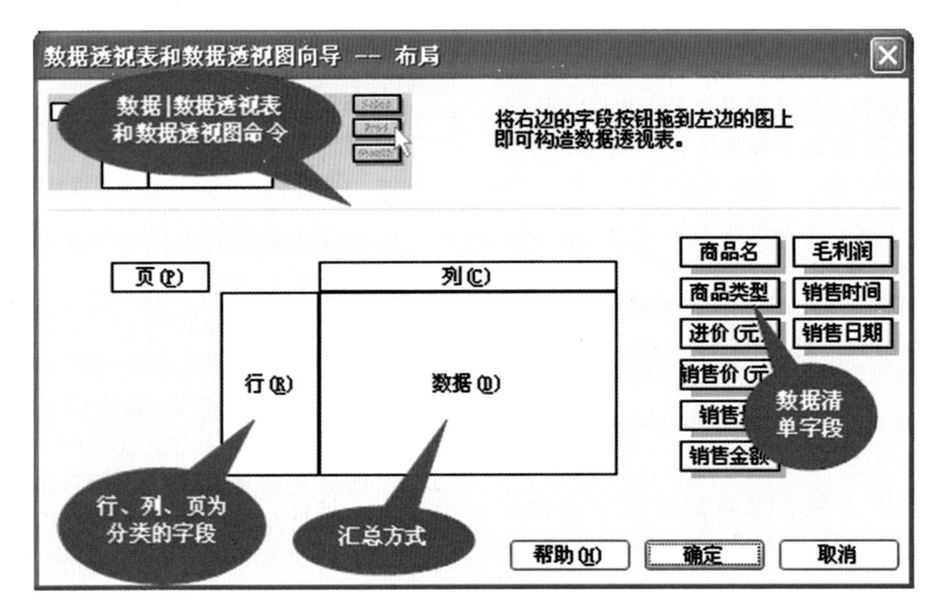

图 4-61 “布局”对话框

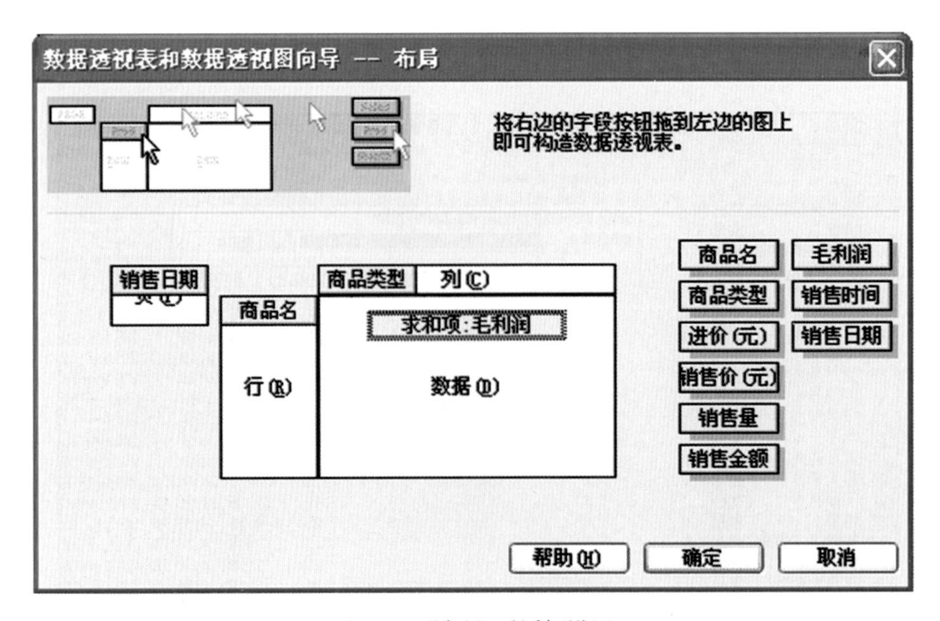

图 4-62 “布局”对话框设置

	A	B	C	D	E
1	销售日期	(全部)			
2					
3	求和项:毛利润	商品类型			
4	商品名	生活用品	食品	饮料	总计
5	碧浪洗衣粉	18			18
6	东北大米		36		36
7	海带		6.75		6.75
8	汉中大米		10.8		10.8
9	金龙鱼菜籽油		45		45
10	康师傅方便面		4.5		4.5
11	可乐			12	12
12	蓝天牙膏	10.8			10.8
13	蓝月亮洗涤剂	112.5			112.5
14	宁檬汽水			40.5	40.5
15	汽水			7.5	7.5
16	食盐		12.43		12.43
17	泰国香米		33.75		33.75
18	心相印卫生纸	5.75			5.75
19	总计	147.05	149.23	60	356.28

数据透视表字段列表
将项目拖至数据透视表
商品名
商品类型
进价(元)
销售价(元)
销售量
销售金额
毛利润
销售时间
销售日期
添加到　行区域
数据透视表
数据透视表(P)

图 4-63　数据透视效果

	A	B	C	D	E	F
1	销售日期	2011-4-10				
2						
3			商品类型			
4	商品名	数据	生活用品	食品	饮料	总计
5	蓝天牙膏	求和项:毛利润	5.4			5.4
6		求和项:销售金额	9			9
7	蓝月亮洗涤剂	求和项:毛利润	87.5			87.5
8		求和项:销售金额	262.5			262.5
9	宁檬汽水	求和项:毛利润			24.75	24.75
10		求和项:销售金额			41.25	41.25
11	汽水	求和项:毛利润			7.5	7.5
12		求和项:销售金额			12.5	12.5
13	食盐	求和项:毛利润		3.39		3.39
14		求和项:销售金额		5.64		5.64
15	泰国香米	求和项:毛利润		11.25		11.25
16		求和项:销售金额		18.75		18.75
17	求和项:毛利润汇总		92.9	14.64	32.25	139.79
18	求和项:销售金额汇总		271.5	24.39	53.75	349.64

图 4-64　多数据项透视效果

(3) 数据透视表中的交互式操作

1) 在数据透视表中，如果想得到某一天各类商品的毛利润情况，可以单击页处“销售日期(全部)”旁的下黑三角，在下拉列表框中选日期实现。

2) 若想得到某天各类商品的销售金额汇总情况，可将“数据透视字段列表”中的“销售金额”拖到数据区中就能实现。结果如图 4-64 所示。

3) 若想得到某种商品的销售金额和毛利润汇总情况，可在行“商品名”旁单击黑三角，在下拉列表框中去掉其他商品名实现。

4) 若想改变汇总方式，可在“数据透视表”工具栏中选“设置字段”按钮，在调出的对话框中选择计算方式。

5) 若想行与列交换位置汇总，只需拖动行与列上的字段交换位置。

6) 若想看某项汇总数据的明细，只需选中汇总数据，然后双击就产生一张明细数据新工作表；

7) 若数据源区的数据有所改变时，可在数据透视图选中数据汇总区的数据，单击“数据透视”工具栏中更新按钮。但扩大数据源区不能更新。

12. 数据图表　为了对数据清单的数据分析更直观明了，可以用插入图表的方式表示数据变化规律。在 Excel 2003 中有两类图表，如果建立的图表和数据是放置在一起的，这样图和表的结合就比较紧密、清晰、明确，更便于对数据的分析和预测，称为内嵌图表。如果要建立的工作表不和数据放在一起，而是单独占用一张工作表，称为图表工作表，也叫独立图表工作表。

(1) 创建数据图表：在 Excel 2003 中可以使用多种方法建立图表，下面介绍其中的几种。

用“图表”工具栏建立图表的操作步骤如下：

1) 单击【视图】菜单→选[工具栏]→选[图表]命令，调出“图表”工具栏，如图 4-65 所示。

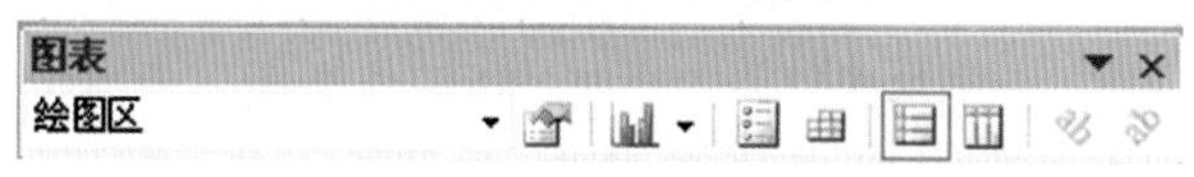

图 4-65　“图表”工具栏

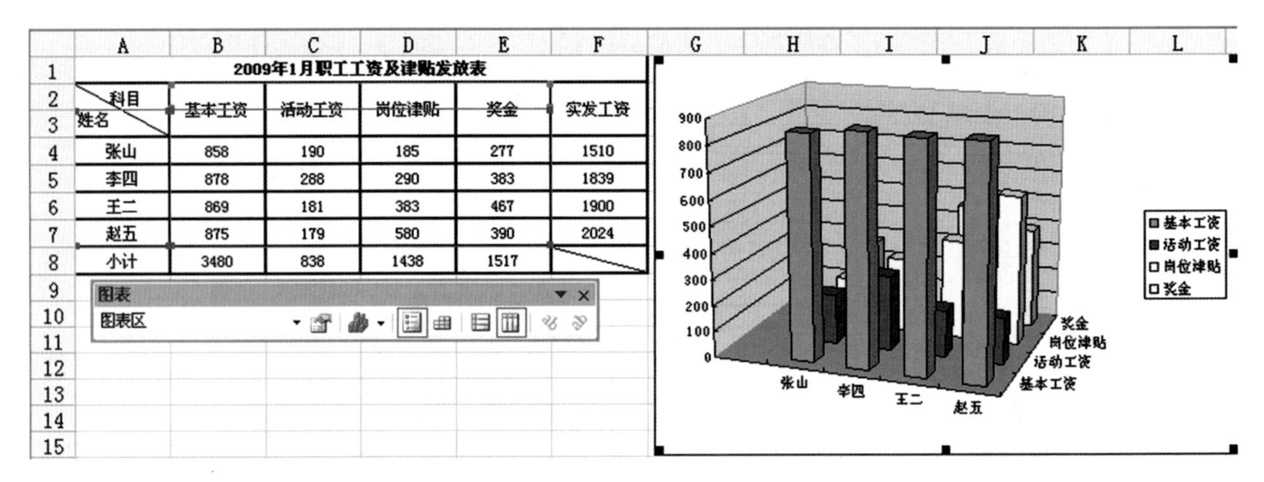

科目 / 姓名	基本工资	活动工资	岗位津贴	奖金	实发工资
张山	858	190	185	277	1510
李四	878	288	290	383	1839
王二	869	181	383	467	1900
赵五	875	179	580	390	2024
小计	3480	838	1438	1517	

图 4-66 “三维柱形图”图表效果

2）选择用于创建图表的数据，如选中工作簿“职工工资及资金 . xls”中的“Sheet1”表的“姓名”，“基本工资”，“活动工资”，“岗位津贴”和“奖金”数据单元格区域。

3）单击“图表”工具栏中的“图表类型”按钮的“黑三角”。

4）在下拉列表框中选择所需要的图表类型，如选“三维柱形图”，就创建一个嵌入式图表，结果如图 4-66 所示。

5）用【插入】菜单中的[图表]向导功能或工具栏中的图表按钮 打开图表向导。

6）实例 将“师资比例 . xls”中的工作表中“职称”和“所占百分比”的数据用图表中“饼形图”表示，嵌入在工作表中，标题为“师资职称百分比”，有图例，数据标志为“百分比”。

操作步骤如下：

a. 打开“师资比例 . xls”，选中数据源：A2：A6 和 C2：C6；

b. 单击“工具”栏中图表向导按钮 ，在调出对话框中选“饼图”，如图 4-67 所示；

c. 单击[下一步]按钮，确定数据源；

d. 再单击[下一步]按钮，确定行或列；

e. 再单击[下一步]按钮，在“图表标题”中输入“师资职称百分比”；

f. 在“数据标志”中选“百分比”，单击[下一步]按钮；

g. 将图表作为嵌入式插入到“Sheet1”工作表中，单击[完成]按钮，结果如图 4-68 所示。

选择图表类型时要根据实际情况选择适合图形表示。一般反映数据大小时，可选“柱形图”，表示函数关系时，可选“折线图”中的“平滑散点图”，如 $y=1+2\sin(x)$的图像，如图 4-69 所示。

（2）修改图表：图表做好后，对图表的类型、数据

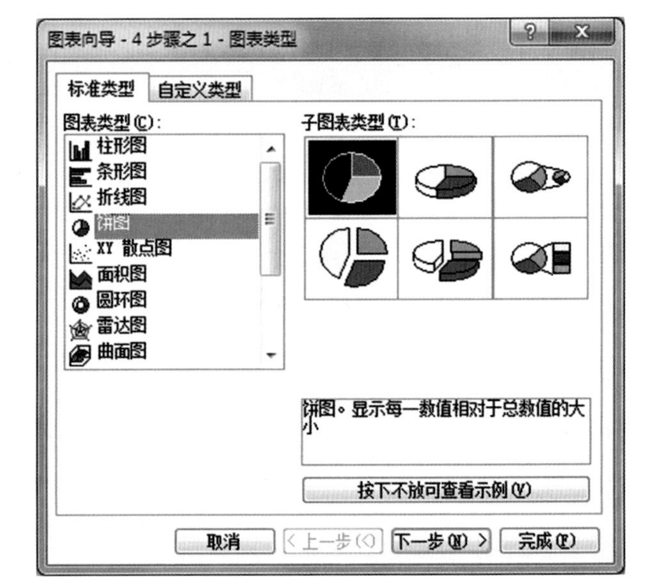

图 4-67

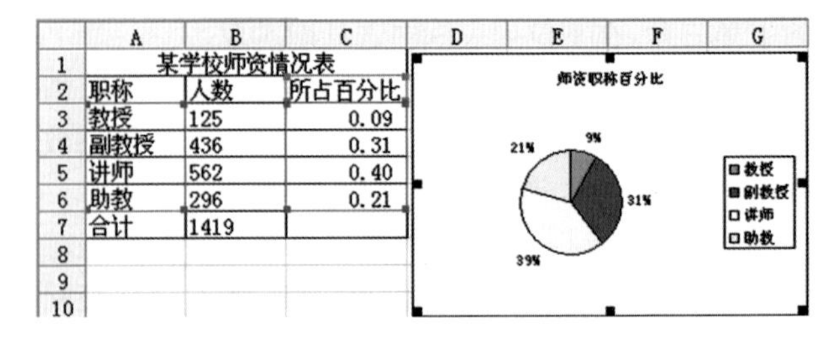

职称	人数	所占百分比
教授	125	0.09
副教授	436	0.31
讲师	562	0.40
助教	296	0.21
合计	1419	

图 4-68 某学校师资职称百分比“饼图”效果

源、图表选项等都可以随时修改添加。

A. 添加图表中的数据

使用智能菜单【图表】（选中图表后“图表”菜单才会出现）添加图表数据，操作步骤如下：

1）先在工作表内输入要添加的数据；

2）单击图表区，使其处于选定状态；

3）单击【图表】菜单→选[添加数据]命令，调出“添加数据”对话框；

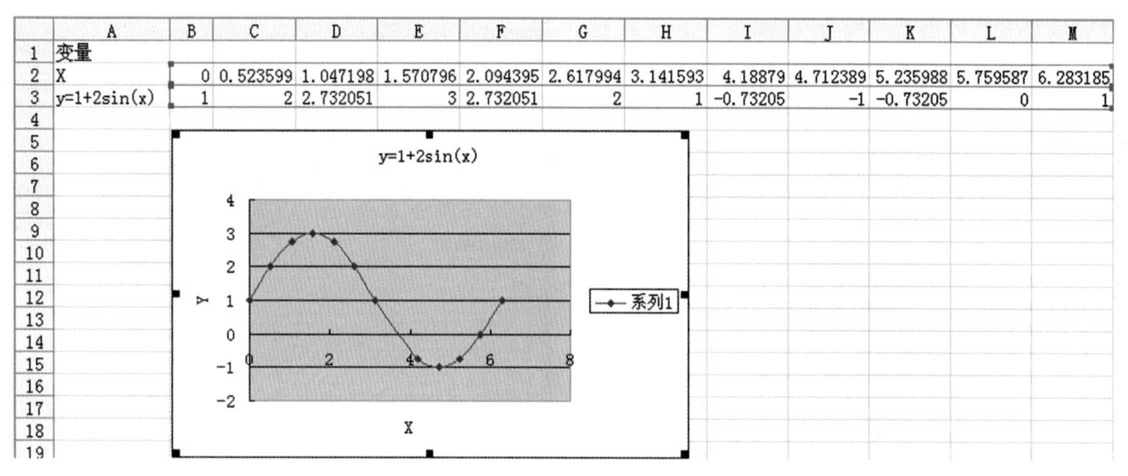

	A	B	C	D	E	F	G	H	I	J	K	L	M
1	变量												
2	X	0	0.523599	1.047198	1.570796	2.094395	2.617994	3.141593	4.18879	4.712389	5.235988	5.759587	6.283185
3	y=1+2sin(x)	1	2	2.732051	3	2.732051	2	1	-0.73205	-1	-0.73205	0	1

图 4-69　正弦函数图像“折线图”效果

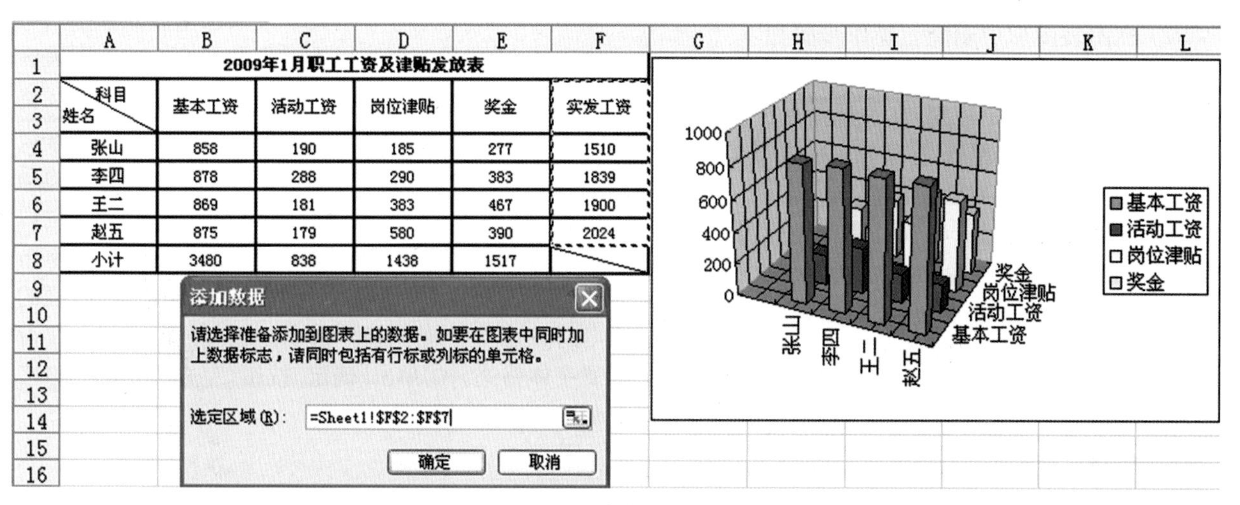

2009年1月职工工资及津贴发放表					
科目 / 姓名	基本工资	活动工资	岗位津贴	奖金	实发工资
张山	858	190	185	277	1510
李四	878	288	290	383	1839
王二	869	181	383	467	1900
赵五	875	179	580	390	2024
小计	3480	838	1438	1517	

图 4-70　图表中添加数据源

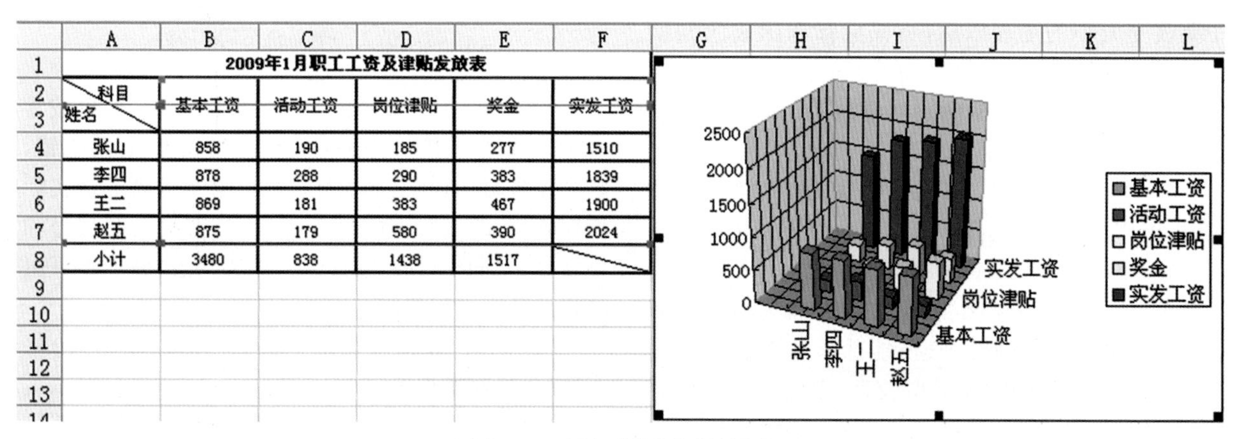

2009年1月职工工资及津贴发放表					
科目 / 姓名	基本工资	活动工资	岗位津贴	奖金	实发工资
张山	858	190	185	277	1510
李四	878	288	290	383	1839
王二	869	181	383	467	1900
赵五	875	179	580	390	2024
小计	3480	838	1438	1517	

图 4-71　添加数据源后的图表

4）在“选定单元格区域”文本框中输入数据的单元格区域，或单击“折叠对话框”按钮选择单元格区域，如图 4-70 所示；

5）单击[确定]按钮。

上述操作完成后，数据就被添加到图表中了，如图 4-71 所示。

B. 删除图表中的数据

对于不必要在图表中出现的数据，可以从图表中将其删除而不改变工作表中的数据。有两种方法可以实现。

1）在数据区使用“选定柄”。①选中图表区，在图表区中单击要删除的序列选中，如“实发工资”，如

图 4-72 所示;②在数据区中向上拖动选定柄,将数据区中的图表数据区移走即可;③若有"图例",则选中"图例",右击删除序列的相关信息,在快捷菜单中选[清除]去除多余信息。

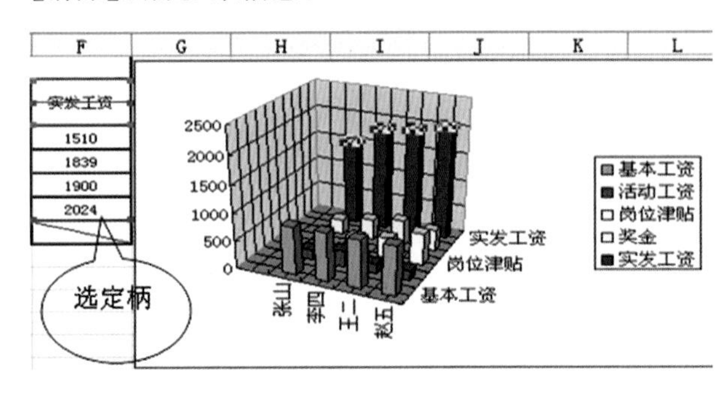

图 4-72 图表中选"实发工资"删除序列

2) 在图表图形中删除。操作步骤如下:①单击图表,使其处于选中状态;②在图表图形中选定要删除的序列;③右击选中序列,在快捷菜单中选[清除]命令或单击【编辑】菜单→选[清除]→选[系列]命令。这时图表中选定的序列已被删除。

3) 移动、调整图表。在工作表中创建了图表后,可以重新调整图表的位置和大小,在移动和改变图表大小之前要用鼠标单击图表,使其呈选中状态,即图表的周围出现有 8 个句柄的边框,这时名称栏中的名称是"图表 1"。①命名图表:选中要命名的图表后,单击"名称"栏,输入新的名字,单击 Enter 键,就可以完成图表的命名。②移动图表:选中要移动的图表以后,将鼠标指针放在图表区空白的任意一个位置上,然后用鼠标拖曳到新的位置。③改变图表的大小:选中要改变大小的图表以后,将鼠标移到图表的句柄上,拖曳鼠标,就可以改变图表的大小。

4) 复制图表。复制图表与复制单元格中数据的方法相同。

5) 改变图表类型。若对已建立的图表类型不满意时,用户可以重新选择。简单的方法是调出"图表"工具栏,单击"图表"工具栏中的"图表类型"按钮的向下箭头,从中选择所需要的图表类型,就可以完成图表类型的更改,但这种方法所能选择的图表类型较少,如果要求选择的图表类型较多,则应使用菜单命令,其操作步骤如下:①单击图表单元格区域,选定图表。②单击【图表】菜单→选[图表类型]命令,调出"图表类型"对话框。在"图表类型"列表框中选择图表类型,在"子图表类型"列表框中选择图表的样式。③单击[确定]按钮,就可以更改图表的类型。

6) 添加图表选项。一个图表建成后,若发现有些选项遗漏了,如标题等。可选中图表图形,单击【图表】菜单→选[图表选项]命令,调出"图表选项"对话框,如图 4-73 所示,添加相应选项。

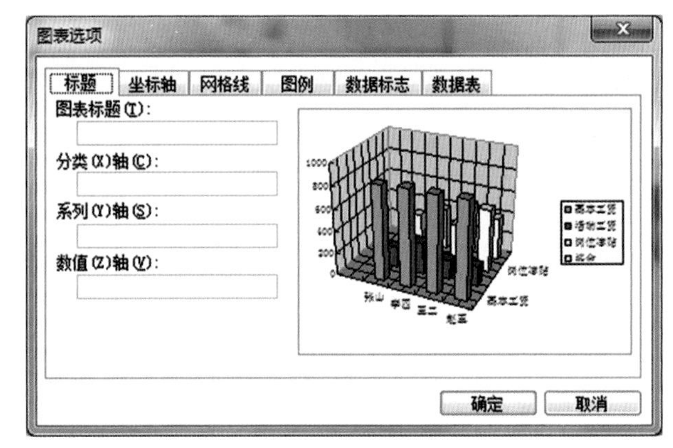

图 4-73 "图表选项"对话框

7) 设置图表区格式。图表区指用来存放图表的矩形单元格区域。Excel 允许修改整个图表区中的文字字体、设置填充图案以及对象的属性。改变图表区格式的操作步骤如下:①双击图表区,调出"图表区格式"对话框,单击"图案"选项卡。在"边框"栏设置边框的颜色和样式;在"单元格区域"栏设置填充的颜色,单击"填充效果"按钮可以调出"填充效果"对话框,其使用方法与设置绘图区填充效果相同。②单击"字体"选项卡(该选项卡与"单元格格式"对话框的"字体"选项卡操作基本相同,不再赘述),根据需要设置字体格式。③单击[确定]按钮,完成图表单元格区域的格式设置。

☞考点:图表的建立、编辑和修改以及修饰

操作技巧:修改图表,添加选项,都可先选中图表区,右击鼠标,在快捷菜单中选择相关命令来完成。

4.3.3 实 施 方 案

1. 完成"营业员操作表"的操作设计 如果按常规录入数据,营业员势必输入信息量较大,容易出错,顾客较多时,时间也不允许。我们必须为营业员实际操作着想,改进数据的录入方式,只需输入商品号和销售量,日期和时间,就能录入相关信息,并能计算出销售金额。设计步骤如下:

(1) 打开"超市经营表 .xls"工作簿,单击"价格表"变为当前操作表;

(2) 单击"商品名",在常用工具栏中单击升序 A↓Z 按钮;

(3) 单击"营业员操作表"变为当前操作表;

(4) 在"商品名"列 B4 中输入公式"=VLOOKUP(A4,价格表! \$A:\$B,2,FALSE)";

(5) 在"商品类型"列 C4 中输入公式"=VLOOKUP(A4,价格表! \$A:\$E,5,FALSE)";

(6) 在"销售价"列 D4 中输入公式"=LOOKUP(B4,价格表! \$B:\$B,价格表! \$D:\$D)";

B4 =VLOOKUP(A4,价格表!$A:$B,2,FALSE)

	A	B	C	D	E	F	G	H
1	彩虹小小超市营业情况表							
2	当前日期:	2011-5-16				当前时间:	16:41	
3	商品号	商品名	商品类型	销售价(元)	销售量	销售金额	销售时间	销售日期
4		#N/A	#N/A	#N/A		#N/A		
5		#N/A	#N/A	#N/A		#N/A		
6		#N/A	#N/A	#N/A		#N/A		
7		#N/A	#N/A	#N/A		#N/A		
8		#N/A	#N/A	#N/A		#N/A		
9		#N/A	#N/A	#N/A		#N/A		
10		#N/A	#N/A	#N/A		#N/A		
11		#N/A	#N/A	#N/A		#N/A		
12		#N/A	#N/A	#N/A		#N/A		
13		#N/A	#N/A	#N/A		#N/A		
14		#N/A	#N/A	#N/A		#N/A		
15		#N/A	#N/A	#N/A		#N/A		
16		#N/A	#N/A	#N/A		#N/A		
17		#N/A	#N/A	#N/A		#N/A		

图 4-74 “营业员操作表”设计效果

(7) 在“销售金额”列F4中输入公式“=D4 * E4”;

(8) 单击【编辑】菜单→选[定位]命令,调出“定位”对话框,输入B4:F65536,单击[确定]按钮,选中B4:F65536单元格区域;

(9) 按Ctrl+D组合键,向下填充完成复制公式,如图4-74所示;

(10) 单击【文件】菜单,选[另存为]命令,取名保存设计好的工作簿。其余数据由操作员临时输入,数据输入后对应信息会自动出现。要想得到一个顾客的总金额,可选中顾客所购买的所有销售金额,右击状态栏中“数字”在快捷菜单中选“求和”选项,在状态栏中就会显示出顾客的总金额。

2. 完成“毛利润结算表”的数据统计 将营业员已输入的数据作为依据完成店主所想要的统计数据。操作步骤如下:

(1) 分别将“营业员操作表”中商品名、商品类型、销售价、销售量、销售金额、销售时间及销售日期用[选择性粘贴]命令中的“数值和格式”选项,复制到“毛利润结算表”中的对应位置;

(2) 在“进价”列C4单元格中,输入公式“=LOOKUP(A4,价格表! $B:$B,价格表! $C:$C)”,双击C4“填充柄”得到所有商品进价;

(3) 在“毛利润”列G4单元格中输入公式“=(D4-C4) * E4”双击C4“填充柄”得到所有商品的毛利润;

(4) 要想得到当日以前各类商品的毛利润,用前面所学的数据透视功能实现。

4.4 Excel 2003的电子表打印

在Excel 2003中,完成了数据编辑、数据工作表格式设计及数据统计与分析等工作,但最终还需要按一定要求形成报表打印出需要的数据和分析结果。

4.4.1 任 务

营业员怎样打印出一位顾客所购商品的清单?

4.4.2 相关知识与技能

1. 页面设置 在前面所介绍工作表的设置过程中,并没有涉及用多大的纸张、打印时页边距是多少等问题,这些问题都是在页面设置中进行的。

(1) 设置页面

1) 单击【文件】菜单→选[页面设置]命令,调出“页面设置”对话框。单击“页面”选项卡,如图4-75所示。

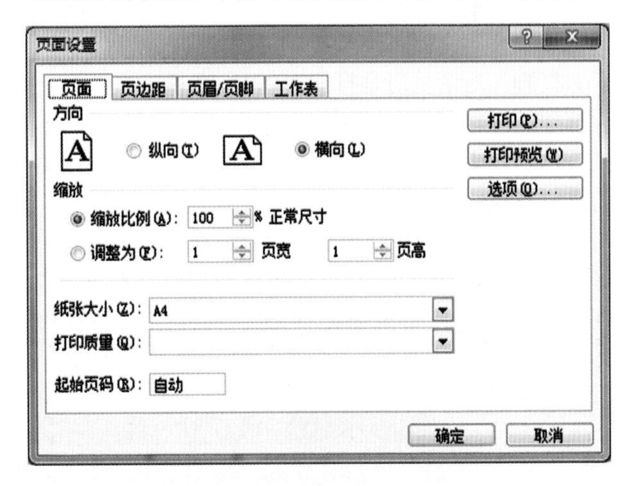

图 4-75 “页面”页面设置对话框

2) 在“方向”栏中,选中“纵向”或“横向”单选钮,设置打印方向。

3) 在“缩放”栏中,可指定工作表的缩放比例。选中“缩放比例”单选钮,可在“缩放比例”数字选择框中指定工作表的缩放比例。工作表可被缩小到正常尺寸的10%,也可被放大到400%。默认的比例是100%。选中“调整为”单选钮,则工作表的缩放以页为单位。

4）在“纸张大小”下拉列表框中，选择所需的纸张大小。

5）在“打印质量”下拉列表框中，指定工作表的打印质量。

6）在“起始页码”文本框中，键入所需的工作表起始页的页码。如果要使 Excel 2003 自动给工作表添加页码，请在“起始页码”框中键入“自动”。

7）单击“确定”按钮，完成页面的设置。

（2）设置页边距：单击“文件”→选“页面设置”菜单命令，调出“页面设置”对话框，单击“页边距”选项卡，如图 4-76 所示。

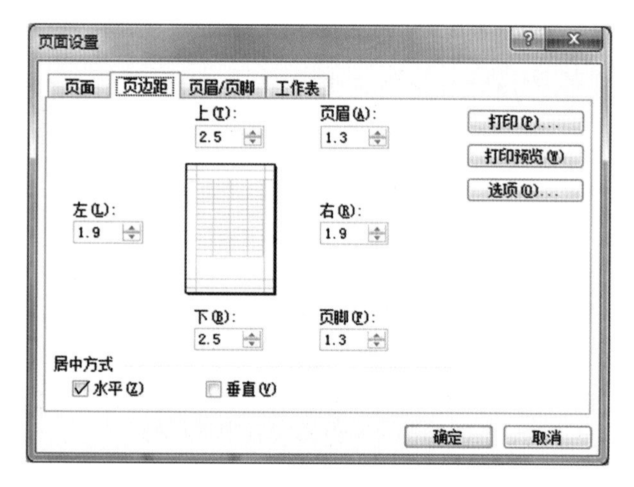

图 4-76 “页距”页面设置对话框

（3）设置页眉和页脚：在“页面设置”对话框中选择“页眉/页脚”选项卡，如图 4-77 所示，可以设置页眉和页脚。所谓页眉是打印文件时，在每一页的最上边打印的主题。在“页眉”列表框中选定需要的页眉，则“页眉”列表框上面的预览单元格区域显示打印时的页眉外观。

所谓页脚是打印在页面下部的内容，如页码等。在“页脚”列表框中选择需要的页脚，则“页脚”列表框下面的预览单元格区域显示打印时的页脚外观。

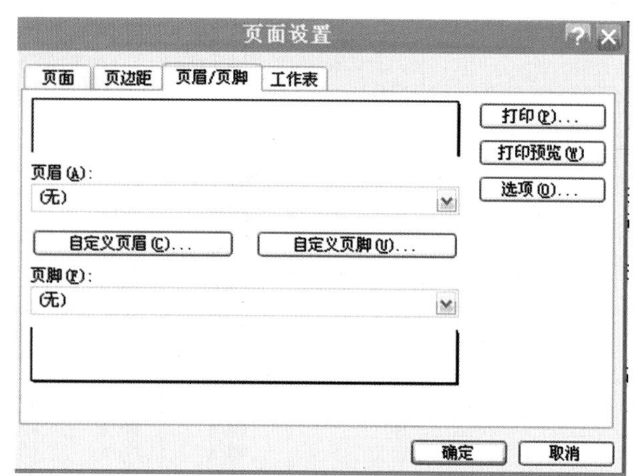

图 4-77 “页眉/页脚”页面设置

除了使用 Excel 所提供的页眉/页脚格式外，还可以自定义页眉/页脚，操作步骤如下：

1）在“页眉/页脚”对话框中，单击“自定义页眉”按钮，调出相应对话框，如图 4-78 所示。

2）这时屏幕上出现一个“页眉”对话框。在该对话框中 3 个文本输入框的含义如下：

左为在该文本框中输入的页眉内容将出现在工作表的左上角；

中为在该文本框中输入的页眉内容将出现在工作表的上方中间；

右为在该文本框中输入的页眉内容将出现在工作表的右上角。

3）若要加入页码、日期、时间、文件名或工作表标签名，将光标移至需要的输入框，单击相应的按钮即可。

4）选定输入框内页眉内容，单击“字体”按钮，可设置页眉的字体格式。

5）单击“确定”按钮，则在“页眉/页脚”选项卡中显示刚才定义的页眉。

单击“自定义页脚”按钮，可以自定义页脚，其方法与自定义页眉相同。

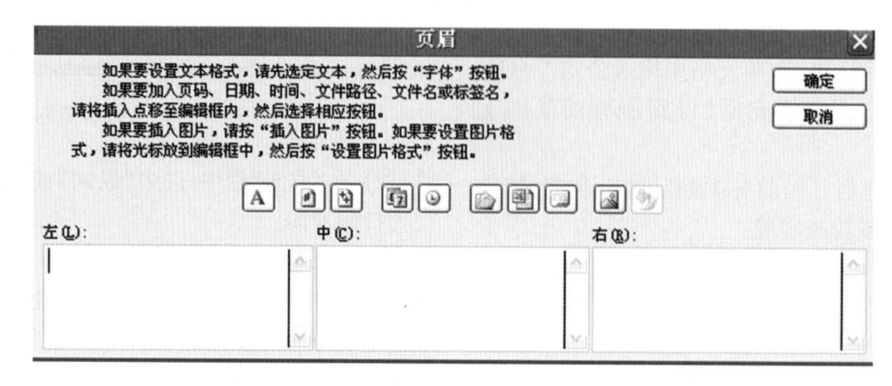

图 4-78 “自定义页眉”页面设置

(4) 设置工作表的打印格式：单击“页面设置”对话框中的“工作表”选项卡，如图4-79所示，在该对话框中可以设置工作表的打印格式。

1) 设置打印单元格区域：Excel 2003允许打印工作表的某一部分单元格区域，单击“打印单元格区域”右边的“折叠”按钮，可以选择打印的单元格区域。

2) 设置打印标题：当打印一张较长的工作表时，常常需要在每一页上打印行或列标题。Excel 2003允许指定行标题、列标题或二者兼有。①单击“顶端标题行”右边的“折叠”按钮，指定打印在每页上端的行标题。②单击“左端标题列”右边的“折叠”按钮，指定打印在每页左端的列标题。

各项设置完毕后，单击[确定]按钮生效。可用打印预览看到打印效果。

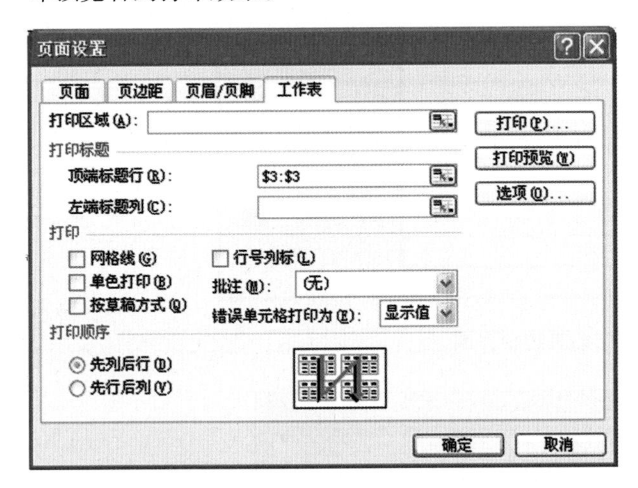

图4-79　“工作表”页面设置

☞考点：页面设置

操作技巧： 页面设置时，当希望在每一页都出现的内容，如大标题、日期等，把它放在页眉/页脚中；当表格数据太多，多页才能输出，需要标题在多页出现时，设置列或行标题；当打印范围固定时，可设置打印区域。

2. 打印区域设置　Excel 2003在打印时，默认按工作表打印。有时我们只想打印工作表中某一部分内容，但又不固定，我们可以设置打印区域，打印后取消打印区域。操作步骤如下：

(1) 选中要打印的数据区，如在“营业员操作表”中选一顾客所购商品清单及金额；

(2) 单击【文件】菜单→选[打印区域]命令→选[设置打印区域]命令；

(3) 打印后，单击【文件】菜单→选[打印区域]命令→选[取消打印区域]命令。

注意： 一旦设置了打印区后，无论你用工具栏中的“打印”按钮，还是用打印快捷键“Ctrl+P”，都只能打印“打印区”中的数据。

3. 打印预览和打印工作表

(1) 打印预览：在Excel 2003中采用了所见即所得的技术，一个文档在打印输出之前，通过打印预览命令可在屏幕上观察文档的打印效果，在打印预览的状态下还可以依据所显示的情况进行相应参数的调整。

在工具栏中单击“打印预览”按钮或单击【文件】菜单→选[打印预览]命令，调出“打印预览”窗口。在该窗口的最上面有一些命令按钮，通过这些命令按钮，可以用不同的方式查看版面效果或调整版面的编排，若单击[页边距]按钮，结果如图4-80所示。在“状态栏”上显示了当前的页号和选定工作表的总页数。

在打印预览时还可以直接进行页边距的调整，其操作步骤如下：

1) 在打印预览状态下，单击“页边距”按钮后，出现一些浅色的线条，这些线条代表所设定的上、下、左、右边界和页眉、页脚的位置。

2) 利用鼠标移动这些线条，可调整线条所代表的位置，以达到最佳的排版效果。

(2) 分页预览：在打印预览状态下如果单击[分页预览]按钮或在编辑状态下单击【视图】菜单→选[分页预览]命令，会切换到分页预览视图模式，蓝色外框包围的部分就是系统根据工作表中的内容自动产生的分页符。

如果要改变打印单元格区域，可以在蓝色的外框上按住鼠标左键不放并拖曳，松开鼠标后即可看到新的打印单元格区域。

如果要回到正常的视图下，可以单击【视图】菜单→选[普通]命令。

☞考点：打印预览

(3) 打印工作表：经过前面的设置，现在可以打印已设置好的工作表了。

A. 普通打印

单击工具栏中的打印按钮，Excel按默认方式打印，只打印选定的工作表中有数据的区域，与选定区域无关；若设置了打印区，就只能打印“打印区”。

B. 有特殊要求的打印

单击【文件】菜单→选[打印]命令或按快捷键“Ctrl+P”，调出“打印内容”对话框，如图4-81所示。可以看出该对话框与Word中的“打印”对话框有许多相同的地方。如在“打印机”栏中，可对打印机进行设置，“打印范围”栏中可以设置打印哪几页，“份数”栏可以设置打印文件的份数等，而“打印内容”栏则与Word有所区别，下面对其进行介绍。

1) 选定单元格区域：选择此项可以打印工作表选定单元格区域中的内容。

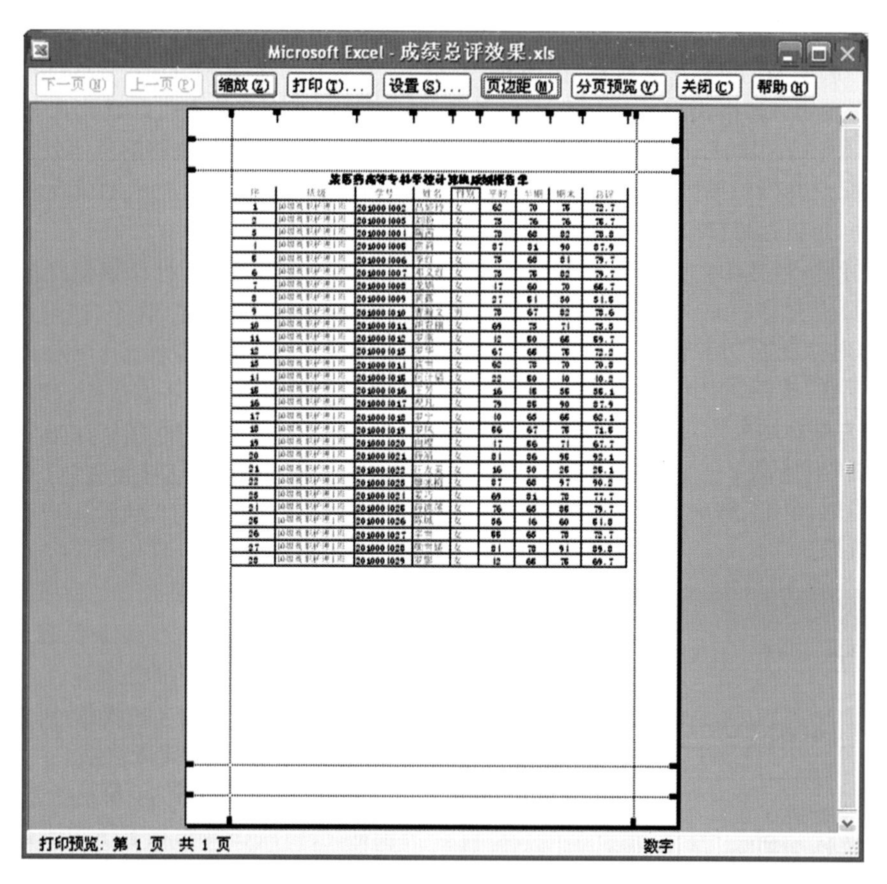

图 4-80 “打印预览”中的页边距界面

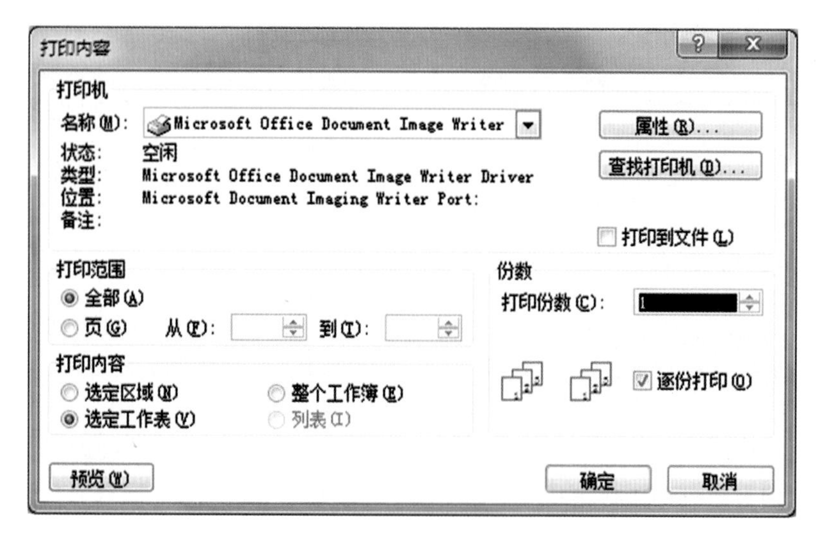

图 4-81 “打印内容”对话框

2）选定工作表：选择此项可以打印当前工作表中的所有数据，即使工作表中定义了单元格区域，也不会考虑；如果希望打印多张工作表，需先把它们设置为一个工作组，然后选择此项。默认情况下，Excel 2003 打印活动工作表。

3）整个工作簿：选择此项可以打印整个工作簿，而不只是当前工作表。

以上设置完成后，单击【确定】按钮，打印机开始打印。

4.4.3 实施方案

营业员打印出一个顾客所购商品的清单的操作方案：

1. 设置打印区域

（1）打开“超市经营表效果.xls”工作簿，在“营业员操作”中自定义页眉：左栏输入“商品名　商品类型　单价　数量　金额”，右栏插入“&[日期]（当前日期）　&[时间]（购买时间）”；

商品名	商品类型	价格	数量	金额	2011-5-18	15:32
蓝月亮洗涤剂	生活用品	37.5	2	75		
海带	食品	2.5	4	10		
金龙鱼菜籽油	食品	67.5	2	135		
泰国香米	食品	3.75	10	37.5		
东北大米	食品	3	10	30		

图4-82　顾客购物清单

(2) 选中一位顾客购物清单,设为打印区域;

(3) 单击工具栏中打印按钮开始打印;

(4) 取消打印区域。

2. 打印时选"选定区域"

(1) 设置页眉内容与上相同,选中一位顾客购物清单;

(2) 按"Ctrl+P"调出"打印内容"对话框,选"选定区域",单击[确定]按钮。打印结果如图4-82所示。

4.5　Excel 2003的数据保护

信息的保护很多情况归结为对数据的保护,数据的安全十分重要,大家一定要非常重视。除了对重要数据文件要经常性地备份外,还要防止信息地泄密。

4.5.1　任　　务

经过多日的辛劳,总算完成了数据的录入、数据的统计,得到了有用的数据分析结果。为了保护自己劳动成果和数据不被非法篡改,可采用哪些措施?

4.5.2　相关知识与技能

保护工作簿能有效防止信息的泄露;保护工作表可以防止别人篡改数据和不想让人非法享用你的劳动成果,可以将公式隐藏,只能看见运算结果而不能看见算法。

1. 工作簿的保护

(1) 工作簿文件保护:可以用添加密码来保护数据文件,打开工作簿时必须要输入正确密码后才能进入。添加密码的操作步骤:

1) 单击【工具】菜单→[选项(O)]命令,调出对话框,如图4-83所示。选"安全性"标签。

2) 输入密码回车。

3) 再次重复输入同一密码确认。

4) 单击[确定]按钮完成。

(2) 工作簿元素保护

1) 单击【工具】菜单→选[保护]命令→选[保护工作簿]命令。

2) 请执行下列一项或多项操作:如果要保护工作簿的结构,请选中"结构"复选框,这样工作簿中的工作表将不能进行移动、删除、隐藏、取消隐藏或重新命名,而且也不能插入新的工作表。如果要保护窗口以便在每次打开工作簿时使其具有固定的位置和大小,请选中"窗口"复选框。若要禁止其他用户撤销工作簿保护,请键入密码,接着单击[确定]按钮,然后重新键入密码加以确认。

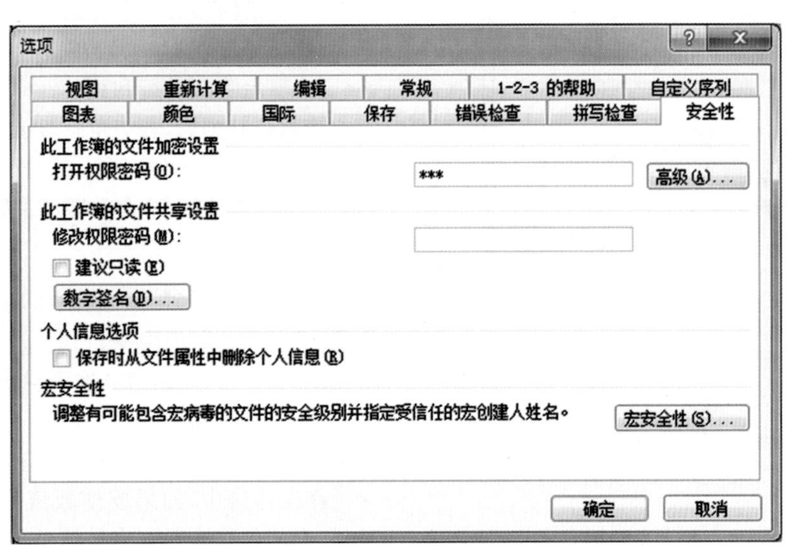

图4-83　"选项"对话框中"安全性"设置

2. 工作表的保护 在一个工作簿文件中,可以对其中某一张工作表的数据进行保护,以防数据被恶意篡改。

(1) 隐藏公式:只显示运算结果,有效地保护你的算法。

其具体操作步骤如下:

1) 请切换到需要实施保护的工作表。

2) 选定隐藏公式的单元格区域,单击【格式】菜单→选[单元格]命令,调出"单元格格式"对话框,如图4-84所示,单击"保护"选项卡。

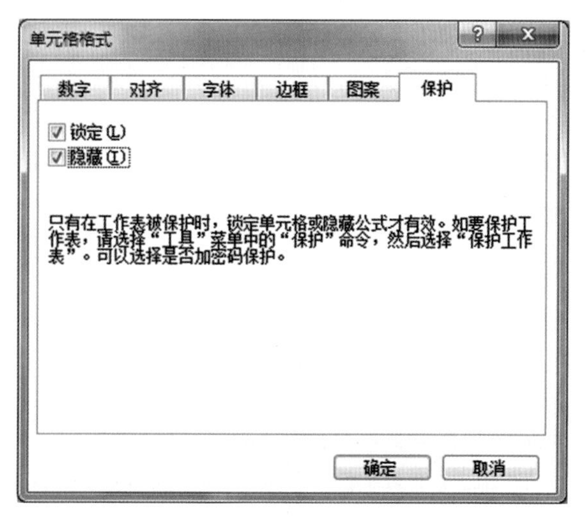

图4-84 "单元格格式"对话框中的保护设置

3) 选中"隐藏"复选框,单击[确定]按钮。

4) 单击【工具】菜单→选[保护]→选[保护工作表]菜单命令,调出"保护工作表"对话框。在"取消工作表保护时使用的密码"文本框中输入密码,如图4-85所示,单击[确定]按钮。

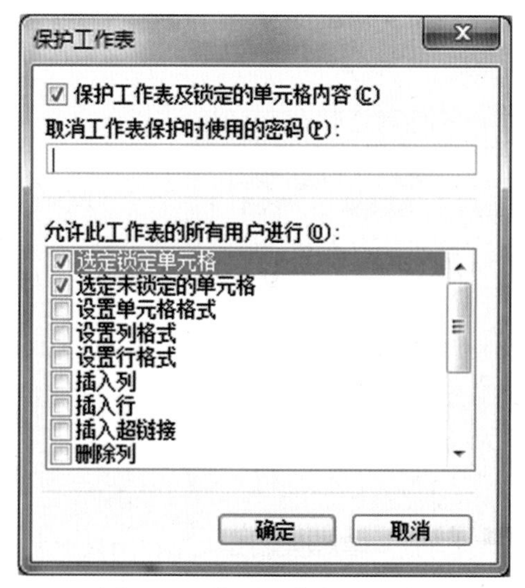

图4-85 "保护工作表"对话框

注:该密码是可选的。但是,如果您没有使用密码,则任何用户都可取消对工作表的保护,并能随意更改受保护的元素。请记住了所选的密码,因为如果丢失了密码,您就不能访问工作表上受保护的元素。

5) 保存工作簿。

(2) 取消隐藏公式

其操作步骤如下:

1) 单击【工具】菜单→选[保护]命令→选[撤销工作表保护]命令。

如果在保护工作表时输入了密码,这时会调出"撤销工作表保护"对话框,要求输入密码,密码正确后才继续往下进行。密码不正确,则会调出警告对话框。

2) 单击【格式】菜单→选[单元格]命令,调出"单元格格式"对话框,单击"保护"选项卡。

3) 清除"隐藏"复选框,单击[确定]按钮即可。

4) 保存工作簿。

(3) 锁定单元格:锁定单元格就是不准别人修改数据。其操作步骤如下:

1) 切换到要锁定的工作表;

2) 选中要保护的单元格区域;

3) 单击【格式】菜单→选[单元格]命令,调出"单元格格式"对话框,单击"保护"选项卡;

4) 只"锁定"复选框,单击[确定]按钮;

5) 单击【工具】菜单→选[保护]命令→选[保护工作表]命令,两次输入密码;

6) 保存工作簿。

(4) 隐藏数据

A. 隐藏行和列

当工作表太宽,在屏幕上显示不下的时候,可以隐藏一些暂不关注的行和列。

隐藏行(列)的具体操作步骤如下:

1) 选定要隐藏的行(列);

2) 单击【格式】菜单→选"行(列)"→选[隐藏]菜单命令,则选定的行(列)被隐藏。如图4-86所示;

B. 显示隐藏的行和列

隐藏行和列后,若想重新显示它们,需要选中包含隐藏行(列)两侧的行(列),单击【格式】菜单→选"行(列)"→选[取消隐藏]命令即可。如图4-87所示。

☞考点:数据隐藏

操作技巧: Ctrl+9 隐藏活动单元格所在的行,Ctrl+Shift+9 取消隐藏行;Ctrl+0 隐藏活动单元格所在的列,Ctrl+Shift+0 取消隐藏列。

C. 零的隐藏

在"选项"对话框中设置零值的显示和隐藏

在工作表中,如果要使数值为"0"的单元格禁止显示,会使工作表看起来较清洁、易阅读,其操作步骤如下。

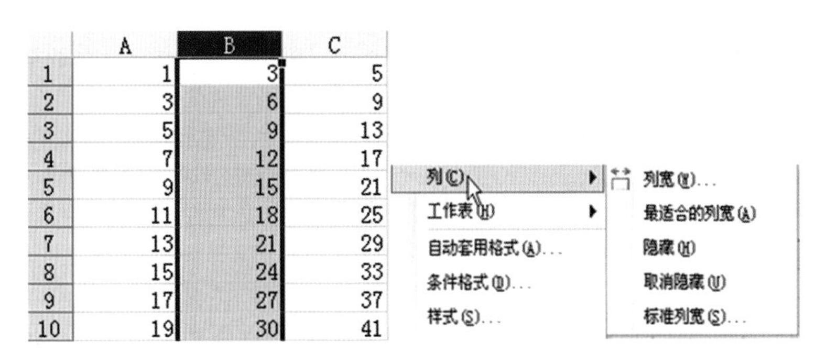

图 4-86　选中隐藏列(B 列)

图 4-87　选中要“取消隐藏列”的前后两列

1) 单击【工具】菜单→选[选项]命令，调出“选项”对话框，单击“视图”选项卡。

2) 在“窗口选项”中的清除“零值”复选框。

3) 单击[确定]按钮。

如果要使零值再次出现，只要选中“零值”复选框即可。

D. 把数据彻底隐藏起来

工作表中部分单元格的内容不想让浏览者查阅，只好将它隐藏起来了。

1) 选中需要隐藏内容的单元格(单元格区域)，单击【格式】菜单→选[单元格]命令，调出“单元格格式”对话框，在“数字”标签的“分类”下面选中“自定义”选项，然后在右边“类型”下面的方框中输入“;;;”(三个英文状态下的分号)。

2) 再切换到“保护”标签下，选中其中的“隐藏”选项，按[确定]按钮退出。

3) 单击【工具】菜单→选[保护]→选[保护工作表]命令，打开“保护工作表”对话框，设置好密码后，单击[确定]按钮返回。

经过这样的设置以后，上述单元格中的内容不再显示出来，就是使用 Excel 的透明功能(选中的单元格能显示内容)也不能让其现形。

提示：在“保护”标签下，请不要清除“锁定”前面复选框中的“√”号，这样可以防止别人删除你隐藏起来的数据。

4.5.3　实 施 方 案

(1) 对含有重要数据的工作簿文件，可备份文件，并添加打开密码。

(2) 只供别人阅览的数据，应将对数据单元格锁定，并对数据工作表加解锁密码，防止别人修改。

技能训练 4-1　Excel 2003 基本操作

1. 在 Excel 系统中按以下要求完成表 4-2，文件存于自测文件夹中，名为：JSJ1. XLS。

(1) 在学生练习盘符根目录下以学生学号后 4 位数字和姓名创建自测文件夹，如 D:\4101 李华；

(2) 建立如下的表格，要求四周边框为双边框线、中间虚线框；

(3) 用公式计算总分数据项、各题及总分的平均；按总分降序排序并输入名次。

(4) 建立该表格数据的三维柱形统计图。

表 4-2　计算机应用能力

学号	姓名	一题	二题	三题	四题	总分	名次
200705001	李国艳	7	16	5	40		
200705004	张雨欣	10	12	10	40		
200705007	罗敏	9	18	18	43		
200705008	文豪	10	18	13	40		
200705009	邓淇淇	10	14	14	35		
200705010	蒋洁	10	20	14	35		
平均分							

2. 在EXCEL系统中按以下要求完成表4-3,文件存于自测文件夹中,名为:JSJ2. XLS。

表4-3 学生成绩统计表

学员编号	姓名	语文	数学	外语	计算机	平均成绩
0001	李若梅	89	81	87	86	
0002	曾明伟	74	63	63	69	
0003	张永波	96	90	93	88	
0004	陈映琦	78	74	82	83	

(1) 建立上面的职校"学生成绩统计表"表格,要求外框用粗边框线,中间用细线。

(2) 用公式计算"平均成绩";按平均成绩降序排序。

(3) 建立该表格数据的条形统计图。

3. 在EXCEL系统中按以下要求完成表4-4,文件存于自测文件夹中,名为:JSJ3. XLS。

表4-4 2009年1月职工工资及津贴发放表

科目 姓名	基本工资	活动工资	岗位津贴	奖金	实发工资
张山	858.00	190.00	185.00	277.00	
李四	878.00	288.00	290.00	383.00	
王二	869.00	181.00	383.00	467.00	
赵五	875.00	179.00	580.00	390.00	
小计					

(1) 建立以上表格,加边框(红色双线外框,蓝色虚线内框),并输入内容(数字两位小数);

(2) 标题:黑体,大小16磅,居中,其他为11磅宋体。

(3) 利用公式计算职工的实发工资及小计栏(不用公式计算不得分);

(4) 用三维柱形图显示小计情况(基本工资,活动工资,岗位津贴和奖金)。

4. 在EXCEL系统中按以下要求完成表4-5,文件存于自测文件夹中,名为:JSJ4. XLS。

(1) 按以下模式建立表格,加边框(外框1.5磅粗线,内框细线),并输入内容;

(2) 利用公式计算平均销售量和销售总额(不用公式计算不得分);

(3) 用柱形图显示商品与一至四季度销售量情况。

表4-5 计算机设备销售统计表

季度 商品	一季度/台	二季度/台	三季度/台	四季度/台	平均销售量/台	单价/(元/台)	销售总额/元
扫描仪	154	123	132	178		358.0	
绘图仪	43	34	32	56		3400.0	
打印机	276	254	245	287		950.0	
计算机	325	356	376	389		3500.0	

技能训练4-2 Excel 2003综合操作

1. 按以下"近4年某学校教师队伍结构数据"制作表格与统计图,并将结果以文件JSJ5. xls存于自测文件夹下。

(1) 用一张表格表示"近4年某学校教师队伍职称结构"。要求:标题隶书18磅合并居中对齐,表格内容楷体12磅中部居中,边框线四周双线中间单线。

(2) 用公式计算出各年教师的总人数和各职称的百分比;

(3) 按2007年教师队伍中各种职称人数所占比例(%),选"饼图"图表,表示教师队伍职称结构的比例情况,要求:三维分离饼图,有标题,图例、数据标志(百分比)。

4年某学校教师队伍结构数据:

2004年:教授68人,副教授220人,讲师301人,助教202人;

2005年:教授76人,副教授269人,讲师264人,助教226人;

2006年:教授90人,副教授290人,讲师311人,助教229人;

2007年:教授115人,副教授279人,讲师382人,助教239人;

2. 现有若干名儿童健康检查一览表的部分检测指标,如表4-6、表4-7所示。

表4-6 某年某地儿童健康检查部分检测结果

编号	性别	年龄/周岁	身高/cm	坐高/cm	体重/公斤	表面抗原
1	男	7	116.7	66.3	23.4	+
2	女	8	120	68.3	24.6	—
3	女	10	126.8	71.5	23.2	—
4	男	9	123.7	70	25.8	—
5	男	9	125.4	71.3	26.1	+
6	女	10	130.3	72.3	24.3	—
7	男	7	118.2	67.1	23.8	—
8	女	8	122.8	69.4	25	+
9	女	8	119.6	68.2	25.1	+
10	女	10	127.8	71.9	26.6	—
11	男	7	121.1	66.9	24	+
12	男	9	123.6	69.8	26.1	—
13	女	8	124	72.3	24.3	—
14	男	9	122.5	71	25.9	+
平均值						

表4-7 某年某地儿童健康检查标准基数

编号	性别	年龄/周岁	身高/cm	坐高/cm	体重/公斤	表面抗原
01	男	7	115.9	65.7	22.5	
		8	116.2	68.9	23.6	
		9	118.9	69.05	24.1	
		10	119.2	69.8	25.3	
02	女	7	119.4	66.8	22.8	
		8	120.3	67.1	23.9	
		9	121.7	67.8	24.5	
		10	122.3	68.9	25.7	

分别保存在工作簿“原始数据.xls”的两张工作表中。以上述数据为基础，创建一张电子表格统计分析各个数据项，对比各标准基数，得出当年儿童的健康情况。

(1) 在体重与表面抗原间插入“乙肝实验检测结论”列，将列宽设为“最适合列宽”，并利用条件函数判断检测结构(表面抗原为“+”的结论为阳性；表面抗原为“-”的结论为阴性)。

(2) 在“原始数据”工作表第一行前插入1行，合并及居中A1:H1单元格区，输入标题：“某年某地儿童健康检查检测数据分析表”，标题采用“宋体”、“20磅”、“蓝色”、图案为灰色-25%，背景颜色为红色。

(3) 利用函数计算身高、坐高、体重的平均值，结果分别放在D17:E17单元格区域。

(4) 将单元格区域(A1:H17)设置外框线条样式为双线、红色，B2:H17数据设置为“宋体”、“14磅”、“水平、垂直居中”。

(5) 将单元格区域B2:F2，B3:F16复制到新表(A1:E15)单元格区域中，表名改为“数据分析”，并将数据按“性别”的递增为主关键字，按“年龄”的递减为次关键字排序。

(6) 以数据分析表为依据，使用数据透视表的功能统计不同性别各个年龄段的身高、坐高、体重的平均值，透视表的显示位置为：新建工作表，改名为“数据透视表”(以“性别”为行，“年龄”为列，“身高”、“坐高”、“体重”同为数据统计项来布局)。

(7) 在数据分析表中添加身高情况、坐高情况、体重情况3列。

(8) 计算每一个儿童的身高、坐高及体重与对应的标准基数之差分别放入身高情况、坐高情况、体重情况3列。

(9) 完成后保存到自测文件夹中，取名为jsj6.xls，退出Excel。

练习4 Excel2003基础知识测评

一、单选题

1. 为了区别“数字”与“数字字符串”数据，Excel要求在输入项前添加________符号来区别。
   A. "　　B. @
   C. ′　　D. #
2. 某公式中引用了一组单元格，它们是C3:D6和A2,F2，该公式引用的单元格总数为________。
   A. 14　　B. 6
   C. 8　　D. 10
3. 设A1单元格中的公式为=D2*$E3，在D列和E列之间插入1空列，在第2行和第3行之间插入1空行，则A1中的公式调整为________。
   A. =D2*$F3　　B. =D2*$E2
   C. =D2*$F4　　D. =D2*$E4
4. 在单元格中输入“=AVERAGE(10,-3)-pi()”，则该单元格显示的值________。
   A. 大于零　　B. 不确定
   C. 小于零　　D. 等于零
5. 已知D2单元格的内容为=B2*C2，当D2单元格被复制到E3单元格时，E3单元格的内容为________。
   A. =C3*D3　　B. =B3*C3
   C. =B2*C2　　D. =C2*D2
6. 在Excel中，下列________是输入正确的公式形式。
   A. =′c7+c1　　B. =8^2
   C. ==SUM(d1:d2)　　D. >=b2*d3+1
7. 在Excel工作表中，当前单元格只能是________。
   A. 选中的区域　　B. 单元格指针选定的一个
   C. 选中的一行　　D. 选中的一列
8. 在向Excel工作表的单元格里输入公式时，运算符有优先顺序，下列________说法是错误的。
   A. 字符串连接优先于关系运算
   B. 百分比优先于乘方
   C. 乘和除优先于加和减
   D. 乘方优先于负号
9. 在Excel工作表单元格中，输入下列表达式中________是错误的。
   A. =(15-B1)/3　　B. =B2/C1
   C. =SUM(A3:A4)/2　　D. =A3;D4
10. 当向Excel工作表单元格输入公式时，使用单元格地址D$2引用D列2行单元格，该单元格的引用称为________。
    A. 交叉地址引用　　B. 混合地址引用
    C. 相对地址引用　　D. 绝对地址引用
11. 在Sheet1工作表中可用________表示引用Sheet2工作表的B9单元格。
    A. =Sheet2:B9　　B. =Sheet2! B9
    C. =Sheet2$B9　　D. =Sheet2.B9
12. 在Excel工作表中已输入的数据如下所示。

	A	B	C	D	E
1	10		10%	=$A$1*C1	
2	20		20%		

    如将D1单元格中的公式复制到D2单元格中，则D2单元格的值为________。
    A. 4　　B. ####
    C. 2　　D. 1
13. 设A1单元格中的公式为=AVERAGE(C1:E5)，将C列删除后，A1单元格中的公式将调整为________。
    A. =AVERAGE(D1:E5)
    B. 出错
    C. =AVERAGE(C1:E5)
    D. =AVERAGE(C1:D5)
14. 在Excel中，某单元格显示为“######”，其原因可能是________。
    A. 与之有关的单元数据被删除了
    B. 公式有被0除的内容
    C. 单元格的高度不够
    D. 单元格的宽度不够
15. 在工作表中，单元格“D5”中有公式“=$B$2+C4”，删除第 A 列后，C5 单元格中的公式为________。

A. "=$A$2+B4"；　B. "=$B$2+B4"；

C. "=$A$2+C4"；　D. "=$B$2+C4"

16. 在 EXCEL 中，下列地址为相对地址的是________。

A. $D5　B. $E$7

C. C3　D. F$8

17. 中文 EXCEL 的分类汇总方式不包括________。

A. 差　B. 平均值

C. 最大值　D. 求和

18. Excel 的主要功能是________。

A. 表格处理，文字处理，文件管理

B. 表格处理，网络通讯，图表处理

C. 表格处理，数据库管理，图表处理

D. 表格处理，数据库管理，网络通讯

19. 首次进入 Excel 打开的第一个工作簿的名称默认为________。

A. 文档 1　B. BOOK1

C. SHEET1　D. 未命名

20. 一工作表中各列数据的第一行均为标题，若在排序时选有标题行，则排序后的标题行在工作表数据清单中将________。

A. 总出现在第一行

B. 总出现在最后一行

C. 依指定的排序顺序而定其出现位置

D. 总不显示

二、多选题

1. 修改已输入在单元格中的数据，可________。

A. 双击单元格　B. 按 F2 键

C. 按 F3 键　D. 单击编辑栏

2. Excel 的"编辑"菜单中的"清除"命令可以________。

A. 清除单元格的全部内容

B. 清除单元格内的文字或公式

C. 清除单元格内的批注

D. 清除单元格的格式

3. 在 Excel 中，可以用"常用"工具栏中的"撤销"按钮来恢复的操作有________。

A. 插入工作表　B. 删除工作表

C. 删除单元格　D. 插入单元格

4. 在表格的单元格中可以填充________。

A. 文字和数字　B. 图形

C. 运算公式　D. 另一张表格

5. 在 Excel 中，要选定 B2:E6 单元格区域，可以先选择 B2 单元格，然后________。

A. 按住鼠标左键拖动到 E6 单元格

B. 按住 Shift 键并按向下向右光标键，直到 E6 单元格

C. 按住鼠标右键拖动到 E6 单元格

D. 按住 Ctrl 键并按向下向右光标键，直到 E6 单元格

三、判断题

1. 通过【编辑】菜单，可以删除行、列、单元格和工作表。

2. 在工作表中，公式=MIN(A4:C9)表示求单元格区域 A4:C9 的平均值。

3. Excel 不能同时选定几个不连续的单元格。

4. 单击行号即可选定整行单元格。

5. 在 Excel 中，可以通过"数据"菜单进行筛选。

6. 同一时间活动单元格只能有一个。

7. Excel 工作簿是 Excel 用来计算和存储数据的文件。每个工作簿只能由一张工作表组成。

8. 当完成工作后，要退出 Excel 2003，可按 Ctrl+F4 键。

9. 要选定相邻的多张工作表，应首先选中第一张工作表的标签，然后按住 Alt 键，并单击最后一张工作表的标签。

10. 默认情况下，新建的工作簿中含有 3 张工作表，而 Excel 允许用户在一个工作簿中至多可创建 255 张工作表。

四、填空题

1. 要清除活动单元格中的内容，可以按________键。

2. 若 A1 单元格的公式是"=B3+C4"，则将此公式复制到 B2 单元格后将变成________。

3. 选定整行，可将光标移动到________上，单击鼠标左键即可。

4. 在 Excel 中 MIN(6,32,12)=________。

5. 在 Excel 中，要同时显示不同的工作表，应在窗口菜单中选________命令。

6. 在 Excel 中，选中一个单元格后，选区右下角的黑色小方块被称为________。

7. 在 Excel 中，要将两个文本型单元格内容连接后放到另一个单元格中，公式中的连接运算符是________。

8. 在 Excel 中输入公式=SUM(A3:B5)，求和的单元格个数为________。

9. 在 Excel 中，单元格的引用分为________、________、________，默认的引用方式是________。

10. 在 Excel 中，单元格相对地址、绝对地址与混合地址之间的切换按________键。

（陈典全）

第 5 章　PowerPoint 2003 的应用

学习目标

1. 了解 PowerPoint 的主要功能和特点
2. 了解 PowerPoint 工作环境及工作界面
3. 掌握演示文稿的创建
4. 掌握设置演示文稿的统一外观
5. 掌握演示文稿的动作设计
6. 掌握演示文稿的放映方式

5.1　演示文稿的创建

5.1.1　任　　务

以“商品介绍”为主题，制作两张幻灯片的宣传片，效果如图 5-1、图 5-2 所示。

图 5-1　效果

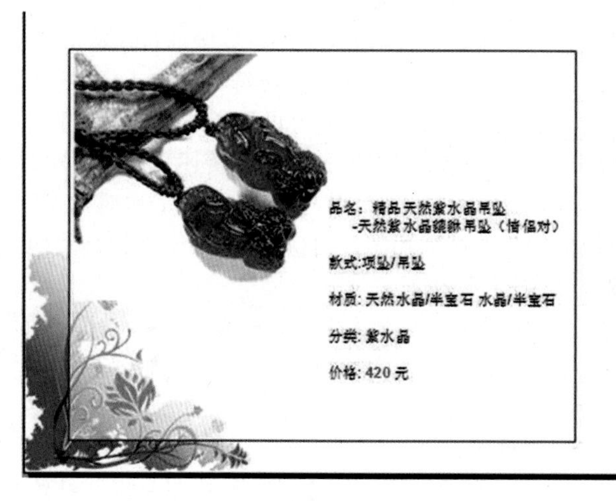

图 5-2　效果

5.1.2　相关知识与技能

PowerPoint 2003 是专业的演示文稿制作软件。它的功能强大、易于操作，用它可以快捷地生成幻灯片，高效地输入图片和文字，插入图形和视频，生成直观的、展示效果灵活的、专业的演示文稿等，广泛地应用于教学演示、市场营销、协同办公等事务中。

1. PowerPoint 2003 的启动与退出

（1）PowerPoint 2003 的启动。在桌面上单击【开始】按钮，在展开的菜单中选择[所有程序]中的[Microsoft Office]选项中的[Microsoft Office PowerPoint 2003]命令。如果桌面上有 PowerPoint 2003 的快捷图标，双击其图标。

（2）PowerPoint 2003 的退出。在 PowerPoint 2003 窗口中，单击标题栏右侧的[关闭]按钮，即可退出该程序。在 PowerPoint 2003 窗口中，单击【文件】菜单中的[退出]命令也可退出该程序。

2. 工作界面　PowerPoint 2003 工作桌面，如图 5-3 所示。主要包括标题栏、菜单栏、工具栏、幻灯片窗口、任务窗格等。

（1）标题栏。位于 PowerPoint 2003 窗口的最顶端，用于显示当前应用程序的名称“Microsoft PowerPoint”及当前打开的演示文稿名，在其右侧是[最小化]、[最大化]或[还原]和[关闭]按钮。

（2）菜单栏。位于标题栏下方，菜单栏中分类存放 PowerPoint 2003 的大部分操作命令；通过展开其中的某一条菜单，选择相应的命令，完成演示文稿的所有编辑操作。

（3）工具栏。将一些常用的命令以图标的方式集中在本工具栏上，方便使用。PowerPoint 2003 中有多种工具栏，在默认情况下只显示“常用”和“格式”两种工具栏。

（4）大纲/幻灯片浏览窗格。在本窗格中，可以通过“大纲视图”或“幻灯片浏览视图”快速查看整个演示文稿中的任意一张幻灯片。

（5）备注栏。用于添加幻灯片中的备注内容。

（6）视图切换按钮。用于快速在普通视图、幻灯片浏览视图和幻灯片放映视图间切换。

（7）状态栏。用于显示当前演示文稿的幻灯片总张数及当前幻灯片位置信息。

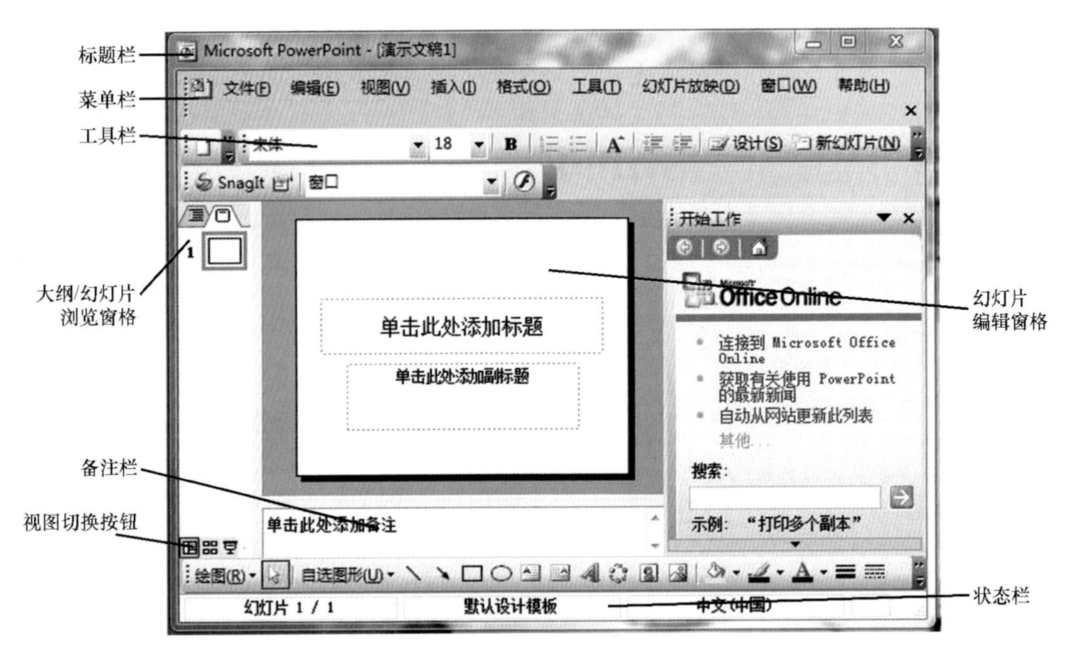

图 5-3　工作窗口

(8) 幻灯片编辑窗格。用于对幻灯片中文本、图片、图形等对象进行编辑操作。

3. 新建演示文稿　启动 PowerPoint 2003 时，将会自动创建一个空白演示文稿。另外还可以使用"新建演示文稿"任务窗格进行创建空白演示文稿、根据设计模板等来创建演示文稿。

(1) 创建空白演示文稿

1) 启动 PowerPoint，在出现的如图 5-3 所示的任务窗格中选择【开始工作】→[新建演示文稿]命令，打开"新建演示文稿"任务窗格，如图 5-4 所示。

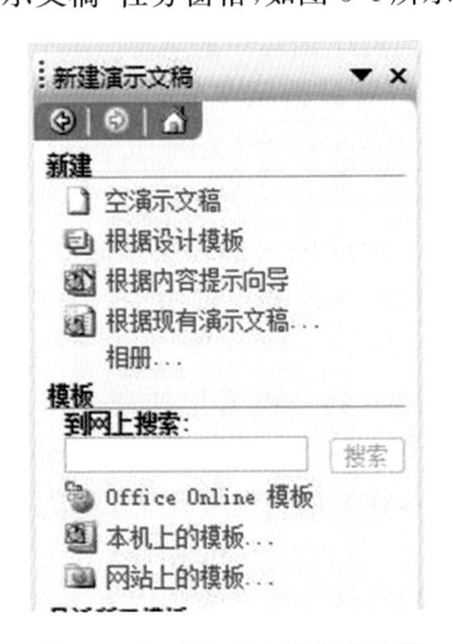

图 5-4　新建演示文稿任务窗格

2) 在"新建演示文稿"任务窗格中单击[空演示文稿]命令，建立如图 5-5 所示的包含一张幻灯片的演示文稿，默认版式为"标题幻灯片"。

3) 如果需要其他版式，在展开的版式中选择所需版式即可。

(2) 根据设计模板创建演示文稿：在"新建演示文稿"任务窗格中单击[根据设计模板]命令，出现"幻灯片设计"任务窗格，选择演示文稿所要应用的模板，再选择[配色方案]和[动画方案]命令，为演示文稿配色和设置对象的切换形式。根据设计模板创建的演示文稿可具有统一的外观形式。

4. 演示文稿中对象插入　制作演示文稿是向受众体表达一些重要信息，这些信息一般都是由文本图片等对象构成的。用简洁的文本、图片突出并强调主题。

(1) 输入文本：在幻灯片中输入文本可以利用"占位符"来输入文本。也可以使用文本框来输入文本。

新创建的幻灯片，可以直接在"占位符"中输入文本。在幻灯片中的其他位置输入文本，必须先插入"文本框"，然后在插入的"文本框"中添加文本。

以单击的方式创建的"文本框"在输入文本时将自动适应输入字符的长度，不能自行换行。按 Enter 键换行，"文本框"将随输入文本行数增加自动扩大。

插入"文本框"的方法，"占位符"和"文本框"的大小、位置的调整，文本格式的设置都与前面学过的 Word 中的操作是一样的，这里不再赘述。

(2) 插入图形：幻灯片中不只包含文本对象，还可以向幻灯片中添加图片、自选图形来丰富幻灯片的内容，增强演示效果。

1) 插入图片：选择【插入】→[图片]→[剪贴画](或[来自文件])命令，来添加图片，可添加图片的类型包括 *.wnf、*.bmp、*.jpg、*.jpeg、静态或动态的 GIF 文件等。

2) 插入自选图形：选择【视图】→[工具栏]→[绘图]命令，打开[绘图]工具栏，如图 5-6 所示。

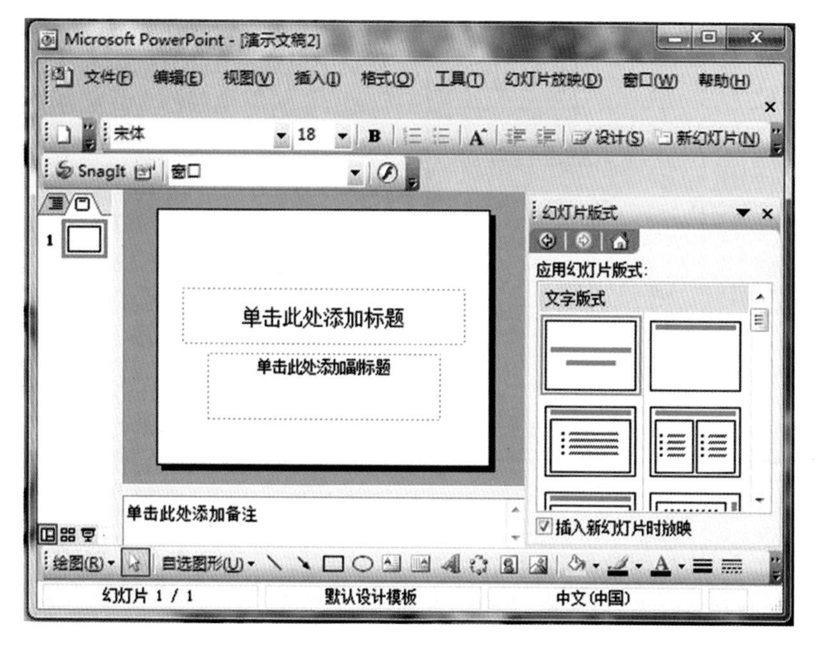

图 5-5　工作窗口

图 5-6　绘图工具栏

[绘图]工具栏的使用方法同 Word 一致。

在 PowerPoint 中对图片与图形的(调整大小、复制、移动、组合等)操作同 Word 一致。

(3) 插入表格:在演示文稿中还可以添加表格对象,用表格表现数据可以使说明变得简单、直观。

A. 插入表格的方法如下:

方法一

1) 选择要插入表格的幻灯片;

2) 选择【插入】→[表格]命令,弹出“插入表格”对话框;

3) 在“列数”与“行数”组合框中输入表格的列数和行数,单击[确定]按钮。

方法二

单击常用工具栏中的[插入表格]按钮绘制表格,方法同 Word。

B. 编辑表格

选择【视图】→[工具栏]→[表格和边框]命令,打开“表格和边框”工具栏,使用“表格和边框”工具栏上的按钮可以对表格进行编辑。

5. 保存演示文稿　在编辑演示文稿时应及时对其进行保存,避免因停电等原因而造成不必要的损失。操作步骤如下:

(1) 单击【文件】菜单;

(2) 在展开的菜单中单击[保存]命令;

(3) 在打开的“另存为”对话框中选择保存文件位置,演示文稿命名(演示文稿的扩展名为 . PPT)即可。

6. 演示文稿的打包　为了能在没有安装 PowerPoint 2003 或安装不同版本的 PowerPoint 的计算机上正常播放演示文稿,可以在演示文稿制作完成后,使用 PowerPoint 2003 的打包功能将所需打包的这个演示文稿放到一个文件夹中。操作步骤如下:

(1) 打开需要打包的演示文稿;

(2) 选择【文件】→[打包成 CD]命令,出现“打包成 CD”对话框,如图 5-7 所示;

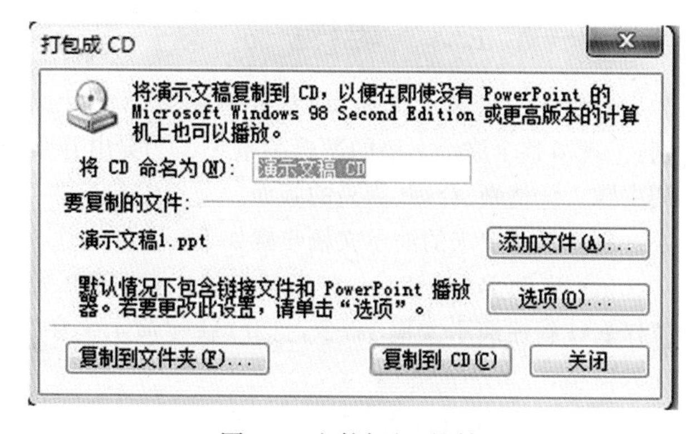

图 5-7　文件打包对话框

(3) 在“将 CD 命名为”文本框中输入打包后的文件名称;

(4) 如果需要将其他的文件一起打包,单击[添加文件]按钮,在出现的“添加文件”对话框中找到文件加入;

(5) 在默认况态下是将 PowerPoint 播放器一起打包,也可以单击[选项]按钮,在出现的“选项”对话

框中进行设置,如图 5-8 所示;

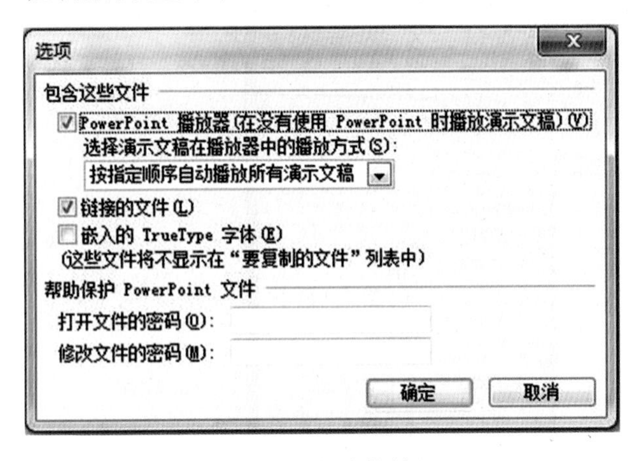

图 5-8　选项对话框

(6) 在"打包成 CD"对话框中单击[复制到文件夹]命令按钮,出现"复制到文件夹"对话框,如图 5-9 所示,输入文件夹名称及保存位置,单击[确定]按钮;

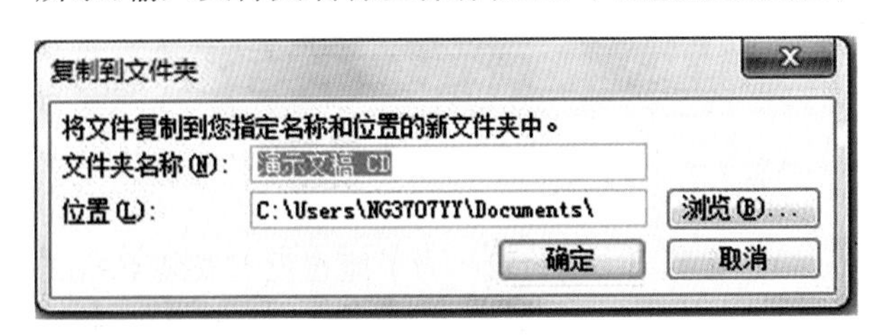

图 5-9　对话框

(7) 如果计算机装有刻录设备,可以单击[复制到 CD]命令,直接刻录成 CD 盘。

☞考点:PowerPoint 工作界面、新建演示文稿、演示文稿打包的作用

5.1.3　实 施 方 案

要制作一个演示文稿,通常要遵循以下设计原则:①理清整个演示文稿的逻辑关系统。②突出并强调主题。③清晰、合理、漂亮的版面。

制作任务要求的演示文稿步骤如下:

(1) 启动 PowerPoint,在任务窗格中选择【开始工作】→[新建演示文稿]命令,打开"新建演示文稿"任务窗格;

(2) 在"新建演示文稿"任务窗格中单击[空演示文稿]命令,在"内容版式"中选择"空白"版式;

(3) 插入第二张幻灯片,单击【插入】→[新幻灯片]命令,在"内容版式"中选择"空白"版式;

(4) 选择第一张幻灯片,单击【插入】→[图片]→[来自文件]命令,选择第五章/素材/第一节中的"背景"图片,调整图片在幻灯片中的大小及位置;

(5) 使用"绘图"工具栏中的"矩形"工具在页面上绘制一个矩形,调整大小及位置;

(6) 单击【格式】→[自选图形]命令,在出现的对话框中设置添充色,【线条和颜色】选项卡→[填充]→[颜色]→[其他颜色],设置为白色,透明度为 30%;

(7) 插入两个文本框,输入如图 5-1 所示的文字,设置字体、字号,调整文字位置;

(8) 选择第二张幻灯片,单击【插入】→[图片]→[来自文件]命令,选择第五章/素材/第一节中的"花纹"图片,调整图片在幻灯片中的大小及位置;

(9) 同第(5)步;

(10) 同第(6)步;

(11) 单击【插入】→[图片]→[来自文件]命令,选择第 5 章/素材/5.1 节中的"水晶坠"图片,调整图片在幻灯片中的大小及位置;

(12) 插入一个文本框,输入如图 5-2 所示的文字,设置字体、字号,调整文字位置,制作完成后以"商品介绍"命名保存。

5.2　编辑演示文稿

5.2.1　任　　务

一演示文稿在校对时,发现幻灯片的位置顺序不正确,需调整位置。

5.2.2　相关知识与技能

一个演示文稿是由多张幻灯片组成的。如果当前演示文稿中的幻灯片不能满足所需要求,所以在编辑演示文稿时需对演示文稿进行插入、复制、移动或删除幻灯片等操作。

1. 插入幻灯片　一个演示文稿是由多张幻灯片组成的。如果当前演示文稿中的幻灯片不能满足所需要求,所以在编辑演示文稿时需对演示文稿进行插入幻灯片操作。

(1) 在大纲/幻灯片浏览窗格。如果在某张幻灯片后插入新幻灯片,则先选择此幻灯片,然后按回车键(或在此片上单击右键,在出现的快捷菜单中单击[新幻灯片]命令,或在选择此片时单击【插入】菜单中的[新幻灯片]命令)。

(2) 在幻灯片浏览视图。如果在某张幻灯片后插入新幻灯片,则先选择此幻灯片,在选择此片时单击【插入】菜单中的[新幻灯片]命令,或在此片上单击右键,在出现的快捷菜单中单击[新幻灯片]命令或用快捷键 Ctrl+N。

2. 复制幻灯片　在一个演示文稿中如果需要使用某一张幻灯片的版式、背景等,则可以直接对该幻灯片进行复制,再在其基础上更改内容。

选中要复制的幻灯片,单击鼠标右键,在出现的

快捷菜单中单击[复制]命令，然后将鼠标定位到所要复制的前一幻灯片位置上单击鼠标右键，单击[粘贴]命令。

3. 移动幻灯片 在编辑或查阅演示文稿时，如果发现幻灯片的位置顺序不正确，则可以对其顺序时行调整。

在大纲/幻灯片浏览窗格或在幻灯片浏览视图中直接拖动到目标位置即可。

4. 删除幻灯片 在编辑或查阅演示文稿时，发现有不需要的幻灯片，则可以将其删除。

选中所要删除的幻灯片，单击【编辑】菜单中的[删除幻灯片]命令，或执行快捷菜单中的[删除幻灯片]命令或直接按 Delete 键。

☞考点：插入、复制、移动和删除幻灯片

5.2.3 实 施 方 案

打开第 5 章/素材/5.2 节/“女性形象礼仪”演示文稿，在幻灯片浏览视图下可以看到，幻灯片顺序不正确，调整顺序，操作如下：

(1) 选中第 6 张幻灯片，按住鼠标左键，拖动到第 2 张幻灯片之后；

(2) 选中第 5 张幻灯片，单击鼠标右键，在出现的快捷菜单中单击[删除幻灯片]命令。

5.3 美化演示文稿

5.3.1 任 务

在 5.1 节的任务中的“商品介绍”演示文稿中，只有两张幻灯片，第一张作为标题幻灯片，第二张是内容幻灯片。现在要增加商品的介绍，每一商品占用一张幻灯片，要求每一张商品介绍的幻灯片前景一致。

5.3.2 相关知识与技能

1. 幻灯片背景设置 在演示文稿中可以为幻灯片添加单色、渐变色、纹理、图片等背景让演示文稿更丰富、生动，突显内容。

(1) 单色背景：单色背景能使幻灯片更简洁、清晰地表现主题。添加单色背景方法如下：

1) 选择要更改背景的幻灯片；

2) 单击【格式】→[背景]命令，弹出“背景”对话框，如图 5-10 所示；

3) 在“背景”对话框中，单击[背景填充]按钮，打开填充背景菜单，如图 5-11 所示；

4) 单击[其他颜色]命令按钮，打开“颜色”对话框，如图 5-12 所示，在“标准”选项卡是单击所需要的颜色，单击[确定]命令按钮返回“背景”对话框；

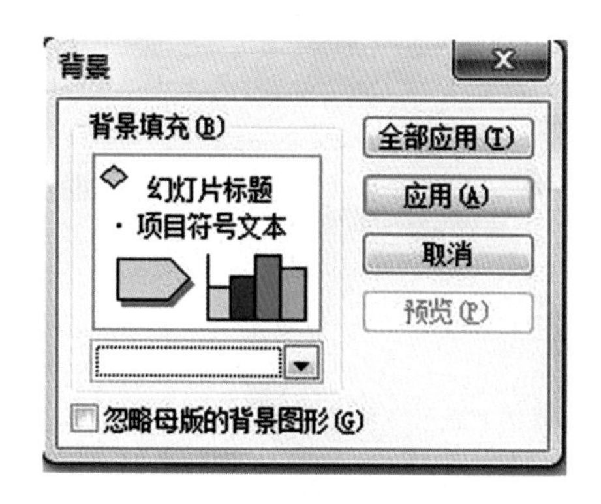

图 5-10 背景设置对话框

图 5-11 填充背景菜单

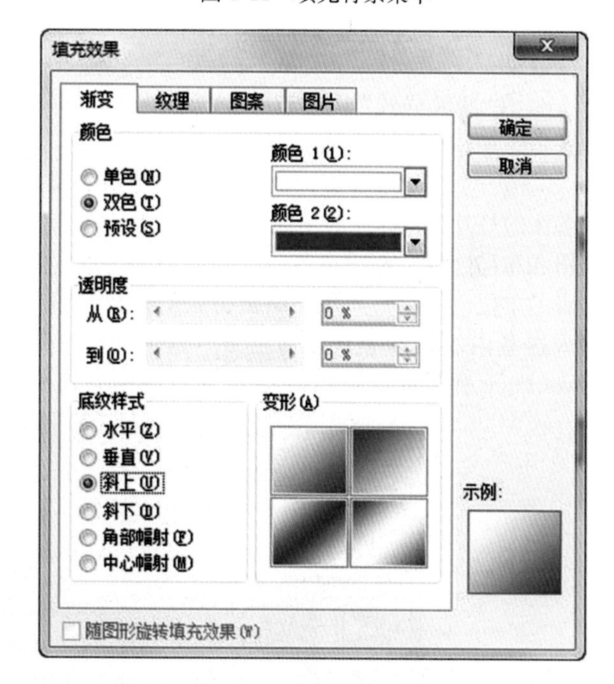

图 5-12 颜色设置对话框

5) 在“背景”对话框中，如单击[全部应用]按钮，则此颜色对当前演示文稿中的所有幻灯片有效。如单击[应用]按钮，则此颜色对当前幻灯片有效。

(2) 渐变背景：渐变色是一种颜色由深到浅，或从一种颜色到另一种颜色的过渡，使背景自然、平稳。添加过渡背景方法如下：

1) 在图 5-11 中单击[填充效果]命令按钮，打开“填充效果”对话框，如图 5-13 所示。在“填充效果”对话框中有 4 个选项卡：“渐变”、“纹理”、“图案”、“图片”。

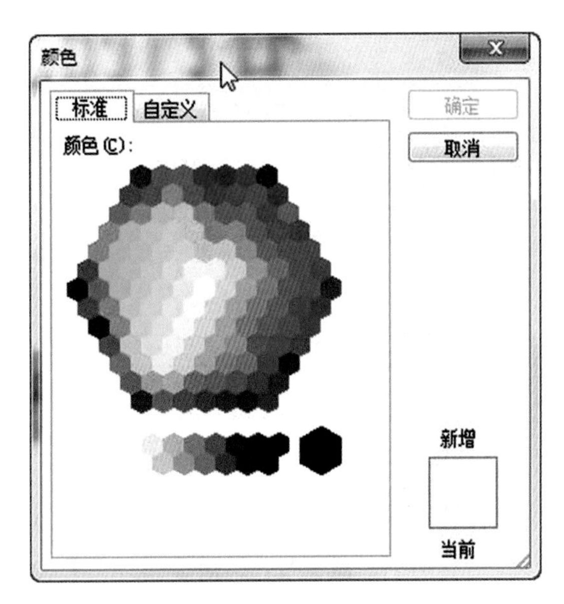

图 5-13　填充效果对话框

2）在"渐变"选项卡中的"颜色区"有三个单选项分别是单色、双色、预设，如选择"单色"，在"颜色 1"中选定所需颜色，在下面可通过拖动滑块调节深到浅的渐变效果。

3）在"底纹样式"中选定一样式，在"变形"可视区选定一种，单击"确定"按钮。

2. 统一演示文稿中幻灯片的外观　演示文稿中的各张幻灯片的内容一般不同，但可以有统一的版面风格和布局（例如，希望在各幻灯片的相同位置均有作者的单位或图标），如果在编辑每张幻灯片时重复输入这些内容既麻烦又没有必要。这时可以使用 PowerPoint 提供的母版功能，只要在母版中处理一次，当前演示文稿的所有幻灯片的风格均可保持一致，大大减少了重复操作的工作量。

（1）用母版统一幻灯片的外观：为了制作具有统一风格的演示文稿，PowerPoint 提供了 3 种类型的母版，分别是幻灯片母版（包括标题母版和幻灯片母版）、讲义母版和备注母版。

1）幻灯片母版。演示文稿中除标题母版中的幻灯片的外观和格式都可以由幻灯片母版加以控制，从而保证整个演示文稿的风格统一。选择【视图】→[母版]→[幻灯片母版]命令，进入幻灯片母版视图，如图 5-14 所示。在幻灯片母版视图中只显示幻灯版母版的格式，各幻灯片的原内容将自动隐藏。

2）标题母版。标题母版，如图 5-15 所示，是幻灯片母版中的一种，它有两个用虚线标出的占位符，上面的是标题占位符，用于输入幻灯片的标题；下面的是副符题占位符，用于输入幻灯片的副标题。标题母版对标题幻灯片进行各种格式设置。标题幻灯片一般是演示文稿中的第一张幻灯片，并不是所有的幻灯片都有标题幻灯片。

3）备注母版。备注母版用于设置备注信息的格式。

4）讲义母版。讲义母版是为制作打印讲义面设置的。

（2）应用设计模板：模板是一组预先定义好的格式、背景和配色方案，可以应用到任意一个演示文稿中。在 PowerPoint 中提供了大量的设计精美的设计模板，用户可以在设计模板的基础上，根据自己的具体需要稍加改动后再应用到演示文稿中。

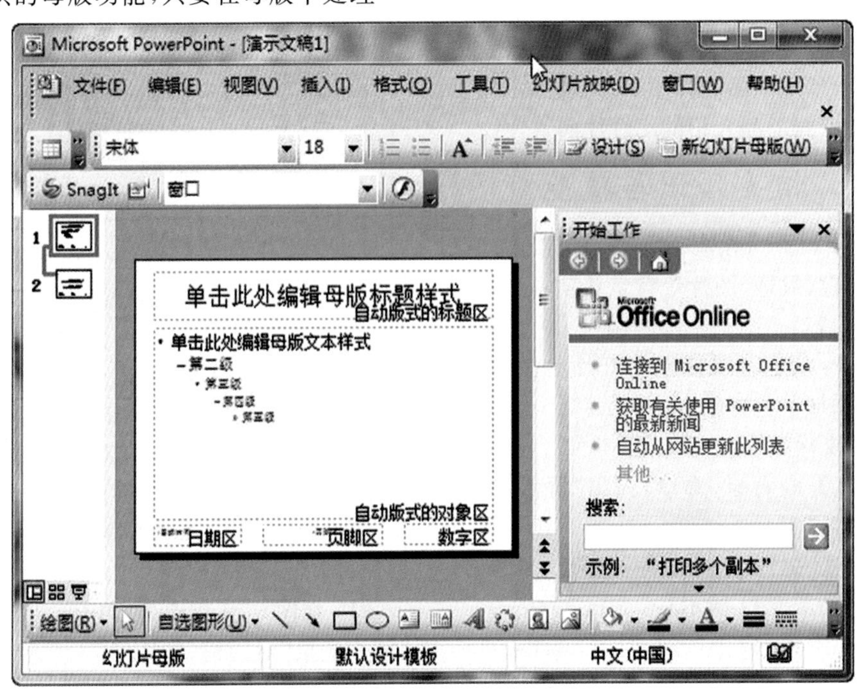

图 5-14　幻灯片母版视图

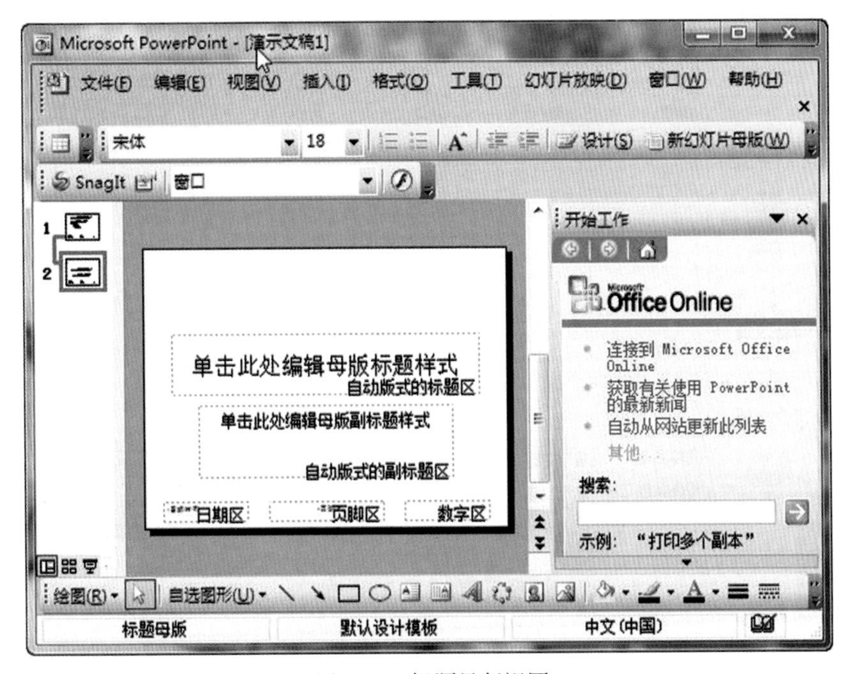

图 5-15　标题母版视图

A. 使用已有模板

要在演示文稿中应用 PowerPoint 已有的模板，操作如下：

1）在幻灯片任务窗格中，单击[开始任务]右边的下拉按钮，在出现的下拉菜单中单击[幻灯片设计]，打开“幻灯片设计”任务窗格，如图 5-16 所示。

2）在“应用设计模板”选区中显示系统已有的模板样式，将鼠标移动某个模板上，在模板的右边将出现下三角按钮，单击下三角按钮，打开下拉菜单，如图 5-17 所示，根据需要选择下拉菜单中的命令。这样，所选设计模板就会应用到所选幻灯片或所有幻灯片中了。

3）如果对所选的设计模板不满意，可用上述方法选择其他的模板，就会改变原来选择的模板了。

B. 自定义模板

如果已有的设计模板中不能满足自己的要求。还可以自己创建自己与众不同的风格的模板。创建自己的模板，一种方法是在原有模板的基础上进行修改；另一种方法是将自己创建的演示文稿保存为模板（扩展名为 POT）。操作如下：

1）新建或打开自己原有的演示文稿。

2）修改演示文稿中的文体格式和图形对象。

3）单击【文件】→[另存为]命令按钮，打开“另存为”对话框，如图 5-18 所示。

4）在“另存为”对话框中，选择要保存的位置，输入文件名，单击“保存类型”的下拉列表中的“演示文稿设计模板”选项，然后单击[保存]命令即可。

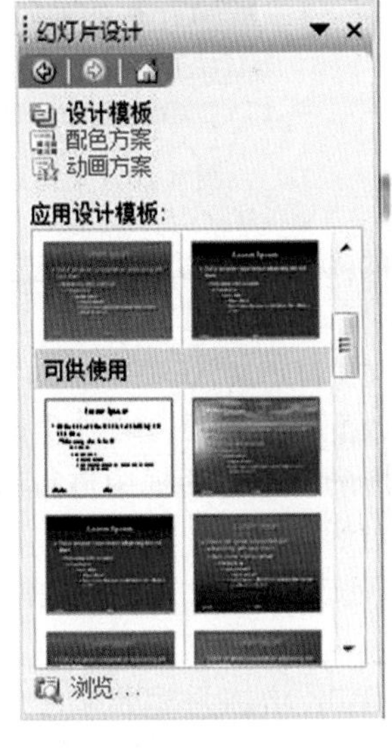

图 5-16　设计模板任务窗格

图 5-17　下拉菜单

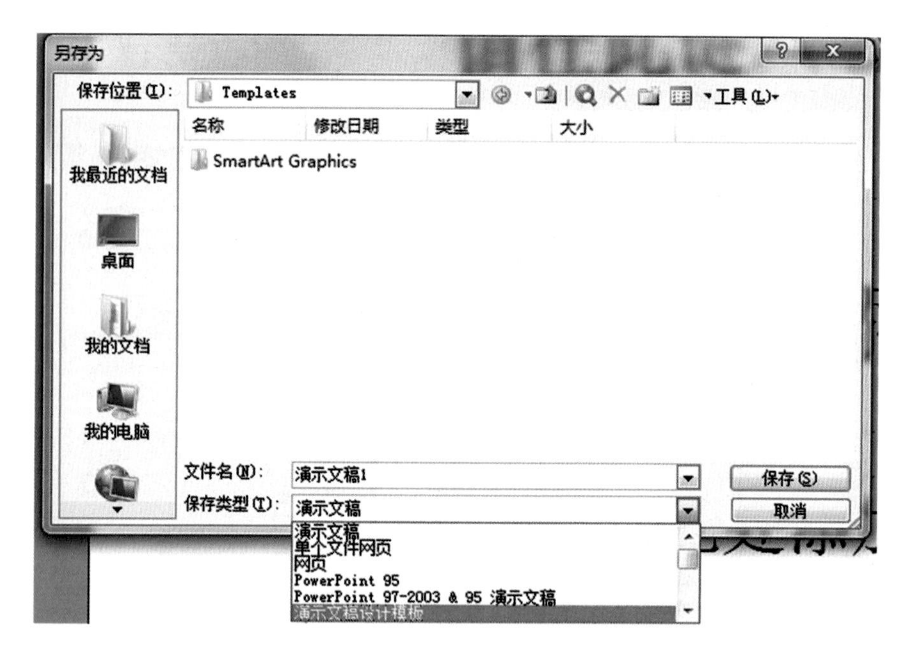

图 5-18　另存为对话框

(3) 设置幻灯片配色方案:幻灯片配色方案是用于设定演示文稿中幻灯片的主体颜色,它们是背景、文本、线条、阴影、标题文本、填充、强调及用于图形、图表和其他出现在背景上的对象的颜色的合理搭配。

A. 应用配色方案

操作步骤如下:

1) 单击【开始工作】→[幻灯片设计],选择某种设计模板;

2) 在[幻灯片设计]任务窗格中选择[配色方案],如图 5-19 所示;

图 5-19　配色方案任务窗格

3) 选择某种需要的配色方案即可。若在一个演示文稿中应用多种配色方案,则选择需要更改配色方案的幻灯片后,单击配色方案右侧的下拉按钮,出现下拉菜单,如图 5-20 所示,单击[应用于所选幻灯片]命令按钮即可。

B. 自定义配色方案

操作步骤如下:

1) 单击如图 5-19 所示的[幻灯片设计]任务窗格中下方的[编辑配色方案]超链接,出现[编辑配色方案]对话框,如图 5-21 所示。

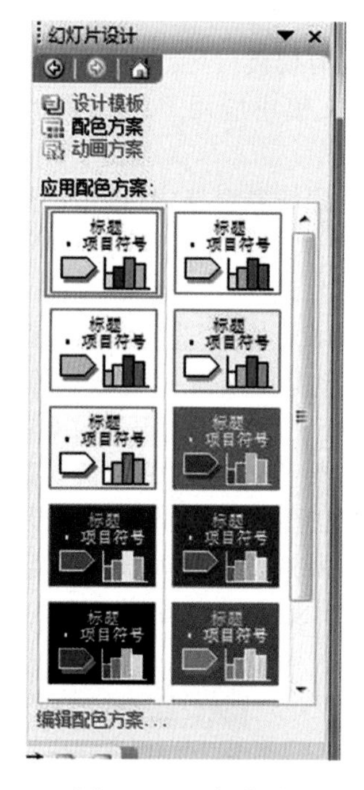

图 5-20　下拉菜单

2) 在"自定义"选项卡中的"配色方案颜色"区域选择更改配色的对象,单击[更改颜色]命令按钮,在出现相应的颜色对话框中进行颜色的设置。背景颜色设置对话框如图 5-22 所示。

3) 更改完配色方案后,单击[预览]按钮进行预览。

4) 单击[增加为标准配色方案]命令按钮,将修改后的配色方案加入到标准配色方案中。

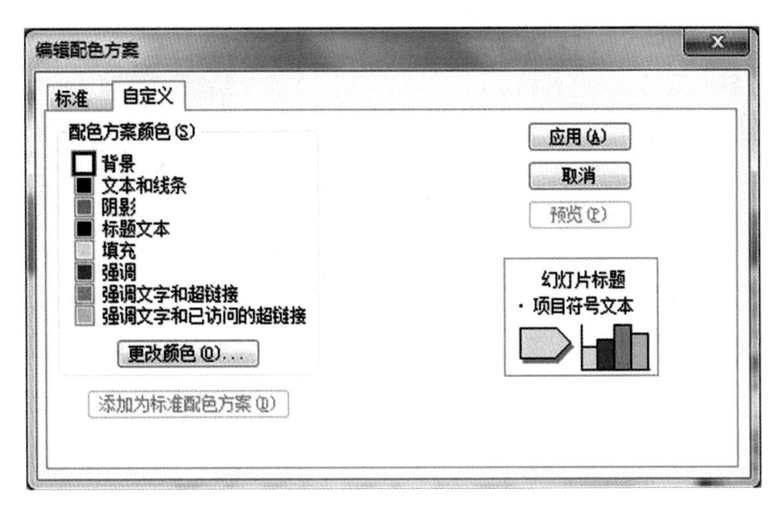

图 5-21　编辑配色方案对话框

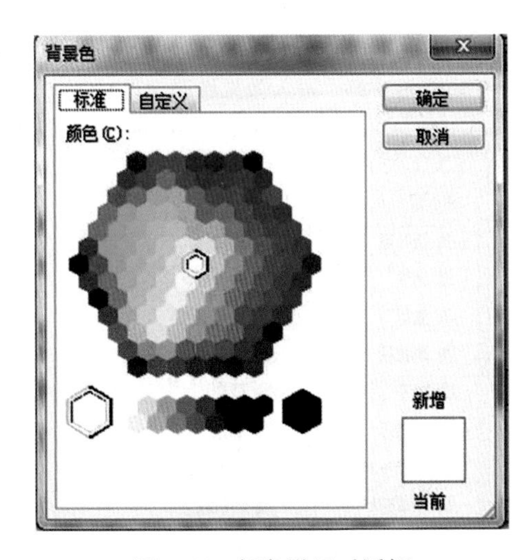

图 5-22　颜色设置对话框

☞考点：美化演示文稿的方法

5.3.3　实 施 方 案

在第一节中的任务中因只有两张幻灯片，而且每张幻灯片的前景不同，所以我们要一张一张地设置前景。现在要求除第一张幻灯片（标题幻灯片）以外，其他正文幻灯片要求前景相同，如果还是一张一张设置前景，就是重复同一操作，在这里可以使用母版进行统一风格。

操作步骤如下：

(1) 打开第 5 章/素材/5.3 节/“商品介绍”演示文稿；

(2) 单击【视图】→[母版]→[幻灯片母版]命令；

(3) 在幻灯片母版视图中单击鼠标右键，在出现的快捷菜单中，单击[新标题母版]命令按钮；

(4) 选择标题母版，单击【插入】→[图片]→[来自文件]命令，选择第 5 章/素材/5.1 节中的“背景”图片，调整图片在幻灯片中的大小及位置；

(5) 使用“绘图”工具栏中的“矩形”工具在页面上绘制一个矩形，调整大小及位置；

(6) 单击【格式】→[自选图形]命令，在出现的对话框中设置添充色，[线条和颜色]选项卡→[填充]→[颜色] →[其他颜色]，设置为白色，透明度为 30%；

(7) 选择幻灯片母片，单击【插入】→[图片]→[来自文件]命令，选择第 5 章/素材/5.1 节中的“花纹”图片，调整图片在幻灯片中的大小及位置；

(8) 同第(6)步；

(9) 单击幻灯片母版视图中的[关闭母版视图]命令按钮，保存演示文稿。

5.4　演示文稿动作设计

如果在幻灯片放映时，想让幻灯片中的各个对象不是一次全部显示出来，而是按照某种规律，以动画的方式逐个显示，使演示文稿更生动、易于引起观众的注意。这时就可以用 PowerPoint 2003 提供的动画方案或自定义动画，让幻灯片中的对象动起来。

5.4.1　任　　务

一演示文稿在放映时，从一张幻灯片到另一张幻灯片切换时效果生硬。要使在放映切换时像影片一样的转场效果。

5.4.2　相关知识与技能

1. 自定义动画

(1) 进入、退出动画设置

1) 在幻灯片普通视图下，选择幻灯片上需设置动画效果的对象。

2) 选择【幻灯片放映】→[自定义动画]命令，出现“自定义动画”任务窗格，如图 5-23 所示。

3) 单击[添加效果]命令按钮，出现一个级联菜单，有“进入”、“强调”、“退出”、“动作路径”的个菜单项，如图 5-24 所示。

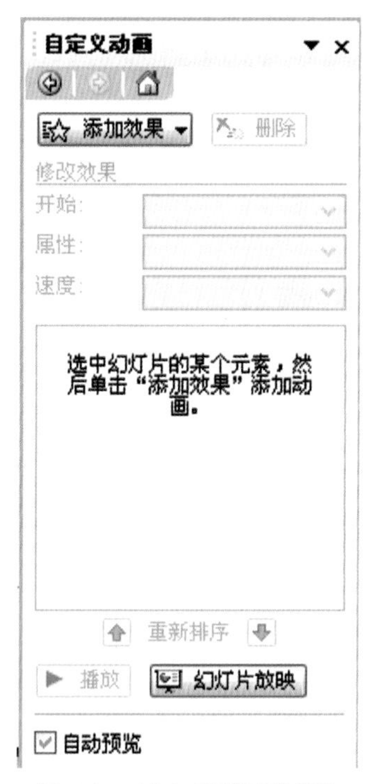

图 5-23　进入动画级联菜单

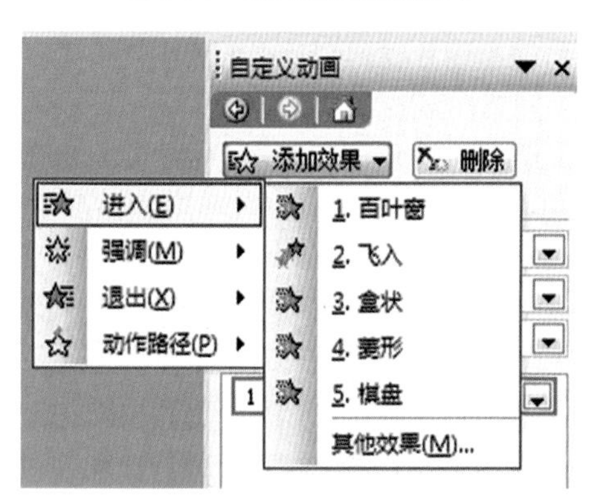

图 5-24　自定义动画任务窗格

4）在每一个子菜单中，分别有对应该命令的各种动画类型，如在[进入]子菜单中，有“百叶窗”、“飞入”等 5 个动画命令，如图 5-24 所示。同时还可以单击“其他效果”命令进行其他效果设置，如图 5-25 所示。

5）当选择了某种效果后，“自定义动画”任务窗格上和各设置选项被激活，如图 5-26 所示。

6）在“自定义动画”任务窗格中的“开始”选框中设置动画播放的条件；在“方向”选项框可以设置动画出现的方向；在“速度”选项框中可以设置动画播放的速度；可以在下边的“重排顺序”框中设置各个对象播放的顺序；可以单击“重排顺序”两边的向上箭头或向下箭头调整播放顺序。

（2）动作路径动画效果：动的路径的自由度很大，可以使对象在页面的任意位置沿任何方向移动，操作如下：

1）选择要设置动作路径的对象，在“自定义动画”任务窗格中，单击“添加效果”按钮，在出现的菜单中，选择“动作路径”命令，出现级联菜单，如图 5-27 所示。

图 5-25　进入效果级联菜单

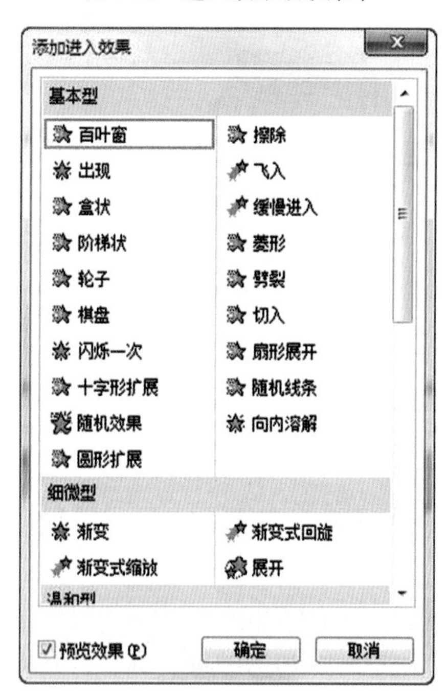

图 5-26　自定义任务窗格

1. 八边形
2. 对角线向右上
3. 对角线向右下
4. 向上
5. 向下
6. 向右
7. 向左
绘制自定义路径(D)
其他动作路径(M)...

图 5-27　动作路径级联菜单

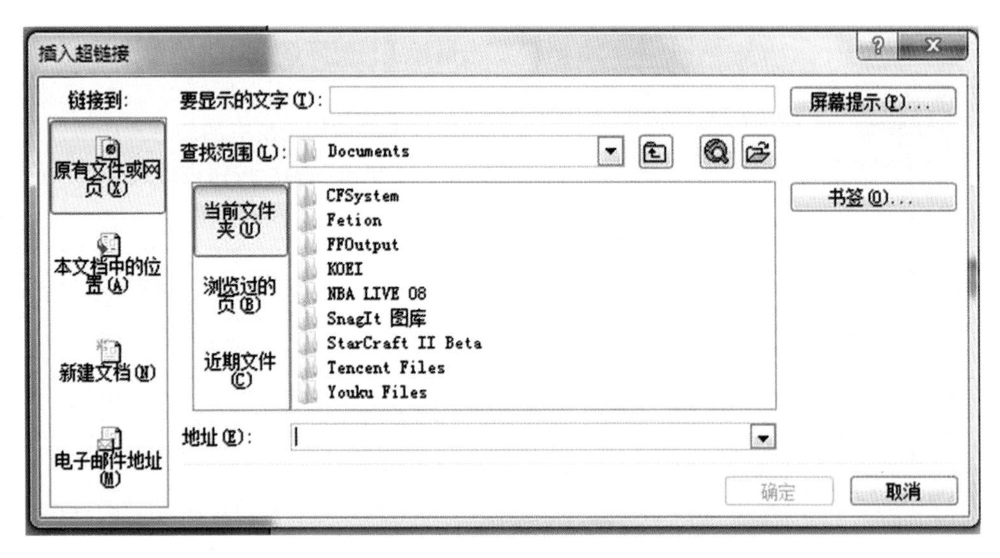

图 5-28　插入超链接对话框

2）在此菜单中，可以选择对象沿 6 个方向运动。选择一种动作路径，幻灯片对象上则有一条以虚线表示的幻灯片放映时该对象移动的路线轨迹。默认情况下，对象将移至幻灯片页面的边缘。移动的起点以绿色三角▶表示，终点以红色▶|表示。

3）通过拖动路径线改变路径位置，通过拖动绿色或红色三角可能改变起点或终点位置。

2. 超链接　演示文稿的播放是一张张幻灯片按顺序播放的。有时会需要从某一张幻灯片跳转到另一张幻灯片，或其他演示文稿、文件或网页。

(1) 选择链接对象，可以是文本、图形、图片、图表或按钮等。

(2) 选择【插入】→[超链接]命令按钮，出现“插入超链接”对话框，如图 5-28 所示。

(3) 在“链接到”选项表中可以选择“原有文件或网面”、“本文档中的位置”、“新建文档”和“电子邮件地址”。其中“本文档中的位置”可以指定本演示文稿中的任意一张幻灯片。

3. 动作设置　“动作设置”命令可以对超链接的对象进行更改。

(1) 选择超链接对象；

(2) 单击【幻灯片放映】→[动作设置]命令，出现如图 5-29 所示的对话框，对超链接进行修改。

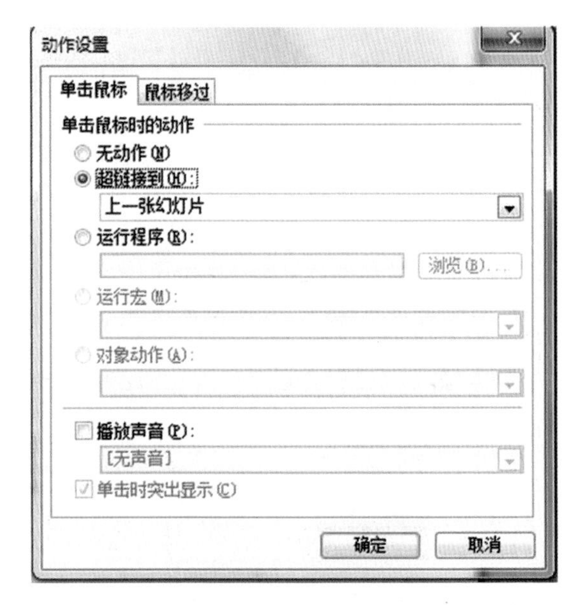

图 5-29　动作设置对话框

4. 动作按钮　动作按钮是 PowerPoint 中自带的以图形方式超链接的一种。

(1) 选择要添加动作按钮的幻灯片，单击【幻灯片放映】→[动作按钮]命令，出现的级联菜单，如图 5-30 所示。

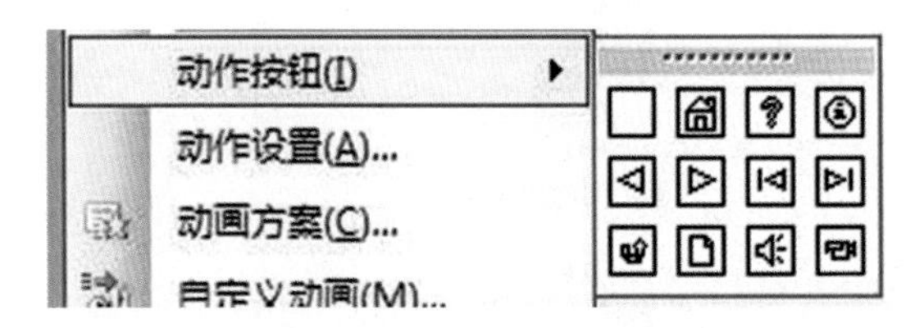

图 5-30　动作按钮级联菜单

(2) 在动作按钮中选择一种动作按钮，此时光标在幻灯片上变成了“+”形状，在幻灯片的适当位置拖曳鼠标，画出一个动作按钮，同时在出现“动作设置”对话框中进行超链接设置。

5. 动画方案　动画方案是一种针对幻灯片的预设动画，PowerPoint 事先定义了一些组合的动画方案，操作方法如下：

(1) 选择要设置动画效果的幻灯片。

(2) 选择【幻灯片放映】→[动作方案]命令，出现“幻灯片设计”任务窗格，自动进入“动画设置”，如图 5-31 所示。

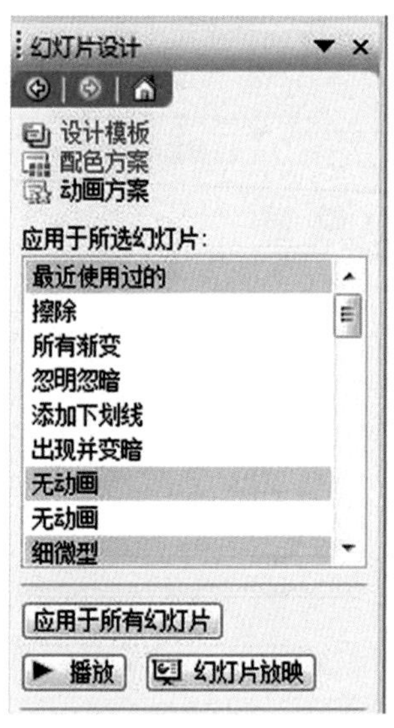

图 5-31　幻灯片设计任务窗格

(3) 选择需要的动画效果，单击“播放”按钮预览效果。

(4) 如果选择“应用于所有幻灯片”，则该演示文稿中所有幻灯片效果都如此。

6. 幻灯片切换　演幻灯片切换是指放映时幻灯片离开和进入时产生的视觉效果，幻灯片的切换效果不仅能使幻灯片的过渡自然，而且也能吸引观众的注意力。设置幻灯片切换效果的方法如下：

(1) 在普通视图或幻灯片浏览视图下，选择要进行切设置的幻灯片；

(2) 单击【幻灯片放映】→[幻灯片切换]命令，出现如图 5-32 所示的“幻灯片切换”任务窗格；

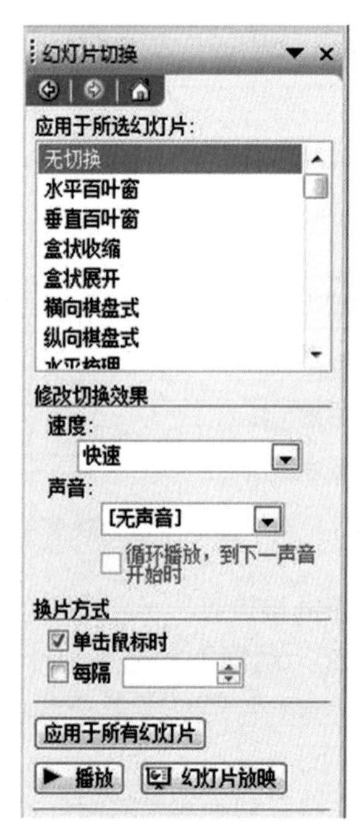

图 5-32　幻灯片切换任务窗格

(3) 选择某个效果后，在“修改切换效果”区域，设置切换的速度和声音；

(4) 在“换片方式”区域设置幻灯片放映时是单击鼠标还是每隔多长时间；

(5) 单击“应用于所有幻灯片”按钮表示将刚选的切换效果应用于所有的幻灯片；

(6) 单击“播放”按钮进行效果的预览。

☞考点：进入(退出)动画、幻灯片放映切换的设置、超链接设置

5.4.3　实 施 方 案

(1) 打开第 5 章/素材/5.4 节/“产品生命周期”，单击【幻灯片放映】→[幻灯片切换]命令；

(2) 选择第二张幻灯片，在 “幻灯片切换”任务窗格中选择“横向棋盘式”；

(3) 选择第三张幻灯片，在 “幻灯片切换”任务窗格中选择“向右插入”，“速度”调整为慢速；

(4) 选择第一张幻灯片，单击【幻灯片放映】→[观众放映]命令，观察效果；

(5) 选择第三张幻灯片，在 “幻灯片切换”任务窗格中选择“随机”，“速度”调整为慢速，单击“应用于所有幻灯片”按钮；

(6) 选择第一张幻灯片，选择【幻灯片放映】→[观众放映]命令，观察效果。

5.5　演示文稿的放映

演示文稿制作完成后，就可以进入幻灯片放映视图来播放演示文稿了。在演示时演示者可以针对不同的观众，不同的场合控制幻灯片的放映方式。

5.5.1　任　　务

产品宣传演示文稿要在电脑上自动放映，利用 PowerPoint 放映方式来完成。

5.5.2　相关知识与技能

1. 观看放映

(1) 放映方式：放映方式有 4 种：

1) 单击屏幕左下角的【幻灯片放映】命令按钮。

2) 单击【视图】→[幻灯片放映视图]命令按钮。

3) 单击【幻灯片放映】→[观看放映]命令按钮。

4) 直接按功能键 F5。

(2) 使用屏幕注释工具：在幻灯片放映过程中，如果需要在放映屏幕上指出幻灯片的重点内容，可以使用注释工具进行注释，并在放映结束时保存在幻灯片上所做的笔记，也可以使用“橡皮擦”将所做的笔记擦除。

A. 在屏幕上添加注释

操作步骤为：

1) 在幻灯片放映视图下，单击鼠标右键，在出现

快捷菜单中，选择[指针选项]命令，出现如图 5-33 所示的快捷菜单。在这个菜单中有三种笔可供选择，圆珠笔最细，毡尖笔中等，荧光笔最粗。

图 5-33　放映控制快捷菜单

2) 在此菜单中选择一种笔，然后单击[墨迹颜色]菜单，出现颜色选择框，在颜色选择框中选择绘图笔的颜色。

3) 按住鼠标左键，拖动鼠标就可以在幻灯片上直接书写或绘画了，但不会使幻灯片上的内容改变。

B. 擦除墨迹

如果要擦掉所绘的内容，在出现的快捷菜单中选择[指针选项]菜单中的[橡皮擦]命令。在所画的墨迹上单击鼠标就可擦除不想要的内容。如果想清除所有绘画内容，可选择[擦除幻灯片上的所有墨迹]命令即可。

当不再需要进行绘图时，选择快捷菜单中[指针选项]下的[箭头]命令，即可恢复鼠标指针状态。

2. 设置放映方式　PowerPoint 提供了 3 种放映方式：演讲者放映（全屏幕）、观众自行浏览（窗口）、在展台浏览（全屏幕）。

(1) 演讲者放映：是全屏幕放映，是默认项，适合教学或会议场合，放映过程完全由演讲者控制。

(2) 观众自行浏览：允许观众自行操作，但不能单击鼠标进行放映，在观看时可使用 PageUp 和 PageDown 键来一张一张地切换幻灯片。

(3) 在展台浏览：在此模式下，可以自动运行演示文稿，这种自动运行的演示文稿不需有人负责切换，适合无人看管的场合。此方式可以自动循环放映，要想中止，需按 Esc 键。

3. 排练计时　如果需要让演示文稿在无人控制时自动播放，可以事先为幻灯片设置显示时间。这就是排练计时功能，它是事先人工将幻灯片放一遍，人工控制幻灯片的切换时间，软件将你所做的安排记录下来，以后放映时就以此为依据进行放映。操作如下：

(1) 选择【幻灯片放映】→[排练计时]命令，在放映幻灯片的同时，显示如图 5-34 所示的“预演”工具栏。

图 5-34　计时工具栏

(2) “预演”工具栏中的计时器记录演示文稿中每一张幻灯片放映的用时；若需要暂停，单击[暂停]按钮，再次单击[暂停]按钮，则继续放映、计时。

(3) 放映结束后，弹出消息框问是否保留新的幻灯片排练时间，需要保留则单击[是]按钮，否则单击[否]按钮。

(4) 选择【幻灯片放映】→[观看放映]命令，则按排练好的时间自动播放演示文稿。

4. 录制旁白　录制旁白就是将演讲者演示、讲解演示文稿的整个过程中的解说录制下来。录制旁白时也会将演示文稿预演一次，它会提示你是否保存排练计时时间。操作如下：

选择【幻灯片放映】→[录制旁白]命令，打开“录制旁白”对话框，如图 5-35 所示。单击“设置话筒级别”和“更改质量”按钮，在打开的相应对话框中进行话筒设置。选择“链接旁白”复选框，单击[浏览]按钮，可指定录制旁白的存放路径。设置后单击[确定]按钮即可。

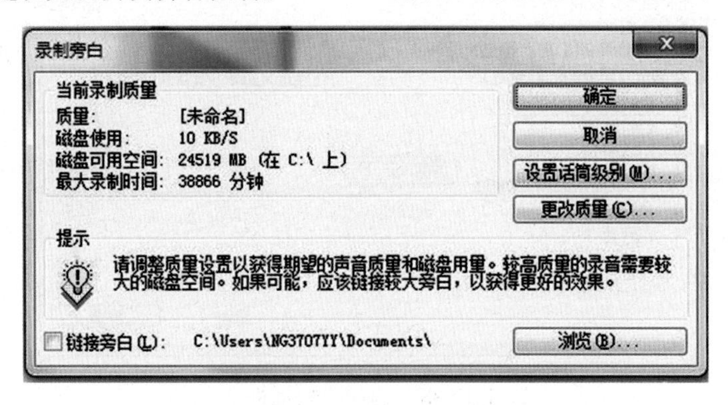

图 5-35　录制旁白对话框

5. 自定义放映　自定义放映是将演示文稿中的部分幻灯片页面组织起来，并加以命名，然后在演示过程中按照需要让其跳转到相应的幻灯片上，操作如下：

(1) 选择【幻灯片放映】→[自定义放映]命令，出现"自定义放映"对话框，如图 5-36 所示。

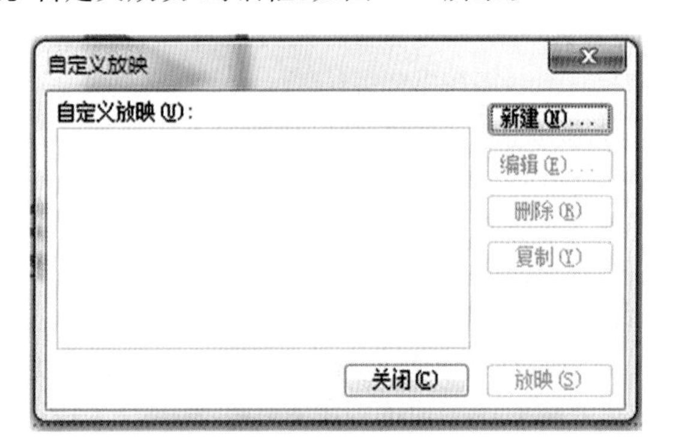

图 5-36　自定义对话框

(2) 在"自定义放映"对话框中，单击[新建]按钮，进入"定义自定义放映"对话框，如图 5-37 所示。

图 5-37　定义自定义对话框

(3) 在"幻灯片放映名称"文本框中，输入自定义放映的名称。

(4) 在左边"在演示文稿的所有幻灯片"列中选中需要独立放映的幻灯片页面，单击[添加]按钮，即可将选中页面加入右边的"在自定义放映中的幻灯片"列表中。

(5) 如果想删除在自定义放映中的幻灯片，可先选中，然后单击"删除"按钮，即可取消该幻灯片的定义放映。

(6) 如果相调整在自定义放映中的幻灯片的顺序，先选定要移动的幻灯片，再单击对话框右侧的"向上箭头"或"向下箭头"按钮。

(7) 单击[确定]命令按钮，返回到"自定义放映"对话框，新建的自定义放映的名称出现在列表中，如图 5-38 所示。

(8) 单击[放映]命令按钮，放映选定的自定义放映的幻灯片。

☞考点：演示文稿放映方式的设置

5.5.3　实 施 方 案

(1) 打开第 5 章/素材/5.5 节/"特色饰品"，选择选择【幻灯片放映】→[排练计时]命令；

(2) 在预演时单击鼠标控制幻灯片的切换和动画出现的时间，预演完成后保存；

(3) 选择选择【幻灯片放映】→[观众放映]命令，观看自动放映效果。

技能训练 5-1　PowerPoint 2003 基本操作

一、创建一个演示文稿

要求：

(1) 选择"诗情画意"模板建立一空演示文稿，制作一张题目为"自我介绍"的幻灯片，如图 5-39 所示。

(2) 幻灯片中要插入剪贴画或图片、自选图形。

(3) 将幻灯片中自选图形设置为合适大小，并添加文本。

二、制作一个超链接的演示文稿

要求：

(1) 打开第 5 章/技能训练/练习 2。

(2) 根据本章的章节目录层次关系为第一张幻灯片上的各个标题设置链接，使能跳转到相应的二级页面上。

(3) 二级页面上要插入返回按钮(返回第一张幻灯片)。

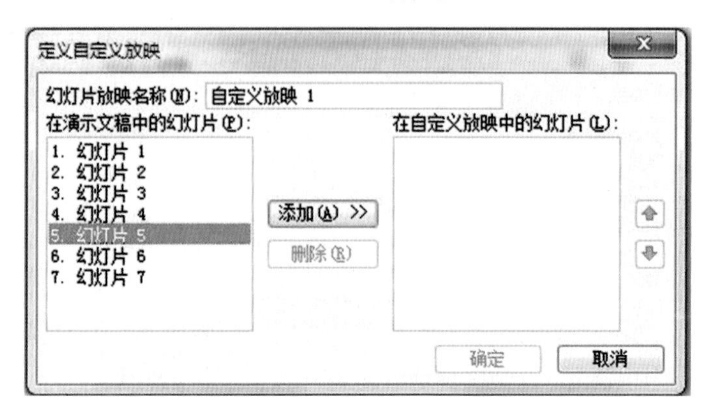

图 5-38　自定义对话框

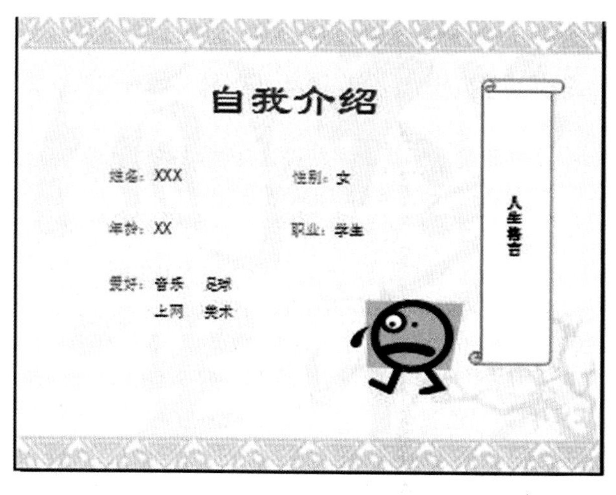

图 5-39 “自我介绍”幻灯片

三、幻灯片背景设置效果练习

要求:

(1) 打开第 5 章/技能训练/练习 3。

(2) 设置第一张幻灯片渐变效果为“红日西斜”。

(3) 设置其他幻灯片渐变效果为“雨后初晴”。

四、幻灯片的动画、修饰与切换效果练习

要求:

(1) 打开第 5 章/技能训练/练习 4。

(2) 使用“Capsules”模板修饰全部幻灯片。

(3) 在第一张幻灯片中为主标题“长围巾风情展”设置动画为“飞入”、“自右侧”、“中速”。

(4) 全部幻灯片的切换效果设置为“纵向棋盘式”,换片方式设置为自动每隔 3 秒放映。

技能训练 5-2　PowerPoint 2003 综合操作

在 PowerPoint 2003 中,自选题目,制作一个演示文稿,具体要求如下:

(1) 题材自由选定,演示文稿必须有标题幻灯片,页面至少在五张幻灯片以上。

(2) 以模板或母版方式控制演示文稿的风格。

(3) 每张幻灯片中必须要有图片插入和文字(设置字体)。

(4) 幻灯片中必须有动态效果,并设置每页切换的过渡效果。

(5) 要求内容丰富,布局合理,美观。

练习 5　PowerPoint 2003 基础知识测评

一、单选题

1. 下列视图中不属于 PowerPoint 视图的是________。
   A. 幻灯片视图　　B. 普通视图
   C. 备注页视图　　D. 页面视图
2. ________视图下,显示的是幻灯片的缩图,适用于对幻灯片进行组织和排序。
   A. 幻灯片　　B. 大纲
   C. 幻灯片浏览　　D. 备注页
3. 在幻灯片视图下,单击“插入”菜单中的“新幻灯片”命令,将________。
   A. 在当前幻灯片之前插入一张新幻灯片
   B. 在当前幻灯片之后插入一张新幻灯片
   C. 可能在当前幻灯片之后或之前插入一张幻灯片
   D. 当前幻灯片覆盖。
4. PowerPoint 中,插入幻灯片的操作可以在________下进行。
   A. 列举的三种视图方式　　B. 普通视图
   C. 幻灯片视图　　D. 大纲视图
5. 在 PowerPoint 中,________菜单中的“背景”命令,可以更改幻灯片背景。
   A. 编辑　　B. 格式
   C. 工具　　D. 幻灯片放映
6. 在________菜单中的“应用设计模板”命令,可以对演示文稿应用 PowerPoint 模板。
   A. 编辑　　B. 格式
   C. 工具　　D. 幻灯片放映
7. 在 PowerPoint 窗口中制作幻灯片时,需要使用“绘图”工具栏,使用菜单中________的命令可以显示该工具栏。
   A. 窗口　　B. 视图
   C. 格式　　D. 插入考试用书
8. PowerPoint 2003 中,使用________菜单中的“幻灯片母版”命令,进入幻灯片母版设计窗口,更改幻灯片的母版。
   A. 编辑　　B. 工具
   C. 视图　　D. 格式
9. 不能显示和编辑备注内容的视图模式是________。
   A. 普通视图　　B. 大纲视图
   C. 幻灯片视图　　D. 备注页视图
10. 下列有关幻灯片和演示文稿的说法中不正确的是________。
    A. 一个演示文稿文件可以不包含任何幻灯片
    B. 一个演示文稿文件可以包含一张或多张幻灯片
    C. 幻灯片可以单独以文件的形式存盘
    D. 幻灯片是 PowerPoint 中包含文字、图形、图表、声音等多媒体信息的图片
11. 设置幻灯片的切换方式,可以单击________菜单中的“幻灯片切换”命令来进行。
    A. 格式　　B. 视图
    C. 编辑　　D. 幻灯片放映
12. 若在幻灯片母版中插入一剪贴画,则在________中出现此剪贴画。
    A. 所有幻灯片
    B. 所有标题幻灯片
    C. 除标题幻灯片以外的所有幻灯片
    D. 当前幻灯片
13. 要使幻灯片在放映时能自动播放,需要为其设置________。
    A. 预设动画　　B. 排练计时

C. 动作按钮　　D. 录制旁白

14. 选定演示文稿,若要改变该演示文稿的整体外观,需要进行________的操作。
A. 单击"工具"下拉菜单中的"自动更正"命令
B. 单击"工具"下拉菜单中的"自定义"命令
C. 单击"格式"下拉菜单中的"幻灯片设计"命令
D. 单击"工具"下拉菜单中的"版式"命令

15. 在 PowerPoint 中,将已经创建的演示文稿转到其他没有安装 PowerPoint 软件的机器上放映的命令是________。
A. 演示文稿打包　　B. 演示文稿发送
C. 演示文稿复制　　D. 设置幻灯片放映

16. PowerPoint 在幻灯片中建立超链接有两种方式:通过把某对象作为"超链接"和________。
A. 文本框　　B. 文本
C. 图片　　D. 动作按钮

17. PowerPoint 的功能是________。
A. 适宜进行数据管理
B. 适宜制作屏幕演示文稿
C. 适宜制作各种文档资料
D. 适宜编写程序

18. 要在选定的幻灯片版式中输入文字,可以________。
A. 直接输入文字
B. 先单击占位符,然后输入文字
C. 先删除占位符中的系统显示的文字,然后输入文字
D. 先删除占位符,然后输入文字

19. 在演示文稿中,在插入超级链接中所链接的目标,不能是________。
A. 另一个演示文稿
B. 同一演示文稿的某一张幻灯片
C. 其他应用程序的文档
D. 幻灯片中的某个对象

20. 在空白幻灯片中不可以直接插入________。
A. 文本框　　B. 文字
C. 艺术字　　D. Word 表格

二、多选题

1. 在 PowerPoint 2003 中,哪些命令不能实现幻灯片中对象的动画效果。________
A. 幻灯片放映中的自定义动画
B. 幻灯片放映中的预设动画
C. 幻灯片放映中的动作设置
D. 幻灯片放映中的动作按钮

2. 下列对象中,可以在 PowerPoint 2003 中插入的有哪些:________
A. Excel 图表　　B. 电影和声音
C. Flash 动画　　D. 组织结构图

3. 在 PowerPoint 2003 中,要切换到幻灯片母版中,如何操作? ________
A. 单击视图菜单中的"母版",再选择"幻灯片母版"
B. 按住 ALT 键的同时单击"幻灯片视图"按钮
C. 按住 CTRL 键的同时单击"幻灯片视图"按钮
D. 按住 Shift 键的同时单击"幻灯片视图"按钮

4. 幻灯片中包含多个标题文字,其中一个标题内容很重要,希望突出显示。怎样设置动画,使其能自动改变颜色为红色? ________
A. 单独设置该标题文字的进入动画,并在"效果选项"中设置"动画播放后"的颜色为红色
B. 为该标题文字设置强调动画,效果为"更改字体颜色",并设置颜色为红色。这样可以控制何时变色(例如所有内容都显示完毕,进行总结时再变色)
C. 为该标题文字设置进入动画,效果为"颜色打字机",并在"效果选项"中设置"首选颜色"为红色,"辅助颜色"为黑色
D. 为该标题文字设置进入动画,效果为"颜色打字机",并在"效果选项"中设置"首选颜色"为黑色,"辅助颜色"为红色

5. PowerPoint 2003 可以指定每个动画发生的时间,以下设置哪些能实现让当前动画与前一个动画同时出现? ________
A. 从上一项开始
B. 从上一项之后开始
C. 在自定义动画的"开始"中选择"之前"
D. 在自定义动画的"开始"中选择"之后"

三、判断题

1. 在 PowerPoint 的窗口中,无法改变各个预留文本框的大小。(　　)
2. PowerPoint 中除了用内容提示向导来创建新的幻灯片,就没有其他的方法了。(　　)
3. PowerPoint 中,应用设计模板设计的演示文稿无法进行修改。(　　)
4. PowerPoint 中,如果插入图片误将不需要的图片插入进去,可以按撤销键补救。(　　)
5. 自定义动画可以用"幻灯片放映"菜单栏中的"自定义动画"。(　　)
6. PowerPoint 规定,对于任何一张幻灯片,都要在"动画效果列表"中选择一种动画方式,否则系统提示错误信息。(　　)
7. 使用 PowerPoint 制作演示文稿,在"幻灯片切换"对话框中单击"全部应用",则所有的幻灯片就应用上所设置的切换效果。(　　)
8. 幻灯片中的文本在插入以后就具有动画了,只有在需要更改时才需要对其进行设置。(　　)
9. 应用设计模版后,每张幻灯片的背景都相同,系统不具备改变其中某一张背景的功能。(　　)
10. 幻灯片打包时可以连同播放软件一起打包。(　　)

四、填空题

1. 在 PowerPoint 中,幻灯片内包含的文字、图形、图片等称为________。
2. PowerPoint 中模板文件的扩展名为________。
3. 要在幻灯片中插入一个动作按钮,并为其指定动作,可以使用________菜单下的________命令。

4. 使用________菜单中的“背景”命令可以改变幻灯片的背景。
5. 使用________“菜单”下的“排练时间”命令，可以排练方式运行幻灯片放映，在其中可以设置或更改幻灯片放映的时间，该项时间可用于幻灯片的自动播放。
6. PowerPoint 中，应用设计模板时，在“格式”菜单中选择________。
7. PowerPoint 中________视图模式用于查看幻灯片的播放效果。
8. 关闭 PowerPoint 时，如果不保存修改过的文档，那么你刚刚修改过的内容将会________。
9. 自定义动画的操作应该在________菜单中选择“自定义动画”。
10. 在 PowerPoint 中，可以对幻灯片进行移动、删除、复制、设置动画效果，但不能对单独的幻灯片的内容进行编辑的视图是________。

（倪晓承　赵　娟）

第 6 章　Access 2003 基础

学习目标

1. 了解数据库基础知识及 Access 2003 界面
2. 掌握数据库创建与修改方法
3. 掌握数据表的创建与修改方法
4. 掌握简单查询的创建方法

6.1　认识 Access 数据库

数据库技术产生于 20 世纪 60 年代末、70 年代初，它的出现使计算机应用进入了一个新的时期——社会的每一个领域都与计算机应用发生了联系。数据库是计算机的最重要的技术之一，是计算机软件的一个独立分支，数据库是建立管理信息系统的核心技术，当数据库与网络通信技术、多媒体技术结合在一起时，计算机应用将无所不在，无所不能。

作为本章学习的开始，我们首先要了解的是：什么是数据库？什么是数据库管理系统？什么是 Access？

6.1.1　任　　务

有一家小公司的老板，他目前有若干名员工，若干个店面，由于管理不善，他的生意不是很好。最近，他听说用数据库可以更方便管理公司，并且 Office 中有一个软件可以做数据库，老板想了解一下数据库是什么？Office 中什么软件可以做数据库？它使用方便吗？

6.1.2　相关知识与技能

1. 数据库的基本知识

（1）什么是数据库：数据库这个词有多种解释，简单的定义是这样的：数据库（Database）是结构化数据的集合。从广义上讲，数据库就是数据或信息的集合，相当于一个数据仓库。具体来说，数据库是一组经过计算机整理后的数据，在关系数据库中，它由许多数据表组成。它表达了三层含义。

A. 数据库是自描述的

数据库除了包含用户的数据以外，还包含关于它本身结构的描述，这个描述称作数据词典（或数据目录、元数据）。从这个意义上讲，数据库与作为一个自描述的书的集合的图书馆相似：除了书籍以外，图书馆还包含一个描述它们的卡片目录。

B. 数据库是集成记录的集合

数据的标准结构如下：位→字节→域→记录→文件，按这种模式说，文件组合成数据库是非常诱人的，但却无法深入，数据库将包含 4 种数据：用户数据文件、元数据、索引、应用元数据。

用户数据大多表示为表格，称之为数据表。就像有很多人在操场上站队，这个队伍非常整齐，有一定数目的行和列，队列中的每个人，都在一定的行列位置上。当我们想叫某个人的时候，不用知道他的名字，只需要喊“第几行第几列的，出列”，这个人就会站出队伍。现在将这个队伍中的人换成数据，就构成了“表”。例如表 6-1 所示的指导计划表。

表 6-1　指导计划表

学生姓名	指导教师	教师电话
刘晓	钱国忠	55566633
李娟娟	杨如一	55566123
程志鹏	吴雪华	44477111
徐达	钱国忠	55566633
王光裕	吴雪华	44477111

元数据是关于用户数据的结构的描述，称之为系统表，如表 6-2 所示。

表 6-2　系统表

表名	字段数	主关键字
学生	7	学号
导师	6	教师编号
指导计划	3	学生姓名

索引数据改进了数据库的性能和访问性，称之为概括数据，如表 6-3、表 6-4 所示。

表 6-3　学生姓名索引

学生姓名	指导教师
程志鹏	吴雪华
李娟娟	杨如一
刘晓	钱国忠
王光裕	吴雪华
徐达	钱国忠

表 6-4 指导教师索引

指导教师	教师电话
钱国忠	55566633
吴雪华	44477111
杨如一	55566123

应用元数据用来存储用户表格、报表、查询、媒体数据和其他形式的应用组件。并非所有的DBMS都支持应用组件，支持应用组件的DBMS也不一定把全部组件的结构作为应用元数据存储在数据库中。

C. 数据库是模型的模型

数据库是用户关于现实世界的模型。具体解释是：非计算机操作数据的情况下，人们所建立的一套文件、表格、数字等的处理内容和规则是人们关于现实世界的模型，在计算机操作数据的情况下，数据库设计者将在人们关于现实世界的模型的基础上再次建模，从而建立一个适用于计算机处理的数据库模型。

三个世界的划分：

现实世界(客观世界)，实体、实体集、属性、实体标识符；

信息世界(观念世界)，记录、文件、字段、关键字；

数据世界(计算机世界)，位、字节、字、块、卷。

在数据库中，对表的行和列都有特殊的叫法，每一列叫做一个"字段"每个字段包含某一专题的信息。就像"指导计划表"表中，"学生姓名"、"指导教师"这些都是表中所有行共有的属性，所以把这些列称为"学生姓名"字段和"指导教师"字段。我们把表中的每一行叫做一个"记录"。

在数据库中，常常不只是一个表，这些表之间也不是相互独立的，不同的表之间需要建立一种关系，才能将它们的数据相互沟通。这就需要表中有一个字段作为标志，不同的记录对应的字段取值不能相同，也不能是空白的，通过这个字段中不同的值可以区别各条记录，这个字段就叫做主键。例如：我们区别不同的人，不能将姓名作为主键，因为人名很容易出现重复，而身份证号是每个人都不同的，所以可以作为主键区别不同的人。

(2) 从文件管理到数据库管理：前面提到从文件组合成数据库是非常诱人的，但却无法深入。实际上，在数据库处理之前，确实采用的文件管理方式，即用数据文件来存放数据，并通过高级语言完成对数据文件的操作。一个数据文件包含若干个"记录(record)"，一个记录又包含若干个"数据项(data item)"，用户通过对文件的访问实现对记录的存取。通常称支持这种数据管理方式的软件为"文件管理系统"，它一直是操作系统的重要组成部分。

随着计算机处理的数据量不断增加，文件管理系统采用的一次最多存取一个记录的访问方式，以及在不同文件之间缺乏相互联系的结构，不能适应管理大量数据的需要，于是数据库管理系统应运而生，并在20世纪60年代末诞生了第一个商业化的数据库系统——IBM的IMS(Information Management System)。

(3) 数据库系统的特点：与文件系统比较，数据库系统有下列特点：

1) 数据的结构化。文件系统中单个文件的数据一般是有结构的，但从整个系统来看，数据在整体上没有结构，数据库系统则不同，在同一数据库中的数据文件是有联系的，且在整体上服从一定的结构形式。

2) 数据的共享性。在文件系统中，数据一般是由特定的用户专用，数据库系统中的数据可以有为不同部门、不同单位甚至不同用户所共享。

3) 数据的独立性。在文件系统中，数据结构和应用程序相互依赖，一方的改变总是要影响到另一方。数据库系统中的数据文件与应用程序之间的这种依赖关系已大大减小。

4) 数据的完整性。在数据库系统中，可以通过对数据的性质进行检查而管理它们，使之保持完整正确。如商品的价格不能为负数，一场电影的定票数不能超过电影院的座位数。

5) 数据的灵活性。数据库系统不是把数据简单堆积，而是在记录数据信息的基础上具有多种管理功能，如输入、输出、查询、编辑、修改等。

6) 数据的安全性。数据库系统中的数据具有安全管理功能。

7) 数据可控冗余度。数据专用时，每个用户拥有使用自己的数据，难免会出现数据相互重复，这就是数据冗余。实现数据共享后，不必要的数据重复将全部消除，有时为了提高查询效率，也保留少量的重复数据，其冗余度可以由设计者控制。

☞考点：数据库的特点

(4) 数据库系统的分代：数据库系统可分为三代。

1) 非关系型数据库系统。是对第一代数据库系统的总称，包括层次型数据库系统和网状型数据库系统。其主要特点是：采用"记录"作为基本数据结构，在不同"记录型"之间，允许存在相互联系，一次查询只能访问数据库中的一个记录。

2) 关系型数据库系统(RDBS)。1970年，E. F. Codd在一篇名为*A Relational Model of Data For Large Shared Databanks*《大型共享数据库数据的关

系模型》文章提出了“关系模型”的概念。20 世纪 70 年代中期，商业化的 RDBS 问世，数据库系统进入第二代，目前 PC 机上使用的数据库系统主要是第二代数据库系统。其主要特点是：采用“表格”作为基本数据结构，在不同的表之间，允许存在相互联系，一次查询可以访问整个表格中的数据。

3）对象-关系模型数据系统（ORDBS）。将数据库技术与面向对象技术相结合，以实现对多媒体数据和其他复杂对象数据的处理，这就产生了第三代数据库系统。其主要特点是：包含第二代数据库系统的功能，支持正文、图形图像、声音等新的数据类型，支持类、继承、方法等面向对象机制，提供高度集成的、可支持客户/服务器应用的用户接口。

2. 数据库管理系统和数据库应用系统

（1）数据库管理系统：实际上，数据库是存于某种存储介质上的相关数据有组织的集合，为了在计算机中对数据库进行定义、描述、建立、管理和维护，应通过特定的数据库语言进行，这就需要一套支持该数据库语言的系统软件，称作数据库管理系统（DBMS）。一般说，数据库管理系统具有下列功能：

1）数据定义功能。DBMS 向用户提供“数据定义语言（DDL）”，用于描述数据库的结构，在关系数据库中其标准语言是 SQL（structured query language），它提供了 DDL 语句。

2）数据操作功能。对数据库进行检索和查询，是数据库的主要应用。为此 DBMS 向用户提供“数据操纵语言（DML）”，用于对数据库中的数据进行查询，同样 SQL 也提供了 DML 语句。

3）控制和管理功能。除了 DDL 和 DML 两类语句外，DBMS 还具有必要的控制和管理功能。

在讨论可视化的数据库管理系统（如 VFP、Access）时，一般而言，从组成结构上看，DBMS 的特点和功能可以分为三个子系统：设计工具子系统、运行子系统和 DBMS 引擎。

设计工具子系统提供设计工具，包括表生成、窗体生成、查询生成、报表生成和过程语言编译器等工具，设计工具子系统与开发人员相关联。

运行子系统提供对设计时产生的程序的执行，它与用户接口。

DBMS 引擎介于设计工具及运行子系统与数据本身之间。实际上，它将根据以上组件的请求，将其翻译成对操作系统的命令，以实现对物理介质上的数据的读写。除此之外，DBMS 引擎还涉及事务管理、锁定、备份和恢复等工作。

（2）数据库应用系统：数据库应用系统（Database Application System，DBAS）专指基于数据库的应用系统。一个 DBAS 通常由数据库和应用程序两部分组成，它们都需要在 DBMS 支持下开发。开发一个信息系统，一是要设计数据库，二是要开发应用程序。并且，这二者亦是相互关联的。

☞考点：数据库文件（DB）、数据库管理系统（DBMS）、数据库系统（DBS）

3. Access 2003 简介 Access 2003 是微软公司开发的 Office 2003 办公软件中的一个套件，是一个功能强大、方便灵活的关系型数据库管理系统。Access 2003 作为一个小型数据库管理系统，它最多能为由 25～30 台计算机组成的小型网络服务。

在 Access 2003 中，建立数据库，就像是建筑一个“房子”，所谓的建房材料就是数据库中的主要对象，它包括“表”、“查询”、“窗体”、“报表”、“页面”、“宏”和“模块”。这些对象在数据库中各自负责一定的功能，并且相互协作，这样才能建设出一个数据库。

进入 Access 2003，打开一个示例数据库，可以看到如图 6-1 所示的界面，在这个界面的【对象】栏中，包含有 Access 2003 的 7 个对象。另在【组】栏中，可以包含数据库中不同类型对象的快捷方式的列表，通过创建组，并将对象添加到组，从而创建了相关对象的快捷方式集合。

Access 2003 所提供的对象均存放在同一个数据库文件(.mdb)中。“表”用来存储数据；“查询”用来查找数据；用户通过“窗体”、“报表”、“页面”获取数据；而“宏”和“模块”则用来实现数据的自动操作。作为一个数据库，最基本的就是要有表，表中存储数据。如“订货管理”数据库，首先要建立一些数据表，然后将客户的信息、订单的信息等输入到这些表中，这样就有了数据库中的数据源。有了数据源以后，就可以将它们显示在窗体上。这个过程就是将表中的数据和窗体上的控件建立连接，在 Access 中把这个过程叫做“绑定”。这样就可以通过屏幕上的窗体界面来获得真正存储在表中的数据，也就实现了数据在人和计算机之间的沟通。Access 2003 中各对象的关系可以用图 6-2 表示。

6.1.3 实施方案

现在老板想了解一下 Access 2003，可按已下方法操作：

（1）学习 Access 的启动和退出；

（2）通过上机熟悉 Access 的用户界面（包括 Access 窗口和数据库窗口的组成）；

（3）在 D 盘新建一个名为 Test 的文件夹，在 Test 文件夹下创建一个 Test.mdb 空数据库。

操作方法：可参考前面相关知识描述进行，这里不再详述。

图 6-1 Access 2003 工作界面

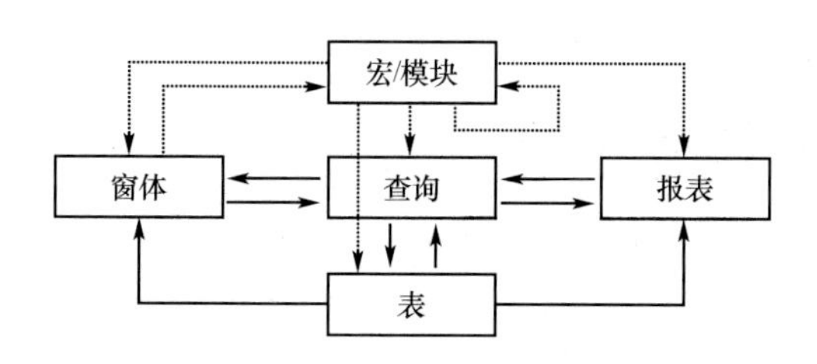

图 6-2 Access 2003 中各对象的关系

6.2 建立 Access 数据库

6.2.1 任　　务

老板了解了上面的知识，决定马上开始行动。他首先在店面都配了电脑，电脑装有 Windows XP 操作系统及 Office 2003。他想先从公司的订货管理开始建立数据库，如建立客户、订单、产品、雇员等的管理。他不知道现有条件能否实现他的这个愿望？

6.2.2 相关知识与技能

1. 数据库的设计

(1) 概念及准则：下面介绍数据库设计的概念，及由此而产生的数据库设计准则。

关系型数据库不管设计得好坏，都可以存取数据，但是不同的数据库在存取数据的效率上有很大的差别。为了更好的设计数据库中的表，下面提供几条一般规则供大家讨论。

1) 字段唯一性。即表中的每个字段只能含有唯一类型的数据信息。在同一字段内不能存放两类信息。

2) 记录唯一性。即表中没有完全一样的两个记录。在同一个表中保留相同的两具记录是没有意义的。要保证记录的唯一性，就必须建立主关键字。

3) 功能相关性。即在数据库中，任意一个数据表都应该有一个主键字段，该字段与表中记录的各实体相对应。这一规则是针对表而言的，它一方面要求表中不能包含该表无关的信息，另一方面要求表中的字段信息要能完整地描述某一记录。

4) 字段无关性。即在不影响其他字段的情况下，必须能够对任意字段进行修改（非主键字段）。所有非主键字段都依赖于主键，这一规则说明了非主键字段之间是相互独立的。

这些内容涉及关系模型与规范化问题，这里不作理论分析。

☞考点：考点：表中的字段、记录及相互关系

(2) 一般步骤：按照上面几条原则，可以设计一个比较好的数据库及基本表。当然数据库的设计远不止这些，还需要设计者的经验和对实际事务的分析和认识。不过，就这几条规则，可以总结出创建数据库的一般步骤。

1) 明确建立数据库的目的。即用数据库做哪些数据的管理，有哪些需求和功能。然后再决定如何在数据库中组织信息以节约资源，怎样利用有限的资源以发挥最大的效用。

2) 确定所需要的数据表。在明确了建立数据库的目的之后，就可以着手把信息分成各个独立的主

题,每一个主题都可以是数据库中的一个表。

3）确定所需要的字段。确定在每个表中要保存哪些信息。在表中,每类信息称作一个字段,在表中显示为一列。

4）确定关系。分析所有表,确定表中的数据和其他表中的数据有何关系。必要时,可在表中加入字段或创建新表来明确关系。

5）改进设计。对设计进一步分析,查找其中的错误。创建表,在表中加入几个实际数据记录,看能否从表中得到想要的结果。需要时可调整设计。

(3) 实例剖析:下面以小型公司为例,建立客户、订单、产品、雇员管理的订单管理数据库。

A. 明确目的

1）公司中有哪些雇员及其自然情况(何时被聘)、工作情况(销售业绩)等。

2）公司中有哪些产品及其种类、单价、库存量、定货量等。

3）公司有哪些客户,客户的姓名、地址、联系方式及有何订货要求等。

B. 确定数据表

1）客户表,存储客户信息。

2）雇员表,存储雇员信息。

3）产品表,存储产品信息。

4）订单明细表,存储客户订单信息。

C. 确定字段信息

在上述相关的表中,我们可以初步确定如下必要的字段信息。同时,每个表都可设定一个主键,如订单表中的主键是由多个字段组成的(产品编号、订货日期、客户编号、雇员编号),为了方便,也可建立一个订单编号作为主键,它本来是可有可无的。

图 6-3 为订单管理数据库各表所示的字段。

D. 确定表间关系

要建立两个表之间的关系,可以把其中一个表的主键添加到另一个表中,使两个表都有该字段。

图 6-4 中,订单明细表中的主键是由多个字段组成的。当然也可以如上所示地设立一个订单编号作为主关键字段。

E. 改进设计

图 6-4 中每一个表中的字段设置可以进一步完善和改进,甚至可以建立不同于初步设计时的新表来完成。如有需要,为了进行雇员工资的发放,可以建立工资表。

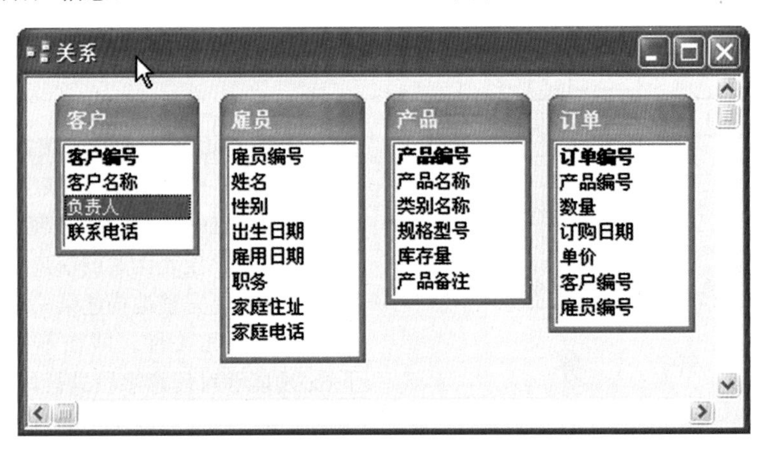

图 6-3　订单管理数据库各表所示的字段

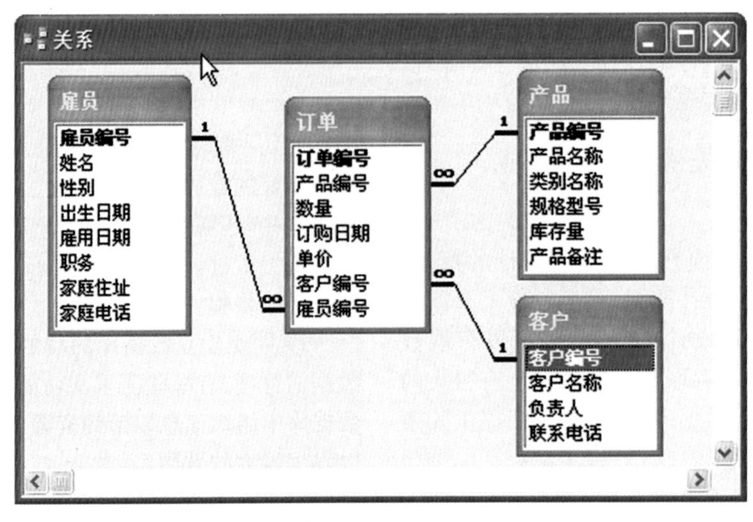

图 6-4　订单管理数据库各表之间的关系

2. 建立一个数据库　Access 2003 中，创建一个新的数据库的方法是多样的，也是十分简单的。

(1) 利用模板新建数据库：为了方便用户的使用，Access 2003 提供了一些标准的数据框架，又称为“模板”。这些模板不一定符合用户的实际要求，但在向导的帮助下，对这些模板稍加修改，即可建立一个新的数据库。另外，通过这些模板还可以学习如何组织构造一个数据库。

单击【文件】菜单【新建】命令，或单击工具栏上的新建按钮，打开【新建文件】任务窗格，如图 6-5 所示。

选择【本机上的模板】，出现如图 6-6 所示对话框。

选择“工时与账单”模板后，出现如图 6-7 所示“文件新建数据库”对话框。

命名存盘后，出现数据库向导对话框，图 6-8 所示为向导中选择数据库的表和字段步。

再选择屏幕的显示样式，确定打印报表所用的样式后，出现如图 6-9 所示步骤，在其中指定数据库的标题，并确定是否给出图片。

最后，将完成数据的建立。在完成数据库建立所有工作之前，还将给出公司信息。

数据的建立之后将出现设计器，如图 6-10 所示。

通过模板建立数据库虽然简单，但是有时候它根本满足不了实际的需要。一般来说，对数据库有了进一步了解之后，我们就不再去用向导创建数据库了。高级用户很少使用向导。

(2) 直接建立一个数据库：单击【文件】菜单【新建】命令，或单击工具栏上的新建按钮，打开【新建文件】任务窗格，选择新建【空数据库】，弹出如图 6-11 所示“文件新建数据库”对话框。

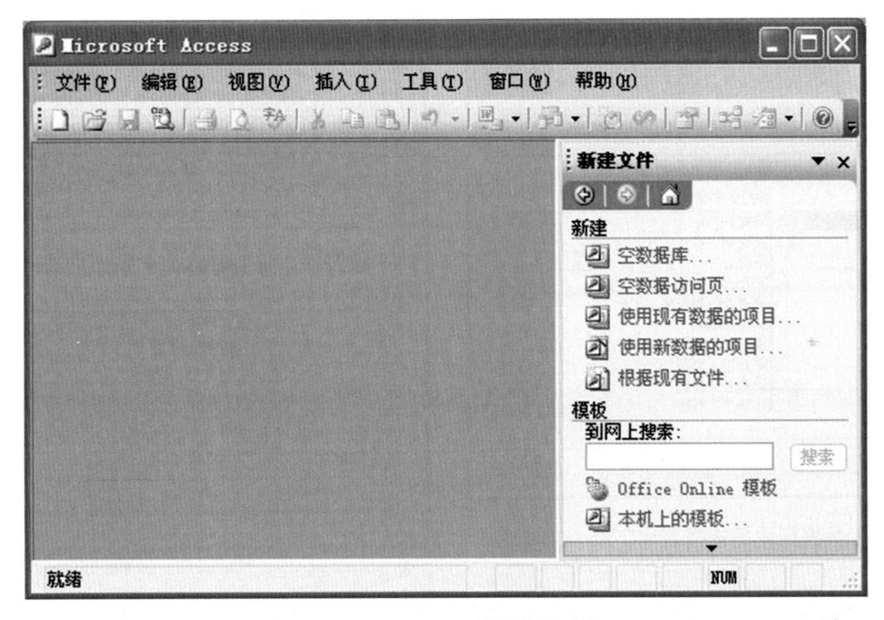

图 6-5　“新建文件”任务窗格

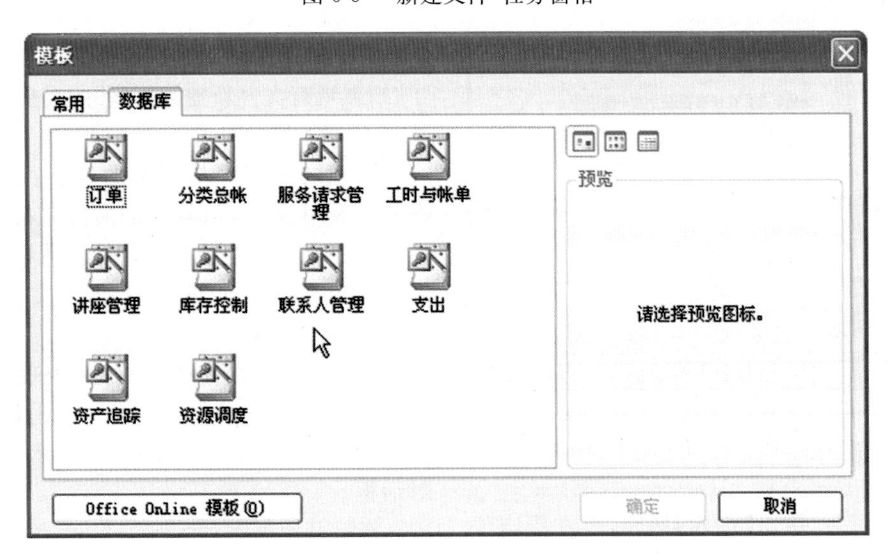

图 6-6　本机上的模板

图 6-7 文件新建数据库对话框

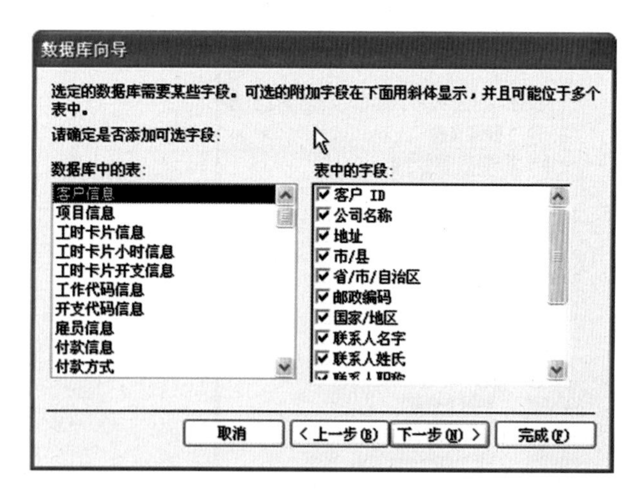

图 6-8 数据库向导选择表和字段

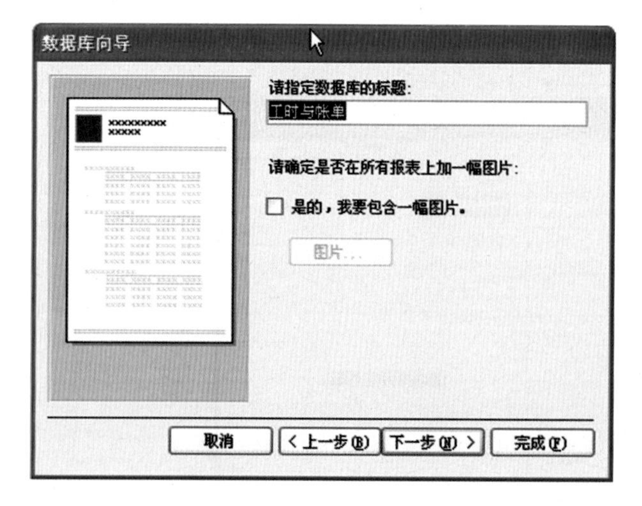

图 6-9 数据库向导指定数据库标题与图片

选择文件位置后，单击【创建】按钮，将在指定位置创建一个空数据库。选择建立空数据库，其中的各类对象暂时没有数据，而是在以后的操作过程中，根

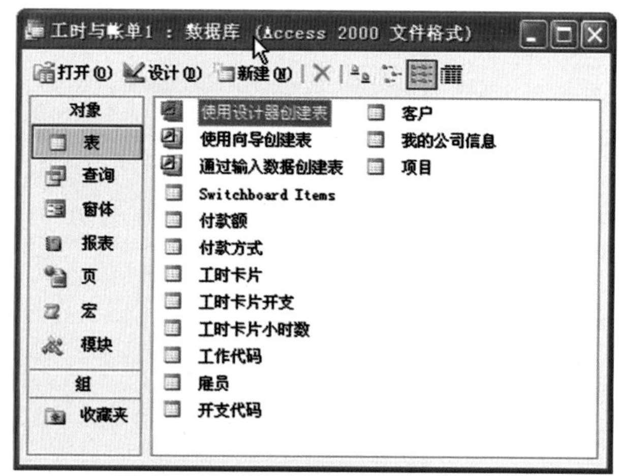

图 6-10 数据库设计器

据需要逐步建立起来。新的空数据库设计窗口如图 6-12 所示。

(3) 根据现有文件新建数据库：Access 2003 提供了“根据现有文件新建数据库”的功能，这与以前的版本有不同之处。

新建的数据库与选中的现有数据库文件存放在同一文件夹中，但是它的文件名有一个统一的改变，即在原有的文件之主文件名后增加“1”，以示区别，这样就产生了现有数据库文件的一个复制副本。

(4) 打开已存在的数据库：要使用数据库，Access 2003 需要打开数据库。单击【文件】菜单→【打开】命令，将出现如图 6-13 所示，打开数据库的对话框。

在打开数据库对话框右上角，有一些按钮分别表示：返回前一级、向上一级文件夹、Web 搜索、删除、新建文件夹、视图方式、工具项。

图 6-11　文件新建数据库对话框

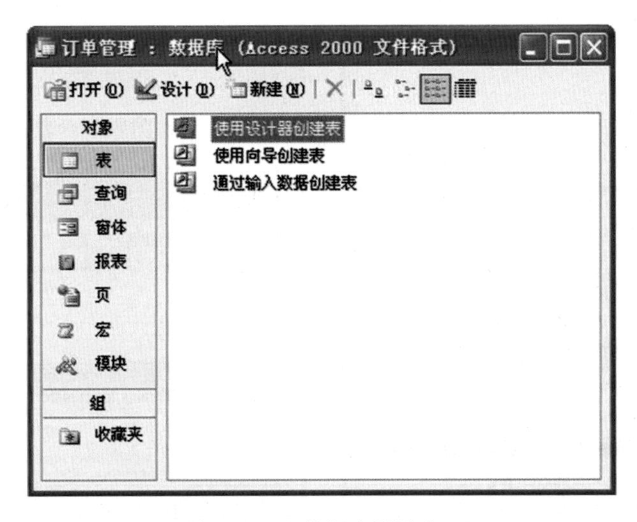

图 6-12　空数据库设计窗口

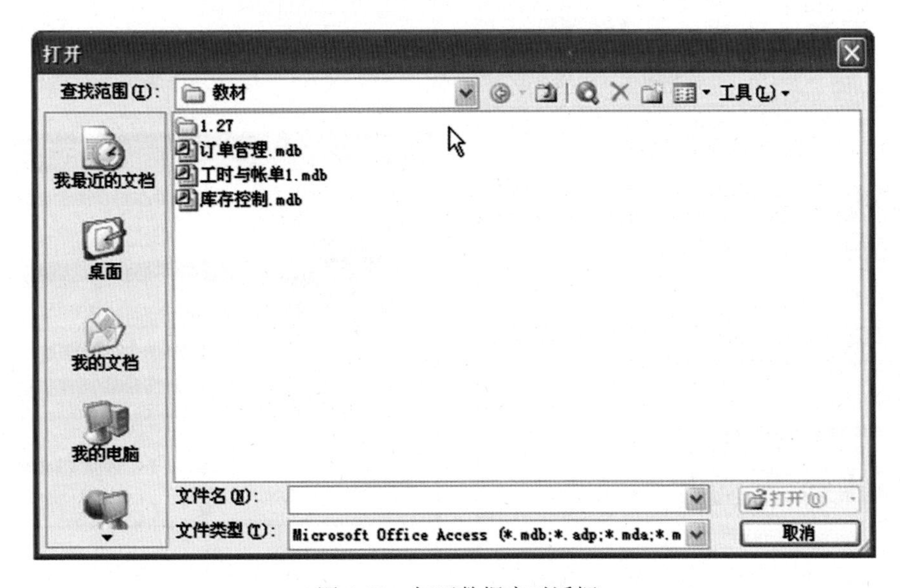

图 6-13　打开数据库对话框

3. 创建简单表　建立了空的数据库之后，即可向数据库中添加对象，其中最基本的是表。简单表的创建有多种方法，使用向导、设计器、通过输入数据都可以建立表。最简单的方法是使用表向导，它提供了一些模板。

(1) 使用向导创建表：表向导提供两类表：商务表和个人表。商务表包括客户、雇员和产品等常见表模板；个人表包括家庭物品清单、食谱、植物和运动日志等表模板。

下面以建立一个客户表为例，介绍向导创建表的方法，建立过程如图 6-14～图 6-19 所示。

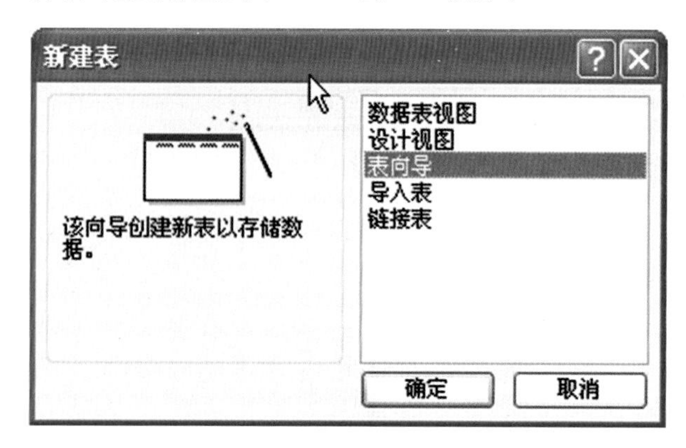

图 6-14　"新建表"对话框-表向导

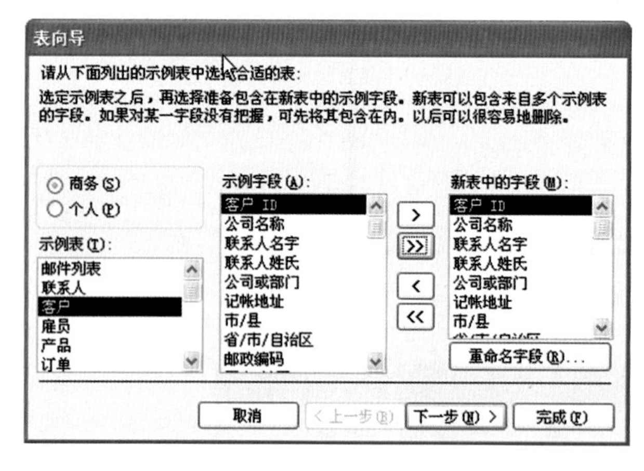

图 6-15　表向导-选择表及字段

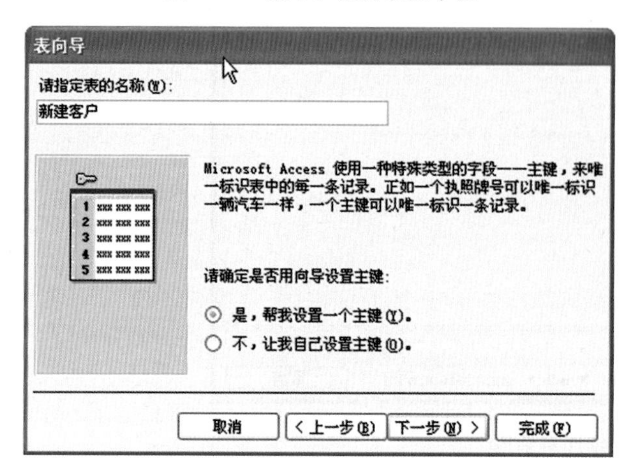

图 6-16　表向导-指定表名与主键

单击图 6-12 数据库设计窗口中的【新建】按钮，在弹出的对话框中选择【表向导】，如图 6-14 所示，即可打开图 6-15 所示，表向导对话框，然后再按步骤操作即可创建表。

如果在图 6-19 选中的是第一项，则进入表设计器，修改表的字段结构，如图 6-20 所示。

(2) 表设计器：虽然向导提供了一种简单快捷的

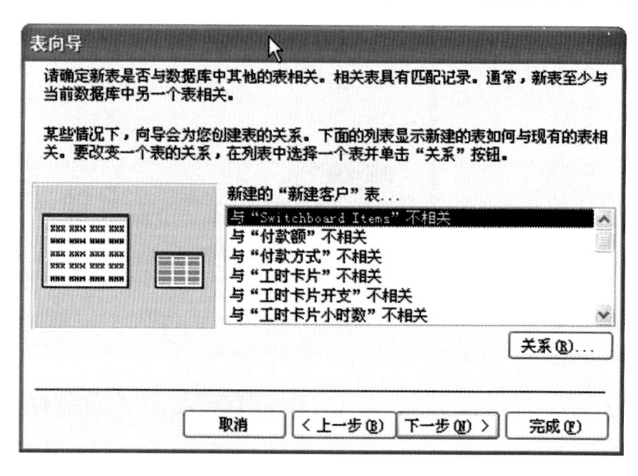

图 6-17　表向导-表的相关性

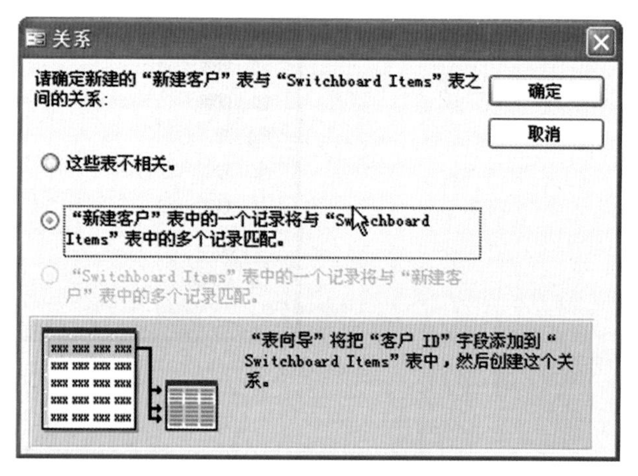

图 6-18　表关系对话框

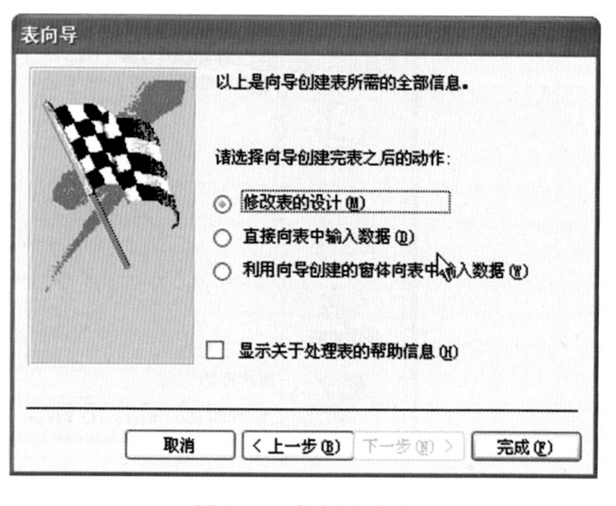

图 6-19　表向导-完成

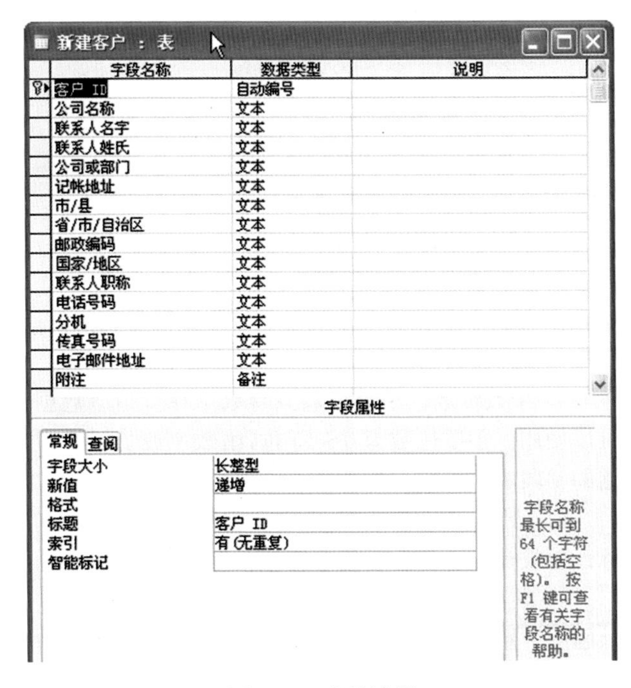

图 6-20 表设计器

方法来建立表，但如果向导不能提供用户所需要的字段，则用户还得重新创建。这时，绝大多数用户都是在“表设计器”中来设计表的。

单击图 6-12 数据库设计窗口中的【新建】按钮，在弹出的对话框中选择【设计视图】，如图 6-21 所示，即可打开“表设计器”窗口。图 6-22 为“空表设计器”窗口。

“表设计器”窗口工具栏如图 6-23 所示。包括视图、保存、搜索、主键、索引、插入行、删除行、属性、生成器、数据库窗口、新对象。

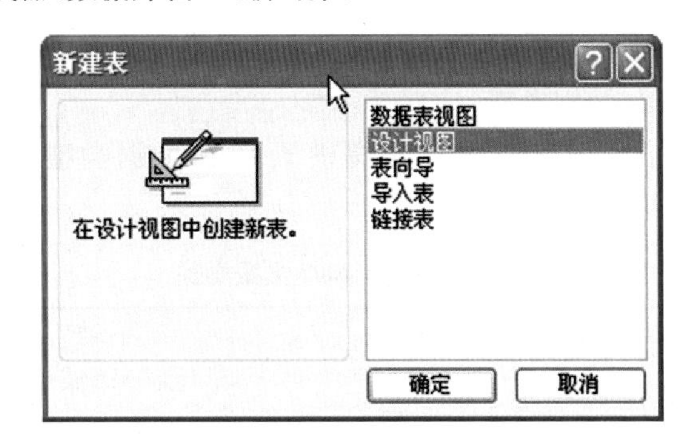

图 6-21 “新建表”对话框-设计视图

(3) 字段、数据类型、字段属性

A. 字段

字段是通过在“表设计器”的字段输入区输入字段名和字段数据类型而建立的。表中的记录包含许多字段，分别存储着关于每个记录的不同类型的信息(属性)。

在设计字段名称时，某些字符不允许出现在字段名称中，如句点“.”，惊叹号“!”，方括号“[]”，左单引号“‘”。

字段名中可以使用大写或小写，或大小写混合的字母。字段名可以修改，但一个表的字段在其他对象中使用了，修改字段将带来一致性的问题。

字段名最长可达 64 个字符，但是用户应该尽量避免使用过长的字段名。

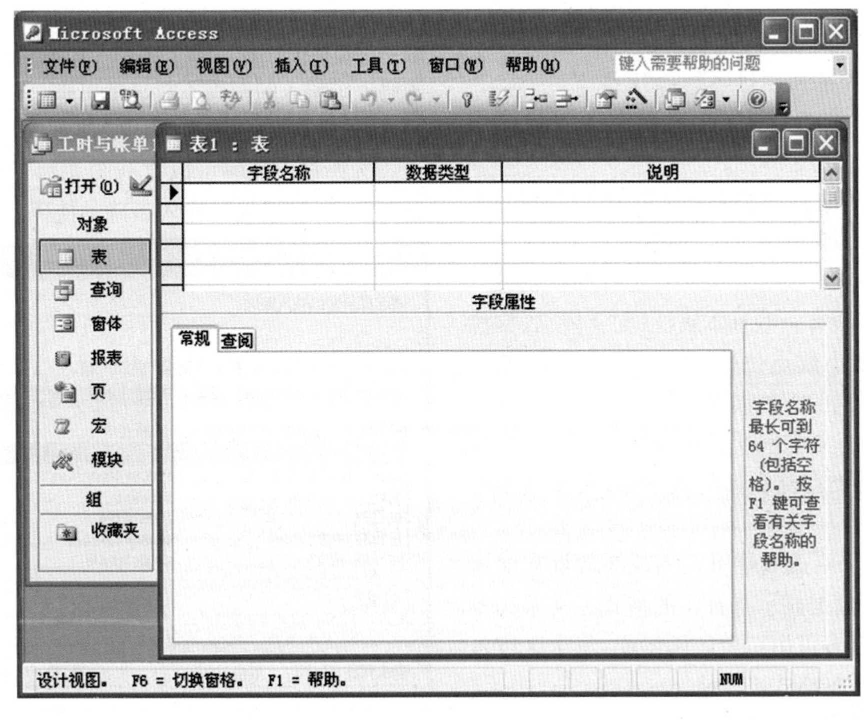

图 6-22 “空表设计器”窗口

图 6-23 “表设计器”窗口工具栏

B. 数据类型

Access 2003 为字段提供了 10 种数据类型，如表 6-5 所示。

表 6-5 Access 2003 数据类型

数据类型	用途	字符长度
文本	字母和数字	0～255 个字符
备注	字母和数字	0～64 000 个字符
数字	数值	1、2、4 或 8 字节
日期/时间	日期/时间	8 字节
货币	数值	8 字节
自动编号	自动数字	4 字节
是/否	是/否、真/假	1 位
OLE 对象	链接或嵌入对象	可达 1G
超链接	Web 地址、邮件地址	可达 64 000 字节
查阅向导	来自其他表或列表的值	通常为 4 字节

对于某一具体数据而言，可以使用的数据类型可能有多种，如电话号码可以使用数字型，也可使用文本型，但只有一种是最合适的。

主要考虑的几个方面如下：

1) 字段中可以使用什么类型的值。

2) 需要用多少存储空间来保存字段的值。

3) 是否需要对数据进行计算(主要区分是否用数字，还是文本、备注等)。

4) 是否需要建立排序或索引(备注、超链接及 OLE 对象型字段不能使用排序和索引)。

5) 是否需要进行排序(数字和文本的排序有区别)。

6) 是否需要在查询或报表中对记录进行分组(备注、超链接及 OLE 对象型字段不能用于分组记录)。

C. 字段属性

如图 6-25，字段有一些基本属性(如字段名、字段类型、字段宽度及小数点位数)，另外对于不同的字段，还会有一些不同的其他属性。

1) 字段大小。文本型默认值为 50 字节，不超过 255 字节。不同种类存储类型的数字型，大小范围不一样。

2) 格式。利用格式属性可在不改变数据存储情况的条件下，改变数据显示与打印的格式。文本和备注型数据的格式最多可由三个区段组成，每个区段包含字段内不同的数据格式之规格。

第一区段描述文本字段的格式。

第二区段描述零长度字符串的格式。

第三区段描述 Null 值字段的格式。

可以用 4 种格式符号来控制输入数据的格式：

@ 输入字符为文本或空格。

& 不需要使用文本字符。

＜ 输入的所有字母全部小写(放在格式开始)。

＞ 输入的所有字母全部大写(放在格式开始)。

3) 小数位数。小数位数只有数字和货币型数据可以使用。小数位数为 0～15 位，由数字或货币型数据的字段大小而定。

4) 标题。标题用来在报表和窗体中替代字段名称。要求简短、明确，以便于管理和使用。

5) 默认值。默认值是新记录在数据表中自动显示的值。默认值只是开始值，可在输入时改变，其作用是为了减少输入时的重复操作。

6) 有效性规则。数据的有效性规则用于对字段所接受的值加以限制。有些有效性规则可能是自动的，如检查数值字段的文本或日期值是否合法。有效性规则也可以是用户自定义的。例如，“＜100”；“Between #1/1/1970# and #12/31/2003# ”。

7) 有效性文本。有效性文本用于在输入的数据违反该字段有效性规则时出现的提示。其内容可以直接在【有效性文本】框内输入，或光标位于该文本框时按 Shift+F2，打开显示比例窗口。

8) 掩码。输入掩码为数据的输入提供了一个模板，可确保数据输入表中时具有正确的格式。例如，在密码框中输入的密码不能显示出来，只能以“*”形式显示，那么只需要在【输入掩码】文本框内设置为“*”即可。

选择输入掩码可以打开图 6-24 所示输入掩码向导对话框，根据提示输入正确的掩码。

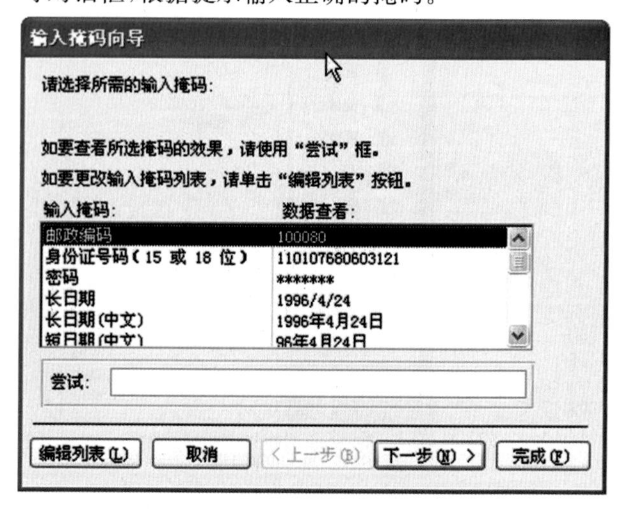

图 6-24 输入掩码向导

(4) 使用“设计器”创建表的一般步骤：对表设计器、字段、字段属性、字段数据类型有所了解之后，现在再来看用“表设计器”创建表的一般步骤，如图 6-25。

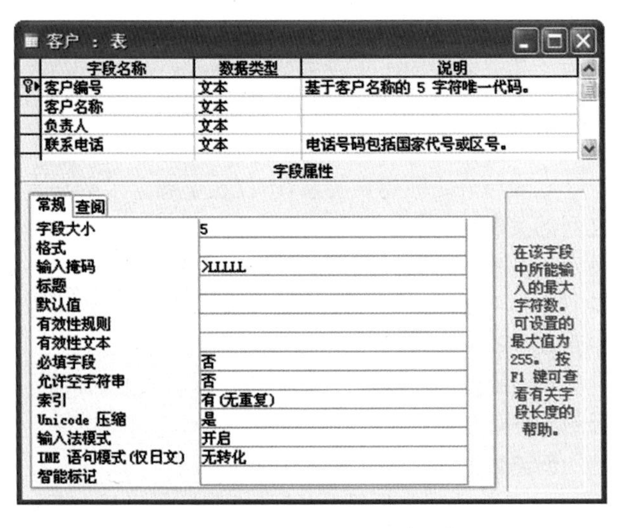

图 6-25　“表设计器”创建实例

1) 打开空表设计器。

2) 输入【客户编号】字段名，设置为主关键字段(主键)。

3) 设定数据类型为“数字”。

4) 用同样的方法建立【客户名】、【联系人】、【联系电话】等字段并设置字段的属性。

5) 输入说明文字。保存表结构的设计，用另存为，给出表名。

6) 查看表视图，可输入记录数据。

(5) 通过输入数据建立表：Access 2003 还提供了一种通过输入数据建立表的方法。如果没有确定表的结构，但是手中有表所要存储的数据，可直接采用此方法建立表。在新建一个表时，选取【数据表视图】即可进入此方法。默认情况下，该表有 10 个字段，可增删，可重命名。

☞考点：创建数据库文件、用设计器、向导、输入数据建表及数据类型

4. 设定表之间的关系　数据库中的各表之间并不是孤立的，它们彼此之间存在或多或少的联系，这就是“表间关系”。这也正是数据库系统与文件系统的重点区别。

(1) 表的索引

当表中的数据很多时，需要利用索引帮助用户更有效地查询数据。

A. 索引的概念

索引的概念涉及记录的物理顺序与逻辑顺序。文件中的记录一般按其磁盘存储顺序输出，这种顺序称为物理顺序。索引不改变文件中记录的物理顺序，而是按某个索引关键字(或表达式)来建立记录的逻辑顺序。在索引文件中，所有关键字值按升序或降序排列，每个值对应原文件中相应的记录号，这样便确定了记录的逻辑顺序。今后的某些对文件记录的操作可以依据这个索引建立的逻辑顺序来操作。

请看下面，表 6-6 是“指导计划表”原来的内容，表 6-7 是依据“学生姓名”排序后的表文件，表 6-8 是依据“学生姓名”建立的一个索引文件。

表 6-6　指导计划表原表

Record#	学生姓名	指导教师	教师电话
1	刘晓	钱国忠	55566633
2	李娟娟	杨如一	55566123
3	程志鹏	吴雪华	44477111
4	徐达	钱国忠	55566633
5	王光裕	吴雪华	44477111

表 6-7　按学生姓名排序的指导计划表

Record#	学生姓名	指导教师	教师电话
1	程志鹏	吴雪华	44477111
2	李娟娟	杨如一	55566123
3	刘晓	钱国忠	55566633
4	王光裕	吴雪华	44477111
5	徐达	钱国忠	55566633

表 6-8　学生姓名索引

Record#	学生姓名
1	程志鹏
2	李娟娟
3	刘晓
4	王光裕
5	徐达

显然，索引文件也会增加系统开销，我们一般只对需要频繁查询或排序的字段创建索引。而且，如果字段中许多值是相同的，索引不会显著提高查询效率。

以下数据类型的字段值能进行索引设置：字段数据类型为文本、数字、货币、日期/时间型，搜索保存在字段中的值，排序字段中的值。

表的主键将自动被设置为索引，而备注、超链接及 OLE 对象等类型的字段则不能设置索引。

Access 2003 为每个字段提供了 3 个索引选项：“无”、“有(有重复)”和“有(无重复)”。

B. 单字段索引

索引可分为单一字段索引和多字段索引两种。一般情况下，表中的索引为单一字段索引。建立单一

字段索引的方法如下：

1）打开表设计视图，单击要创建索引的字段，该字段属性将出现在【字段属性】区域中；

2）打开【常规】选项卡的【索引】下拉列表，在其中选择“有(有重复)”选项或“有(无重复)”选项即可；

3）然后保存修改。

C. 多字段索引

如果经常需要同时搜索或排序更多的字段，那么就需要为组合字段设置索引，如图 6-26。建立多字段索引的操作步骤如下：

索引：客户

索引名称	字段名称	排序次序
公司名称	公司名称	升序
联系人姓名	联系人姓名	升序
邮政编码	邮政编码	升序
主关键字	客户ID	升序
电话号码		升序

联系人职务
地址
城市
地区
邮政编码
国家
电话号码
传真号码

主索引 否
唯一索引 否
忽略 Nulls 否
…索引字段的名称。

a

索引：客户

索引名称	字段名称	排序次序
联系人姓名	联系人姓名	升序
邮政编码	邮政编码	升序
主关键字	客户ID	升序
电话号码	电话号码	升序
	邮政编码	升序
	传真号码	升序

索引属性

主索引 否
唯一索引 否
忽略 Nulls 否
该索引的名称。每个索引最多可用 10 个字段。

b

图 6-26-2　建立多字段索引

1）在表的设计视图中单击工具栏中的【索引】按钮，弹出索引对话框；

2）在【索引名称】列的第一个空行内输入索引名称，索引名称一般与索引字段名相同；

3）选字段名称，设置排序次序。

注意：建立索引，在很大程度上与表的关联及查询设计有重要意义。

(2) 表的主关键字：定义主键的方法很简单，在“表设计器”中选中某字段，然后单击工具栏上的🔑键即可。更改主键时，首先要删除旧的主键，而删除旧的主键，先要删除其被引用的关系。

(3) 创建并查看表间关系：可以在包含类似信息或字段的表之间建立关系。在表中的字段之间可以建立 3 种类型的关系：一对一、一对多、多对多；而多对多关系可以转化为一对一和一对多关系。

一对一关系存在于两个表中含有相同信息的相同字段，即一个表中的每条记录都只对应于相关表中的一条匹配记录，如雇员表和人力资源表。

一对多关系存在于当一个表中的每一条记录都对应于相关表中的一条或多条匹配记录时，如产品表与销售表。

A. 创建关系

在表与表之间建立关系，不仅在于确立了数据表之间的关联，它还确定了数据库的参照完整性。即在设定了关系后，用户不能随意更改建立关联的字段。参照完整性要求关系中一张表中的记录在关系的另一张表中有一条或多条相对应的记录。

不同的表之间的关联是通过表的主键来确定的。因此当数据表的主键更改时，Access 2003 会进行检查。

创建数据库表关系的方法如下：

1）单击窗口工具栏上的【关系】按钮，或选择【工具】菜单→【关系】命令，打开关系窗口。右击鼠标选择【显示表】命令，弹出图 6-27 所示对话框，将表添加到设计窗口中。

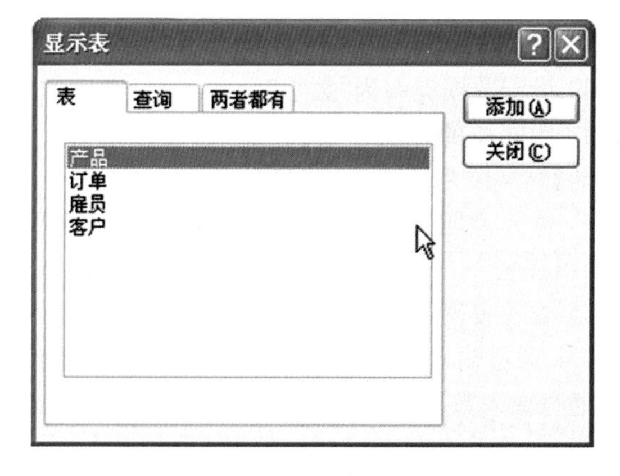

图 6-27　显示表对话框

2）拖放一个表的主键到对应的表的相应字段上，根据要求重复此步骤。结果如图 6-28。

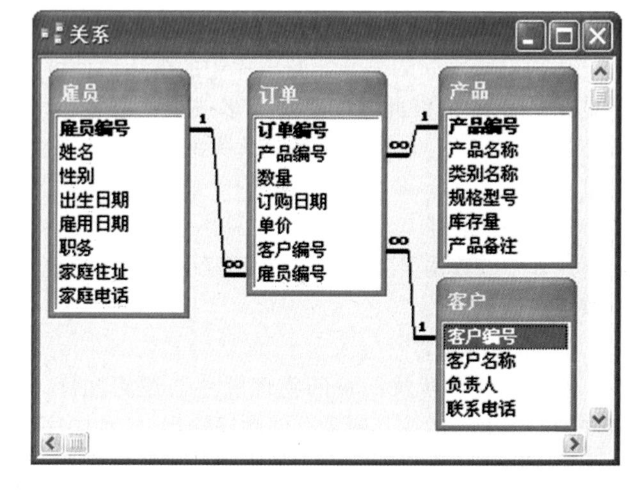

图 6-28　表关系对话框

B. 查看关系

关系可以查看和编辑。打开【关系】窗口，即可查看关系；而双击两表间的连线，将弹出如图 6-29 所示编辑关系对话框，可以编辑任何连接关系。

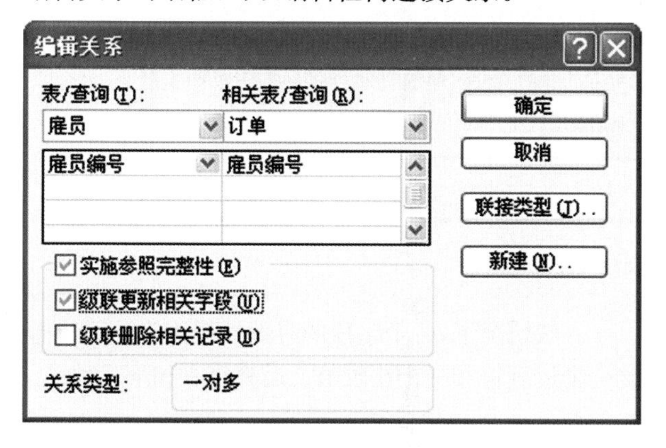

图 6-29　编辑关系对话框

(4) 表间关系的修改与打印

A. 修改和删除关系

用户可以编辑已有的关系，或删除不需要的关系。如上所述，双击关系连线，可编辑关系；而右击连线，选择删除，可删除关系，如图 6-30 所示。

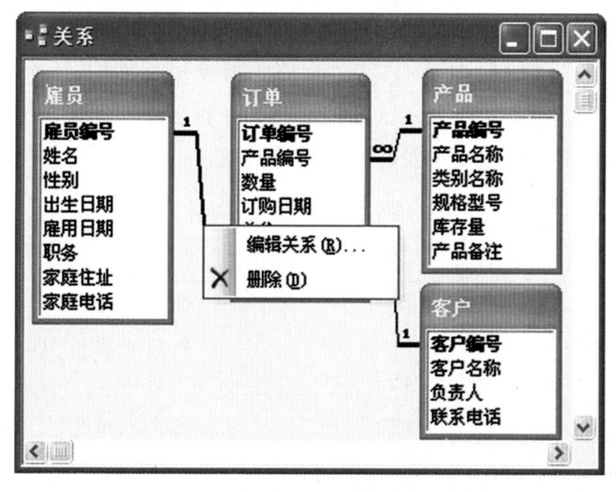

图 6-30　修改和删除关系

如果要了解数据库关系的更准确信息，包括诸如参照完整性和关系类型等属性，可通过选择【工具】菜单→【分析】命令，打开【文档管理器】来分析了解，如图 6-31。

5. 修改数据库结构　在创建数据库及表，设定表间关系、表的索引、表的主键之后，随着用户对自己所建数据库的用途更加深入了解，有时候会发现，当初所建数据库及表有很多需要改动的地方，这就涉及修改数据库、表及对其进行格式化的工作。

(1) 对表结构的修改：在使用中，用户可能会对已有的数据库进行修改，在修改之前，用户应该考虑全面。因为表是数据库的核心，它的修改将会影响到整个数据库。修改表结构时，最好是将打开的表或正在使用的表先将其关闭再点击工具栏中的设计按钮修改。如果在网络中使用，必须保证所有用户均已退出使用。关系表中的关联字段也是无法修改的，如果确实要修改，必须先将关联去掉。

1) 备份表和复原。如果用户需要修改多个表，那么最好将整个数据文件备份。数据库文件的备份，与 Windows 下普通文件的备份一样，复制一份即可。复制方法很多而且简单，另有一种好方法就是【文件】菜单下的【另存为】选项。

2) 删除表。如果数据库中含有用户不再需要的表，可以将其删除。删除数据库表须慎重考虑，不可轻举妄动，要考虑清楚了，方可实施，它是一个危险的动作。

3) 更改表名。有时需要将表名更改，使其具有新的意义，以方便数据库的管理。通过【重命名】可以很快地更改表名。

(2) 对字段的操作：当用户对字段名称进行修改时，可能影响到字段中存放的一些相关数据。如果查询、报表、窗体等对象中使用了这个更名的字段，那么这些对象中也要相应地更改字段名的引用。更名的方法有两种，一是设计视图，二是数据表视图。

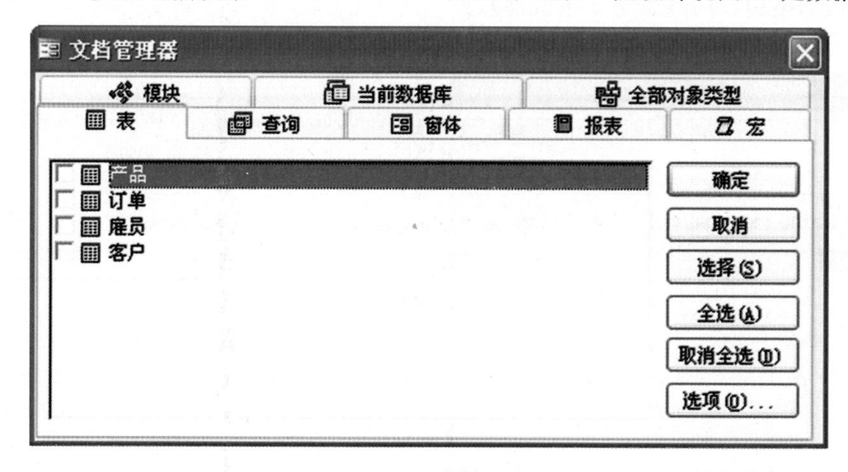

图 6-31　文档管理器

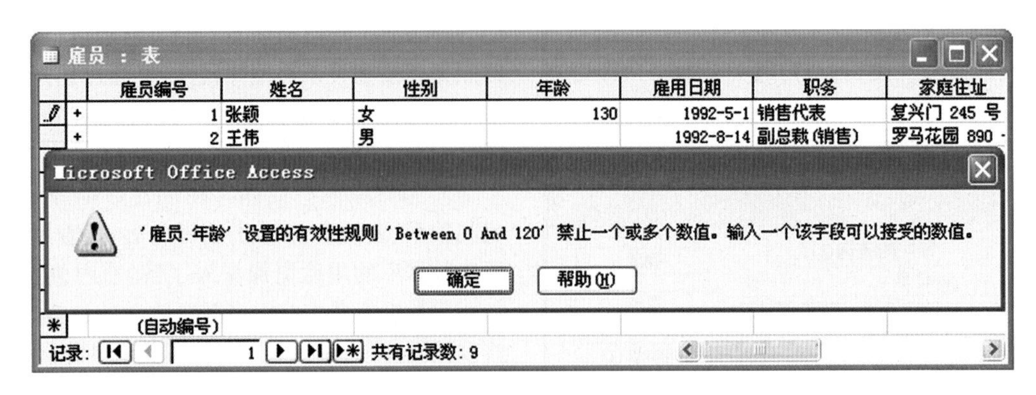

图 6-32　字段有效性规则核查

1) 插入新字段。插入新字段也可以在设计视图和数据表视图中分别完成。操作的方法是通过鼠标拖动完成的。

2) 移动字段。用户可以通过表设计视图来进行移动字段的操作。

3) 复制字段。Access 2003 提供了复制字段功能,以便在建立相同或相似的字段时使用。它通过剪贴板操作完成。

4) 删除字段。删除字段可以在两种视图中完成。应当注意:删除字段将导致该字段的数据无法恢复。

5) 修改字段属性。用户可以在设计表结构之后,重新更改字段的属性。其中最主要的是更改字段的数据类型和字段长度。

(3) 数据的有效性

A. 定义字段有效性规则

字段的有效性规则允许用户限定字段的值,例如,可以限制年龄字段中年龄的输入不能超过 0 ~ 120 这一范围。向【有效性规则】文本框中输入一个表达式,就可以定义一个字段中值的简单核查规则,如图 6-32 所示。

要设置有效性规则,可以在表设计窗口中单击【有效性规则】右边的按钮,打开【表达式生成器】,如图 6-33 所示。

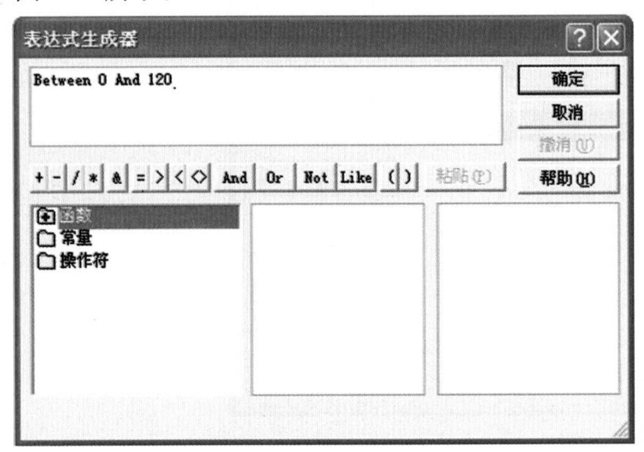

图 6-33　表达式生成器

一般情况下,一个字段的有效性规则表达式中包含一个运算符和一个比较值。运算符有如下几种:

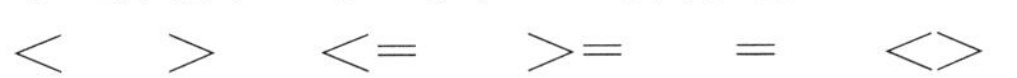
<　>　<=　>=　=　<>

In(A1,A2,…,An) 检查输入数据是否为括号内中的某一值。

Between A1 And An 要求输入的数据必须介于两个值之间。

Like 检查一个文本或备注字段的值是否匹配一个模式字符串。其通配符如下:? 指代任何单一字符;* 指代零个或多个字符,用来定义标题、结尾;# 指代单个数字。

或以使用 AND 或 OR 操作符来组合准则,有效性规则可以含有用于同一字段的多个准则。表 6-9 给出规则与实例及相应有效性消息。

表 6-9　有效性规则实例

规则	Access 2003 表达式	标准消息
<> 0	<> 0	数值必须不是 0
100 or 200	100 or 200	数值必须是 100 或 200
C*	Like "C*"	文本必须以"C"开头
C* or D*	Like "C*" or Like "D*"	文本必须以"C"或"D"开头
C?? t	Like "C?? t"	以"C"开头"t"结尾的 4 字符
>=01/01/1999And <01/15/1999	>=#1/1/1999#And# 1/15/1999#	1999 年 1 月 1 日与 1999 年 1 月 15 日之间
Not CA	Not "CA"	字段可包含除"CA"外的任意值

B. 定义记录有效规则

记录有效规则是一个表属性而不是一个字段属性,如图 6-34 所示。一个表只能够定义一条记录有效规则,若要使用多条准则,可利用 AND 或 OR 操作符把这些准则组合在一个表达式中。

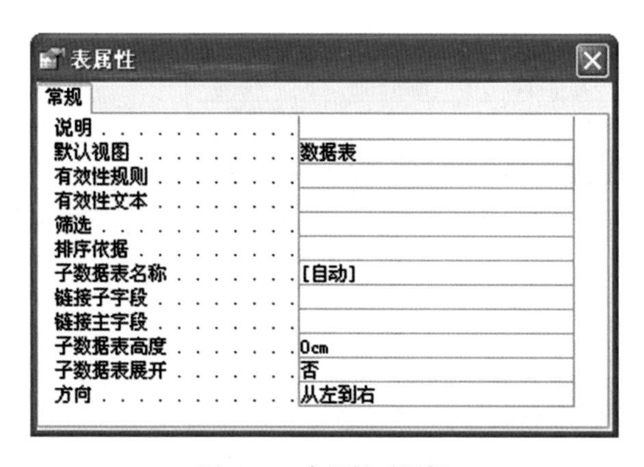

图 6-34 表属性对话框

(4) 对数据表的行与列的操作

1) 行操作。单击【格式】菜单→【行】命令,弹出如图 6-35 行高对话框可以调整行高,或直接用鼠标也可完成此操作。

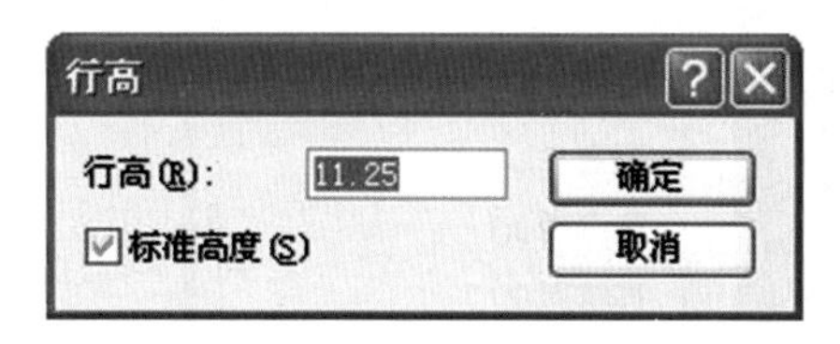

图 6-35 行高对话框

2) 列操作。由于屏幕大小限制,有时需要隐藏某些字段。隐藏列的操作十分简单:使某一列宽为 0 即将该列隐藏。恢复隐藏列的操作需在数据视图下选择【格式】菜单→【取消隐藏列】命令,弹出如图 6-36 所示【取消隐藏列】对话框。

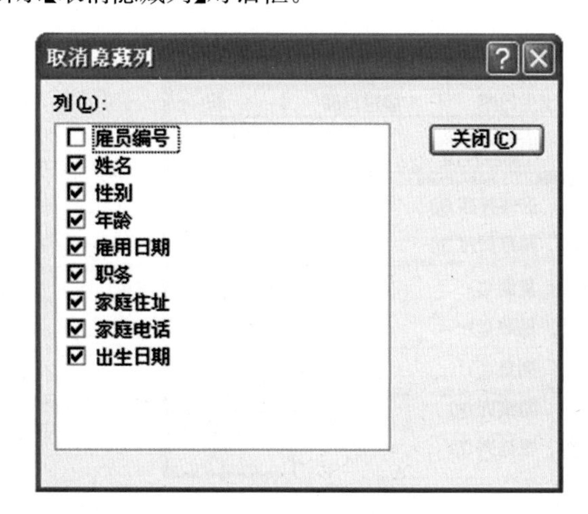

图 6-36 取消隐藏列

6. 使用与编辑数据表

(1) 更改数据表的显示方式

1) 改变字体。选择【格式】菜单→【字体】命令,将弹出【字体】对话框,可以改变显示字体。

2) 设置单元格效果。用户可以对数据表的单元格效果进行设置。其操作方法为选择【格式】菜单→【数据表】命令,弹出图 6-37 所示【设置数据表格式】对话框。

图 6-37 设置数据表格式

(2) 修改数据表中的数据

1) 插入新数据。当向一个空表或者已有数据的表,增加新的数据时,都要使用插入新记录的功能,如图 6-38 所示。

2) 修改数据。在数据表视图中,用户可以方便地修改已有的数据记录。注意保存。

3) 替换数据。如果想把数据表中的某个数据替换为另一个数据,则先在数据表视图中选中要替换的字段内容,然后选择【编辑】菜单→【替换】命令,弹出【查找和替换】对话框即可进行操作。

4) 复制、移动数据。利用剪贴板功能可以很方便地进行复制、移动数据操作功能。

5) 删除记录。选中要删除的记录,单击【编辑】菜单→【删除】命令可执行删除,也可用 DEL 键完成该操作。

(3) 排列数据:Access 2003 根据主键值自动排序记录。用户也可以按不同的顺序来排序记录。在数据表视图中,可以对一个或多个字段进行排序,如图 6-39 所示。升序的规则是按字母顺序排列文本,从最早到最晚排列日期/时间值,从最低到最高排列数字与货币值。

也可对子表进行如上操作,如图 6-40 所示。

对于多个字段的排序,Access 2003 使用从左到右的优先排序权。

排序后可存盘,而产生物理排序后的文件。

(4) 查找数据:用户可以在数据表视图中查找指定的数据,其操作是通过【编辑】菜单→【查找】命令来完成的。

图 6-38　向表中插入新数据

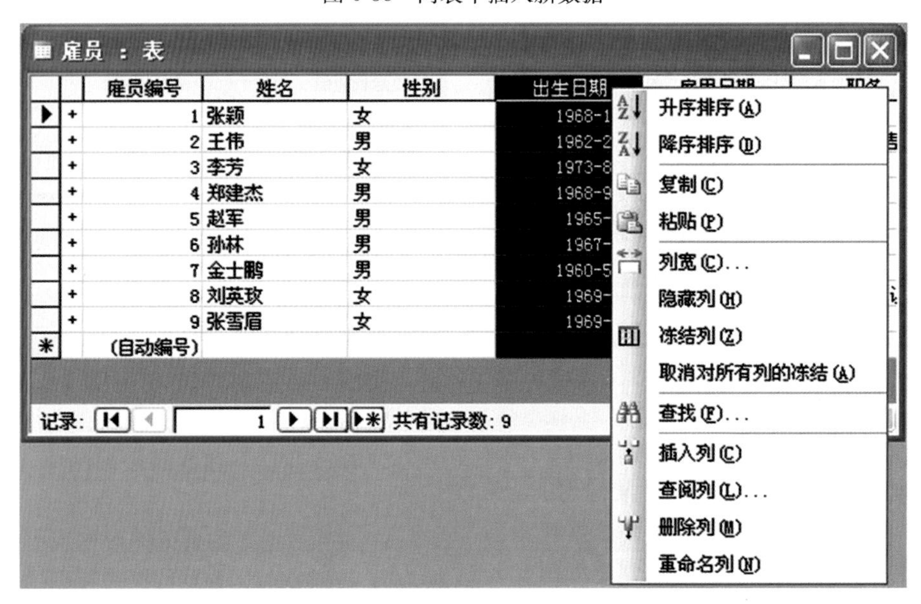

图 6-39　对数据表排序

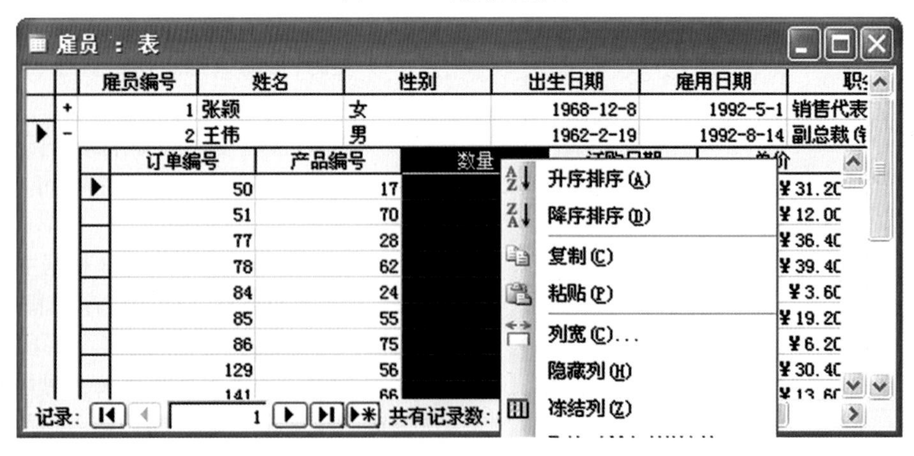

图 6-40　对子数据表排序

(5) 筛选数据:筛选数据是只将符合筛选条件的数据记录显示出来,以便用户查看。筛选方法有 5 种,分别按窗体筛选、按选定内容筛选、输入筛选、高级筛选/排序、内容排除筛选。

1) 按窗体筛选。在数据表视图下,工具栏上有两个按钮:【按窗体筛选】按钮、【应用筛选】按钮。

2) 按选定内容筛选。按选定内容筛选是指先选定数据表中的值,然后在数据表中找出包含此值的记录。先在数据表中选中字段中某条记录的值,然后,选择【记录】菜单→【筛选】→【按选定内容筛选】命令,单击工具栏上的【按选定内容筛选】按钮。

图 6-41　输入筛选

3) 内容排除筛选。用户有时不需要查看某些记录,或已经查看过某些记录而不想再将其显示出来,这时就要用排除筛选。方法是:先在数据表中选中字段中某条记录的值,然后,选择【记录】菜单→【筛选】→【内容排除筛选】命令。右击需要的值并从快捷菜单中选择【内容排除筛选】命令。

4) 输入筛选。输入筛选根据指定的值或表达式,查找与筛选条件相符合的记录。其操作过程如下:在数据表视图中单击要筛选的列的某一单元格,然后右击,弹出快捷菜单。在筛选目标中输入筛选内容,如图 6-41 所示。

7. 使用子数据表　有时在查看数据表中的信息时,用户可能想同时看到关于不同表中的关系记录。Access 2003 具有查看数据表视图中层次式的数据能力。可以在表设计中手工建立子数据表,或者让数据库根据表之间的关系自动确定子数据表。子数据表的有关操作与主表类似。

6.2.3　实施方案

要实现小老板的愿望,可分以下阶段实施:

(1) 创建一个公司订货管理的数据库,并按实际需要设计数据表。例如:可设计 6 个(或更多)表,表名为“客户”表、“订单”表、“产品”表,“雇员”表,“供应商”表,“类别”表等;

(2) 设计好各个表的结构,主键,索引;

(3) 设计好各个表字段的有效性规则;

(4) 输入各个表的数据;

(5) 确定各个表之间的关系;

(6) 创建若干个查询,以便于查询常用的相关信息。

现在可以完成(1)、(2)、(3)、(4)、(5)阶段任务。

操作方法:可参考前面相关知识描述进行,这里不再详述。

6.3　创建查询

6.3.1　任　　务

公司的老板想通过已建好的公司订货管理数据库了解一些日常的情况。如产品库存,销售人员的业绩,公司的日常开支等,同时还要对一些数据进行更新及删除。他不知道该怎么做,你能帮助他吗?

6.3.2　相关知识与技能

1. 查询的概念

(1) 什么是查询:查询就是依据一定的查询条件,对数据库中的数据信息进行查找。它与表一样,都是数据库的对象。它允许用户依据准则或查询条件抽取表中的记录与字段。Access 2003 中的查询可以对一个数据库中的一个或多个表中存储的数据信息进行查找、统计、计算、排序等。

有多种设计查询的方法,用户可以通过查询“设计器”或查询设计向导来设计查询。查询结果将以工作表的形式显示出来。显示查询结果的工作表又称为结果集,它虽然与基本表的外观十分相似,但并不是一个基本表,而是符合查询条件的记录集合,其内容是动态的。

(2) 查询的种类:Access 2003 提供多种查询方式,查询方式可分为选择查询、汇总查询、交叉表查询、重复项查询、不匹配查询、动作查询、SQL 特定查询以及多表之间进行的关系查询。这些查询方式总结起来有 4 类:选择查询、特殊用途查询、操作查询和 SQL 专用查询。

(3) 查询的作用和功能:Access 2003 的查询可以按照使用者所指定的各种方式来进行。作为对数据的查找,查询与筛选有许多相似的地方,但二者是有本质区别的。查询是数据库的对象,而筛选是数据库的操作。表 6-10 指出了查询和筛选之间的不同。

表 6-10 查询和筛选比较

功能	查询	筛选
用作窗体或报表的基础	是	是
排序结果中的记录	是	是
如果允许编辑,就编辑结果中的数据	是	是
向表中添加新的记录集	是	否
只选择特定的字段包含在结果中	是	否
作为一个独立的对象存储在数据库中	是	否
不用打开基本表、查询和窗体就能查看结果	是	否
在结果中包含计算值和集合值	是	否

2. 创建查询　用户可以打开数据库窗口,选择【查询】对象,然后单击工具栏中的【新建】按钮,弹出【新建查询】对话框,如图 6-42 所示。

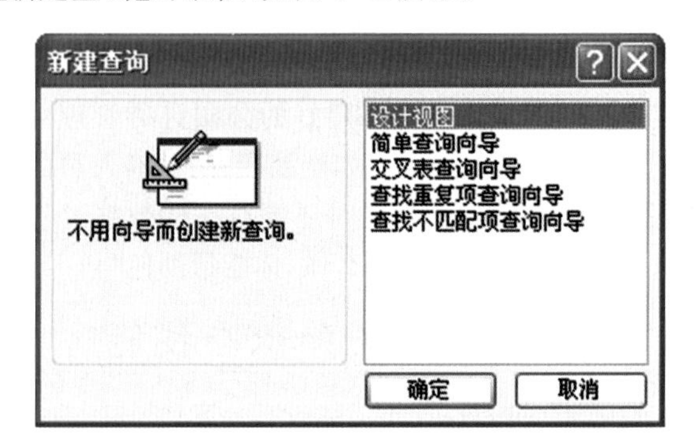

图 6-42 新建查询对话框

(1) 选择查询:选择查询就是从一个或多个有关系的表中将满足要求的数据提取出来,并显示在新的查询数据表中。其他很多查询,如“交叉查询”、“操作查询”等,都是“选择查询”的扩展。

通过【简单查询向导】可快速完成选择查询,如图 6-43(a),如图 6-43(b),图 6-44 为查询结果。

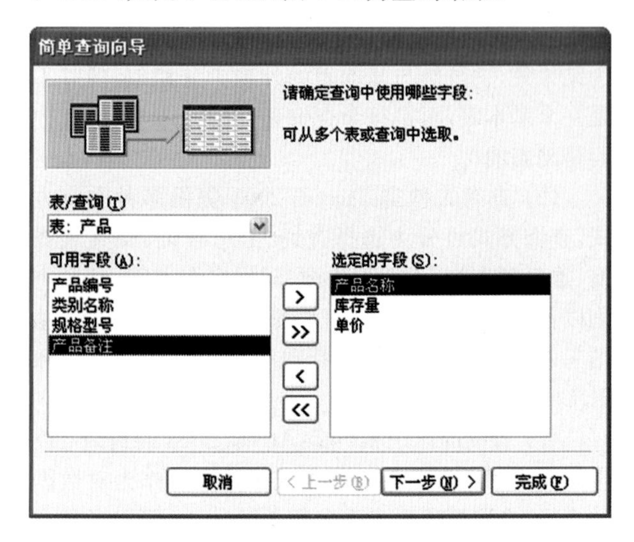

图 6-43(a) 简单查询向导-选定表及字段

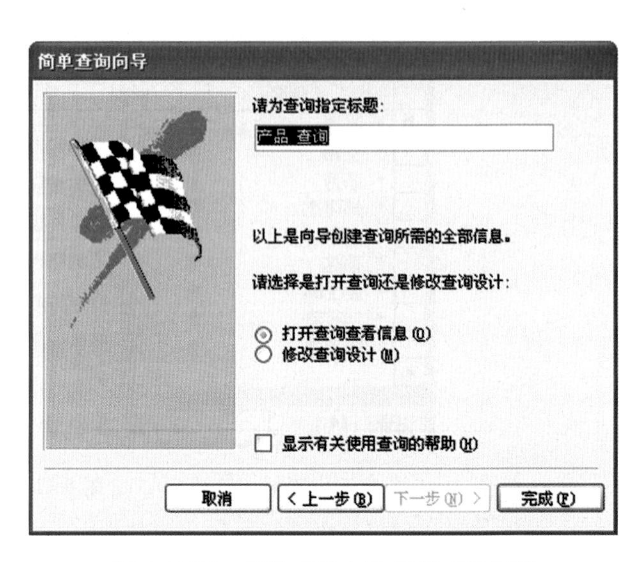

图 6-43(b) 简单查询向导-指定查询标题

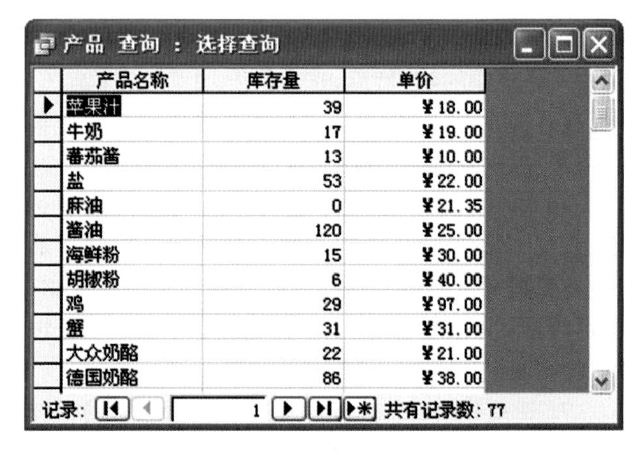

图 6-44 简单查询向导结果集

如果要添加汇总,则进行下一步操作而不选择【明细】,如图 6-45 所示。

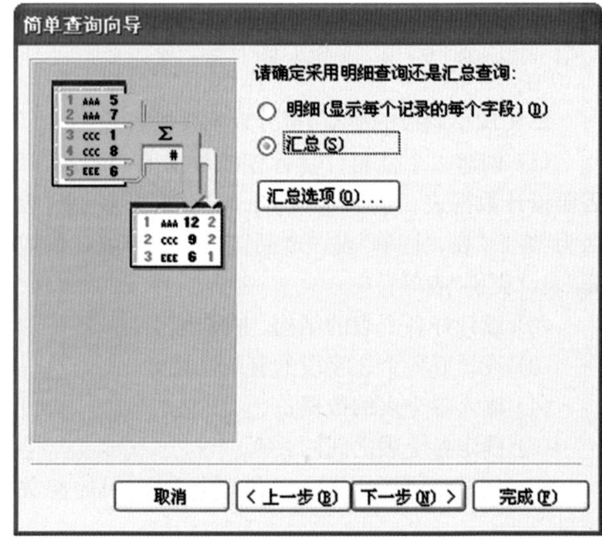

图 6-45 简单查询向导-汇总

图 6-46 是汇总选项,图 6-47 为汇总后的结果。

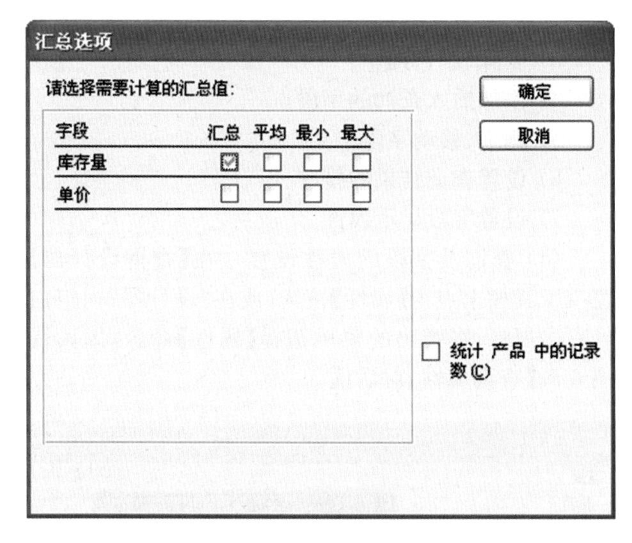

图 6-46　汇总选项

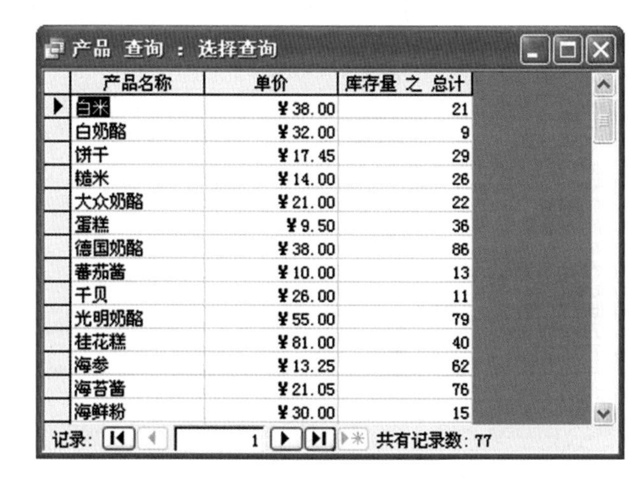

产品名称	单价	库存量 之 总计
白米	¥38.00	21
白奶酪	¥32.00	9
饼干	¥17.45	29
糙米	¥14.00	26
大众奶酪	¥21.00	22
蛋糕	¥9.50	36
德国奶酪	¥38.00	86
蕃茄酱	¥10.00	13
干贝	¥26.00	11
光明奶酪	¥55.00	79
桂花糕	¥81.00	40
海参	¥13.25	62
海苔酱	¥21.05	76
海鲜粉	¥30.00	15

图 6-47　汇总后的"产品"查询结果

如果不用向导设计查询而用【查询设计器】进行查询设计，并且要在查询中添加汇总选项，则需要手工添加一些汇总函数，常用汇总函数如表 6-11 所示。

表 6-11　常用汇总函数

函数	功能	函数	功能
Sum	求总和	StDev	标准差
Avg	平均值	Var	方差
Min	最小值	First	第一条记录
Max	最大值	Last	最后一条记录
Count	计数		

(2) 用【查询设计器】创建查询：使用向导只能建立简单的、特定的查询。Access 2003 还提供了一个功能强大的【查询设计器】，通过它不仅可以从头设计一个查询，而且还可能对已有的查询进行编辑和修改。图 6-48 即为【查询设计器】。

【设计器】主要分为上下两部分，上面放置数据库表、显示关系和字段；下面给出设计网格，网格中有如下行标题：

1) 字段，查询工作表中所使用的字段名；
2) 表，该字段来源的数据表；
3) 排序，是否按该字段排序；
4) 显示，该字段是否在结果集工作表中显示；
5) 条件，查询条件；
6) 或，用来提供多个查询条件。

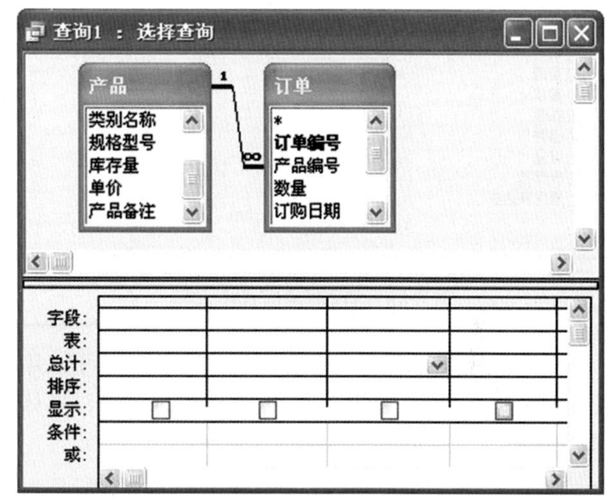

图 6-48　查询设计器

这时，窗口的工具栏上有如下按钮：

视图，查询有 5 种视图(设计、数据表、SQL、数据透视表、数据透视图)。

查询类型，选择、交叉表、更新、追加、生成表、删除。

运行，运行查询；显示表：显示所有可用的表。

总计Σ，在设计网格中增加【总计】行，可用于求和、求平均值等。

上限值 All，用户可指定显示范围；属性，显示当前对象属性。

生成器弹出，【表达式生成器】；数据库窗口，回到数据库窗口。

新对象，建立数据库的新对象。

条件类似于公式，它是可能由字段引用、运算符和常量组成的字符串。在 Access 2003 中，查询条件也称为表达式，如条件">25 and <50"，适用于数字字段，"单价"或"库存量"，表示其中"单价"或"库存量"字段大于 25 且小于 50 的值；条件"Is Null"可用于任何类型的字段，以显示字段值为 Null(空值)的记录。

在书写查询条件时，可利用"表达式生成器"来完成。它提供了数据库中所有的表或查询中字段名称、窗体、报表中的各种控件，还有很多函数、常量及操作符和通用表达式，可以方便的书写任何一种表达式。

在查询的条件行中单击鼠标右键，在弹出的菜单选择【表达式生成器】的命令，会弹出“表达式生成器”，如图 6-49 所示。

图 6-49　查询-表达式生成器

(3) 用【查询设计器】进一步设计查询：可以用【查询设计器】进一步设计查询，如图 6-50 所示，具体操作如下。

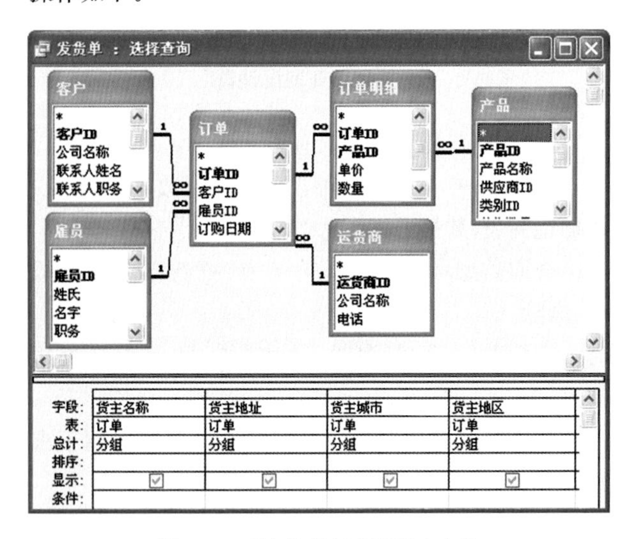

图 6-50　“查询设计器”更改查询

1) 添加表/查询，如图 6-51 所示。

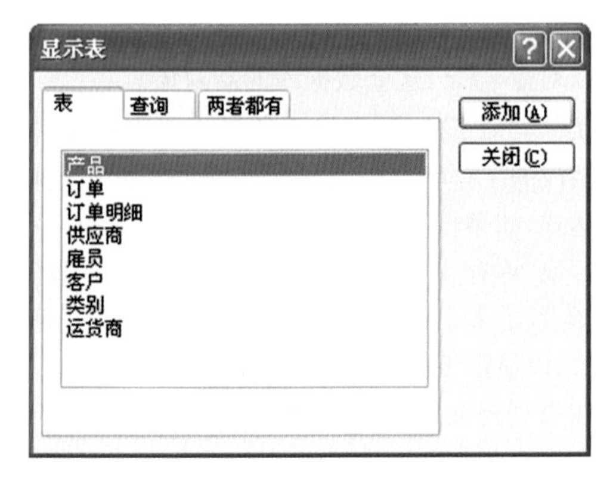

图 6-51　显示表

2) 更改表或查询间的关联。

3) 删除表/查询。

4) 添加插入查询的字段。

5) 删除、移动字段。

6) 设置查询结果的排序。

7) 设置字段显示属性。

(4) 查询及字段的属性设置　在【查询设计器】窗口工具栏上点击【属性】按钮，或在“设计器”内空白处右击鼠标，在弹出的菜单选择【属性】命令，即可得图 6-52【查询属性】对话框。

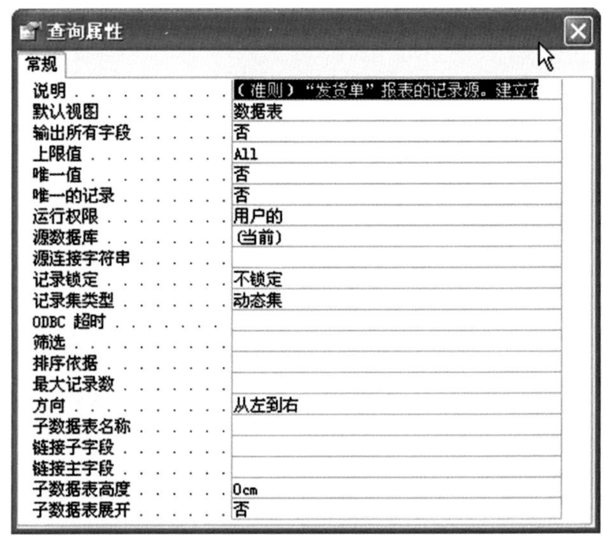

图 6-52　查询属性

在【查询设计器】任意字段处右击菜单，选择【属性】命令，即可得图 6-53【字段属性】对话框。

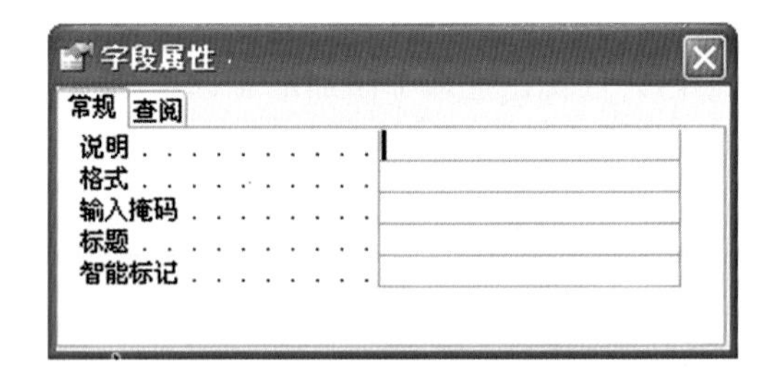

图 6-53　字段属性

3. 操作查询　操作查询用于同时对一个或多个表进行全局数据管理操作。操作查询可以对数据表中原有的数据内容进行编辑，对符合条件的数据进行成批的修改。因此，执行操作查询前，应该先备份数据库。

单击 Access 主窗口【查询】菜单可见如图 6-54 所示的查询类型，其中操作查询为【更新查询】、【追加查询】、【删除查询】、【生成表查询】4 种，单击任意一种即可更改类型。

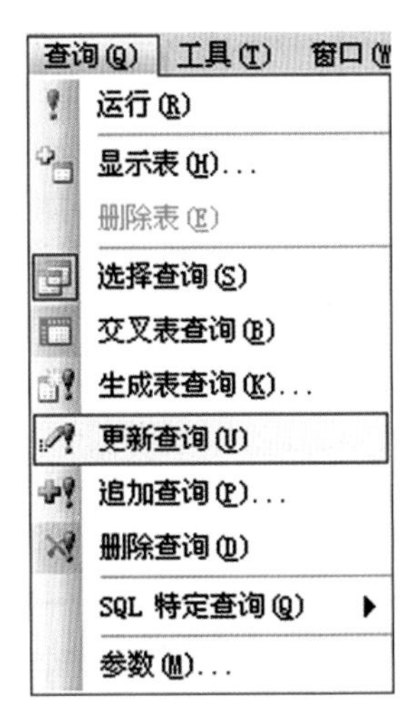

图 6-54　查询类型菜单

(1) 更新查询:更新查询用于同时更改许多记录中的一个或多个字段值,用户可以添加一些条件,这些条件除了更新多个表中的记录外,还筛选要更改的记录。大部分更新查询可以用表达式来规定更新规则。表 6-12 给出了一些规则实例。

表 6-12　更新规则实例

字段类型	表达式	结果
货币	[单价]*1.05	把“单价”增加 5%
日期	#4/25/01#	把日期更改为 2001 年 4 月 25 日
文本	“已完成”	把数据更改为“已完成”
文本	“总”&[单价]	把字符“总”添加到“单价”字段数据的开头
是/否	Yes	把特定的“否”数据更改为“是”

图 6-55 为更新查询实例,用于将“饮料”类产品单价上浮 5%。

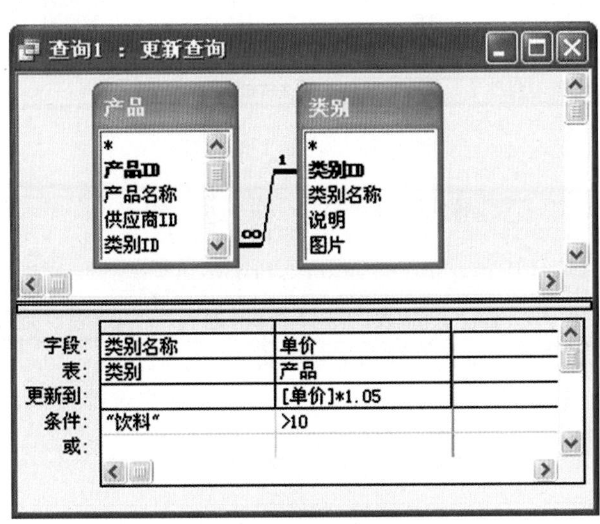

图 6-55　更新查询实例

单击【运行】按钮,会弹出图 6-56 所示对话框确认是否更新,单击【是】是将更新目标表。执行后打开更新过的表,将看到表内容已更改。

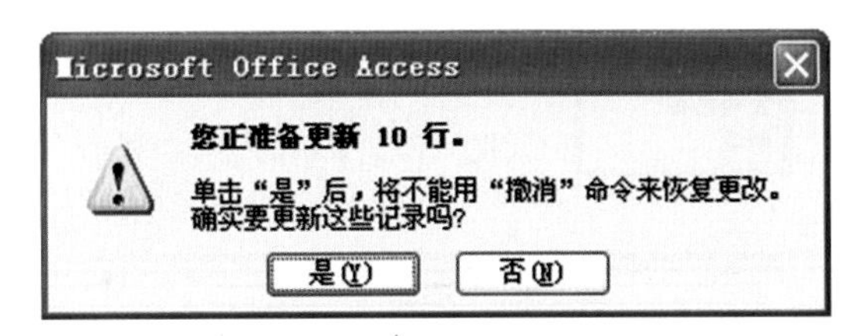

图 6-56　是否准备更新

(2) 追加查询:当用户要把一个或多个表的记录添加到其他表时,就会用到追加查询。追加查询只能添加相互匹配的字段内容,而那些不对应的字段将被忽略。

下面为一个追加查询实例,实例要将所有的“运货商”添加到“供应商”表中。先建立一个图 6-57 所示的选择查询;再修改查询类型为追加查询,在弹出的对话框中选择要追加到的表,如图 6-58;确定后【设计器】将变为图 6-59 所示的追加查询,在【字段】网格中选择“运货商”表中的相应字段,在【追加到】网格中选择要追加到的“供应商”表的相应字段。单击【运行】按钮,会弹出图 6-60 所示对话框确认是否追加,单击【是】确认追加,记录将会追加到“供应商”表中。

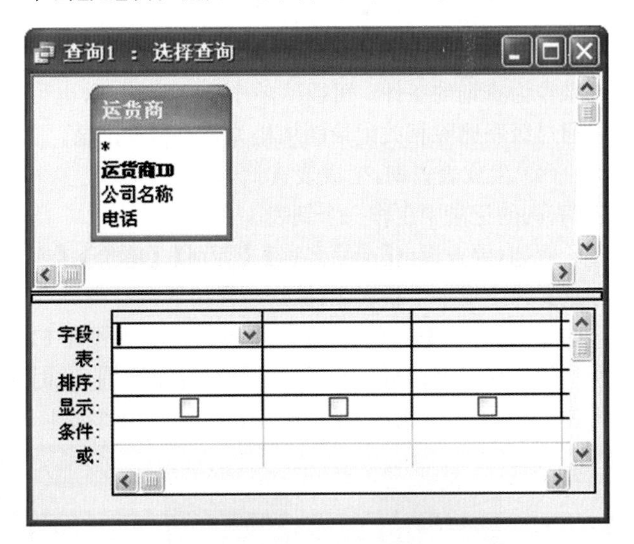

图 6-57　选择查询

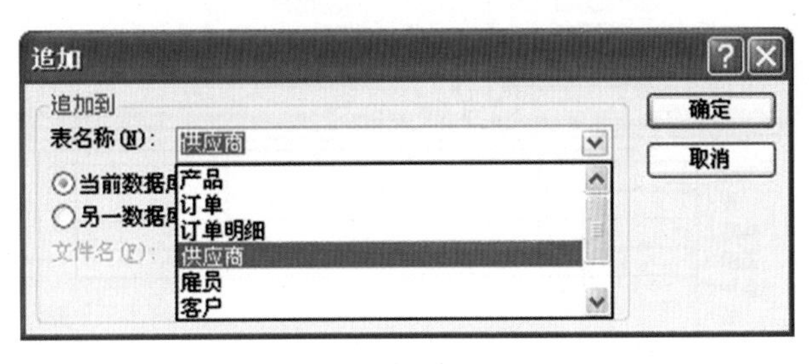

图 6-58　追加对话框

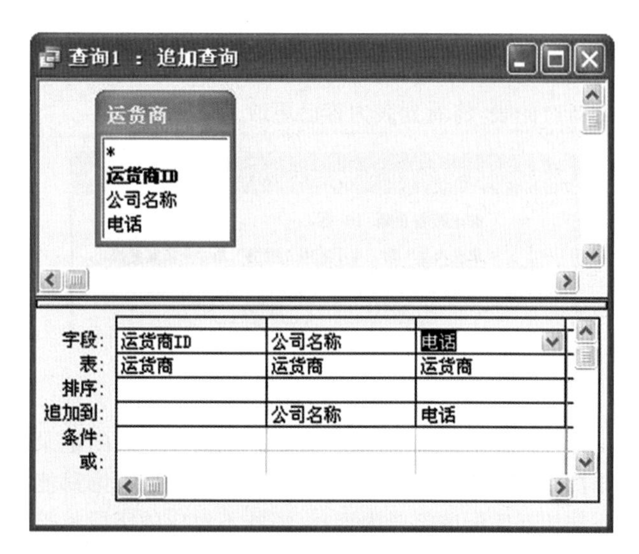

图 6-59　追加查询设计器

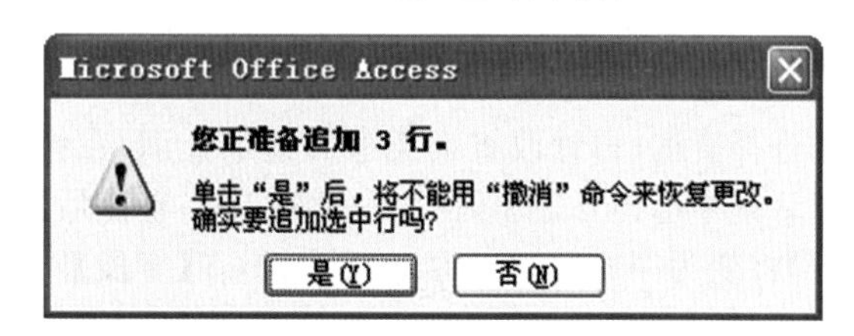

图 6-60　是否准备追加

(3) 删除查询：删除查询是所有查询操作中最危险的一个。删除查询是将整个记录全部删除而不只是删除查询所使用的字段。查询所使用的字段只是用来作为查询的条件。可以从单个表删除记录，也可以通过级联删除相关记录而从相关表中删除记录。

(4) 生成表查询：生成表查询可以从一个或多个表/查询的记录中制作一个新表。

例如，要查询出【产品名称】、【类别】、【单价】、【库存量】，并生成一个新表，其操作过程如下：

先以【产品】表、【类别】表为基础建立如图 6-61 所示的选择查询；再修改查询类型为追加查询，此时将弹出如图 6-62 所示的【生成表】对话框，选择要生成的表名如：【产品 1】；确认后，再利用如图 6-63 所示【生成表查询设计器】选择要生成的内容，类似选择查询。单击【运行】按钮，会弹出确认生成表的对话框，确认后会生成新表【产品 1】，其内容如图 6-64。

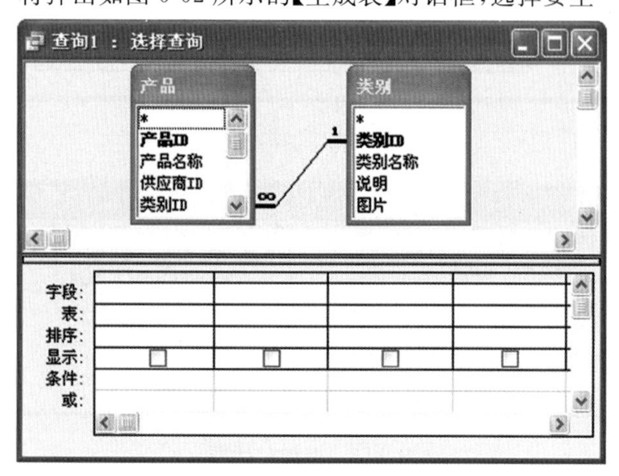

图 6-61　产品-类别选择查询

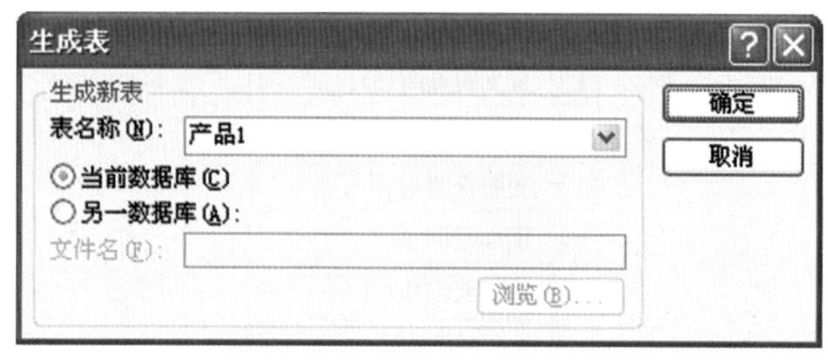

图 6-62　生成表对话框

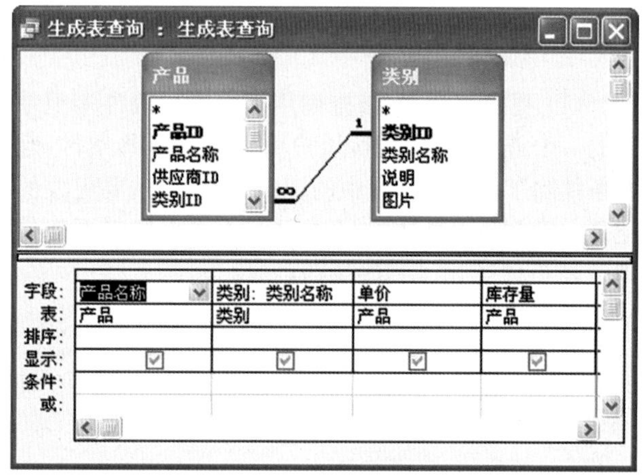

图 6-63　生成表查询设计器

产品1 : 表

产品名称	类别	单价	库存量
苹果汁	饮料	¥18.90	39
牛奶	饮料	¥19.95	17
汽水	饮料	¥4.50	20
啤酒	饮料	¥14.70	111
蜜桃汁	饮料	¥18.90	20
绿茶	饮料	¥276.68	17
运动饮料	饮料	¥18.90	69
柳橙汁	饮料	¥48.30	17
矿泉水	饮料	¥14.70	52
苏打水	饮料	¥15.75	15
浓缩咖啡	饮料	¥7.75	125

记录: 1 共有记录数: 77

图 6-64　“产品 1”表内容

6.3.3　实施方案

要实现老板的愿望，可分以下阶段实施：

(1) 建立产品表的选择查询，通过“订单”表、“雇员”表等建立雇员销售业绩查询；

(2) 按“订单”表、“订单小计”表建立选择查询，查询季度、年度的总销售额；

(3) 建立查询，查找没有订单的员工；

(4) 建立删除查询，删除已离职的雇员；

(5) 建立更新查询，将某类商品(如：“饮料类”)单价提高 5%。

现在可以完成上述任务了。

操作方法：可参考前面相关知识描述进行，这里不再详述。

技能训练 6-1 建立数据库与表

1. 在D盘上新建一个名为ABC的文件夹。

2. 使用“数据库向导”的“库存控制”模板在D盘的ABC文件夹下创建一个TEST1. Mdb数据库。

3. 使用“创建空数据库”的操作方法在D盘的ABC文件夹下创建一个TEST2. Mdb数据库。

4. 在上述所建数据库中创建如下三张数据表：

“学生”表(结构)

字段名	学号	姓名	性别	出生日期	专业
类型	文本	文本	文本	日期/时	文本
大小	4	6	2		16

“学生”表(数据)

学号	姓名	性别	出生日期	专业
2001	王云浩	男	1963年3月6日	计算机信息管理
2002	刘小红	女	1965年5月18日	国际贸易
2003	陈芸	女	1963年2月10日	国际贸易
2101	徐涛	男	1964年6月15日	计算机信息管理
2102	张春晖	男	1966年8月27日	电子商务
2103	祁佩菊	女	1970年7月11日	电子商务

“课程”表(结构)

字段名	课程号	课程名	学时数	学分
类型	文本	文本	数字	数字
大小	3	16	整型	整型

“课程”表(数据)

课程号	课程名	学时数	学分
501	大学语文	70	4
502	高等数学	90	5
503	基础会计学	80	4

“成绩”表(结构)

字段名	学号	课程号	成绩
类型	文本	文本	数字
大小	4	3	单精度

“成绩”表(数据)

学号	课程号	成绩
2001	501	88
2001	502	77
2001	503	79
2002	501	92
2002	502	91
2002	503	93
2003	501	85
2003	502	93
2003	503	66
2101	501	81
2101	502	96
2101	503	75
2102	501	72
2102	502	60
2102	503	88
2103	501	95
2103	502	94
2103	503	80

5. 将学生表的“学号”字段定为主键，课程表的“课程号”定为主键，成绩表使用学号和课程号的组合作为主键。

6. 建立上述三个表之间的关系，在建立过程中要求选择“实施参照完整性”。

技能训练 6-2 建立查询

以下要求：对技能训练6-1中的TEST2. mdb数据库建立相关查询对象。

1. 根据以下要求创建一个名为“一般选择查询”的选择查询对象

(1) 查询所有同学的有关基本信息和考试成绩。

(2) 查询显示字段为：学号、姓名、年龄、课程号、课程名、成绩。

2. 根据以下要求创建一个名为“条件选择查询”的选择查询对象

(1) 查询所有1965年1月1日之后出生、高等数学成绩大于90分的女同学。

(2) 查询显示字段为：学号、姓名、性别、课程名、成绩。

3. 利用追加查询追加向现有表追加信息

(1) 向“学生”表追加一个学生的信息，内容为(2201，郭小菲，女，1970年7月11日，护理技术)。

(2) 向“课程”表追加一条信息，内容为(504，基础护理，108，6)。

(3) 向“成绩”表追加两条信息，内容为(2201，501，80)，(2201，504，85)。

4. 根据以下要求创建更新查询对象

(1) 要求将学时数大于80的课程学分增加1。

(2) 要求将“郭小菲”的“大学语文”课程成绩更改为76。

5. 利用生成表查询创建一个名为“学生成绩单”的新表，要求包含“学号”、“姓名”、“课程名”、“成绩”，并按“学号”升序、“课程名”降序排序。

练习 6　Access 2003 基础知识测评

一、单选题

1. Access 2003 是一种________。

A. 数据库　　B. 数据库系统

C. 数据库管理软件　　D. 数据库管理员

2. Access 2003 数据库中的表是一个________。

A. 交叉表　　B. 线型表

C. 报表　　D. 二维表

3. 在一个数据库中存储着若干个表，这些表之间可以通过________建立关系。

A. 内容不相同的字段　　B. 相同内容的字段

C. 第一个字段　　D. 最后一个字段

4. 建立表的结构时，一个字段由________组成。

A. 字段名称　　B. 数据类型

C. 字段属性　　D. 以上都是

5. Access 2003 中，表的字段数据类型中不包括________。

A. 文本型　　B. 数字型

C. 窗口型　　D. 货币型

6. 可以设置“字段大小”属性的数据类型是________。

A. 备注　　B. 日期/时间

C. 文本　　D. 上述皆可

7. 在表的设计视图，不能完成的操作是________。

A. 修改字段的名称　　B. 删除一个字段

C. 修改字段的属性　　D. 删除一条记录

8. 关于主键，下列说法错误的是________。

A. Access 2003 并不要求在每一个表中都必须包含一个主键

B. 在一个表中只能指定一个字段为主键

C. 在输入数据或对数据进行修改时，不能向主键的字段输入相同的值

D. 利用主键可以加快数据的查找速度

9. 在表的设计视图的“字段属性”框中，默认情况下，“标题”属性是________。

A. 字段名　　B. 空

C. 字段类型　　D. NULL

10. 在表的数据视图把光标定位在最后一行可以单击“插入”菜单，选取________命令。

A. 新记录　　B. 新字段

C. 行　　D. 列

11. 在对某字符型字段进行升序排序时，假设该字段存在这样四个值：“100”、“22”、“18”和“3”，则最后排序结果是________。

A. “100”、“22”、“18”、“3”

B. “3”、“18”、“22”、“100”

C. “100”、“18”、“22”、“3”

D. “18”、“100”、“22”、“3”

12. 在查找和替换操作中，可以使用通配符，下列不是通配符的是________。

A. *　　B. ?

C. !　　D. @

13. Access 2003 支持的查询类型有________。

A. 选择查询、交叉表查询、参数查询、SQL 查询和操作查询

B. 选择查询、基本查询、参数查询、SQL 查询和操作查询

C. 多表查询、单表查询、参数查询、SQL 查询和操作查询

D. 选择查询、汇总查询、参数查询、SQL 查询和操作查询

14. 根据指定的查询条件，从一个或多个表中获取数据并显示结果的查询称为________

A. 交叉表查询　　B. 参数查询

C. 选择查询　　D. 操作查询

15. 在学生成绩表中，查询成绩为 70～80 分(不包括 80)的学生信息。正确的条件设置为________

A. >69 or <80　　B. Between 70 and 80

C. >=70 and <80　　D. in(70,79)

16. 使用查询向导，不可以创建________。

A. 单表查询　　B. 多表查询

C. 带条件查询　　D. 不带条件查询

17. 统计学生成绩最高分，应在创建总计查询时，分组字段的总计项应选择________。

A. 总计　　B. 计数

C. 平均值　　D. 最大值

18. 查询设计好以后，可进入“数据表”视图观察结果，不能实现的方法是________。

A. 保存并关闭该查询后，双击该查询

B. 直接单击工具栏的“运行”按钮

C. 选定“表”对象，双击“使用数据表视图创建”快捷方式

D. 单击工具栏最左端的“视图”按钮，切换到“数据表”视图

二、判断题

1. 在 Access 数据库中，数据是以二维表的形式存放。(　　)

2. 数据库管理系统不仅可以对数据库进行管理，还可以绘图。(　　)

3. “学生成绩管理”系统就是一个小型的数据库系统。(　　)

4. 用二维表表示数据及其联系的数据模型称为关系模型。(　　)

5. Access 2003 对数据库对象的所有操作都是通过数据库窗口开始的。(　　)

6. 要使用数据库必须先打开数据库。(　　)

7. 最常用的创建表的方法是使用表设计器。(　　)

8. 在表的设计视图中也可以进行增加、删除、修改记录的操作。(　　)

9. 字段名称通常用于系统内部的引用，而字段标题通常用来显示给用户看。(　　)

10. “有效性规则”用来防止非法数据输入到表中，对数据输入起着限定作用。(　　)

11. 编辑修改表的字段(也称为修改表结构)，一般是在表的设计视图中进行。(　　)

12. 修改字段名时不影响该字段的数据内容，也不会影响其他基于该表创建的数据库对象。(　　)

13. 删除记录的过程分两步进行。先选定要删除的记录，然后将其删除。(　　)

14. 查找和替换操作是在表的数据视图中进行的。(　　)

15. 隐藏列的目的是为了在数据表中只显示那些需要的数据，而并没有删除该列。(　　)

16. 表与表之间的关系包括一对一、一对多2种类型。(　　)

17. 一个查询的数据只能来自于一个表。(　　)

18. 统计“成绩”表中参加考试的人数用“最大值”统计。(　　)

三、填空题

1. Access 2003是________中的一个组件，它能够帮助我们________。

2. Access 2003数据库中的表以行和列来组织数据，每一行称为________，每一列称为________。

3. Access 2003数据库中表之间的关系有________、________和________关系。

4. 查询可以按照不同的方式________、________和________数据，查询也可以作为数据库中其他对象的________。

5. 在Access 2003中表有两种视图，即________视图和________视图。

6. 如果一张数据表中含有“照片”字段，那么“照片”字段的数据类型应定义为________。

7. ________是数据表中其值能唯一标志一条记录的一个字段或多个字段组成的一个组合。

8. 如果字段的值只能是4位数字，则该字段的输入掩码的定义应为________。

9. 在“查找和替换”对话框中，“查找范围”列表框用来确定在那个字段中查找数据，“匹配”列表框用来确定匹配方式，包括________、________和________三种方式。

10. 数据类型为________、________或________的字段不能排序。

11. 设置表的数据视图的列宽时，当拖动字段列右边界的分隔线超过左边界时，将会________该列。

12. 当冻结某个或某些字段后，无论怎么样水平滚动窗口，这些被冻结的字段列总是固定可见的，并且显示在窗口的________。

13. Access 2003提供了________、________、________、________、________等5种筛选方式。

14. 在Access 2003中，________查询的运行一定会导致数据表中数据发生变化。

15. 在成绩表中，查找成绩在75～85的记录时，条件为________。

16. 在创建查询时，有些实际需要的内容在数据源的字段中并不存在，但可以通过在查询中增加________来完成。

17. 将1990年以前参加工作的教师的职称全部改为副教授，则适合使用________查询。

18. 查询建好后，要通过________来获得查询结果。

(蔡　进)

第7章 计算机网络应用

学习目标

1. 了解计算机网络的基本概念
2. 理解局域网的基本知识
3. 掌握Internet概念及其应用
4. 掌握IE与电子邮件的使用
5. 掌握网页设计方法及常用网络软件的使用

计算机网络技术是计算机技术和通信技术紧密结合的产物，它的诞生为现代信息技术发展做出了巨大贡献。现在，计算机网络已经成为人们社会生活中不可缺少的一个重要组成部分，并不断地改变着人类的生存方式。从某种意义上讲，信息技术与网络的应用成为衡量21世纪综合国力与企业竞争力的重要标志。很多国家纷纷制定各自的信息高速公路设计划，全球信息化的发展趋势呈不可逆转之势，尤其是Internet对推动全世界科学和社会的发展有着不可估量的作用。

7.1 计算机网络基础知识

7.1.1 任 务

和谐医院准备实施医院信息化，提出病人在门诊就诊、住院治疗、缴费和用药信息实现计算机化管理，并能实时提供各类动态报表的要求。根据医院以上需求情况，你能给医院帮忙，提出一个解决方案吗？

7.1.2 相关知识和技能

1. 计算机网络的定义 所谓计算机网络，就是把分布在不同地理区域的计算机与专门的外部连接设备用通信线路互连成一个规模大、功能强的网络系统，从而使众多的计算机可以方便地相互传递信息，共享硬件、软件、数据信息等资源。通俗地说，网络就是通过连接设备及电缆、电话线或无线通信设备等互联的计算机的集合。

按计算机联网的区域大小，网络可分为局域网、城域网和广域网。局域网地理范围一般几百米到10千米之内，属于小范围内的联网，如一个建筑物内、一个学校内、一个工厂的厂区内等。

城域网地理范围可从几十千米到上百千米，可覆盖一个城市或地区，是一种中等形式的网络。

广域网地理范围一般在几千千米左右，属于大范围联网。如几个城市，一个或几个国家，是网络系统中最大型的网络，能实现大范围的资源共享，平常讲的Internet就是最大最典型的广域网。

2. 计算机网络的发展 计算机网络的发展经历了从简单到复杂，从单机到多机，从终端与计算机之间的通信到计算机与计算机之间的直接通信的演变过程。其发展经历了四个阶段。

第一阶段：计算机互联阶段，计算机技术与通信技术相结合，形成计算机网络的雏形。这一阶段以单个计算机为中心，面向终端形成远程联机系统。

第二阶段：计算机互联阶段，完成网络体系结构与协议的研究，可以将不同地点的计算机通过通信线路互联，形成计算机的网络。网络用户可以通过计算机访问其他计算机的资源。

第三阶段：形成网络体系结构阶段，广域网、局域网与公用分组交换网迅速发展。网络技术国际标准化，ISO/OSI成为新一代计算机网络的参考模型，数据传输的可靠性得以保障。

第四阶段：Internet深入全社会，宽带网络广泛应用。Internet是一个庞大的覆盖全世界的计算机网，实现了全球范围的电子邮件(email)，WWW(World Wide Web)信息浏览和语音图像通信等功能。

3. 计算机网络的功能 计算机网络的功能根据网络规模的大小和设计目的的不同，有较大的差异，归纳起来，有如下6个基本功能。

(1) 数据通信：数据通信指计算机网络上的计算机系统之间能够互相进行数据传输、信息交换，是计算机网络最基本的功能之一。

(2) 资源共享：资源共享是计算机网络最主要的功能之一。这里的资源是指网络上的计算机系统能够提供的所有资源，包括硬件、软件和数据。硬件资源如打印机、扫描仪、光驱等。软件和数据的范围更广泛，如各类软件、资料、音乐、视频等。

(3) 集中处理：计算机网络可以将数据处理的任务交给具有较高性能的服务器完成，其过程如下：由客户端(client)向服务器(server)发出处理请求，服务器在数据处理完成后，将结果发送给客户端。这是一种典型的请求/响应处理方式。

(4) 负载均衡和分布式处理:当网络中的某个计算机系统负载过重时,可以将某些工作通过网络传送到其他空闲的计算机上去处理。这样既可以减少用户信息在系统中的处理时间,又均衡了网络中各台机器的负担,提高了系统的利用率,增加了整个系统的可用性。

分布式处理是指在计算机网络中,将某些大型处理任务转化成小型任务,而由网络中的各台计算机分担处理。这在运算量巨大、处理异常复杂的任务中,是一项非常有效的功能。

(5) 提高系统的可靠性、扩展性:可靠性是指网络中的计算机可以彼此互为备份,一旦网络中的某台计算机出现故障,其他备份的计算机可以取而代之,继续工作以保证系统的正常运行。

扩展性是指通过增加网络的资源配置,如增加联网计算机的数量、增加系统资源配置等,以实现网络规模和网络服务的扩充。

(6) 综合信息服务:随着计算机网络技术的发展,尤其是因特网的大量使用和深入普及,网络能够提供的信息和服务日益丰富。各种数据(如文本、音频、视频等)、各种服务(如 WWW、FTP、电子邮件、IP电话)都在计算机网络中得到了极大的应用。计算机网络已经成为现代信息社会获取信息,传递信息的一种主要手段。

4. 计算机网络的组成 计算机网络要完成数据通信和数据处理两大功能。从逻辑上看,计算机网络可以分为通信子网和资源子网,从系统组成角度看,计算机网络由网络硬件和网络软件组成。

(1) 通信子网与资源子网:按逻辑功能划分的计算机网络示意图如图 7-1 所示。

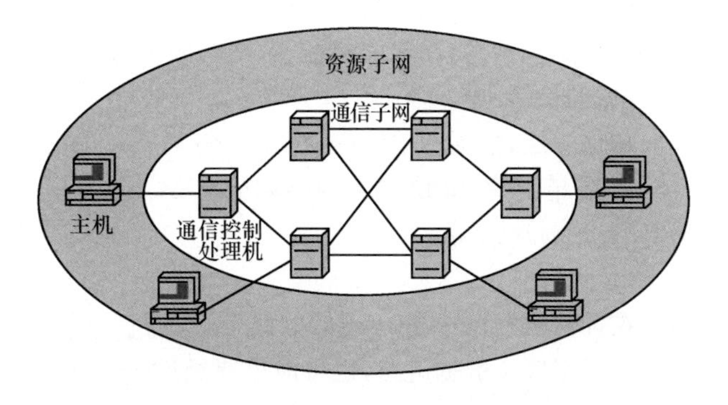

图 7-1 计算机网络的基本结构

1) 通信子网。通信子网主要由通信线路、通信控制器等软、硬件组成,完成各主机之间的数据传输、控制和变换等通信任务。不同的网络其通信子网的物理组成也不同,局域网的通信线路采用的传输介质主要有光纤、双绞线等,通信设备有交换机和路由器等。而广域网的通信子网较为复杂,其传输介质主要有光纤、双绞线、同轴电缆、微波和卫星通信等,通信设备主要有调制解调器、ATM 交换机、路由器等。

2) 资源子网。资源子网主要由用户的计算机组成,包括用户主机、终端设备、联网外设等硬件,以及各种软件资源、数据资源等。资源子网的主要任务是提供资源共享所需的硬件,软件和数据等资源,提供访问计算机网络和数据处理的能力。

(2) 计算机网络硬件:计算机网络硬件系统由服务器、工作站、通信控制器和通信线路组成,其中服务器/客户机是资源子网的主要设备,通信设备和通信介质是通信子网的主要设备。

1) 服务器。服务器是被网络上其他客户机访问的计算机系统,通常是一台高性能的计算机(具有较高运算能力和处理速度,性能稳定、可靠)。服务器是计算机网络的核心设备,包含各种网络资源,负责管理和协调用户对资源的访问。常见的服务器包括万维网(WWW)服务器、文件传输(FTP)服务器、邮件(email)服务器、打印服务器等。

2) 工作站。当一台计算机连接到计算机网络时,就成为网络上的一个结点,称为工作站。它是网络上的一个客户,使用网络所提供的服务。工作站为它的操作者提供服务,通常对其性能要求不高,可由普通的 PC 担当。

3) 通信控制器。通信控制器包括通信处理机和通信设备等,是通信子网中的主要设备。其中,通信处理机是主计算机和通信线路单元间设置的专用计算机,负责通信控制和处理工作。通信设备主要是指数据通信和传输设备,负责完成数据的转换和恢复,如网卡、交换机、路由器等。

4) 通信线路。通信线路用于连接主机、通信处理机和各种通信设备。按照传输速率,通信线路可以分为高速、中速和低速通信线路;按照传输介质又可分为有线和无线线路。

(3) 计算机网络的软件:计算机网络软件是实现网络功能的重要部分,主要包括网络操作系统、网络协议软件和网络应用软件等。

1) 网络操作系统。网络操作系统是运行在网络硬件之上的,为网络用户提供共享资源管理服务、基本通信服务、网络系统安全服务及其他网络服务的系统软件,是计算机网络软件的核心,其他网络应用软件都需要网络操作系统的支持。网络操作系统除具有常规计算机操作系统的功能外,还具有网络通信、网络资源管理和网络服务管理等功能。目前,常见的网络操作系统有 UNIX, Linux, Netware, Windows Server 2003 等。

2) 网络协议。网络协议是计算机网络通信中各部分之间应遵循的规则的集合,这部分的实现软件在网络软件中占有非常重要的地位。不同的网络、不同的操作系统、不同的体系结构会有不同的协议软件，协议软件的种类繁多。目前常用的协议软件有 TCP/IP、IPX/SPX、NetBEUI、ARP、RARP、UDP 等。

3）网络应用软件。网络应用软件是在计算机网络环境下，面向用户，是用户实现网络服务和网络应用的软件。例如，浏览器软件、远程登录软件、电子邮件等。

（4）网络开放式互联模型（OSI）：开放式系统互联模型（OSI）是 1984 年由国际标准化组织（ISO）提出的一个参考模型。作为一个概念性框架，它是不同制造商的设备和应用软件在网络中进行通信的标准。现在此模型已成为计算机间和网络间进行通信的主要结构模型。目前使用的大多数网络通信协议的结构都是基于 OSI 模型的。OSI 层次模型共分为 7 层：应用层、表示层、会话层、传输层、网络层、数据链路层、物理层（图 7-2）。

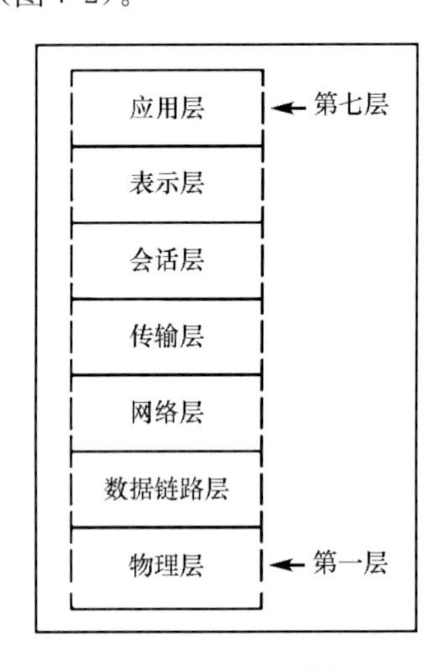

图 7-2　OSI 模型结构

建立七层模型的主要目的是为解决异种网络互联时所遇到的兼容性问题。它的最大优点是将服务、接口和协议这三个概念明确地区分开来。OSI 七层模型的每一层都具有清晰的特征。基本来说，第七至第四层处理数据源和数据目的地之间的端到端通信，而第三至第一层处理网络设备间的通信。另外，OSI 模型的七层也可以划分为两组：上层（层 7、层 6 和层 5）和下层（层 4、层 3、层 2 和层 1）。OSI 模型的上层处理应用程序问题，并且通常只应用在软件上。最高层，即应用层是与终端用户最接近的。OSI 模型的下层是处理数据传输的。物理层和数据链路层应用在硬件和软件上。最底层，即物理层是与物理网络媒介（如电线）最接近的，并且负责在媒介上发送数据（图 7-3）。

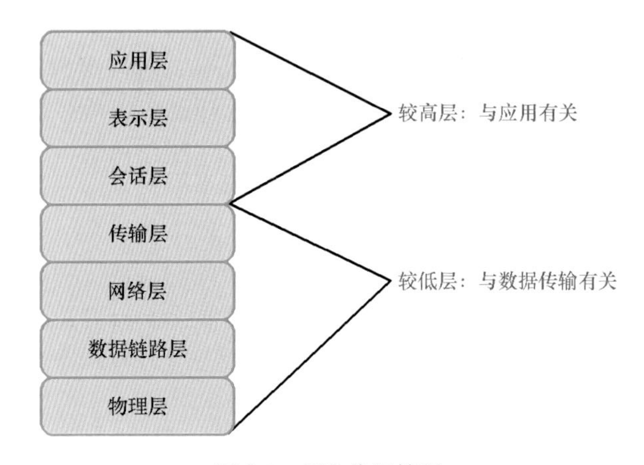

图 7-3　OSI 分组情况

A. 物理层

第一层：物理层（physical layer），规定通信设备的机械的、电气的、功能的和规程的特性，用以建立、维护和拆除物理链路连接。具体地讲，机械特性规定了网络连接时所需接插件的规格尺寸、引脚数量和排列情况等；电气特性规定了在物理连接上传输 bit 流时线路上信号电平的大小、阻抗匹配、传输速率距离限制等；功能特性是指对各个信号先分配确切的信号含义，即定义了 DTE 和 DCE 之间各个线路的功能；规程特性定义了利用信号线进行 bit 流传输的一组操作规程，是指在物理连接的建立、维护、交换信息时，DTE 和 DCE 双方在各电路上的动作系列。

在这一层，数据的单位称为比特（bit）。

属于物理层定义的典型规范代表包括 EIA/TIA RS-232、EIA/TIA RS-449、V. 35、RJ-45 等。

B. 数据链路层

OSI 模型的第二层数据链路层（datalink layer），在物理层提供比特流服务的基础上，建立相邻结点之间的数据链路，通过差错控制提供数据帧（frame）在信道上无差错的传输，并进行各电路上的动作系列。数据链路层在不可靠的物理介质上提供可靠的传输。该层的作用包括：物理地址寻址、数据的成帧、流量控制、数据的检错、重发等。

在这一层，数据的单位称为帧（frame）。

数据链路层协议的代表包括 SDLC、HDLC、PPP、STP、帧中继等。

C. 网络层

在计算机网络中进行通信的两个计算机之间可能会经过很多个数据链路，也可能还要经过很多通信子网。网络层（network layer）的任务就是选择合适的网间路由和交换结点，确保数据及时传送。网络层将数据链路层提供的帧组成数据包，包中封装有网络层包头，其中含有逻辑地址信息-源站点和目的站点地址的网络地址。

如果你在谈论一个 IP 地址，那么你是在处理第 3 层的问题，这是“数据包”问题，而不是第 2 层的“帧”。IP 是第 3 层问题的一部分，此外还有一些路由协议和地址解析协议(ARP)。有关路由的一切事情都在第3层处理。地址解析和路由是3层的重要目的。网络层还可以实现拥塞控制、网际互联等功能。

在这一层,数据的单位称为数据包(packet)。

网络层协议的代表包括:IP、IPX、RIP、OSPF等。

D. 传输层

传输层(transport layer)是处理信息的,传输层的数据单元也称作数据包(packets)。但是,当你谈论TCP等具体的协议时又有特殊的叫法,TCP的数据单元称为段(segments)而UDP协议的数据单元称为"数据报(datagrams)"。这个层负责获取全部信息,因此,它必须跟踪数据单元碎片、乱序到达的数据包和其他在传输过程中可能发生的危险。第4层为上层提供端到端(最终用户到最终用户)的透明的、可靠的数据传输服务。所谓透明的传输是指在通信过程中传输层对上层屏蔽了通信传输系统的具体细节。

传输层协议的代表包括:TCP、UDP、SPX等。

E. 会话层

会话层(session layer)也可以称为会晤层或对话层,在会话层及以上的高层次中,数据传送的单位不再另外命名,统称为报文。会话层不参与具体的传输,它提供包括访问验证和会话管理在内的建立和维护应用之间通信的机制。如服务器验证用户登录便是由会话层完成的。

会话层提供的服务可使应用建立和维持会话,并能使会话获得同步。会话层使用校验点可使通信会话在通信失效时从校验点继续恢复通信。这种能力对于传送大的文件极为重要。会话层,表示层,应用层构成开放系统的高3层,面对应用进程提供分布处理,对话管理,信息表示,恢复最后的差错等。会话层同样要担负应用进程服务要求,而传输层不能完成的那部分工作,给功能差距以弥补。主要的功能是对话管理,数据流同步和重新同步。

F. 表示层

表示层(presentation layer)主要解决用户信息的语法表示问题。它将欲交换的数据从适合于某一用户的抽象语法,转换为适合于OSI系统内部使用的传送语法。即提供格式化的表示和转换数据服务。数据的压缩和解压缩,加密和解密等工作都由表示层负责。例如图像格式的显示,就是由位于表示层的协议来支持。

G. 应用层

应用层(application layer)是计算机网络与最终用户间的接口,是利用网络资源唯一向应用程序直接提供服务的层。

功能:包括系统管理员管理网络服务所涉及的所有问题和基本功能。

信息传送的基本单位:用户数据报文。

应用层采用的协议有用于文件传送、存取和管理FTAM的ISO8571/1～4,用于虚拟终端VP的ISO9040/1,用于作业传送与操作协议JTM的ISO8831/2,用于公共应用服务元素CASE的ISO8649/50。

(5) TCP/IP参考模型的层次结构 TCP/IP协议是美国国防部高级研究计划局计算机网(ARPANET)和其后继因特网使用的参考模型。TCP/IP参考模型分为四个层次:应用层、传输层、网络互联层和网络接口层(图7-4)。

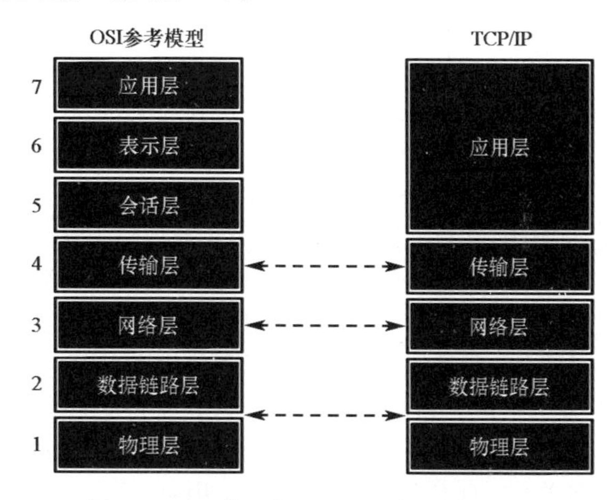

图7-4 OSI模型与TCP/IP参考模型对比

在TCP/IP参考模型中,去掉了OSI参考模型中的会话层和表示层(这两层的功能被合并到应用层实现)。同时将OSI参考模型中的数据链路层和物理层合并为主机到网络层。TCP/IP是建立在"无连接"技术上的网络互连协议,信息(包括报文和数据流)以数据报的形式在网络中传输,从而实现用户间的通信。下面,分别介绍各层的主要功能。

A. 网络接口层

模型的基层是网络接口层。负责数据帧的发送和接收,帧是独立的网络信息传输单元。网络接口层将帧放在网上,或从网上把帧取下来。

B. 网络层

互联协议将数据包封装成Internet数据报,并运行必要的路由算法。这里有四个互联协议。

1) 网际协议IP,负责在主机和网络之间寻址和路由数据包。

2) 地址解析协议ARP,获得同一物理网络中的硬件主机地址。

3) 网际控制消息协议ICMP,发送消息,并报告有关数据包的传送错误。

4) 互联组管理协议IGMP,被IP主机拿来向本地多路广播路由器报告主机组成员。

C. 传输层

传输协议在计算机之间提供通信会话。传输协议的选择根据数据传输方式而定。这里有两个传输协议。

1) 传输控制协议 TCP,为应用程序提供可靠的通信连接。适合于一次传输大批数据的情况。并适用于要求得到响应的应用程序。

2) 用户数据报协议 UDP,提供了无连接通信,且不对传送包进行可靠的保证。适合于一次传输小量数据,可靠性则由应用层来负责。

D. 应用层

应用程序通过这一层访问网络。

TCP/IP 模型是同 ISO/OSI 模型等价的。当一个数据单元从网络应用程序向下送到网卡,它通过了一系列的 TCP/IP 模块。这其中的每一步,数据单元都会同网络另一端对等 TCP/IP 模块所需的信息一起打成包。在数据传送中,可以形象地理解为有两个信封,TCP 和 IP 就像是信封,要传递的信息被划分成若干段,每一段塞入一个 TCP 信封,并在该信封封面上记录有分段号的信息,再将 TCP 信封塞入 IP 大信封,发送上网。在接收端,一个 TCP 软件包收集信封,抽出数据,按发送前的顺序还原,并加以校验,若发现差错,TCP 将会要求重发。因此,TCP/IP 在 Internet中几乎可以无差错地传送数据。

5. 计算机网络的分类 计算机网络按网络传输技术、网络拓扑结构、网络的覆盖范围、传输介质可分为以下几种类型。

(1) 按网络传输技术分类:从网络传输技术的角度,可将计算机网络分为广播式和点对点式两种。

1) 广播式网络(broadcast networks)。在广播式网络中,所有的计算机共用同一个传输信道。当某个计算机发出数据时,所有共用信道的计算机都会收到这个数据,由于发送的数据中带有目的地址的信息,因此只有指定的目的主机会对收到的数据响应,由于多个计算机进行广播,会使所发送的数据造成“碰撞”,影响网络实际的传输效率。因此,广播式网络只能适用于覆盖范围较小的“局域网”中。

2) 点对点式网络(point-to-point networks)。在点对点式网络中,每对进行通信的计算机之间都存在着一条物理线路。当没有直接相连接的线路时,会通过中间的结点(如交换机或路由器)进行转接。由于连接一对计算机之间的线路可能会很复杂,因此从源点到目的结点间可能存在多条通路,路径的选择在点对点式网络中就变得非常重要。对点式网络主要采用分组交换网实现计算机之间的通信。

(2) 按拓扑结构分类:在计算机网络中,将服务器、工作站等网络设备抽象为“点”,将通信线路抽象为“线”,形成点和线的几何图形,它用于描述计算机网络体系的具体结构,这些几何图形称为计算机网络的拓扑结构。

计算机网络拓扑结构包括物理拓扑和逻辑拓扑两部分内容,物理拓扑是指物理网络布线的方式,即传输介质的布局;逻辑拓扑是指信号从网络的一个结点到达另外一个结点所采用的路径,即主机访问介质的方式。

目前,常见的网络拓扑结构有总线形、环形、星形、树形等,如图 7-5(a)、图 7-5(b)、图 7-5(c)、图 7-5(d)所示。

A. 总线拓扑

总线拓扑结构中,各结点与一条总线相连,网络中的所有结点都通过这条总线按照广播方式传输数据,如图 7-5(a)所示。

总线拓扑的优点主要有:结构简单,组网方便,有较高的可靠性;易于扩充,增加和减少结点方便;所需电缆少,组网费用较低。

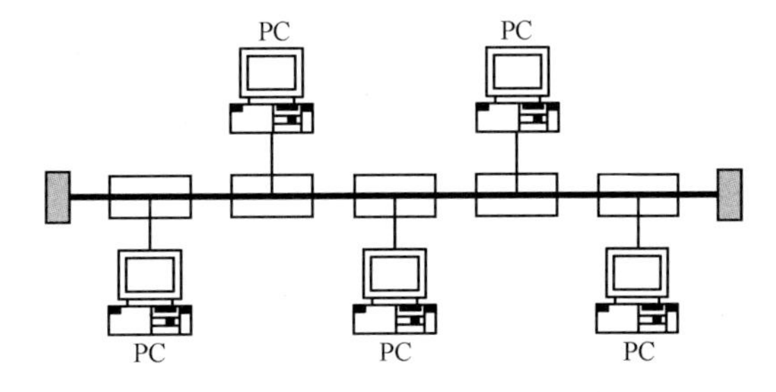

图 7-5(a) 总线形网络拓扑结构

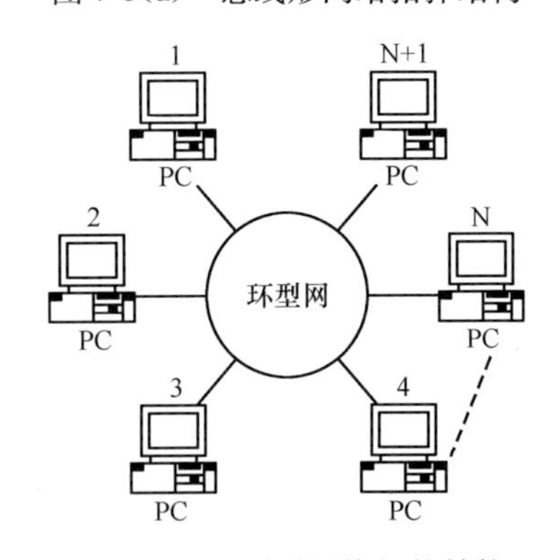

图 7-5(b) 环形网络拓扑结构

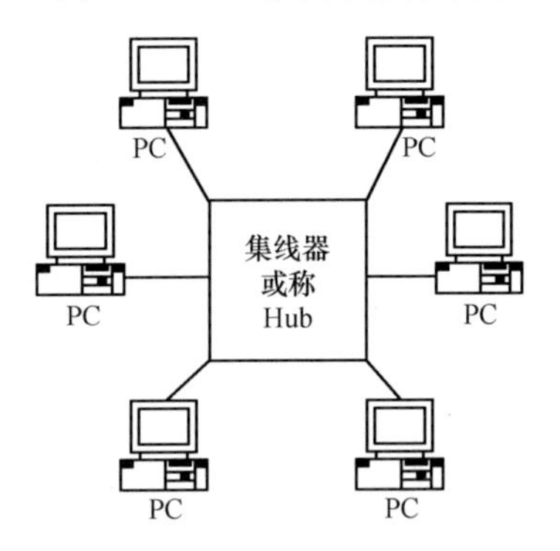

图 7-5(c) 星形网络拓扑结构

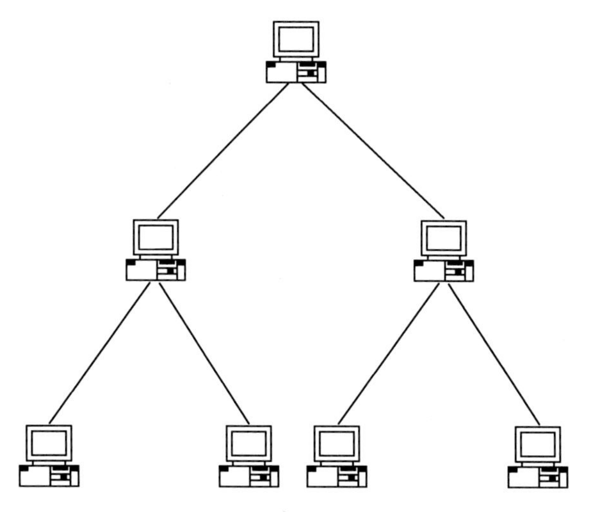

图 7-5(d) 树形网络拓扑结构

总线拓扑的缺点主要有:由于采用广播方式进行通信,覆盖范围较小,容纳主机数量较少;发生故障时,诊断和隔离都较为困难。总线拓扑网络在传统的10Base以太网中得到了广泛的应用。

B. 环形拓扑

环形拓扑结构中,网络的每个结点通过一条首尾相连的通信线路连接,形成一个封闭的环形结构,如图 7-5(b)所示。

与总线拓扑一样,环形拓扑中的各个结点共享同一个传输介质。每个结点都能从传输介质中接收数据,并能以同样的速度串行地将该数据沿环路传送到另一端。这种传输是单方向的,即数据只能按照一个方向沿着环路绕行。

环形拓扑的优点主要有:所需电缆长度短,增加和减少结点比较简单。

环形拓扑的缺点主要有:如果一个结点出现故障,网络就会瘫痪,故障的诊断和隔离较为困难;扩充环的配置较为困难。

目前,光纤通信经常采用环形拓扑,其通信速率较高。

C. 星形拓扑

星形拓扑中,以中心结点为中心,所有外围结点通过传输线路连接到这个中心上,如图 7-5(c)所示。

中心结点对各外围结点的通信和信息交换进行集中控制及管理,各外围结点间的通信必须通过中心结点。常用的中心结点设备有集线器(hub)和交换机(switch)。

星形拓扑的优点主要有:如果某个结点出现故障,不会导致网络瘫痪,故障的诊断和隔离也比较容易;增加或删除结点方便,便于网络配置的改变。

星形拓扑的缺点主要有:所需电缆长度较长,组网费用较高;对中心设备的依赖程度较高,一旦该设备发生故障,网络无法正常运行。

星形拓扑已经成为目前快速以太网普遍采用的拓扑结构。

D. 树形拓扑

树形拓扑结构是一种层次结构,由多级星形结构按层次排列而成。最上层的结点称为根结点,主要的通信在上下级的结点之间进行,如图 7-5(d)所示。

树形拓扑的结点增加和删除较为容易,但结构较为复杂,适合具有一定规模的局域网。

(3) 按地理范围分类:按照网络的覆盖范围,可将计算机网络分为广域网、局域网和城域网。

1) 广域网(wide area network,WAN)。广域网的覆盖范围通常在几十到几千千米以上,可以跨越非常广阔的地理区域,其包含的地理范围通常是一个国家或洲,甚至整个地球。广域网本身往往不具备规则的拓扑结构,由于传输速度较慢、延迟较大,入网站点无法参与网络管理:因此,在广域网中包含专用的网络设备(如交换机、路由器等)来处理其中的管理工作,广域网的通信子网一般由国家的电信部门负责运行和维护,广域网是因特网的核心部分。

2) 局域网(local area network,LAN)。局域网是一个限定区域(如某个单位或部门)内组建的小型网络,其覆盖范围通常在几十米到几千米。局域网的特点是传输速度高、网络延迟小、传输可靠、拓扑结构灵活,在现实生活中得到了广泛的应用。

3) 城域网(metropolitan area network,MAN)。城域网的覆盖范围介于广域网和局域网之间,通常是在一个城市内的网络连接,距离在几千米到几十千米之间。可以将城域网理解为是一种大型的局域网,通常使用与局域网相似的技术。

(4) 按传输介质分类:传输介质就是指用于网络连接的通信线路。目前有同轴电缆、双绞线、光纤为传输介质的有线网络和以卫星、微波等为传输介质的无线网络。

操作技巧:组建网络时,根据用户使用要求,资金情况,场地环境等因素选择网络协议、网络拓扑结构、传输介质和网络设备。

6. 常用网络传输介质与网络互联设备

(1) 常用网络传输介质

A. 有线介质

目前常用有线传输介质有双绞线、同轴电缆、光纤等。

1) 双绞线。双绞线是用两根线扭在一起的通信介质。双绞线抗干扰能力较强,在电话系统中双绞线被普遍采用。双绞线分非蔽屏双绞线 UTP(unshielded twisted pair)和屏蔽双绞线 STP (shielded twisted pair)两种,常用的是非屏蔽双绞线。非屏蔽双绞线中不存在物理的电器屏蔽，即没有金属线，也没有金属带绕在UTP上，UTP线对之间的串线干扰和电磁干扰，是通过其自身的电能吸收和辐射抵消完成的。屏蔽双绞线外部包有铝箔或铜丝网，其结构如图7-6(a)所示。目前主要使用超5类或6类8芯双绞线，分成4对(橙、白橙，绿、白绿，蓝、白蓝，棕、白棕)，最大无损传输距离达100m，两端使用标准的RJ-45连接头(水晶头)，如图7-6(b)所示。

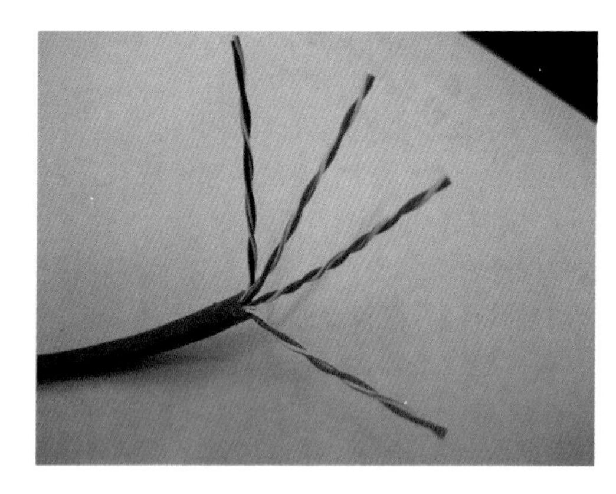

图7-6(a) 双绞线

图7-6(b) RJ-45水晶头

2) 同轴电缆。同轴电缆由内导体铜制芯线、绝缘层、外导体屏蔽层及塑料保护外套构成。同轴电缆具有较高的抗干扰能力，其抗干扰能力优于双绞线。同轴电缆结构如图7-6(c)所示。同轴电缆主要有50Ω同轴电缆和75Ω同轴电缆两种。50Ω同轴电缆又称基带同轴电缆(或称细缆)。它主要用于数字传输的系统，广泛用于局域网。在传输中，其最高通信速率可达10Mbps。75Ω同轴电缆也称宽带同轴电缆。它主要用于模拟传输系统，宽带同轴电缆是公用天线电视系统的标准传输电缆。

图7-6(c) 同轴电缆

3) 光缆。光缆(即光纤)是用极细的玻璃纤维或极细的石英玻璃纤维作为传输媒体，即光导纤维。光缆传输是利用激光二极管或发光二极管在通电后产生光脉冲信号，这些光脉冲信号经检测器在光缆中传输。光导纤维被同轴的塑料保护层覆盖，光缆的结构如图7-6(d)所示。

图7-6(d) 缆光缆

B. 无线介质

无线介质是指通过空间传输的无线电波、微波、红外线和通信卫星等。目前比较成熟的无线传输方式有以下几种。

1) 微波通信。微波通信通常是指利用高频(2～40GHz)范围内的电磁波来进行通信。无线局域网中主要采用微波通信，其频率高，带宽宽，传输速率高，主要用于长途电信服务、语音和电视转播。微波在空间是直线传播，无法像某些低频波那样沿着地球表面传播，由于地球表面为曲面，再加上高大建筑物和气候的影响，因此，微波在地面上的传播距离有限，一般在40～60千米范围内。直接传播信号的距离与天线的高度有关，天线越高距离越远。超过一定距离就要用中继站来“接力”。微波通信成本较低，但保密性差。

2) 卫星通信。卫星通信是空中卫星和地面站之间的微波通信。它利用人造同步卫星中继站来转发微波信号，从而克服地面微波通信距离限制的缺陷。卫星通信覆盖范围广，若通信卫星位于36 000千米的高空，就可覆盖地球表面三分之一的面积。卫星通信容量大，传输距离远、可靠性高，但通信延迟时间长，误码率不稳定，且易受气候的影响。

3) 激光通信。激光通信是利用在空间传播的激光束将传输数据调制成光脉冲的通信方式。激光通信不受电磁干扰，方向性比微波好，也不怕窃听。激光束频率比微波高，因而可获得更高的带宽，但激光在空气中传播衰减很快，特别是雨天、雾天，能见度差时更为严重，甚至会导致通信中断。

4) 无线电波和红外线通信。随着掌上计算机和笔记本电脑的迅速普及，对可移动的无线数字网的需求日益增加。无线数字网类似于蜂窝电话网，用户可随时将计算机接入网内，组成无线局域网。现在，许多手持设备和笔记本电脑都配有红外收发器端口，可进行红外线异步串行数据传输。红外线传输也是一种无线传输方式，广泛应用短距离的数据传输。如两台笔记本电脑对接红外接口即可传输文件。红外线传输与微波通信一样，也要求收、发两端处在直线视距之内。

(2) 常用的网络互联设备：网络互联设备是网络通信的中介设备。连接设备的作用是把传输介质中的信号从一个链路传送到下一个链路。网络连接设备一般都配置两个以上的连接器插口。目前，常用的

为:255.255.255.0,使用的DNS服务器IP地址为221.23.19.18,操作方法如下:

1）打开“本地连接属性”对话框,选中“Internet协议(TCP/IP)”,单击[属性]按钮,打开“Internet协议(TCP/IP)属性”对话框,如图7-14、图7-15所示。

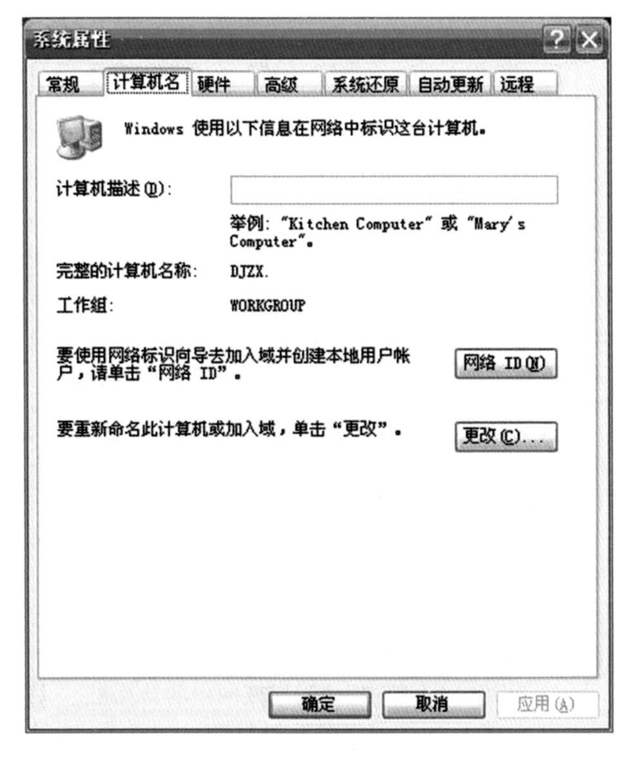

图7-12　“系统属性”对话框

2）若要进行修改,在相应的项目中填入正确的IP地址、子网掩码和DNS服务器自动进行组件调整,最后重新启动计算机。在“Internet协议(TCP/IP)属性”对话框中,如果单击[高级]按钮,打开“高级TCP/IP设置”对话框,在此对话框中有“IP设置”、“DNS”、“WINS”和“选项”4个选项卡。在“IP设置”选项卡中,可以添加,编辑或删除原先设定IP地址和网关地址,可以将本计算机配置成具备多个IP地址和网关地址的多址计算机,以满足网络服务的需要。同样,在“DNS”,“WINS”选项卡中,可以对DNS服务器和WINS(Windows internet Naming Server,Windows域名服务)服务器地址进行相应的设置。

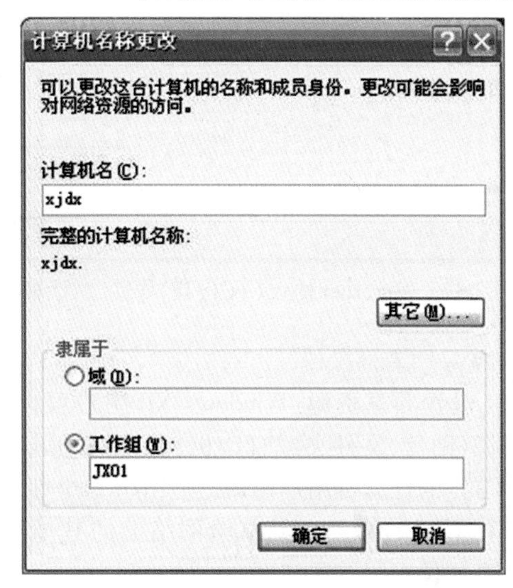

图7-13　“计算机名称更改”对话框

图7-14　“本地连接属性”对话框

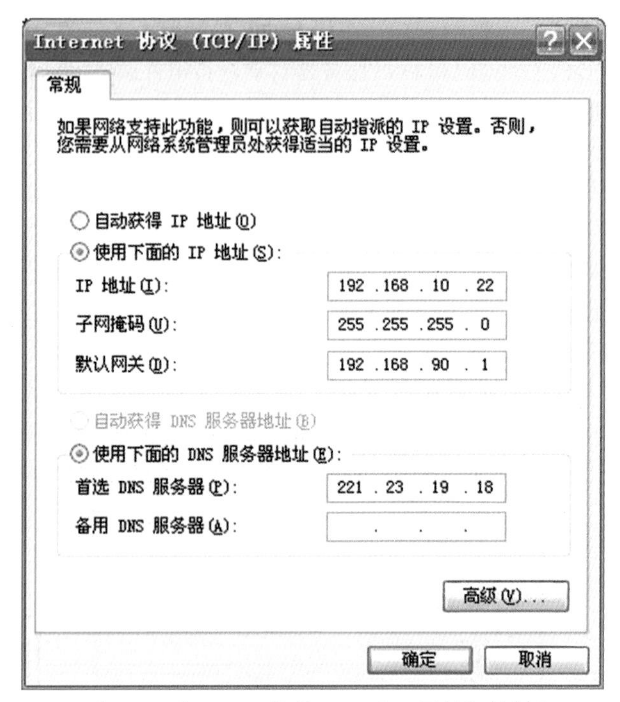

图 7-15 “Internet 协议(TCP/IP)属性”对话框

5. 常见局域网操作

(1) 设置共享资源：Windows XP 用户可以把自己的资源(硬盘、文件夹或打印机)共享到局域网上，供其他节点的计算机用户使用。但出于安全性考虑，一般只将需要的文件夹共享给网络上的其他用户。设置共享文件夹的方法如下：

1) 在桌面上，双击“我的电脑”图标，打开“我的电脑”窗口。

2) 选择要设置共享的文件夹，在左边的“文件和文件夹任务”窗格中单击“共享此文件夹”超链接或右击要设置共享的文件夹，在弹出的快捷菜单中选择[共享和安全]命令。

3) 打开“文件夹属性”对话框中的“共享”选项卡。

4) 在“网络共享和安全”选项组中选中“在网络上共享这个文件夹”复选框，这时“共享名”文本框和“允许网络用户更改我的文件”复选框均变为可用状态。在“共享名”文本框中输入该共享文件夹在网络上显示的共享名称，也可使用其原来的文件夹名称。

5) 选中“允许网络用户更改我的文件”复选框，则设置该共享文件夹为完全控制属性，任何访问该文件夹的用户都可以对该文件夹进行编辑修改。若清除该复选框，则设置该共享文件夹为只读属性，用户只可访问该共享文件夹，而无法对其进行编辑修改。

设置共享文件夹后，在该文件夹的图标上将出现一个托起的小手的共享标志，表示该文件夹为共享文件夹，如图 7-16 所示。

(2) 访问共享资源：Windows XP 简化了网络应用，用户可以方便地在局域网上共享资源。在 Windows XP 访问局域网上的共享资源，就像与浏览自己计算机资源一样方便。

A. 利用“网上邻居”访问局域网中的计算机

1) 在桌面上，双击“网上邻居”图标，或单击“开始”菜单中的[网上邻居]命令，打开“网上邻居”窗口，如图 7-17 所示。

图 7-16 共享文件夹图标

图 7-17　“网上邻居”窗口

图 7-18　“工作组”窗口

2）在“网络任务”窗格中，单击“查看工作组计算机”，则会显示已经连上局域网的计算机，如图 7-18 所示。

3）双击需要访问的那台计算机的图标，该计算机上所有被共享的资源将立即被显示出来，这时就可像操作本地计算机中的文件夹或文件一样操作使用共享资源了（当然，也要看用户权限设置）。

除了通过上述方法访问共享资源外，还可以使用以下方法快速显示局域网中某台计算机中的共享资源：

a. 在“资源管理器”地址栏中输入“\\计算机名”或“\\对方计算机的 IP 地址”。

b. 在 IE 地址栏中输入“\\计算机名”或“\\对方计算机的 IP 地址”。

c. 单击【开始】菜单中的[运行]命令，打开“运行”对话框，输入“\\计算机名”或“\\对方计算机的 IP 地址”。

B. 通过查找计算机，访问局域网中的共享资源

例如，查找网上名称为“xjdx”的计算机，步骤如下：

1）单击“开始”按钮，指向“搜索”，在打开的对话框中，单击“计算机”超链接；

2）在打开的对话框中，单击“网络上的一个计算机”超链接；

3）在打开的对话框中“计算机名”文本框中输入“xjdx”；

4）单击“搜索”按钮；

5）双击查找到的计算机的图标，该计算机上所有被共享的资源将显示出来。

(3) “映射”网络驱动器：在 Windows XP 中，如果需要频繁地访问某计算机上的一个共享文件夹，可以分配一个虚拟驱动器，如“K:”盘或者“S:”盘来代表该共享文件夹。在“我的电脑”或“Windows 资源管理器”中访问该盘，就像访问该共享文件夹一样。操作方法如下：

1）单击选中“网上邻居”图标，单击鼠标右键，打开快捷菜单；

2）单击[映射网络驱动器]命令，打开“映射网络驱动器”对话框，如图 7-19 所示；

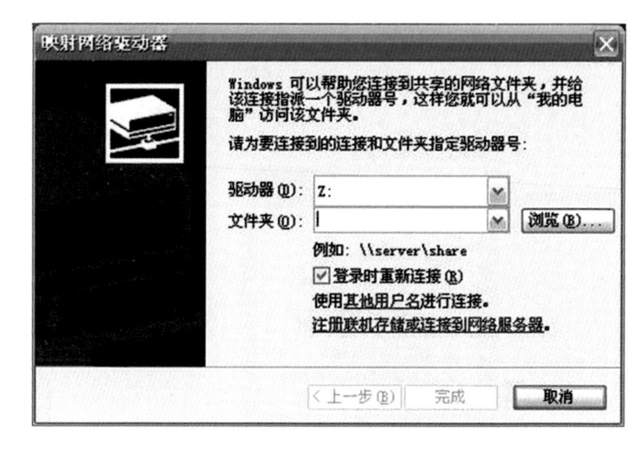

图 7-19 “映射网络驱动器”对话框

3）单击“驱动器”下拉列表，选择“K:”盘；

4）单击[确定]按钮；

5）打开“我的电脑”窗口，查看网络驱动器名称，如盘符。

(4) 共享和使用打印机：在网络中，用户不仅可以共享各种软件资源，还可以设置共享硬件资源，如设置共享打印机。打印机设置共享后，局域网中的用户使用打印机时就像使用本机连接的打印机一样方便。设置共享打印机的步骤如下：

1）单击【开始】按钮，在【开始】菜单中单击[打印机和传真]命令，打开如图 7-20 所示的“打印机和传真”对话框。

2）在该窗口中选择要设置共享的打印机图标，在“打印机任务”窗格中单击“共享此打印机”超链接，或右键单击该打印机图标，在弹出的快捷菜单中选择[共享]命令，打开如图 7-21 所示的打印机属性对话框。

图 7-20 “打印机和传真”对话框

图 7-21　所示的打印机属性对话框

3）在"共享"选项卡中选中"共享这台打印机"选项，在"共享名"文本框中输入该打印机在网络上的共享名称。若网络中用户使用的是不同版本的 Windows 操作系统，可单击[其他驱动程序]按钮，打开其他驱动程序对话框，安装其他的驱动程序。

4）单击[确定]按钮，可以看到在打印机窗口中该打印机已被设置为共享状态。

其他用户在自己的计算机使用该共享打印机，还必须先在自己的计算机上安装该打印机的驱动程序。具体操作方法如下：

a. 在"资源管理器"的地址栏中输入"\\计算机名"，将显示该计算机(其上安装了打印机并设置为共享)上的所有被共享的资源。

b. 右击已共享的打印机图标，在快捷菜单中选择[连接]命令，启动添加打印机向导，按提示安装该打印机的驱动程序。安装完成后即可在"打印机和传真"窗口中看到该打印机的图标，以后便可以使用该打印机了。

☞考点：局域网的概念与特点、常见局域网类型、局域网工作模式、局域网协议、常见局域网操作等

链 接

局域网具有性价比高，维护简单，传输速度快等特点。组建局域网所需软硬件安装方法并不复杂，我们都可以掌握。

7.2.3　实施方案

实现校长愿望，其实不需要花很多钱，步骤如下：

(1) 用20台电脑建一座机房，购买一箱超五类网线和一台普通 24 口交换机，采用星形网络拓扑结构组建对等式局域网。

(2) 选用一台电脑做视听资料服务器，安装视听资料做共享或安装视频点播系统，为学生提供视听服务。

7.3　Internet 概念及其应用

Internet 中文正式译名为因特网，又叫做国际互联网。它是由那些使用公用语言互相通信的计算机连接而成的全球网络。Internet 目前的用户已经遍及全球，有超过几亿人在使用 Internet，并且它的用户数还在以等比级数上升。

因特网(Internet)是由 ARPANET 发展起来的。1973 年，英国和挪威加入了 ARPANET，实现了 ARPANET 的首次跨洲连接。20 世纪 80 年代，随着个人计算机的出现和计算机价格的大幅度下跌，加上局域网的发展，各学术研究机构希望把自己的计算机连接到 ARPANET 上的要求越来越强烈，从而掀起了一场 ARPANET 热，可以说，20 世纪 70 年代是 Internet 的孕育期，而 20 世纪 80 年代是发展期。

7.3.1　任　　务

王经理是一家广告设计公司负责人，他的公司电脑以 ADSL 宽带方式接入互联网。王经理每次承揽外地客户设计合同，由于客户提供的图片、视频等资料容量大，无法使用普通电子邮件发送，只能用存储设备邮寄，资料不能按时收到，影响了工作进展。王经理在想怎样才能在互联网建立一个容量大，速度快，使用方便的存储空间，解决客户资料收发困难的问题？你能帮助王经理解决问题吗？

7.3.2　相关知识与技能

1. Internet 的历史　20 世纪 60 年代开始，美国国防部的高级研究计划局 ARPA(Advance Research Projects Agency)建立阿帕网 ARPANET，并向美国国内大学和一些公司提供经费，以促进计算机网络和分组交换技术的研究。

1969 年 12 月，ARPANET 投入运行，建成了一个实验性的由 4 个节点连接的网络。到 1983 年，ARPANET 已连接了 300 多台计算机，供美国各研究机构和政府部门使用。

1983 年，ARPANET 分为民用 ARPANET 和军用 MILNET(military network)，两个网络之间可以进行通信和资源共享。由于这两个网络都是由许多网络互连而成的，因此它们都被称为 Internet，ARPANET 就是 Internet 的前身。

1986 年，美国国家科学基金会(National Science

Foundation,NSF)建立了自己的计算机通信网络NSFNET。NSFNET将美国各地的科研人员连接到分布在美国不同地区的超级计算机中心,并将按地区划分的计算机广域网与超级计算机中心相连(实际上它是一个三级计算机网络,分为主干网、地区网和校园网,覆盖了全美国主要的大学和研究所)。随着NSFNET的建设和开放,网络节点数和用户数迅速增长,以美国为中心的Internet网络互联也迅速向全球发展,世界上的许多国家纷纷接入到Internet,使网络上的通信量急剧增大。

1993年,Internet主干网的速率提高到45Mbps,到1996年速率为155Mbps的主干网建成。1999年MCI和WorldCom公司将美国的Internet主干网速率提高到2.5Gbps。到1999年底,Internet上注册的主机已超过1千万台。

Internet的迅猛发展始于20世纪90年代。由欧洲原子核研究组织CERN开发的万维网被广泛使用在Internet上,大大方便了广大非网络专业人员对网络的使用,成为Internet发展指数级增长的主要驱动力。

WWW的站点数目也急剧增长,1993年底只有627个,而1999年底则超过了950万个,上网用户数则超过2亿。Internet上的数据通信量每月约增加10%,Internet的发展非常迅速,据预测,到2011年,全球Internet的用户将达到8亿。

2. Internet在中国的发展历程 我国的Internet的发展以1987年通过中国学术网CANET向世界发出第一封e-mail为标志。经过几十年的发展,形成了四大主流网络体系,即中国科学院的科学技术网CSTNET,教育部的教育和科研网CERNET,原邮电部的CHINANET和原电子部的金桥网CHINAGBN。

Internet在中国的发展历程可以大略地划分为三个阶段:

第一阶段为1987～1993年,是研究试验阶段。在此期间中国一些科研部门和高等院校开始研究Internet/Intranet技术,并开展了科研课题和科技合作工作,但这个阶段的网络应用仅限于小范围内的电子邮件服务。

第二阶段为1994～1996年,是起步阶段。1994年4月,中关村地区教育与科研示范网络工程进入Internet,从此中国被国际上正式承认为有Internet的国家。之后,中国教育网、中国金桥网、中国科技网等多个Internet项目在全国范围相继启动,Internet开始进入公众生活,并在中国得到了迅速的发展。至1996年底,中国Internet用户数已达20万,利用Internet开展的业务与应用逐步增多。

第三阶段从1997年至今,是Internet在我国发展最为快速的阶段。国内Internet用户数1997年以后基本保持每半年翻一番的增长速度。据中国Internet信息中心(CNNIC)公布的统计报告显示,截至2011年6月30日,我国上网用户总人数为4.8亿人,与2003年同期相比增加8倍。

3. Internet的功能 Internet实际上是一个应用平台,在它的上面可以开展很多种应用,下面从七个方面来说明Internet的功能。

(1) 信息的获取与发布。Internet是一个信息的海洋,通过它可以得到无穷无尽的信息,其中有各种不同类型的书库和图书馆,杂志期刊和报纸。网络还提供了政府、学校和公司企业等机构的详细信息和各种不同的社会信息。这些信息的内容涉及社会的各个方面,包罗万象,几乎无所不有。您可以坐在家里而了解到全世界正在发生的事情,也可以将自己的信息发布到Internet上。

(2) 电子邮件(email)。平常的邮件一般是通过邮局传递,收信人要等几天(甚至更长时间)才能收到那封信。电子邮件和平常的邮件有很大的不同,电子邮件的写信、收信、发信都在计算机上完成,从发信到收信的时间以秒来计算,而且电子邮件几乎是免费的。同时,您在世界上只要可以上网的地方,都可以收到别人寄给您的邮件,而不像平常的邮件,必须回到收信地点才能拿到信件。

(3) 网上交际。网络可以看成是一个虚拟的社会空间,每个人都可以在这个网络社会上充当一个角色。Internet已经渗透到大家的日常生活中,您可以在网上与别人聊天、交朋友、玩网络游戏,"网友"已经成为一个使用频率越来越高的名词。网上交际已经完全突破传统的交朋友方式,不同性别、年龄、身份、职业、国籍、肤色的全世界上的人,都可以通过Internet而成为好朋友,他们无须见面而可以进行各种各样的交流。

(4) 电子商务。在网上进行贸易已经成为现实,而且发展得如火如荼,例如可以开展网上购物、网上商品销售、网上拍卖、网上货币支付等。它已经在海关、外贸、金融、税收、销售、运输等方面得到了应用。电子商务现在正向一个更加纵深的方向发展。随着社会金融基础设施及网络安全设施的进一步健全,电子商务将在世界上引起一轮新的革命。

(5) 网络电话。最近,中国电信、中国联通等单位相继推出IP电话服务,IP电话因为它的长途话费大约只有传统电话的三分之一,它采用了Internet技术,不仅能够听到对方的声音,可以几个人同时进行对话,而且能够看到对方,举行视频会议得到了用户的广泛欢迎。

(6) 网上事务处理。Internet 的出现将改变传统的办公模式,您可以在家里上班,然后通过网络将工作的结果传回单位,出差的时候,不用带上很多的资料,都可以随时通过网络提取需要的信息,Internet 使全世界都可以成为您办公的地点。实际上,网上事务处理的范围还不止包括这些。

(7) Internet 的其他应用。Internet 还有很多很多其他的应用,例如网络会议、远程教育、远程医疗、远程主机登录、远程文件传输等。

4. Internet 接入方式　Internet 目前常见的接入方式主要有电话拨号上网(PSTN)、专线接入(DDN)、ADSL 接入、局域网接入(LAN)、有线电视网接入(Cable-Modem)、无线接入(LMDS)等,它们各有各的优缺点。

(1) 电话拨号上网(published switched telephone network,PSTN)方式是利用 PSTN 通过调制解调器拨号实现用户接入的方式。这种接入方式是大家非常熟悉的一种接入方式,目前最高的速率为 56kbps,已经达到仙农定理确定的信道容量极限,这种速率远远不能够满足宽带多媒体信息的传输需求,随着宽带的发展和普及,这种接入方式将被淘汰。

(2) 专线接入(digital data network,DDN)方式。是随着数据通信业务发展而迅速发展起来的一种新型网络。DDN 的主干网传输媒介有光纤、数字微波、卫星信道等,用户端多使用普通电缆和双绞线。DDN 将数字通信技术、计算机技术、光纤通信技术以及数字交叉连接技术有机地结合在一起,提供了高速度、高质量的通信环境,可以向用户提供点对点、点对多点透明传输的数据专线出租电路,为用户传输数据、图像、声音等信息。DDN 的通信速率可根据用户需要在 N×64kbps(N=1～32)之间进行选择,当然速度越快租用费用也越高。

(3) ADSL 接入(asymmetrical digital subscriber line,非对称数字用户环路)是一种能够通过普通电话线提供宽带数据业务的技术,也是目前极具发展前景的一种接入技术。ADSL 素有"网络快车"之美誉,因其下行速率高、频带宽、性能优、安装方便、不需交纳电话费等特点而深受广大用户喜爱。ADSL 方案的最大特点是不需要改造信号传输线路,完全可以利用普通铜质电话线作为传输介质,配上专用的 Modem 即可实现数据高速传输。ADSL 支持上行速率 640kbps～1Mbps,下行速率 1～8Mbps,其有效的传输距离在 3～5 千米范围以内。

(4) 局域网接入(LAN)方式接入是利用以太网技术,采用光缆+双绞线的方式对社区进行综合布线。为居民提供 10M 以上的共享带宽,这比现在拨号上网速度快 180 多倍,并可根据用户的需求升级到 100M 以上。

(5) 有线电视网接入(Cable-Modem,又称线缆调制解调器)方式是近两年开始试用的一种超高速 Modem,它利用现成的有线电视(CATV)网进行数据传输,已是比较成熟的一种技术。随着有线电视的发展壮大和人们生活质量的不断提高,通过 Cable Modem 利用有线电视网访问 Internet 已成为越来越受业界关注的一种高速接入方式。

(6) 无线接入(LMDS)方式是目前可用于社区宽带接入的一种无线接入技术,在该接入方式中,一个基站可以覆盖直径 20 公里的区域,每个基站可以负载 2.4 万用户,每个终端用户的带宽可达到 25Mbit/s。但是,它的带宽总容量为 600 Mbit/s,每基站下的用户共享带宽,因此一个基站如果负载用户较多,那么每个用户所分到带宽就很小。采用这种方案的好处是可以使已建好的宽带社区迅速开通运营,缩短建设周期。

操作技巧:要将自己电脑接入 Internet,应先到当地网络主管部门或网络服务商那儿办理网络使用手续,然后使用获得的用户权限或 IP 地址,以有线或无线方式实现与 Internet 的连接。

5. Internet 地址和域名

(1) IP 地址:每台连接到 Internet 上的计算机都由授权单位制定一个唯一的地址,称为 IP 地址。IP 地址由 32 位二进制数值组成,即 IP 地址占 4 个字节。为了书写方便,习惯上采用"点分十进制"表示法,即:每 8 位二进制数为一组,用十进制数表示,并用小数点隔开。例如,二进制数表示的 IP 地址为

11011010　11000011　11110111　11100111

用"点分十进制"表示即为

218.195.247.231

IP 地址中每个十进制数值的取值范围是 0～255。

IP 地址采用层次方式按逻辑网络的结构进行划分。一个 IP 地址由网络地址、主机地址两部分组成。网络地址标志了主机所在的逻辑网络,主机地址用来标识该网络中的一台主机。

IP 地址中的网络地址由 Internet 网络信息中心统一分配。IP 地址分为 A、B、C 3 个基本类的格式,如表 7-1 所示。

表 7-1　IP 地址的分类

网络类型	首字节数值范围	网络数	最大节点数
A 类网络	1～126	126	16 38 064
B 类网络	128～191	16 256	64 516
C 类网络	192～223	2 064 512	254

(2) 域名:Internet 域名是 Internet 网络上的一个服务器或一个网络系统的名字,在全世界没有重复的

域名。互联网上的域名可谓千姿百态，但从域名的结构来划分，总体上可把域名分成两类，一类称为“国际顶级域名”(简称“国际域名”)，一类称为“国内域名”。

一般国际域名的最后一个后缀是一些诸如.com、.net、.gov、.edu的“国际通用域”，这些不同的后缀分别代表了不同的机构性质。比如.com表示的是商业机构，.net表示的是网络服务机构，.gov表示的是政府机构，.edu表示的是教育机构。

国内域名的后缀通常要包括“国际通用域”和“国家域”两部分，而且要以“国家域”作为最后一个后缀。以ISO31660为规范，各个国家都有自己固定的国家域，如.cn代表中国、.us代表美国、.uk代表英国等。例如，www.Microsoft.com就是一个国际顶级域名、www.sina.com.cn就是一个中国国内域名，如表7-2所示。

表7-2 部分域名对照表

分类	缩写	代表意义
组织或行业性域名	COM	商业组织
	EDU	教育机构
	GOV	政府机构
	INT	国际性组织
	MIL	军事机构
	BIZ	商业组织
	NET	网络技术组织
	ORG	研究机构
国家或地区域名	CN	中国
	US	美国
	AU	澳大利亚
	AG	南极大陆
	HK	中国香港
	DE	德国
	IT	意大利
	UK	英国

6. Internet基础知识

(1) IP网络协议。Internet上使用的一个关键的低层协议，通常称IP协议，其目的就是实现不同类型、不同操作系统的计算机之间的网络通信。

(2) TCP传输控制协议。为了解决IP协议数据分组在传输过程可能出现的问题的一种端对端协议，提供可靠的、无差错的通信服务。

(3) TCP/IP协议。TCP/IP协议只保证计算机能发送和接收分组数据，而TCP协议则提供一个可靠的、可控的、全双工的信息流传输服务。虽然IP和TCP这两个协议的功能不尽相同，也可以分开单独使用，但它们是在同一时期作为一个协议来设计的，并且在功能上也是互补的。只有两者的结合，才能保证Internet在复杂的环境下正常运行。凡是要连接到Internet的计算机，都必须同时安装和使用这两个协议，因此在实际中常把这两个协议称作TCP/IP协议。

(4) WWW服务。WWW(World Wide Web)是万维网的简称，是一个基于超文本方式的信息查询方式。它开始于1989年3月，是从位于瑞士的欧洲量子物理实验室的主从结构“分布式超媒体系统”发展而来的。1984年WWW的发明人Tim Berners Li提出了WWW所依存的超文本数据结构，当时主要信息内容为文本，随着多媒体技术的发展，超文本结构中，除文字外还可以连接图形、视频、声音等多媒体信息。

(5) 统一资源定位符URL。URL是Uniform resource Location的缩写，即统一资源定位系统，也就是我们通常所说的网址。URL是在Internet的WWW服务程序上用于指定信息位置的表示方法，它指定了如HTTP或FTP等Internet协议，是唯一能够识别Internet上具体的计算机、目录或文件位置的命名约定。URL由3部分构成：协议、主机名、路径及文件名，具体格式为

协议://主机名[:端口号/[路径名/.../文件名]]，例如，http://www.icbc.com.cn/icbc。

(6) FTP文件传输协议。FTP是File Transfer Protocol的缩写，即文件传输协议，它是Internet上使用非常广泛的一种通信协议，是计算机网络上主机之间传送文件的一种服务协议。FTP支持多种文件类型和文件格式，如文本文件和二进制文件。

(7) HTTP超文本传输协议。HTTP是Hyper Text Transfer Protocol的缩写。使用HTTP访问超文本信息资源，例如，http://dlx.lenovo.com/dlxsite/login.aspx表示访问主机名(域名)为dlx.lenovo.com的一个超文本文件，该文件位于dlxsite目录下，文件名为login.aspx。

(8) 电子邮件(email)。email是Electronic Mail的宿写，即电子邮件。email是一种常用的互联网服务，就是利用计算机网络交换的电子信件。它是随计算机网络的出现而出现的，依靠网络的通信手段实现普通邮件的传输，电子邮件可以使用特定的应用程序，如Outlook Express、Foxmail等，也可以通过WWW方式实现，如mail.163.com。

(9) Internet浏览器。WWW服务采用了客户-服务器工作模式，该模式中信息资源以页面的形式存储在Web服务器中，用户查询信息时执行一个客户端的应用程序，简称客户程序，也被称为浏览器(Browser)程序。客户程序通过URL找到相应服务

器并与之建立联系并获取信息。目前常用的 Web 浏览器有 Internet Explorer(IE)、Netscape Navigator，NSCA Mosaic、腾讯浏览器等，本书重点介绍 Internet Explorer 浏览器。

☞考点：Internet 的历史、Internet 在中国的发展历程、Internet 的功能、Internet 接入方式、Internet 地址和域名、FTP、URL 等

7.3.3 实施方案

在互联网，有一些专门提供存储空间的网络服务商，如：花旗数据、花生壳等，他们根据用户需要可以提供大容量存储空间，由于他们的空间服务器配置高，接入带宽较大，有的 100M，有的更大，具有速度快，性能稳定等特点。因此我们可以选定有实力，有规模的网络空间服务商，租用足够大的服务器空间，建立 FTP 访问空间，提供给用户，解决王经理的问题。方法如下：

使用 FTP 地址登录空间服务器，如 ftp://211.31.90.28。

输入用户名和密码管理自己的空间，上传或下载自己的文件。

还有一种方法是选用公司 ADSL 接入电脑，设置文件服务器，创建自己的空间服务器。这种方法的特点是经济实用，缺陷是，由于 ADSL 接入采用的是动态 IP 地址，电脑每次连接互联网时分配的 IP 地址不一样，因此电脑每次重启后，需要根据当时分配的 IP 地址重设 FTP。

链 接

Internet 在中国的发展很快，据最新统计显示，我国网民人数已突破 4.8 亿，成为全球头号网络大国。

7.4 IE 与电子邮件的使用

7.4.1 任 务

小张是一名新手，他上网查询资料，记不住那么多网站地址感到很头疼，小张怎样才能方便地登录自己需要的网站查阅资料呢?

7.4.2 相关知识与技能

1. 启动 Internet Explorer 浏览器 Windows XP 中，启动 IE 浏览器有 4 种方法，用户可以选择其中一种：

(1) 双击桌面上的“Internet Explorer”图标。

(2) 单击【开始】按钮，在开始菜单中，单击“Internet Explorer”选项。

(3) 单击快速启动栏上的 IE 图标。

(4) 双击桌面上的一个指向网页的快捷方式。

2. IE 浏览器的使用 IE 浏览器主要包括标题栏、菜单栏、工具栏、地址栏、链接栏、水平与垂直滚动条、状态栏等部分。

在地址栏中，可以输入世界各地计算机的 URL 地址，打开对方的 Web 页面。IE 具有功能丰富的工具栏，例如，单击“历史”按钮，可以一边浏览已访问历史记录，一边查看显示在浏览器窗口中的网页。单击“搜索”按钮，将打开搜索栏，以便用户搜索所需的 Web 站点。在 IE 浏览器地址栏中输入网址，例如，http://www.taobao.com，可以连接淘宝网主页，如图 7-22 所示。

(1) 设置 IE 的默认首页

设置 IE 的默认首页方法如下：

1) 打开某一网站的主页，例如，打开淘宝网的主页。

2) 单击[工具]菜单中的[Internet 选项]命令，打开“Internet 选项”对话框。

3) 在“常规”选项卡中，单击[使用当前页]命令，如图 7-23 所示。

4) 单击[确定]按钮。

设置完成，以后启动 IE 时，都将首先打开淘宝网的主页。

(2) 复制保存网页中的文本：可以只把当前页中的文本复制到文档文件中，方法如下：

1) 用鼠标选择要复制的文字(呈高亮反白)；

2) 若要复制整页文字，可单击【编辑】菜单中的[全选]命令；

3) 单击【编辑】菜单中的[复制]命令，把所选文字复制到剪贴板中；

4) 利用文字编辑软件 Word，通过粘贴操作即可得到所需文本。也可以在【文件】菜单上单击[另存为]命令，指定所保存文件的名称和位置。如果需要在文件中包括 HTML 标记，可将文件类型格式设置为 HTML，单击[确定]按钮。

(3) 下载网页上的图片

1) 用鼠标指向网页中的图片，单击鼠标右键打开快捷菜单；

2) 单击[图片另存为]命令，打开“另存为”对话框；

3) 在“另存为”对话框中，选择正确的文件夹路径和文件名后，单击[确定]按钮。

(4) 收藏网页：用户可以把经常访问的 Web 页收录到收藏夹，以后可以直接单击【收藏】菜单，快速打开该 Web 页，免除用户记忆复杂的 Internet 地址。方法是当看好一个 Web 站点时，在【收藏】菜单上，单击[添加到收藏夹]命令，执行相应的操作即可。

图 7-22　淘宝网主页

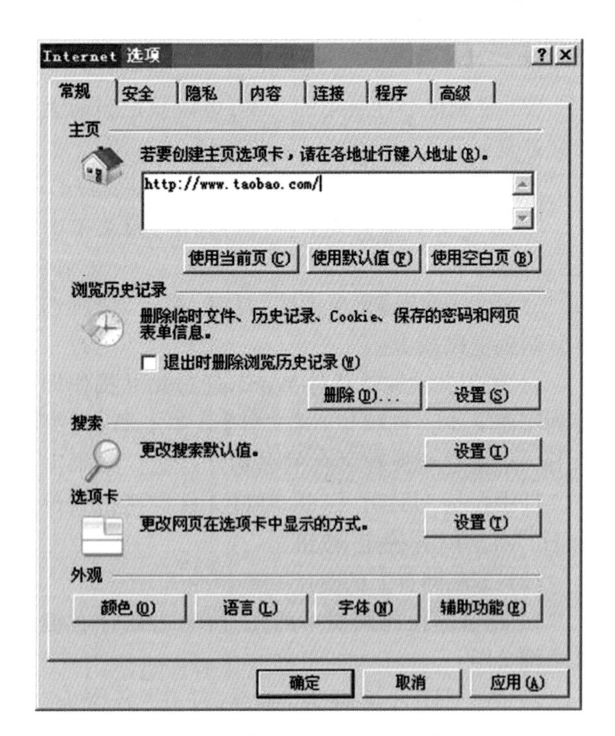

图 7-23　"Internet 选项"对话框

(5) 利用超链接浏览:超链接是存在于网页中的一段文字或图像,通过单击这一段文字或图像,可以跳转到其他网页或网页中的另一个位置。在网页中,超链接被广泛地应用,为网页的访问提供了方便、快捷的手段。光标停留在具有超链接功能的文字或图像上时,会变为形状,单击可以进入连接目标。

操作技巧:使用 IE 浏览器需要经常登陆微软网站更新浏览器版本,这样才能堵住安全漏洞,防止黑客攻击,避免不必要的损失。

3. Internet 上的信息查询　Internet 的广泛应用和发展,使世界范围内的信息交流、信息资源共享成为现实,它打破了时空的限制,使我们可以从网络中及时、准确地获取所需的信息。获取信息点的方法是使用各种类型的信息搜索工具。

(1) 目录型检索工具(subject directory, catalogue),是由信息管理专业人员在广泛搜集网络资源及有关加工整理的基础上,按照某种主题分类体系编制的一种可供检索的等级结构式目录。最著名的目录型检索工具是 Yahoo!(www.yahoo.com)。

(2) 搜索引擎(search engine)。搜索引擎使用自动索引软件来发现、收集并标引网页,建立数据库,以 Web 形式提供给用户一个检索界面,供用户输入检索关键词、词组或短语等检索项。代替用户在数据库中查找出与提问匹配的记录,并返回结果且按相关度排序输出。搜索引擎突出的是检索功能,而非主题指南那样的导引、浏览,一般可称为因特网资源的关键词索引。

(3) 多元搜索引擎,是将多个搜索引擎集成在一起,并提供一个统一的检索界面。它又可分为两种类型:搜索引擎目录和多元搜索引擎。较常用的多元搜索引擎有:Dogpile、Metacrawler、Inference Find、SavvySearch 等。

4. 常用的搜索引擎 Internet 的发展迅速，其上的信息量爆炸性地增长，并且这些信息分散在无数的网络服务器上，若要 Internet 上快速有效地查找所需信息，必须使用搜索引擎。常用搜索引擎如表 7-3 所示。

表 7-3 常用的搜索引擎

搜索引擎名称	搜索引擎网址	搜索类型	说明
Google	www.google.com.hk	关键词	中英文搜索引擎
百度搜索	www.baidu.com	关键词	中文搜索引擎
雅虎	www.yahoo.com.cn	页面式分类目录	中英文搜索引擎
搜狐	www.sohu.com	分类目录	中英文搜索引擎
网易	www.163.com	分类目录	中英文搜索引擎
搜搜	www.soso.com	页面式分类目录	中英文搜索引擎

5. 电子邮件 电子邮件(email)是 Internet 使用最为广泛的也是最基本的一种服务，电子邮件不仅能够传送文字，还可以传送图像、声音等各种信息，是一种成本低、传送速度快的适用于任何网络用户的现代化通信手段。

电子邮件地址的格式是用户名@域名，@之前是用户名称(字母或数字组合)，@之后是邮件系统服务商域名，如 ab123@126.com。

【例 7-1】 电子邮件的申请与使用。

以网易 126 电子邮件申请为例，介绍 Webmail 邮件的申请与使用。

操作步骤如下：

(1) 在 IE 浏览器地址栏中输入 http://www.126.com 按回车键。

(2) 进入网易邮件系统，如图 7-24 所示。

(3) 单击[立即注册]按钮进入，如图 7-25 用户注册页面。

(4) 输入用户名(为了验证输入的用户名是否被使用，可以单击[检验用户名]按钮来验证)、密码、验证码等相关信息，单击[立即注册]按钮，完成 Webmail 的注册。

(5) 单击[立即登录邮箱]按钮，进入 Webmail 界面，在此界面即可收发邮件，如图 7-26 所示。

非 Webmail 邮件申请：提交账号、密码等信息经系统管理员审核通过后，使用邮件软件收发信件，例如 OutLook Express、Foxmail 等。

【例 7-2】 Outlook Express 的使用。

第一次使用 Outlook Express 的新建账号操作。操作步骤如下：

(1) 选择【开始】→[程序]→[Outlook Express]菜单，然后单击 Outlook Express 窗口的【工具】菜单，在弹出的下一级菜单中选择[账户]命令，如图 7-27 所示：

图 7-24 网易邮箱登录/注册界面

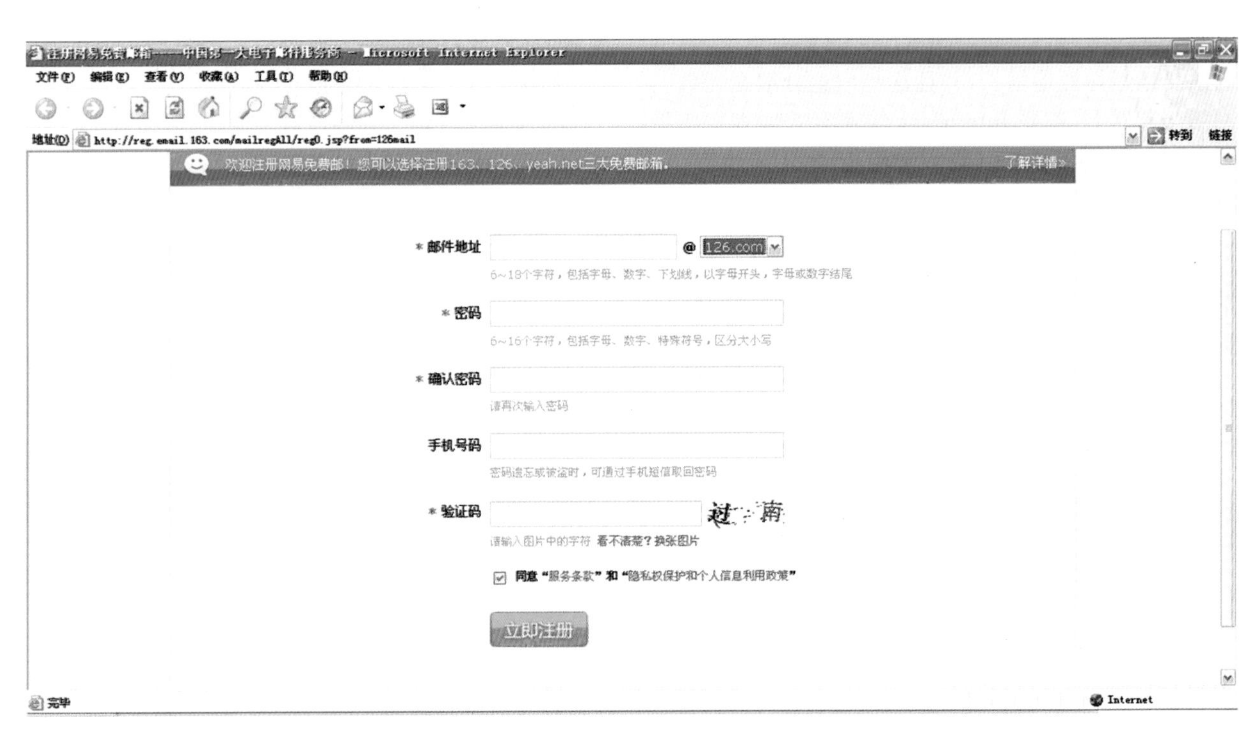

图 7-25 用户注册页面

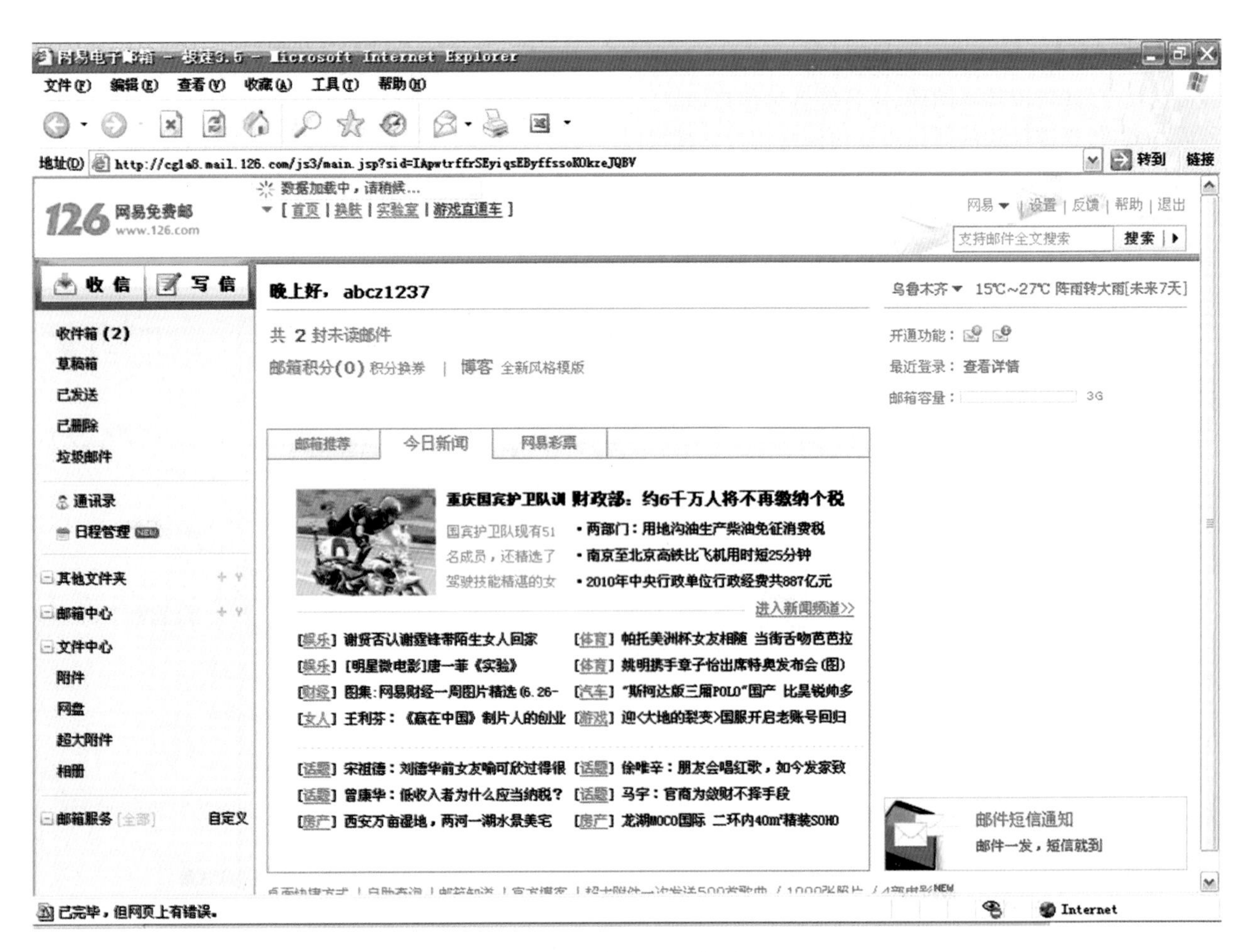

图 7-26 注册成功界面

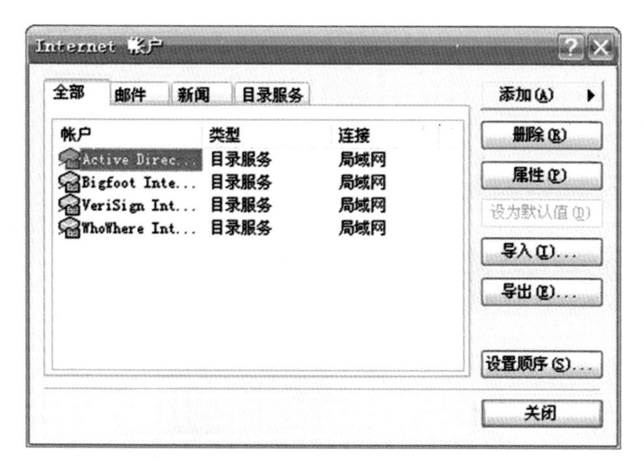

图 7-27　“Internet 账户”对话框

(2) 在弹出的 Internet 账户窗口中单击“邮件”选项卡，再单击[添加]按钮，选择“邮件”，在弹出的“Internet 连接向导”对话框中的“显示名”文本框位置输入名字，如图 7-28 所示。

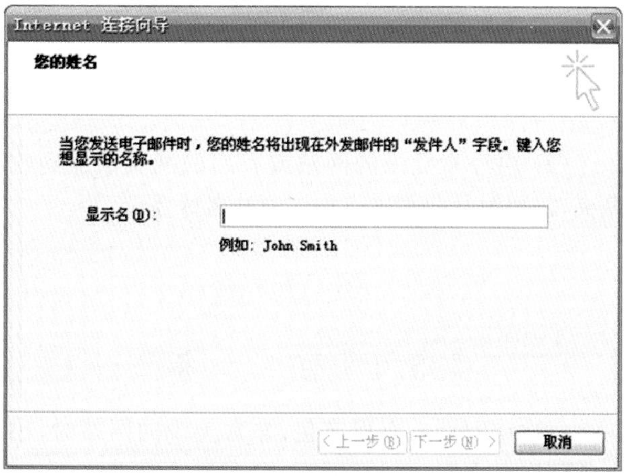

图 7-28　“Internet 连接向导”对话框

(3) 单击下一步按钮，在“电子邮件地址”文本框中输入电子邮件地址(如 abz123@126. com)。

(4) 单击[下一步]按钮，在服务器类型中选择 POP3，在接收邮件服务器框中输入 pop. 126. com，在发送邮件服务器框中输入 smtp. 126. com，如图 7-29 所示。

(5) 单击[下一步]按钮，在弹出的 Internet Mail 登录窗口中输入密码，如图 7-30 所示。

(6) 单击[下一步]按钮，在弹出的窗口中单击[完成]按钮完成新建账号的设置。

收发电子邮件的操作步骤如下：

(1) 发邮件：单击 Outlook Express 窗口上[创建邮件]按钮，弹出的新邮件窗口，分别在收件人输入框、主题、信件内容框中输入对方的邮件地址、主题、信件内容，如果需要发送其他文件、声音、图像等文件，单击[附件]按钮，选择要发送的文件进行添加附件。单击

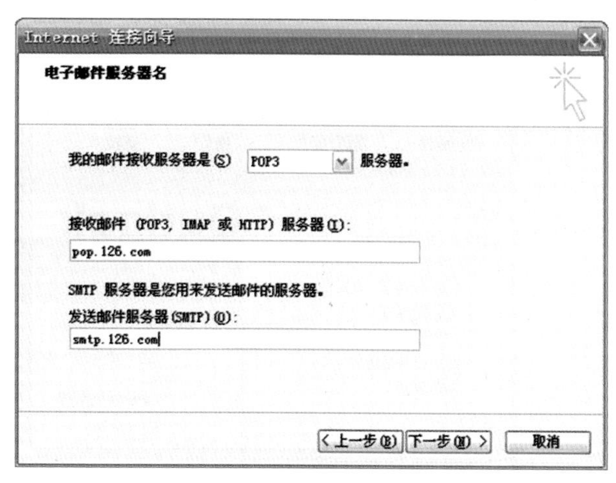

图 7-29　收发邮件服务器设置

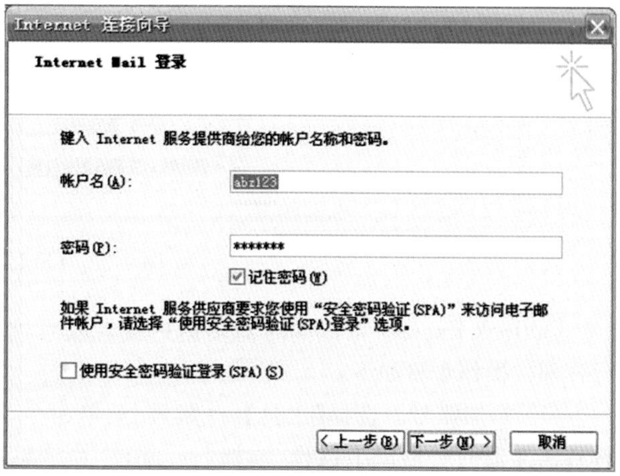

图 7-30　邮箱用户设置

工具栏上的[发送]按钮即可将邮件发送出去。

(2) 收邮件：单击工具栏上的“发送/接收”右面的箭头，选择“接收全部邮件”即可(图 7-31、图 7-32)。

图 7-31　Outlook Express“发送”界面

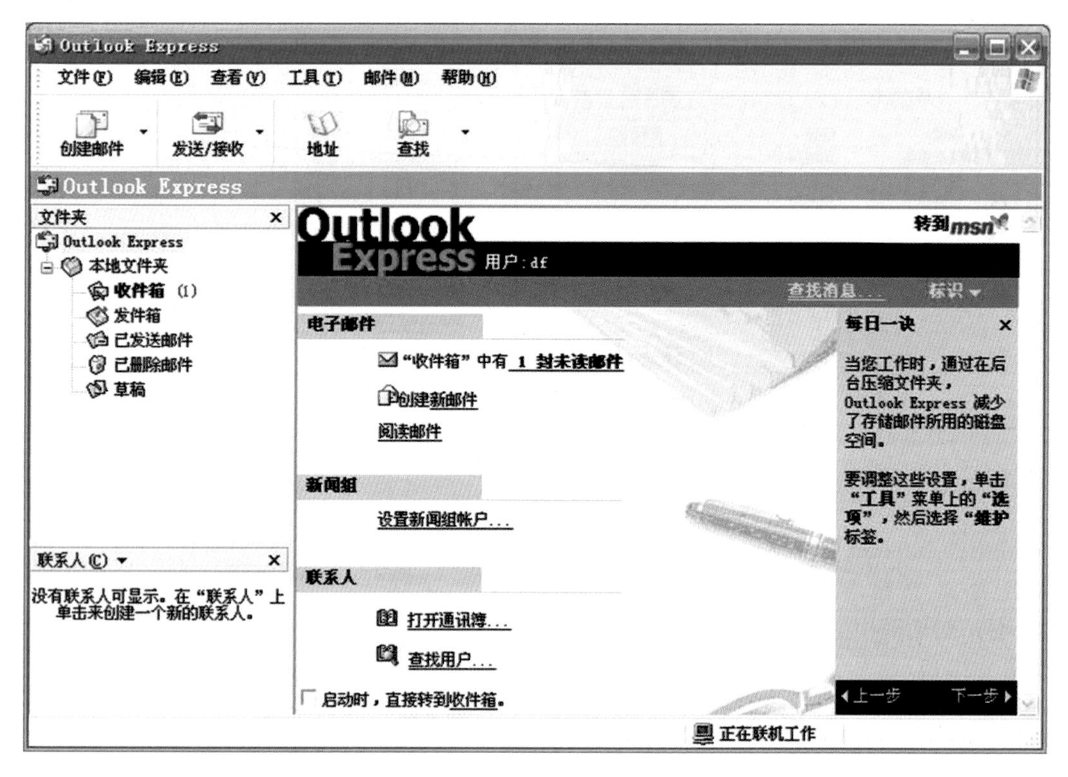

图 7-32 Outlook Express 主界面

Outlook Express 可以同时对多用户或者账号进行管理。操作步骤如下：

(1) 添加账号。选择【工具】→[账号]菜单命令，然后在弹出的对话框中选择[添加]→[邮件]命令即可按前面讲的"新建账号"来添加新的账号。

(2) 修改账号。选择【工具】→[账号]菜单命令，然后在弹出的对话框中单击[属性]按钮即可进行更改，比如更改服务器或者是更改信箱地址等。

(3) 删除账号。选择【工具】→[账号]菜单命令，然后在弹出的对话框中选择已经存在的账号，单击[删除]按钮即可完成账号的删除操作。

链 接

IE 浏览器功能不断加强，怎样充分发挥 IE 功能获取信息和选用安全可靠的电子邮件服务商进行收发信息变得越来越重要。

考点：IE 浏览器的使用、Internet 上信息查询、常用的搜索引擎、电子邮件收发

7.4.3 实施方案

小张可以采用以下几种方法浏览网页：

(1) 可以将网址之家 hao123.com 等提供主流网站网址的网页设为首页，每次上网从网址之家主页登录需要的网站。

(2) 记住百度，雅虎等搜索引擎域名地址，用搜索引擎查找信息所在网站域名地址。

(3) 将经常登录的网站或有用的网页添加到收藏夹，需要时从收藏夹点击该网站名称登录。

7.5 网页设计

7.5.1 任　务

每次访问别人有形有色，非常美观的网站时，小刘希望自己也制作一个网页，发布自己个人资料，供网友在网上查看。那么小刘应该做哪些工作呢？

7.5.2 相关知识与技能

1. HTML 标记语言基础概念

(1) HTML 基础概念：HTML(hyper text markup language，超文本标记语言)是一种用来制作超文本文档的简单标记语言。用 HTML 编写的超文本文档称为 HTML 文档，它能独立于各种操作系统平台(如 Unix，Windows 等)。自 1990 年以来 HTML 就一直被用作 World Wide Web 上的信息表示语言，用于描述 Homepage 的格式设计和它与 WWW 上其他 Homepage 的连接信息。

HTML 文档(即 Homepage 的源文件)是一个放置了标记的 ASCII 文本文件，通常它带有 .html 或 .htm的文件扩展名。生成一个 HTML 文档主要有以下三种途径：

1) 手工直接编写(例如用你所喜爱的 ASCII 文

本编辑器或其他 HTML 的编辑工具)。

2) 通过某些格式转换工具将现有的其他格式文档(如 WORD 文档)转换成 HTML 文档。

3) 由 Web 服务器(或称 HTTP 服务器)一方实时动态地生成。

HTML 语言是通过利用各种标记(tags)来标识文档的结构以及标识超链(Hyperlink)的信息。虽然 HTML 语言描述了文档的结构格式,但并不能精确地定义文档信息必须如何显示和排列,而只是建议 Web 浏览器(如 Mosaic,Netscape 等)应该如何显示和排列这些信息,最终在用户面前的显示结果取决于 Web 浏览器本身的显示风格及其对标记的解释能力。这就是为什么同一文档在不同的浏览器中展示的效果会不一样。

(2) 标记语法和文档结构:HTML 的标记总是封装在由"〈"和"〉"构成的一对尖括号之中。

1) 单标记。某些标记称为"单标记",因为它只需单独使用就能完整地表达意思,这类标记的语法为

〈标记〉

最常用的单标记是〈P〉,它表示一个段落(Paragraph)的结束,并在段落后面加一空行。

2) 双标记。另一类标记称为"双标记",它由"始标记"和"尾标记"两部分构成,必须成对使用,其中始标记告诉 Web 浏览器从此处开始执行该标记所表示的功能,而尾标记告诉 Web 浏览器在这里结束该功能。始标记前加一个斜杠(/)即成为尾标记。这类标记的语法为

〈标记〉内容〈/标记〉

其中,"内容"部分就是要被这对标记施加作用的部分。例如你想突出对某段文字的显示,就将此段文字放在一对〈EM〉〈/EM〉标记中,即

〈EM〉text to emphasize〈/EM〉

3) 标记属性。许多单标记和双标记的始标记内可以包含一些属性,其语法为

〈标记 属性 1 属性 2 属性 3 … 〉

各属性之间无先后次序,属性也可省略(即取默认值),例如单标记＜HR＞表示在文档当前位置画一条水平线(horizontal line),一般是从窗口中当前行的最左端一直画到最右端。在 HTML3.0 中此标记允许带一些属性,即

〈HR SIZE=3 ALIGN=LEFT WIDTH="75%"〉

其中,SIZE 属性定义线的粗细,属性值取整数,缺省为 1;ALIGN 属性表示对齐方式,可取 LEFT(左对齐,缺省值),CENTER(居中),RIGHT(右对齐);WIDTH 属性定义线的长度,可取相对值(由一对" "号括起来的百分数,表示相对于充满整个窗口的百分比),也可取绝对值(用整数表示的屏幕像素点的个数,如 WIDTH=300),缺省值是"100%"。

4) 文档结构。除了一些个别的标记外,HTML 文档的标记都可嵌套使用。通常由三对标记来构成一个 HTML 文档的骨架,它们是

〈HTML〉
　〈HEAD〉
　　头部信息
　〈/HEAD〉
　〈BODY〉
　　文档主体,正文部分
　〈/BODY〉
〈/HTML〉

其中,〈HTML〉在最外层,表示这对标记间的内容是 HTML 文档。〈HEAD〉之间包括文档的头部信息,如文档总标题等,若不需头部信息则可省略此标记。我们还会看到一些 Hompage 省略〈HTML〉标记,因为 .html 或 .htm 文件被 Web 浏览器默认为是 HTML文档。〈BODY〉标记一般不省略,表示正文内容的开始。

2. FrontPage 2003 简介 FrontPage 2003 是微软的产品,是 Office 2003 中的一个组件,和大家经常使用的 Word 有类似的界面和操作。用 FrontPage 编写网页就像用 Word 写文章一样简单,很适合于初涉网络又想马上拥有一个不错的个人站点的新手,当然 Front Page 中也有面向高级用户的功能,身为网络大虾的你同样会在使用中深深地被吸引。下面我们就来个"FrontPage 2003 完全实战"。

(1) 安装 FrontPage 2003 程序:FrontPage 2003 已经集成在 Office 2003 中,成为 Office 家族中的一员。FrontPage2003 的安装过程非常简单,将 Office 2003 的光盘放入 CD-ROM,双击光盘中 setup. exe 的文件,选择 FrontPage 2003,安装程序即开始自动安装,如图 7-33 所示。

然后按[下一步]首先出现一个用户信息窗口,要求你正确的输入用户名、单位和密码,我们将包装盒上的注册码输入指定框(图 7-34)。

如果要对安装路径进行设置,可以在此界面的安装路径框中输入所要的路径。最后进入自定义安装界面。在此界面可以选择欲安装的组件,在上方的选项中至少选中 Microsoft FrontPage 2003,在左下角可以看到所占用的硬盘空间,之后单击[下一步]按钮,便开始安装软件了(图 7-35)。

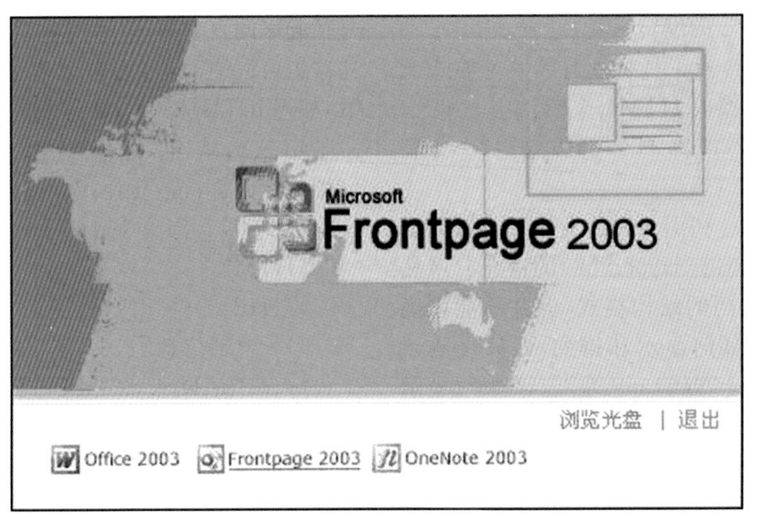

图 7-33　FrontPage 2003 安装界面

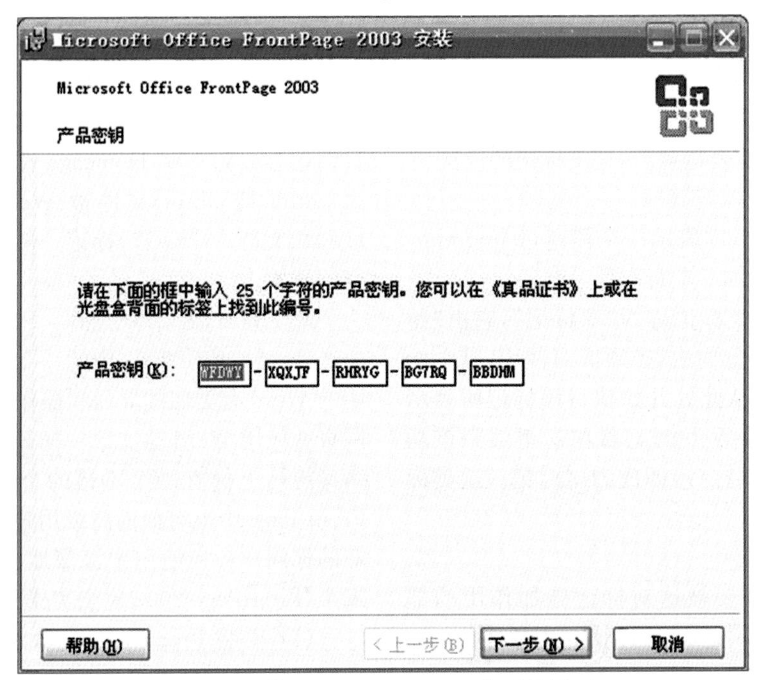

图 7-34　输入 FrontPage 2003 序列号界面

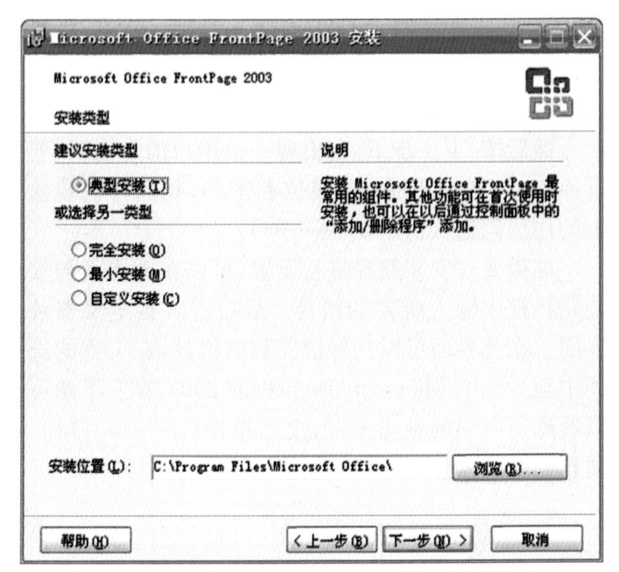

图 7-35　安装 FrontPage 2003 路径选择界面

在安装结束后，系统会重新启动一次。

(2) 启用 FrontPage：启动 FrontPage 2003 后，简直就和 Word 2003 是一个样子，上部是菜单栏、工具栏，像我这样熟悉 Word 的人就不用学习了。下面左边是视图区窗口，里面有六个按钮，代表六种不同的功能，它大大地方便了我们对站点和网页的制作和管理。占屏幕大部分空间的是我们的工作区，所有的页面编辑都在其中完成。其中的主要功能将在接下来的介绍中分别阐述其使用方法(图 7-36)。

(3) 文字与图像的处理：FrontPage 中对于文字与图像的处理与 Word 很相似，用过 Word 的人对于 FrontPage 中这部分的操作很容易上手的。不过，毕竟是网页制作软件，在 Web 的基础上，又增加了很实用的功能，相对于以前版本，FrontPage 2003 在这方面进行了改进，更贴近普通用户，在轻轻松松的点击鼠

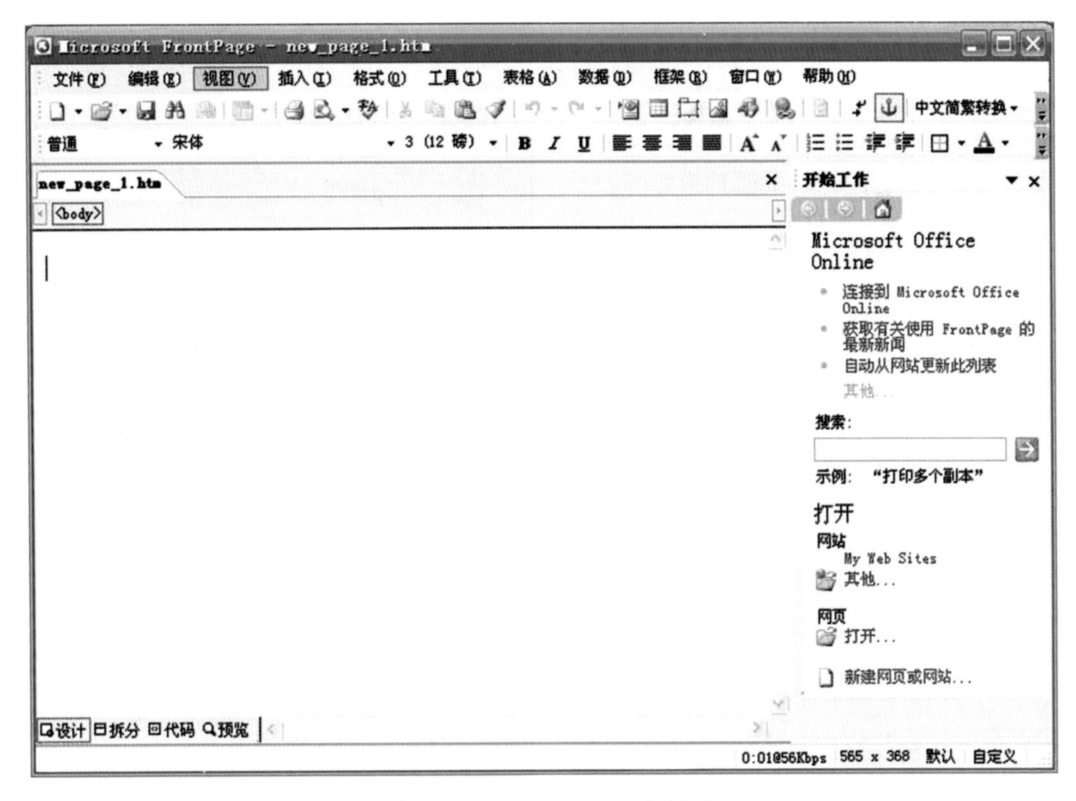

图 7-36　FrontPage 2003 主界面

标之后就可以做出以往还要通过粘贴 HTML 代码这样烦人步骤的效果。

FrontPage 中对于文字以及图像的处理基本集中在这三个菜单栏里：编辑、插入、格式。

1) 编辑，包括用于处理文字的复制、粘贴等操作，调整网页内容(包括文字、图像、控件等等)的多少以及安排，是最基础的工具，经常使用其对应的快捷键。

2) 插入，用于网页各种部件及其组成部分的创建。

3) 格式，对于文字的处理大多集中在这里，这里的选项是用来协调整个网页以及整个网站的内容编制，也是个较常用到的菜单栏。

(4) 创建文字：在 FrontPage 中创建文字的方法大致分两种：输入和导入。

1) 新建一个网页，之后输入的文字就会在光标所在位置出现，根本的不能再根本的方法，说白了就是打字。只要光标能到的地方都可以正常输入文字。

2) 通过[粘贴]能将之前在任何程序中复制或者剪切的文字创建到当前编辑网页中，【编辑】菜单栏中的选项与之有关。还可以通过【插入】→[文件]的形式导入文字，包括 . txt、. doc、. htm 等纯文本或者包含文字的文件。

(5) 处理文字字体：选择【格式】菜单栏中的[字体]选项，出现字体对话框(图 7-37)。

图 7-37　“字体”对话框

1) 字体。在字体对话框中选择想应用的字体。字体文件都保存在 windows 目录中的 fronts 子目录中，可以自行删改添加。

2) 字形。有常规、倾斜、加粗和加粗倾斜四个选项。一般来说正文选用保持常规，加粗用于标题，倾斜则用于突出正文中的内容以及使文字美观。

3) 字号。可以直接在输入框中输入想使用的字号，也可以在选项中选取。一般来说在浏览器中 9 磅和 10.5 磅看起来最美观最舒服。

4) 字符间距。这个分页中的选项是用来进行行距设置以及文字定位的。

5) 预览。无论在[字体]中进行什么操作,都可以在预览框中看到样品,方便选取合适的搭配。

(6) 处理文字段落:选择【格式】菜单栏中的[段落]选项,出现"段落对话框"(图 7-38)。

1) 对齐方式,设置整个段落在页面中的位置。常用的为居中。

2) 缩进,调整段落与左右边界的距离。首行缩进是用来设置各段第一行。

3) 段落间距,设置段落与段落之间的距离。

对段落的操作和字体一样,可以在预览框中观察。

还有【格式】菜单栏中的[项目符号与编号]选项,也可以用来设置文字段落的排列,基本上文字的一般处理都与 Word 相似。

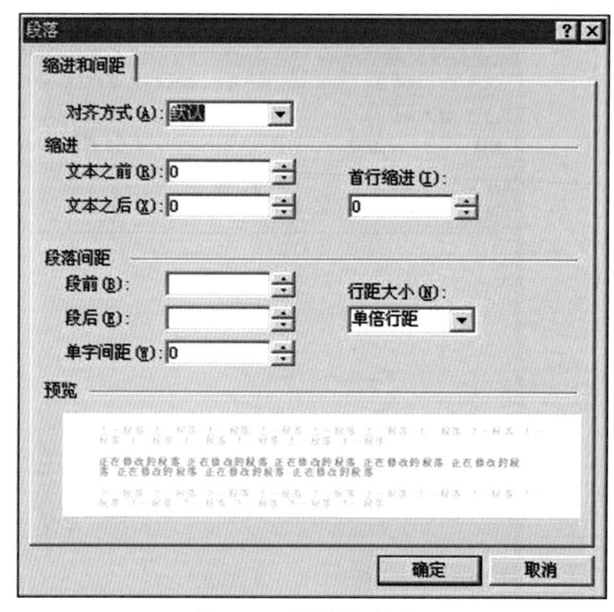

图 7-38 "段落"对话框

(7) 处理动态文字:选择【插入】菜单栏中的[Web 组件]选项,在出现的对话框中选择动态效果中的"字幕"(图 7-39)。

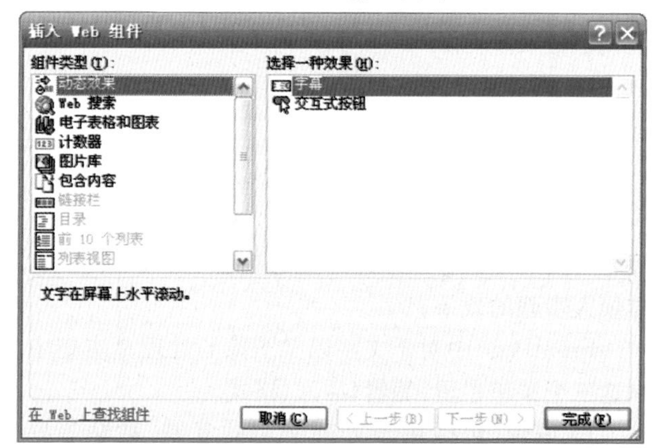

图 7-39 插入"web 组件"对话框

在出现的对话框中首先在文本框中输入文字,而后对速度、大小进行调整。这里值得说明的是左下角的样式按钮,点击之后出现的新窗口中可以进行样式的调用等,在新窗口的左下角有一个格式按钮,在这里可以进行文字格式的一般处理(即上文所述的)。这在以后的文字相关处理中都用这种按钮后的按钮情况(图 7-40)。回到字幕对话框后,单击[确定],这样一个网页中的滚动字幕就制作好了。

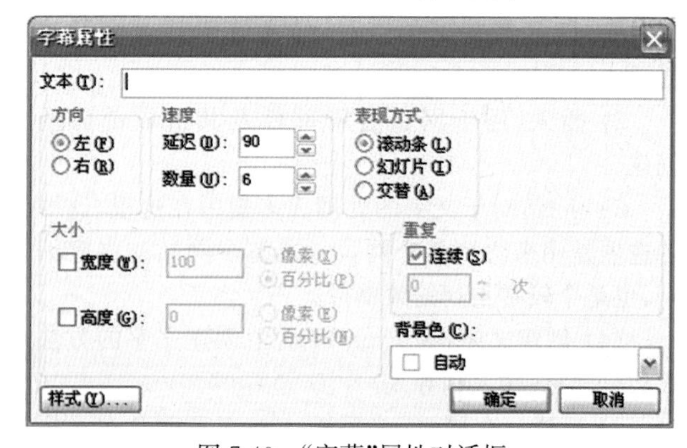

图 7-40 "字幕"属性对话框

(8) 创建图像:在 FrontPage 中创建图像是在【插入】菜单栏里的[图片]选项。

1) 剪贴画:会启动剪贴画搜索器。在这里你可以方便地在本机或者在互联网上搜索到剪贴画用来装点你的页面。

2) 来自文件:导入本机或者局域网中的图片,相比较剪贴画,获得图像的质量、类型和格式都很丰富,是最常用的导入图像方式。

3) 新建图片库:主要用于制作排列众多图片的页面,针对样品列举、图片欣赏等。在打开的对话框中,点击添加导入所需要的图片,设置好缩略图的大小后,在四种布局中选择一种适合用户的(图 7-41)。单击[确定],一张布满图像的页面就生成了。

4) 绘制新图形:选择后在页面中插入一块类似画板的蓝色区域,可以在上面自由作画。

5) 自选图形:在众多简单后实用的线图中选择插入。

6) 艺术字:点击后选择一种合适的文字艺术效果,再输入文字。

(9) 处理图片:在已经创建的图片上点击左键,出现图片浮动框。这里的所有图标按钮都可对图像进行操作处理,从左到右依次是:插入文件中的图片、文本、自动缩略图、绝对定位、上移、下移一层、翻转、对比度以及亮度、裁剪、线性、填充色、设置透明色、颜色、凹凸效果都用于修改图片的,最后几个是添加热区,也就是图片上的超链接的。

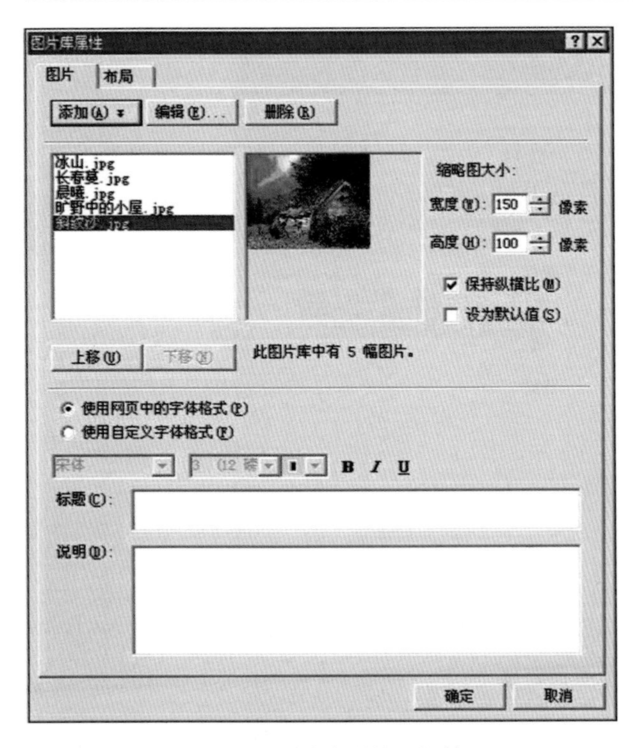

图 7-41 “图片库属性”对话框

(10) 处理动态图像:选择【插入】菜单栏中的[Web 组件]选项,在出现的对话框中选择动态效果中的“横幅广告管理器”(就在上文说到的“字幕”下)。设置好广告图片的长和宽,选择一种合适的过渡效果,设置好时间后单击[添加]。在完成了所需广告图片的添加后,设置链接页面。最后单击[确定],这样一个网页中的横幅广告就制作好了(图 7-42)。

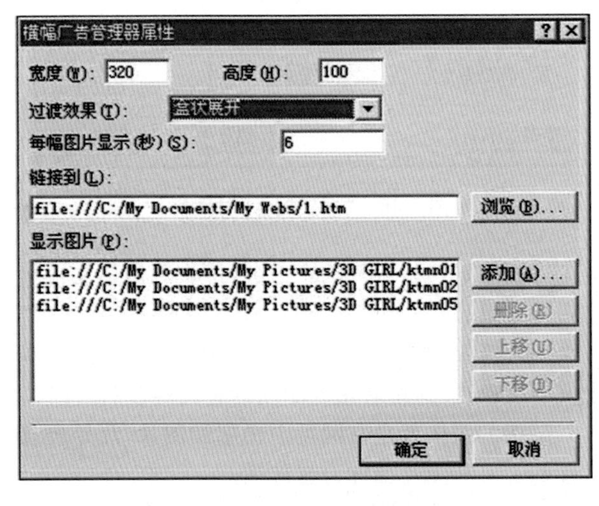

图 7-42 横幅广告管理器属性设置

选择【插入】菜单栏中的[Web 组件]选项,在出现的对话框中选择动态效果中的[悬停]按钮。通过与上文相仿的简单设置就可以搞定一个动态按钮。与文字相同的,图片也可以用动态 HTML 效果来处理。

(11) 网页布局:通常网页的布局使用到的是 FrontPage 2003 中的表格和框架菜单栏里的命令。

表格(Table)是将页面中的内容以表格的形式排列,常用于单一页面内图片与文字的安排,是最常用的布局命令。

框架(Frames)是在同一浏览器窗口中显示多个相互隔离的 HTML 页的结构。使用框架组织页面时,每个框架显示一个不同的独立页面或者图像,一些框架中的内容可以永远保留在浏览器窗口中,而其余窗口则发生改变。

1) 插入表格。点击【表格】菜单中的[插入表格],在弹出的对话框中可以对所需表格的行列数及边框属性进行设置。插入一个大概样子的表格,自己调整它在整个网页中的位置,为之后填充内容做好准备,如图 7-43 所示。

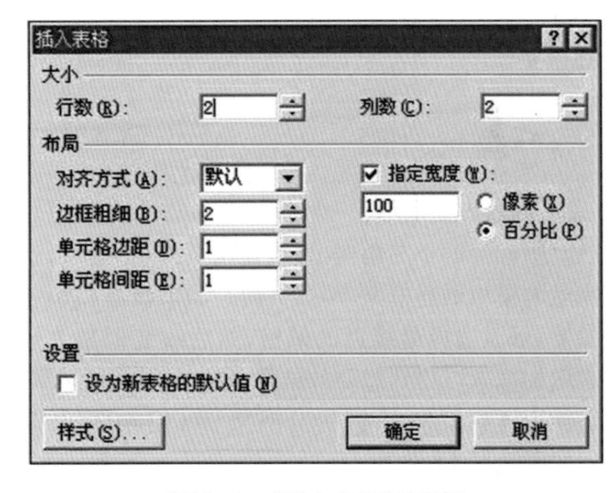

图 7-43 “插入表格”对话框

2) 设置表格属性。鼠标右击已经插入的表格,弹出的菜单中选择[表格属性]选项。弹出的“表格属性”对话框中可以设置表格的外观。如图 7-44 所示。

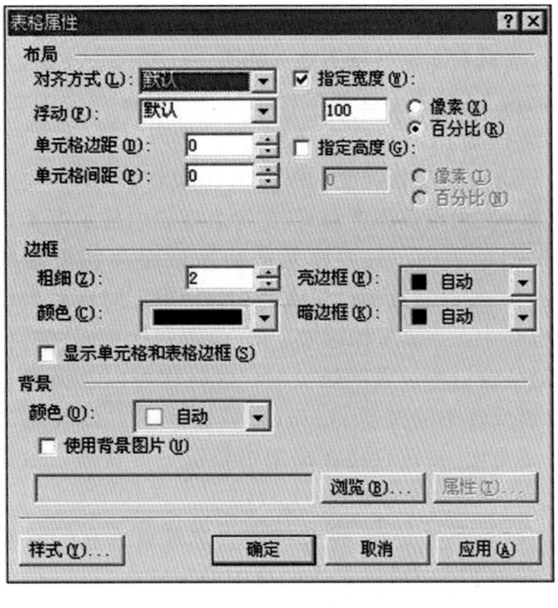

图 7-44 “表格属性”对话框

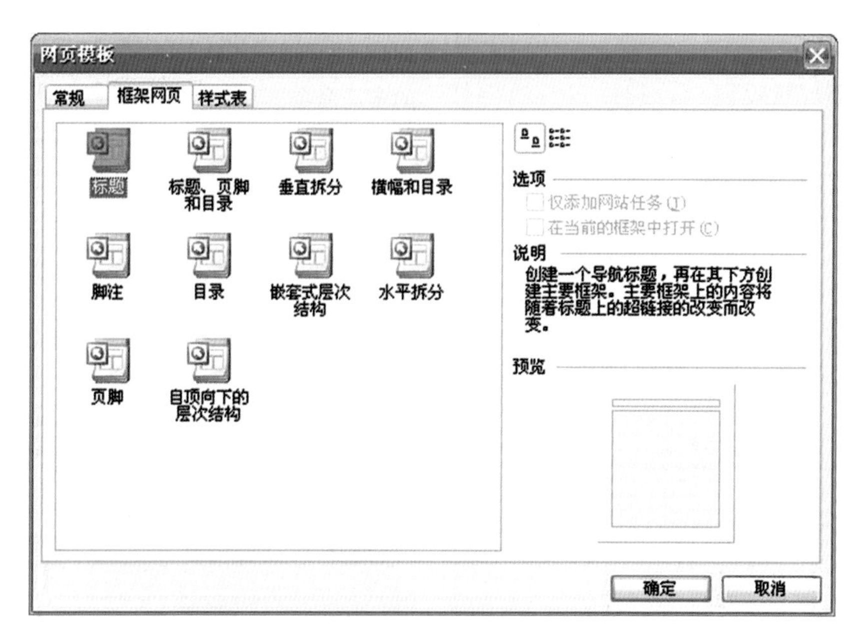

图 7-45 选择网页页面窗口

3）创建 Web 页面。在 FrontPage 2003 中，点击“新建”图标旁的小三角调出“新建网页模板”窗口，选择满意的模板创建框架 Web 页面。如果没有模板符合需要，可以选择最接近的风格，然后改变框架大小或者增加框架以得到想要的结构，增加或删除框架则可以使用框架菜单中的[拆分框架]和[删除框架]命令。如图 7-45 所示。

4）设置框架属性。右击页面，在弹出的快捷菜单中选[框架属性]，在弹出的对话框中设置框架属性。在“显示滚动条”选项框中选择在该框架中是否允许存在滚动条。点击[框架网页]按钮进入该框架的页面属性设置窗口。在“框架间距”标签中设置框架之间的边界的宽窄，也可以取消“显示边框”的选项，不显示框架边框。记住，框架之间的边界越大，对于读者观看页面就越困难。如图 7-46 所示。一般地，我们把左、右两个框架名称定义为“目录”(contents)和“主框架”(main)。

图 7-46 “框架属性”对话框

5）设定初始页面。作为 Web 设计者，你要决定当第一次出现框架页面时，在每个框架内显示哪个页面即初始页面。只要框架的初始页面存在于你的 Web 中，这个页面就能够在每次显示框架时自动出现在框架中。点击工作区域上的[设置初始页面]按钮，在对话窗口中设置初始页面。这时你可以选择点击[原有文件中的浏览]按钮，查找需要的页面或点击[新建页面]按钮直接在框架中新建一个页面。在这里我们新建一个页面(图 7-47)。

(12) 网页链接：网页的强大之处就在它的超链接，在浏览器中通过点击网页中的超链接，可以很方便地打开另外一个网页或者是图片、文件、邮件地址。一个网页中的链接分成两个部分：链接的载体和链接的目标地址。

FrontPage 2003 中添加连接的方法我们已经在上文有过阐述，这里着重介绍新的有关链接的内容。

链接的载体就是在网页中文字和图片，凡是包含链接的文字和图片都称为超链接。

1）设置文字的超链接：打开网页文件，用鼠标反白选择要超链接的文字，然后按鼠标右键，在弹出菜单中选择[超链接]，弹出超链接设置窗口，然后在列表中选择要超链接网页文件，确定后，就可以看到超级链接已建立好了。注意，在网页编辑窗口，可以按住[Ctrl]键，点击“超链接”就可以打开超链接指向的网页。

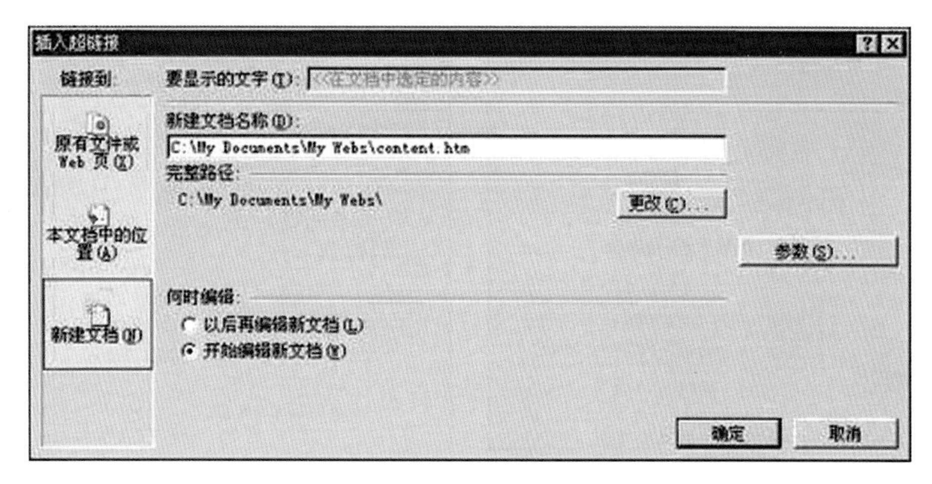

图 7-47 "插入超级链接"对话框

2) 设置图片的超链接:鼠标点击选中要设置超链接的图片,右击图片在弹出的快捷菜单中选择[超链接属性],然后设置要链接的文件,也可以链接图片、e-mail 地址等。

3) 管理超链接:在[视图]中点击[超链接],打开超链接的管理窗口,在这个窗口中,我们可以看到各个文件相互间的链接情况,文件中链接了哪些文件,又被哪些文件链接,可以在旁边的文件夹窗口中选择该文件,然后即可在链接示意窗口中查看了。也可以在超链接的示意窗口直接展开某个文件的上、下超链接。

4) 设置同一页面中的书签。选中文字或者图片,选择【插入】里的[书签],输入书签名。然后在任何地方插入超链接,在选择属性框中的左侧的[本文档中的内容]按钮。然后选择欲指向的书签名即可(图 7-48)。

在图片上添加热区。选中图片,在图片工具栏中选择插入热区按钮,可以插入矩形热区、圆形热区、多边形热区,方法和插入超链接类似,不过热区比起超链接,可以在同一图片完成多个连接,附图插入的是圆形热区。

(13) 样式表的应用

A. 三种添加 CSS 的方式

在 FrontPage 2003 里可以通过三种方式给网页增加样式表。

1) 页面链接一个外部的样式表文件,这种方法可以使多个页面使用同一个样式表文件,方便保持页面的主题。步骤:启动 FrontPage 2003,然后依次点【文件】、[新建]、[网页],打开【格式】菜单栏里的[样式]选项。在样式设置窗口中,有 FrontPage 2003 自带的很多样式表供你参考和修改,在左侧选中欲进行样式调整有关 HTML 内容,在右边点击[新建],创建样式,然后运用(图 7-49)。

2) 通过在 FrontPage 2003 中创建一个样式表单,此时样式表就是网页的一部分,直接位于 HTML 文档之间。这个实际上不算创建,只要把已经创建好的样式表直接复制下来,然后选择网页编辑器的"html"选项,然后粘贴到 HTML 中〈HEAD〉之间就可以了。

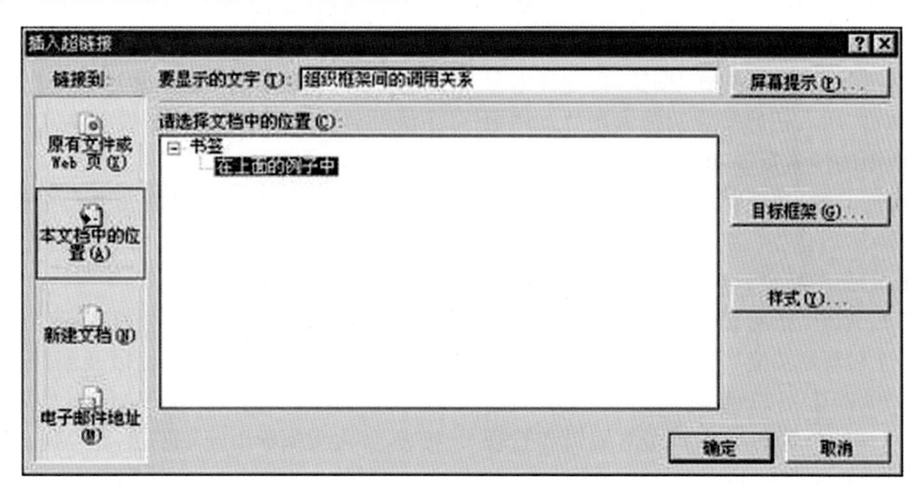

图 7-48 设置页面书签

图 7-49 “样式”对话框

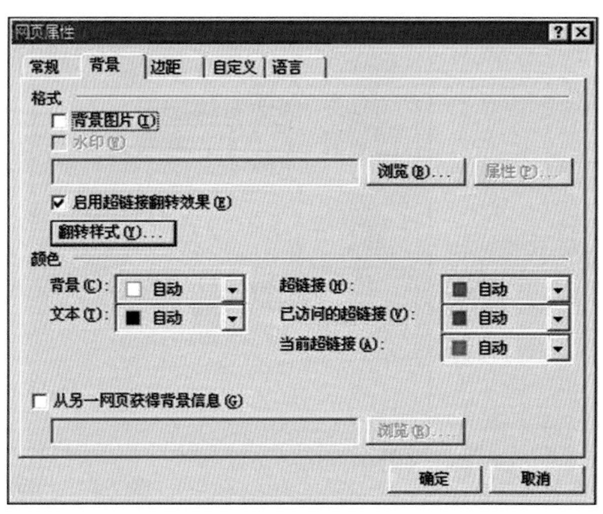

图 7-50 “网页属性”对话框

3）通过使用内含样式表元素，单独指定样式表。在 FrontPage 2003 编辑一个页面的时候，只要选中要发生变化的文字或图像等有关内容，然后点击右键，选择[网页属性]中的[样式]按钮就可以随时随地进行可视化操作。

B. 内含式样式表的使用

下面就以修改美化一个搜索框为例，介绍内含式样式表的使用。

打开 FrontPage 2003，新建页面。插入 Web 组件中的搜索框，接下来就先对文本框进行处理。用鼠标左键选中那个最长的文本框，然后点击右键，选择[表单域属性]，出现文本框属性。然后点击[样式]，接着选择【格式】中的[边框]按钮，出现“边框与阴影”对话框。因为要保持表格的统一，在[设置]中选择[自定义]，然后选择[样式]中的[实线]。最重要的就是应用边框的设置，点击方框，四周出现的四个小按钮分别代表着文本输入框的四条边框。为了和文本输入框外面的表格统一，这里的宽度也选择为“1”，然后[确定]。接着用鼠标左键选中搜索按钮，点鼠标右键，选择[超链接属性]，选择[样式]按钮，再选择编号方式，再选择[浏览]插入任何美观的搜索图片。用鼠标左键选中页面中的搜索帮助四个字，然后再点击右键，选择[网页属性]，弹出“网页属性”窗口(图 7-50)。选择[背景]选项，然后选中“启用超链接翻转效果”，然后点[翻转样式]弹出新窗口。

(14) 站点的管理：比起以前版本，新版 FrontPage 2003 的改进和新增功能有：

FrontPage 2003 让用户能够完全控制他们的 Web 站点——从它的外观和行为到如何编辑和管理站点的内容。利用它复杂的站点管理和使用情况分析功能，FrontPage 2003 重新定义了 Web 创作工具的边界。用户现在可以跟踪他们访问和使用站点的方式，并控制如何导入和编辑代码(这一点是以前无法实现的)。FrontPage 编辑环境已经变得更容易使用，使用户能够更容易访问所有站点管理和导航功能。新的发布功能不仅提供了更高的准确性和灵活性，而且极大地提高了发布速度。另外，FrontPage 能使用户彻底地控制站点上什么资源可以访问和编辑，以及谁有这样的权利。

A. 访问和分析数据以便更好地管理站点效力和性能

使用率分析报表可以帮助用户更好地了解谁访问了他们的站点。该功能通过引用每天、每周或者每月报表中的 URL，让用户能够快速地了解哪些网页被点击最多，以及客户如何找到他们的站点。这些报表可以导出到 HTML 或者 Microsoft Excel 中，并可以进行筛选和做成图表以显示用户想要的准确信息(图 7-51)。

1）从【视图】菜单中，选择【报表】，选择【使用率】，然后从下拉菜单中选择某个报表。

2）如果报表中没有数据，则服务器上可能没有激活“使用率分析”。如果您有管理员权利，请从【工具】菜单中选择【服务器】，然后选择【管理主页】。向下滚动到【配置使用率分析设置】，然后单击【更改使用率分析设置】。

3）如果在使用分析报表中没有任何数据，记住首先必须发布 Web 站点，然后才能让站点访问者注册统计结果。

4）使用 FrontPage 增强报表，可以通过快速查找缓慢或未链接的文件或页面以及断开的超链接，来监视站点的性能。使用 FrontPage 2003，还可以自动筛选报表，并将数据导出到 HTML 或 Microsoft Excel 中。

从【视图】菜单中，选择【报表】，然后从几个报表选项中选择一个这些报表可以筛选和导出到 HTML 页或 Excel 中。

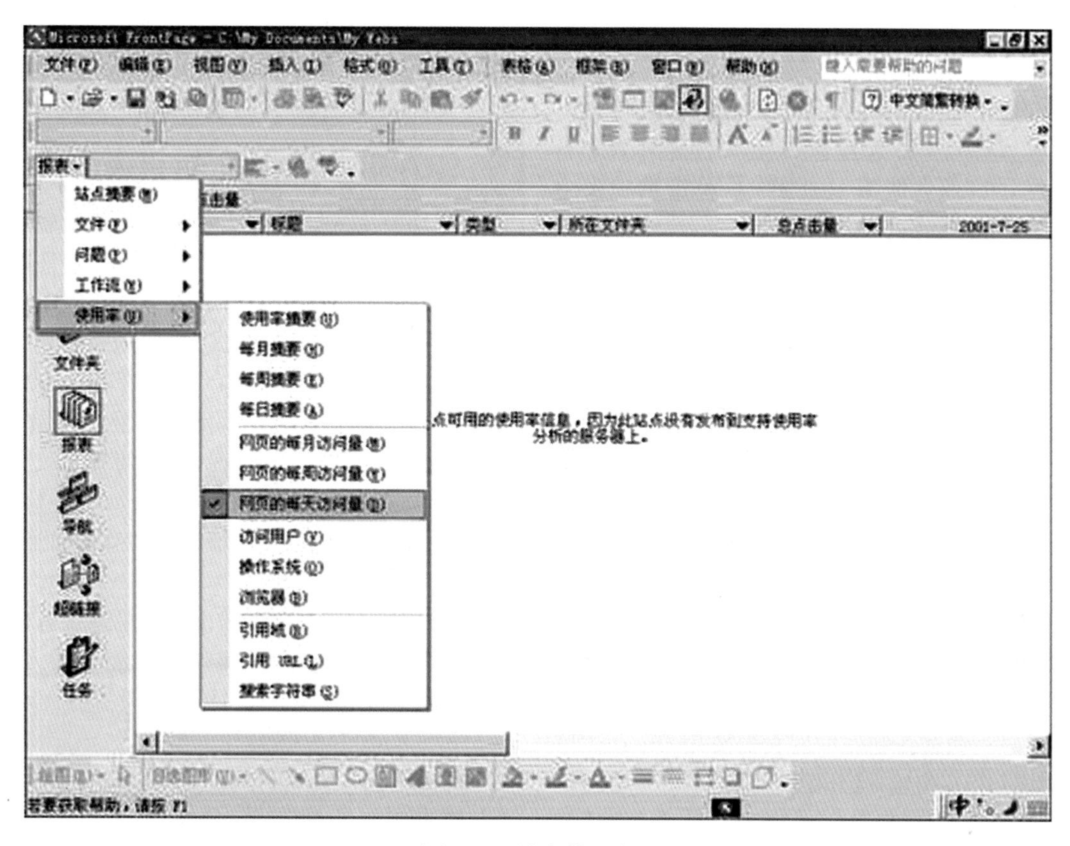

图 7-51　站点管理窗口

B. 准确控制 HTML 代码的外观和工作方式

Active Server Page (ASP) 源代码保留功能使用户能够编辑包含 ASP 代码的页面中的内容，而不会干扰 ASP 代码。现在，FrontPage 2003 总是在“普通”视图中打开 ASP 页面，不管 ASP 代码是否违背了约定(例如多个〈head〉或〈body〉标记)。

如果计算机上有 .asp 页，可以打开该页(文件，打开，该页的 URL)，然后可以看见它是在可以执行编辑的“普通”视图中打开的。

C. 可选的重新设置 HTML 格式

该功能让用户能够告诉 FrontPage 他们的 HTML 页应当如何格式化—从在每个标记之前应当缩进多少到是否使用可选标记。FrontPage 中的新功能是能够取得已经被导入 Web 的页面，并按照用户的首选项重新格式化该页。

设置 HTML 格式化首选项。从【工具】菜单中选择【网页选项】，然后单击【HTML 源代码】选项卡。在标记滚动框下面，选择【Body】，然后将缩进更改为“12 个空格”。单击【颜色代码】选项卡并将【标记】更改为“紫色”，然后单击【确定】。FrontPage 将把在 FrontPage 中创建的 HTML 页更改为使用这些格式规则。要更改在打开 HTML 保留的情况下导入站点的网页的 HTML 格式，请切换到“HTML 视图”。右键单击页面，并选择【重新设置 HTML 格式】。

D. 准确和灵活地发布和保护 Web 站点

增强发布对话框通过允许用户看见源站点上的网页及文件和目标站点上的网页及文件，“增强发布对话框”使发布更简单。该功能让用户能够拖、放或者删除在这两个位置的文件。

从【文件】菜单中选择【发布站点】。键入“http://servername/directory”(这里，servername 是发布的目标服务器名称，而 directory 是目标目录)。进入“发布站点”对话框时，单击【显示≫】按钮以显示要发布到的服务器的内容。可以单击文件并把它从源位置拖到目标站点，也可以单击【发布】将所有新的或者更改过的网页发布出去(图 7-52)。

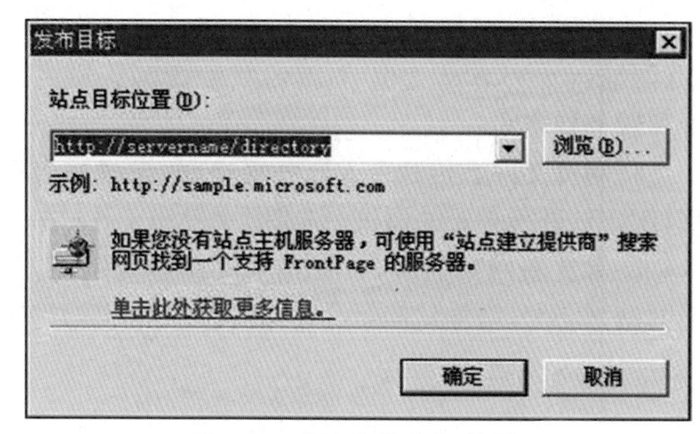

图 7-52　“站点发布”对话框

E. 单页发布

可以帮助用户仅在需要时才发布他们想要的内

容。用户可以在“文件夹”视图中右键单击文件，并把它直接发布到 Web 服务器中。

在 FrontPage 中打开某个站点，确保“文件夹列表”已打开(视图、文件夹列表)。在文件夹列表中右键单击任一页(或者使用 Ctrl 键 ＋ 单击选中多个页)，并选择发布选定文件。

新的更细致的权限让用户能够通过“基于角色”的安全模型授予或拒绝对个人和组的访问权。在 FrontPage 中，现在有更多的角色来让用户更好地控制谁可以访问他们站点上的内容。

从【工具】菜单选择[服务器]，然后选择“权限”。如果站点正在使用 FrontPage 2003 服务器扩展，请在“设置”选项卡上，选择“对此站点使用独有权限”，然后执行对话框操作拟自定义对该站点的权限。如果站点正在使用 Microsoft SharePoint Team Services 或者 FrontPage 2003 服务器扩展，请在从【工具】菜单中选择[服务器]和[权限]之后，使用基于 Web 的管理页来管理或者添加用户，并添加或管理角色。

操作技巧：调试新制作的网页需要用 Internet 信息服务工具(IIS)，位置在【开始】→[程序]→[管理工具]→[Internet 信息服务]，若尚未安装需要按【开始】→[控制面板]→[添加/删除程序]→[添加安装 windows 组件]步骤重新安装。

链 接

制作比较复杂的网页不仅要求掌握常用 HTML 语句及 Front page 等工具外，还要求熟练掌握图像、动画、视频处理等工具软件的使用方法。

考点：HTML 标记语言、FrontPage 2003 网页布局、文字与图像的处理、站点的管理、网页发布等知识

7.5.3 实 施 方 案

实现自己的目标，小刘应该完成以下三项工作：

用 html 语句或 FrontPage 2003 等工具制作简单个人网页，并用 IIS 工具调试。

从花旗咨询(网址：www. Bootchina. com)、花生壳(网址：www. oray. com)等域名服务商购买域名地址和服务器空间。

将网页文件上传到个人服务器空间，设置域名解释(DNS)，进行必要的调试，完成网页发布工作。

经常更新网站内容，并在其他网站进行宣传，提高网站知名度，增加访问量。

7.6 常用网络软件

7.6.1 任 务

李女士是某学校会计，上级部门发来通知要求她提供一个 QQ 号，并要加入全市财务人员 QQ 群，以便平时工作联系。李女士还没有 QQ 号，更不知道怎么加入 QQ 群，她应该怎么做，你能教一教吗？

7.6.2 相关知识与技能

1. 即时通信息软件 中国互联网发展具有自己的特色，这个特色最重要的体现之一，就是即时通信(instant message)在中国迅速地发展。即时通信是一种即时的在线信息沟通方式，可以随时得到对方的回应。中国互联网络信息中心(CNNIC)于 2008 年 1 月发布的“第 21 次中国互联网络发展状况统计报告”称，目前中国网民的即时通信使用率已经达到 81.4%，约有 1.7 亿使用者。

下面将介绍目前最为流行的两款即时通信软件：QQ 和 MSN。

(1) QQ：QQ 是深圳腾讯计算机系统有限公司开发的一款即时通信工具，是国内功能最强大、用户最多的网络寻呼软件之一。

A. QQ 简介

QQ 源于 ICQ，1996 年 7 月，4 名以色列年轻人在特拉维夫成立了 Mirahils 公司，并于当年 11 月推出了世界上第一款即时通信软件——ICQ。ICQ 是英文“I seek you”的英译缩写，意为“我找你”，其主要功能是在网上查找人，即查找网友是否上线或主动与网友联系(网友也要安装 ICQ)。ICQ 也被称为网络寻呼机，支持在因特网上聊天、发送消息和传送文件等功能，ICQ 作为一种全新的通信方式，很快受到网络用户的广泛欢迎，但由于语言和风格的原因，ICQ 在中国没有大范围流行开来。

在这样的背景下，腾讯公司开发了 OICQ，即 Opening I seek you，并于 1999 年 2 月正式推出OICQ Betal 即时通信软件，并开通了即时通信服务，与无线寻呼、GSM 短消息和 IP 电话网互联，从此国人的沟通方式开始了变革。2001 年，腾讯公司推出的产品改以 QQ 命名，目前的最新版本是 QQ2011 Beta(截至 2011 年 4 月)。由于即时通信最为重要的性能要求是实时性，即要求网络传输时延尽可能小，所以 QQ 采用 UDP 作为底层协议，用户聊天需通过服务器中转，端口为 8000。但 UDP 协议是无连接协议，因此 QQ 采用了确认机制保证传输的可靠性，即客户端使用 UDP 协议发出消息后，服务器要使用 UDP 协议发回一个确认信息。

B. QQ 的使用方法

QQ 支持文字聊天、语音通话、视频电话、点对点传送文件、共享文件、网络硬盘、自定义面板和 QQ 邮箱等多种功能，并可与移动通信终端相连。下面简单介绍 QQ 的使用方法：

1）安装和申请QQ号。登录腾讯公司主页http://www.qq.com，申请一个QQ号码，然后下载QQ安装程序，根据向导安装到计算机中。

2）登录。打开已安装的QQ软件，出现图7-53所示的登录窗口。输入QQ账号和密码，单击[登录]按钮，即出现图7-54所示的QQ主窗口。

图7-53 QQ用户登录界面

图7-54 QQ主界面

3）查找好友。单击QQ主窗口下方的[查找]按钮，启动"查找/添加好友"窗口。QQ提供了"看谁在线上"、"精确查找"和"QQ交友搜索"3种查找方式，为用户添加好友提供了多种方法。

4）聊天。聊天是QQ软件最主要的功能之一，如图7-55所示。在聊天窗口中，下半部分是供用户输入、编辑待发送信息的窗格，单击[发送]按钮，即可把信息发送给对方；双方聊天的信息都显示在上半部分的窗格中，在这个窗口中，用户还可查看以往的聊天记录。

（2）MSN。MSN即Microsoft network，广义上是指微软的网站服务，包含MSN浏览器、MSN媒体播放器和信息服务等，狭义上通常是指MSN即时通信工具——Windows Live Message，如图7-56所示。

与QQ类似，MSN具有文字聊天、脱机消息、语音对话、视频会议、共享文件夹、共享图片、共享活动、游戏和电子邮件等多种功能。

MSN界面简洁，易于使用，是与亲人、朋友、工作伙伴保持紧密联系的良好选择，MSN凭借其自身的优秀性能，目前已经拥有了大量的用户群。

MSN下载的官方网址是http://cn.msn.com。安装MSN之后，只需申请一个免费邮箱地址——@live.cn或@hotmail.com，即可使用此邮箱地址和密码，免费使用MSN，MSN的使用方法与QQ类似，不再赘述。

操作技巧：使用QQ、MSN工具进行聊天时注意保护个人隐私，及时申请账户保护，以免你的账户被别人盗用，造成不必要的损失。

2. 博客和微博

（1）博客："博客"（Blog）一词源于"Web Log（网络日志）"的缩写，又译为网络日志、部落格或部落阁等，是一种通常由个人管理、不定期张贴新的文章的网站。博客上的文章通常根据张贴时间，以倒序方式由新到旧排列。许多博客专注在特定的课题上提供评论或新闻，其他则被作为比较个人的日记。一个典型的博客结合了文字、图像、其他博客或网站的链接以及其他与主题相关的媒体。能够让读者以互动的方式留下意见，是许多博客的重要要素。大部分的博客内容以文字为主，仍有一些博客专注在艺术、摄影、视频、音乐、播客等各种主题。博客是社会媒体网络的一部分。

Blog是继email、BBS、ICQ之后出现的第四种网络交流方式，是网络时代的个人"读者文摘"，是以超级链接为武器的网络日记，是代表着新的生活方式和新的工作方式，更代表着新的学习方式。具体说来，博客（Blogger）这个概念解释为使用特定的软件，在网络上出版、发表和张贴个人文章的人。

随着Blogging快速扩张，它的目的与最初的浏览网页心得已相去甚远。目前网络上数以千计的Bloggers发表和张贴Blog的目的有很大的差异。不过，由于沟通方式比电子邮件、讨论群组更简单和容易，Blog已成为家庭、公司、部门和团队之间越来越盛行的沟通工具，因为它也逐渐被应用在企业内部网络（Intranet）中。

图 7-55　QQ 查找/添加好友窗口

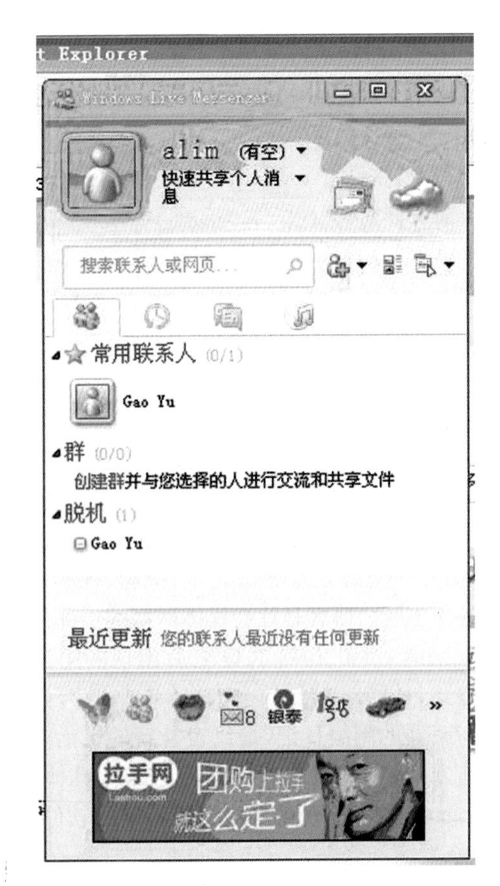

图 7-56　MSN 主界面

【例 7-3】 博客的申请与使用。

以新浪博客申请为例，介绍博客的申请与使用。

操作步骤如下：

1) 在 IE 浏览器地址栏中输入 http://www.sina.com 登录新浪主页，点击[博客]菜单，进入新浪网博客系统主页。如果您拥有新浪通行证、新浪邮箱或者新浪 UC 号，可用该账号直接登录。如果您没有新浪任何账号的话，请您到博客首页，点击[开通博客]的按钮，如图 7-57 所示。

2) 如果您还没有常用邮箱，在此页面直接输入您想得到的邮箱名，今后此邮箱名将是您博客的登录名。点击验证码输入框，会在其后面显示出验证码，正确输入即可。最后点击下一步。如图 7-58 所示。

3) 进入"填写会员信息"页面，请按页面提示填写相关信息。此页中的密码和密码查询问题、答案，关系到您的账户安全，务必仔细填写并牢记，如图 7-59 所示。

4) 进入"开通新浪博客"页面，填写您的博客名和个性域名，并输入个人资料后，点击"完成开通"，如图 7-60 所示。

5) 点击[快速设置我的博客]完成博客设置后，进入博客主页，如图 7-61 所示。

6) 点击[发博文]开始发布博文，如图 7-62 所示。

(2) 微博：即微博客(MicroBlog)的简称，是一个基于用户关系的信息分享、传播以及获取平台，用户可以通过 WEB、WAP 以及各种客户端组件个人社区，以 140 字左右的文字更新信息，并实现即时分享。最早也是最著名的微博是美国的 twitter，根据相关公开数据，截至 2010 年 1 月份，该产品在全球已经拥有 7500 万注册用户。2009 年 8 月，中国最大的门户网站新浪网推出"新浪微博"内测版，成为门户网站中第一家提供微博服务的网站，微博正式进入中文上网主流人群视野。目前在国内提供微博服务的有新浪、腾讯、网易等大型门户网站。

图 7-57　“开通博客”窗口

sina新浪博客 | 注册新浪博客

注册新浪博客，仅需30秒。 提示：如果已有"新浪微博"或"新浪邮箱"，您可以直接登录

邮箱地址：　我没有邮箱　请输入邮箱名

登录密码：

确认密码：

博客昵称：

验证码：

看不清，换一张？

我已经看过并同意《新浪网络服务使用协议》

注册

客户服务电话 400-690-0000　欢迎批评指正

新浪简介 | About Sina | 广告服务 | 联系我们 | 招聘信息 | 网站律师 | SINA English | 会员注册 | 产品答疑

图 7-58　注册博客

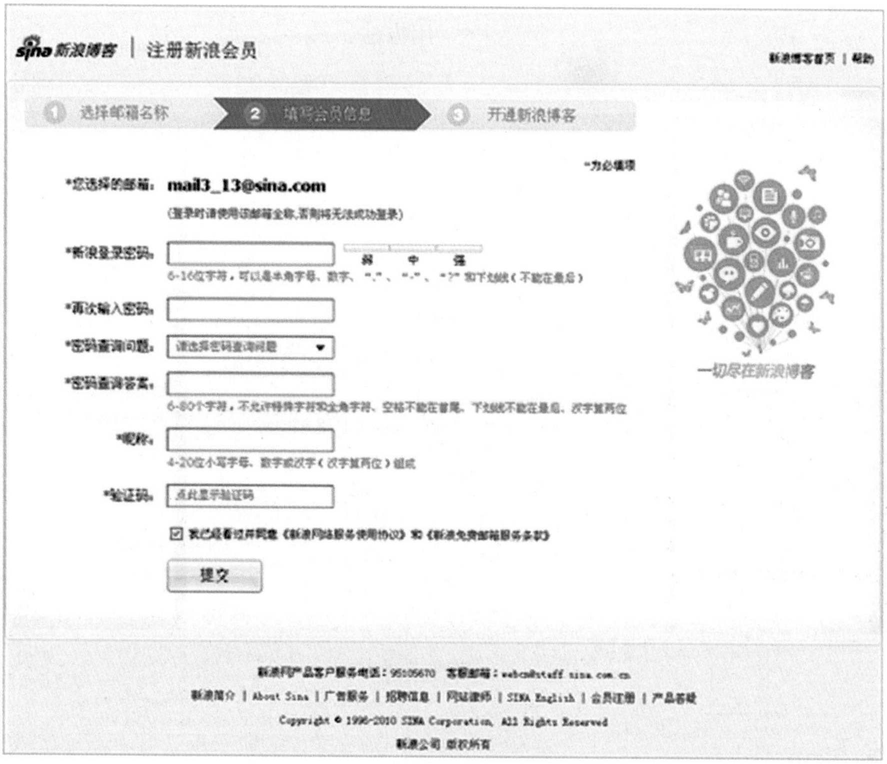

sina新浪博客 | 注册新浪会员　新浪博客首页 | 帮助

1 选择邮箱名称　2 填写会员信息　3 开通新浪博客

*为必填项

*您选择的邮箱：mail3_13@sina.com

*新浪登录密码：　弱　中　强

*再次输入密码：

*密码查询问题：请选择密码查询问题

*密码查询答案：

*昵称：

*验证码：点此显示验证码

我已经看过并同意《新浪网络服务使用协议》和《新浪免费邮箱服务条款》

提交

一切尽在新浪博客

图 7-59　“填写会员”窗口

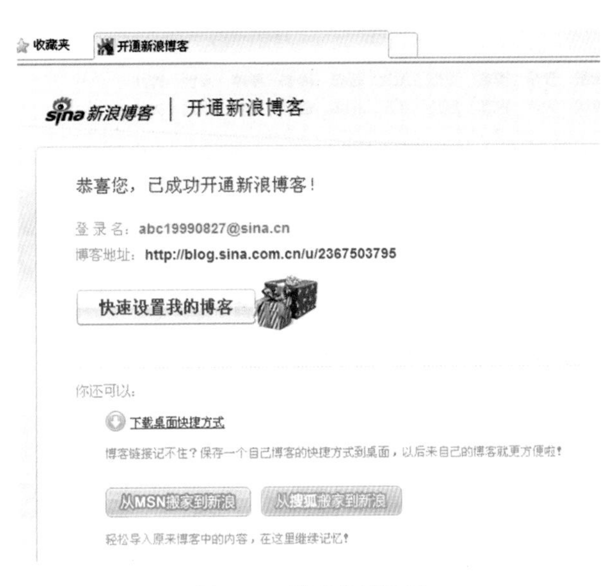

图 7-60 博客快速设置

【例 7-4】 微博的申请与使用。

以新浪微博申请为例，介绍微博的申请与使用。

操作步骤如下：

1）在 IE 浏览器地址栏中输入 http://www. sina. com 登录新浪主页，点击[微博]菜单，进入新浪网微博系统主页。

2）如果你已有新浪账号，您直接登录微博就可以使用，无需单独开通。如果你还没有新浪账户，则请您按照以下步骤进行微博账户的注册如图 7-63 所示。

3）点击“立即开通”，到您填写的邮箱中，进行注册确认：

4）手机发短信开通。直接编辑登录密码[编辑内容要求：6-16 位数字或英文字母（区分大小写）]，移动用户至：1069009088；联通用户至：1066888859；无需等待确认短信即可直接登录，登录名为发送短信的手机号。

5）进入微博界面，发布个人微博，如图 7-64 所示。

3. 常用下载工具 随着网络资源的不断丰富，用户对下载的需求越来越大，因此涌现出种类繁多的下载工具，如受到普遍欢迎的网际快车（FlashGet）、迅雷（Thunder）、网络蚂蚁（NetAnts）和电驴（eMule）等。

（1）网际快车：网际快车（FlashGet）是一个免费软件，由于其下载速度快，易于操作和管理，受到了网络用户的普遍喜爱。

FlashGet 采用多服务器超线程传输技术（multi-server hyper-threading trans-portation，MHT），最大限度优化算法，智能拆分下载文件，多点并行传输。在高速下载的同时，由于使用了超磁盘缓存技术（ultra disk cache technology，UDCT），可以大幅度减少读写次数，既可以全面保护硬盘，又可以不干扰用户的其他操作，使下载更快、更稳定。另外，FlashGet 还采用了 P4S 技术，全面支持 HTTP、FTP、BT（bit torrent）等多种协议。

FlashGet 支持断点续传，可以同时执行多个任务，另外还支持拖放功能，使用起来十分方便。下面以下载电影“越狱”为例，简要说明 FlashGet 的使用方法：

图 7-61 博客系统界面

图 7-62　博客发布界面

图 7-63　微博注册窗口

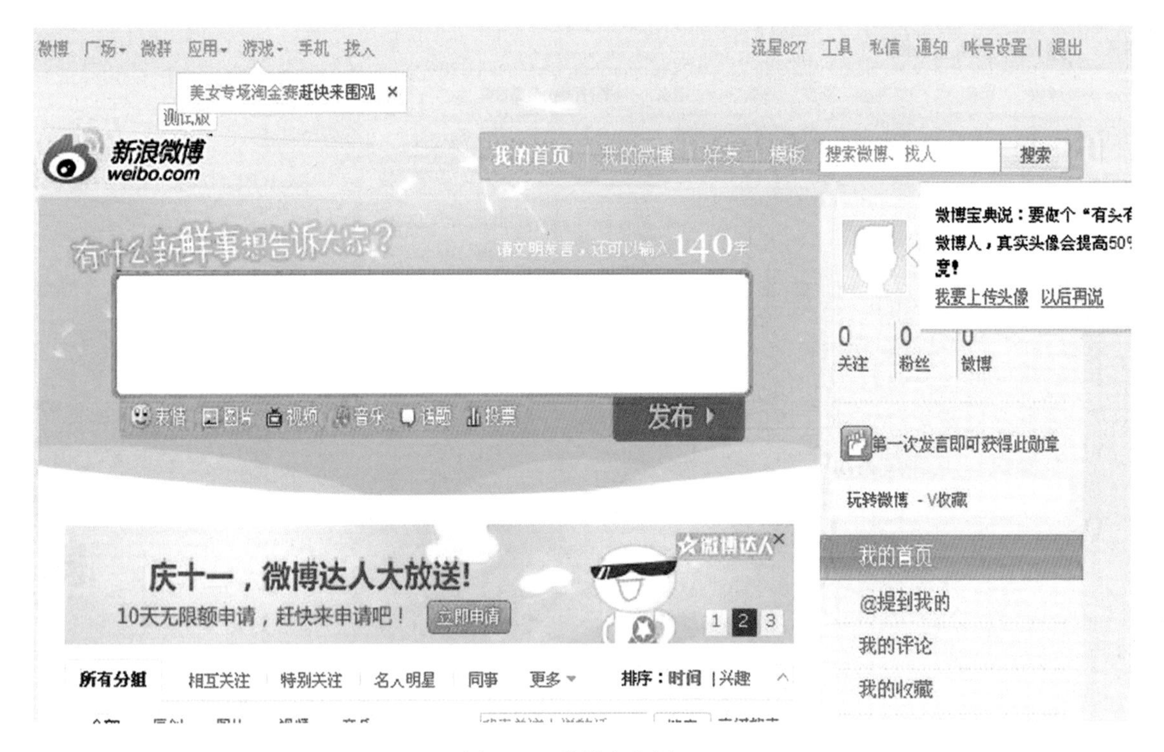

图 7-64 微博发布界面

1）添加下载任务。在因特网上找到要下载的文件,例如在快车网 http://www.flashget.com 中找到电影“越狱”,将其拖动到 FlashGet 主窗口的“正在下载”窗格内,此时弹“添加下载任务”对话框,电影“越狱”的视频文件所在地址已被添加到下载任务栏中。在此对话框中,用户还可以对文件下载后的分类和保存路径进行设置。如果需要,用户还可以更改下载属性。FlashGet 支持的下载线程数为 1～10,默认的线程数为 5,用户可以自行修改,调整下载速度(图 7-65)。

2）下载文件。单击［下载］按钮,即可进入下载过程。在 FlashGet 主窗口中,显示了下载文件和文件传输的相关参数。

图 7-65 FlashGet 添加/下载任务对话框

(2) 迅雷:迅雷公司于2003年年底始创于美国硅谷,2003年初创办者回国发展。今天的深圳市迅雷网络技术有限公司,即“迅雷”在大中华区的研发中心和运营中心。公司的旗舰产品——迅雷(Thunder),已经成为中国因特网上最流行的应用服务软件之一。

迅雷使用的多资源超线程技术基于网格(great global grid,GGG)原理,能够将网络上存在的服务器和计算机资源进行有效的整合,构成独特的迅雷网络,通过迅雷网络,各种数据文件能够以最快速度进行传递。多资源超线程技术还具有Internet下载负载均衡功能,在不降低用户体验的前提下,迅雷网络可以对服务器资源进行均衡,有效降低了服务器负载。迅雷采用智能磁盘缓存技术,有效防止了高速下载时对硬盘的损伤,它支持HTTP、FTP、BT等多种协议。迅雷的最大特点是简单、高速。功能和操作方法与FlashGet类似(图7-66)。

(3) 电驴:电驴(eMule)是目前世界上最大、最可靠的点对点(P2P)文档共享的客户端软件之一。它使用多个途径搜索下载的资料源,每个下载的文件都会自动检查是否损坏,以确保文件的正确性,eMule还提供了智慧损坏控制功能,有助于快速修复文件损坏的部分。eMule的排队机制和上传积分系统有助于激励人们共享,并上传给他人资源。另外eMule还内建了聊天功能,使得用户可以和世界范围的其他共享者聊天。eMule是一个免费软件,而且由于它的开放源代码政策,使许多开发人员能够研究并改进,从而使发布新版本更有效率(图7-67)。

☞考点:即时通信软件的特点、常用下载工具的特点和使用方法

7.6.3 实施方案

申请QQ号和加入QQ群的步骤如下:

登录www.qq.com腾讯主页,申请一个QQ号,获得QQ账号和密码。

从腾讯网站下载QQ即时通信软件,安装到自己的电脑。

运行QQ即时通信软件,用自己的QQ号和密码登录,并在QQ系统界面点击“查找”图标,在“查找”界面选择“查找群”选项卡,输入要求加入的QQ群号码,进行查找。

找到并被群管理员审查通过后,可以成功加入该群。

链 接

常用网络工具为我们提供很多便利。上网过程中我们应该关注这方面出现的新工具的同时,熟练掌握这些工具的使用方法,为自己服务。

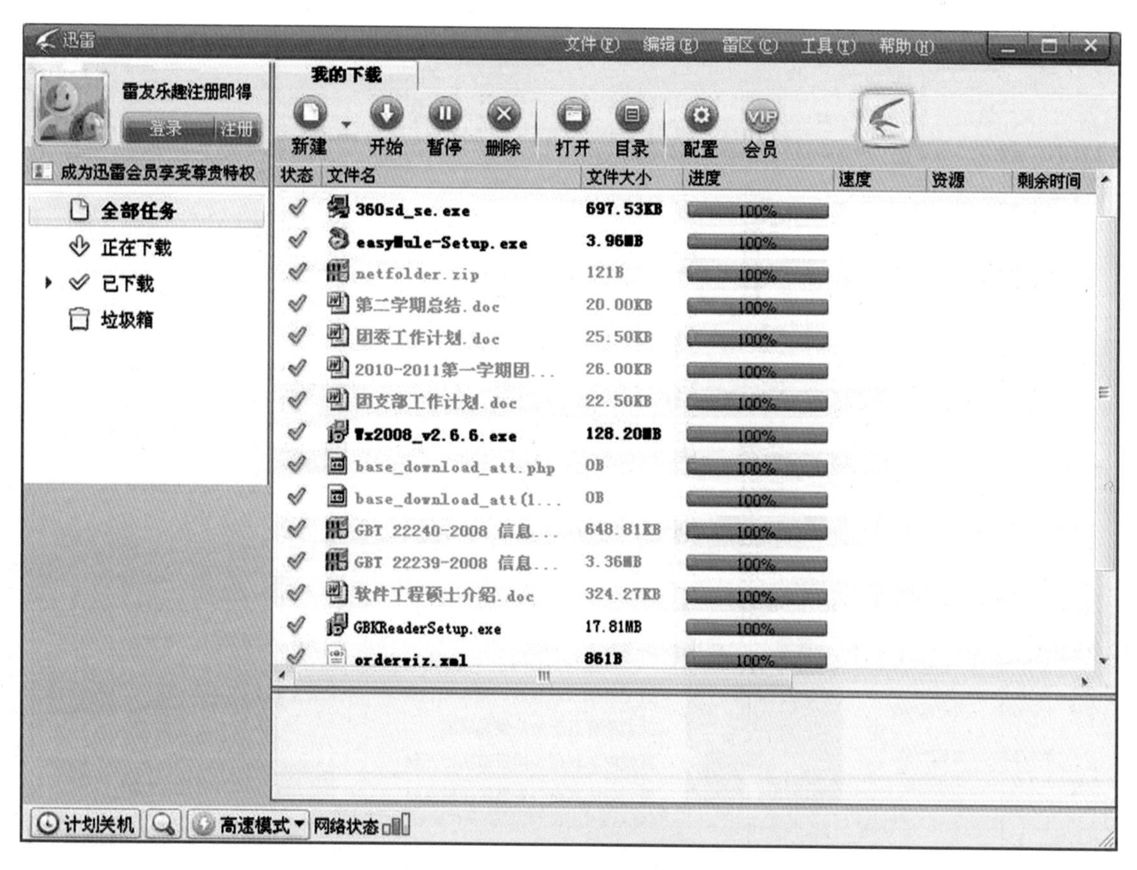

图7-66 迅雷主界面

图 7-67　电驴主界面

技能训练 7-1　计算机网络基本操作

一、Internet Explorer 的基本操作

1. 启动 IE 浏览器

【操作提示】

单击【开始】→[程序],选择[Internet Explorer]命令或双击桌面的图标,启动 IE 浏览器。

2. 浏览网页

【操作提示】

在地址栏内输入网易网站网址:http://www.163.com,按回车键,窗口中显示新浪网的主页信息。如图 7-68 所示。

图 7-68　"网易"网站主页

3. 将网易网站的主页,设置IE起始页。在Internet选项中,设置"检查所存网页的较新版本"为"自动","要使用的磁盘空间"为128M,"网页保存在历史记录中的天数"为20天。

【操作提示】

(1) 单击【工具】→[Internet选项],打开"Internet选项"对话框(如图7-69所示)。

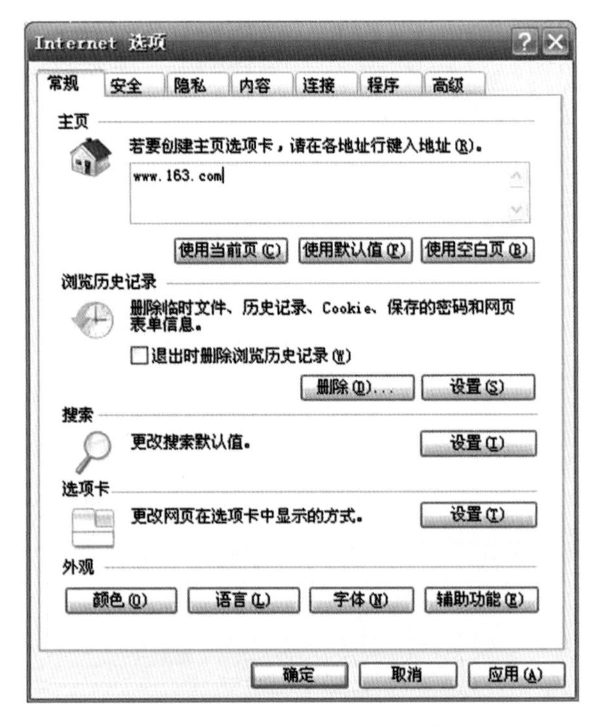

图7-69　"Internet选项"对话框

(2) 在"常规"选项卡"主页"栏中,将http:/www.163.com当前页设为主页(即单击[使用当前页]按钮)。

(3) 单击设置"浏览历史记录"中的[设置]按钮,在"检查所存网页的较新版本"的选项中,选"自动"单选框。

(4) 在"要使用的磁盘空间"列表中,输入"128"。

(5) 在"网页保存在历史记录中的天数"中,输入"20",如图7-70所示。

4. 将常用的网页添加到收藏夹

【操作提示】

(1) 打开"网易"网站主页,单击【收藏夹】→[添加到收藏夹]命令,打开"添加收藏"对话框(如图7-71所示)。

(2) 在"名称"框中输入"网易网站",单击[添加]按钮。

二、保存网页信息

1. 打开网易网站(http://www.163.com),将打开的网页以"网易首页"为文件名,保存到"E:\网络实训"文件夹中。

【操作提示】

(1) 浏览http://www.163.com网页,选择【文件】→[另存为]命令。

(2) 在"保存网页"对话框中,保存文件的位置选择"E:\网络实训"文件夹、文件名输入"网易首页"、保存类型选"网页,全部.Htm,.html)",单击[保存]即可(如图7-72所示)。

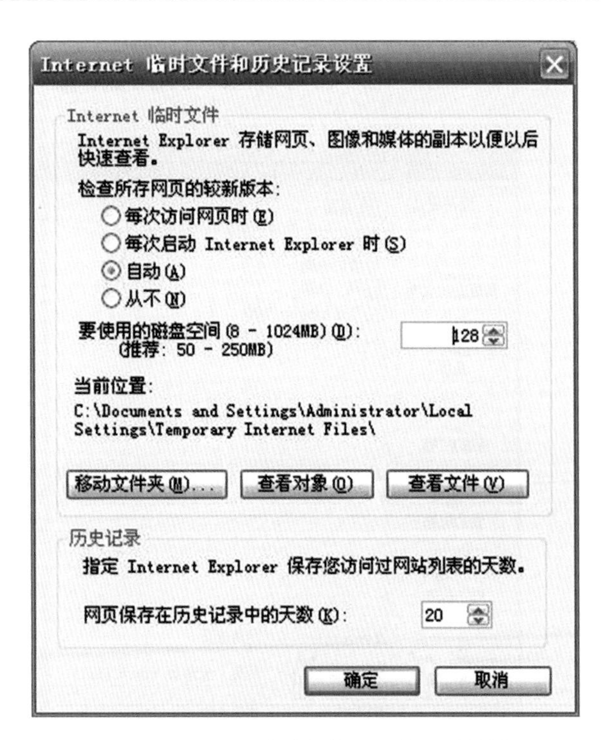

图7-70　Internet临时文件和历史记录的设置

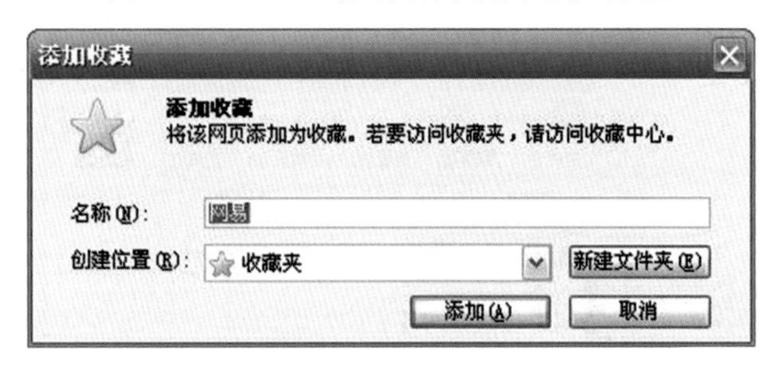

图7-71　添加收藏夹

注:若保存的文件类型选扩展名为.htm格式,则保留了网页的全部信息;若保存的文件类型选扩展名为.txt格式,则仅保存了网页中的文字信息,多媒体信息全部会丢失。

2. 将网易网上的任意一个图片以"图片1"为文件名,将图片保存到"E:\网络实训"文件夹中。

【操作提示】

(1) 浏览http://www.163.com网页,右击网页上任意一个要保存的图片。

(2) 在弹出的快捷菜单中,选【图片另存为】(如图7-73所示)。

(3) 在"保存图片"对话框中,选择保存位置、输入文件名,选择文件类型。

三、信息的搜索

使用搜索引擎百度进行信息检索,搜索有关"计算机文化基础教程"的具体信息。

【操作提示】

(1) 打开IE浏览器,在地址栏中输入网址http://www.baidu.com,按回车键即可打开百度主页(如图7-74所示)。

图 7-72 网页保存窗口

7-73 图片快捷菜单

图 7-74 百度网站主页

(2) 在搜索框内输入关键词“计算机文化基础教程”，按回车键或单击[百度一下]按钮，即可得到相关资料的列表。

(3) 百度将把符合条件的页面全部列出来，如图 7-75 所示，查看搜索结果和简介后，单击其中的网页链接，即可直接转到该网页。

四、软件的下载

从软件下载网站“华军软件园(http://www.onlinedown.net)”中，下载“迅雷”软件。

【操作提示】

(1) 打开软件下载网站“华军软件园(http://www.onlinedown.net)”，在输入框中输入要查找的软件名称“迅雷”，单击[软件搜索]按钮。

(2) 找到相关内容后，单击“迅雷”进行下载，弹出“文件下载”对话框，单击[保存]按钮，在“另存为”对话框中，选择保存位置并确定文件名，单击[保存]，便开始下载。

图 7-75　百度搜索页面

五、申请 Internet 上的免费电子邮件邮箱(如网易 http://www.163.com 中申请)

【操作提示】

(1) 在 IE 浏览器中，打开网易(http://www.163.com)主页。

(2) 单击超级链接“注册免费邮箱”(图 7-76)，进入邮箱注册页面。

(3) 按要求填写个人资料，确认即可申请成功。请记住用户名和密码。

(4) 使用刚申请成功的账号，在网易(http://www.163.com)网站的主页登录，并撰写电子邮件，发送和接收邮件(图 7-77)。

图 7-76　网易邮箱登录/注册界面

图 7-77　网易邮箱管理主页

技能训练 7-2　计算机网络综合操作

1. 掌握局域网计算机 IP 地址设置方法。
2. 掌握局域网中共享文件夹设置及共享文件的访问方法。
3. 熟练掌握 IE 浏览器浏览网页的基本方法。
4. 会对浏览器选项进行设置。
5. 能使用 IE 保存网页及网页上的图片。
6. 掌握收藏夹的使用方法。
7. 会使用“百度”、“谷歌”等搜索引擎查找资料。
8. 会使用“迅雷”等下载工具下载网上资料。
9. 会在 Outlook Express 中配置邮箱。
10. 会使用 Outlook Express 进行电子邮件的收发等工作。
11. 会申请不同网站提供的邮箱。
12. 能熟悉使用 Outlook Express 中的通讯簿。

练习 7　计算机网络基础知识测评

一、单选题

1. X.25 网络是________。
   A. 分组交换网　　B. 专用线路网
   C. 线路交换网　　D. 局域网
2. Internet 的基本结构与技术起源于________。
   A. DECnet　　B. ARPANET
   C. NOVELL　　D. UNIX
3. 计算机网络中，所有的计算机都连接到一个中心节点上，一个网络节点需要传输数据，首先传输到中心节点上，然后由中心节点转发到目的节点，这种连接结构被称为________。
   A. 总线结构　　B. 环形结构
   C. 星型结构　　D. 网状结构
4. 物理层上信息传输的基本单位称为________。
   A. 段　　B. 位
   C. 帧　　D. 报文
5. ARP 协议实现的功能是________。
   A. 域名地址到 IP 地址的解析
   B. IP 地址到域名地址的解析
   C. IP 地址到物理地址的解析
   D. 物理地址到 IP 地址的解析
6. 学校内的一个计算机网络系统，属于________。
   A. PAN　　B. LAN
   C. MAN　　D. WAN
7. 下列是局域网特征的是________。
   A. 传输速率低
   B. 信息误码率高
   C. 分布在一个宽广的地理范围之内
   D. 提供给用户一个带宽高的访问环境
8. ATM 采用信元作为数据传输的基本单位，它的长度为________。
   A. 43 字节　　B. 5 字节
   C. 48 字节　　D. 53 字节
9. 在常用的传输介质中，带宽最小、信号传输衰减最大、抗干扰能力最弱的一类传输介质是________。
   A. 双绞线　　B. 光纤
   C. 同轴电缆　　D. 无线信道
10. 在 OSI/RM 参考模型中，________处于模型的最底层。
    A. 物理层　　B. 网络层
    C. 传输层　　D. 应用层
11. 在 OSI 的七层参考模型中，工作在第三层上的网间连接设备是________。

A. 集线器　　B. 路由器

C. 交换机　　D. 网关

12. 数据链路层上信息传输的基本单位称为________。

A. 段　　B. 位

C. 帧　　D. 报文

13. 交换式局域网的核心设备是________。

A. 中继器　　B. 局域网交换机

C. 集线器　　D. 路由器

14. 异步传输模式(ATM)实际上是两种交换技术的结合，这两种交换技术是________。

A. 电路交换与分组交换

B. 分组交换与帧交换

C. 分组交换与报文交换

D. 电路交换与报文交换

15. IPv4 地址由________位二进制数值组成。

A. 16 位　　B. 8 位

C. 32 位　　D. 64 位

16. 决定局域网特性的主要技术一般认为有三个，它们是________。

A. 传输介质、差错检测方法和网络操作系统

B. 通信方式、同步方式和拓扑结构

C. 传输介质、拓扑结构和介质访问控制方法

D. 数据编码技术、介质访问控制方法和数据交换技术

17. 对令牌环网，下列说法正确的是________。

A. 它不可能产生冲突

B. 令牌只沿一个方向传递

C. 令牌网络中，始终只有一个节点发送数据

D. 轻载时不产生冲突，重载时必产生冲突

18. 网桥是在________上实现不同网络的互联设备。

A. 数据链路层　　B. 网络层

C. 对话层　　D. 物理层

19. NOVELL NETWARE 是________操作系统。

A. 网络　　B. 通用

C. 实时　　D. 分时

20. 关于 WWW 服务，以下哪种说法是错误的? ________

A. WWW 服务采用的主要传输协议是 HTTP

B. WWW 服务以超文本方式组织网络多媒体信息

C. 用户访问 Web 服务器可以使用统一的图形用户界面

D. 用户访问 Web 服务器不需要知道服务器的 URL 地址

二、多选题

1. 下列选项中，组成计算机网络的两项是________

A. 通信子网　　B. 终端

C. 资源子网　　D. 主机

2. 计算机网络的资源包括________。

A. 硬件资源　　B. 软件资源

C. 操作资源　　D. 数据资源

3. 计算机网络按照覆盖地域大小可分为________。

A. 无线网路　　B. 局域网

C. 有线网路　　D. 广域网

4. 下列关于 OSI 参考模型分层的选项中，分层相邻且顺序从低到高的有________。

A. 物理层—数据链路层—网络层

B. 数据链路层—网络接口层—网络层

C. 传输层—会话层—表示层

D. 表示层—会话层—应用层

5. 目前无线局域网所采用的热门技术标准有________。

A. 红外线　　B. 蓝牙

C. 家庭网络　　D. IEEE802.11 标准

三、判断题

1. 因特网采用的协议是 TCP/IP。(　　)

2. 计算机网络的主要目的是共享资源。(　　)

3. 在计算机网络中，“带宽”这一术语表示数据传输速率。(　　)

4. 局域网的简称是 LAN。(　　)

5. 调制解调器(Modem)的功能是实现模拟信号与数字信号的转换。(　　)

6. 局域网的网络硬件主要包括服务器、工作站、网卡和网络协议。(　　)

7. ISDN 的含义是广播电视网。(　　)

8. Internet 网站域名地址中的 GOV 表示商业部门。(　　)

9. 计算机网络的通信传输介质中速度最快的是光缆。(　　)

10. 网络中使用的设备 Hub 指中继器。(　　)

四、填空题

1. 计算机网络的拓扑结构主要有星型拓扑结构、总线型拓扑结构、________、树型拓扑结构及________。

2. 计算机网络分类方法有很多种，如果从覆盖范围来分，可以分为局域网、城域网和________。

3. 路由器的功能有三种:网络连接功能、________和设备管理功能。

4. 从用户角度或者逻辑功能上可把计算机网络划分为通信子网和________。

5. 计算机网络最主要的功能是________。

6. INTERNET 的前身是________。

7. 无线局域网协议________。

8. WAN 的中文含义是________。

9. QQ 即时通信软件是由________公司研制开发的。

10. FlashGet 是________工具。

(阿力木江 · 排孜艾合买提)

第8章 多媒体技术基础

学习目标

1. 了解多媒体信息处理技术与一些常用的软件
2. 理解多媒体信息的数字化过程与数据压缩技术
3. 理解并掌握多媒体计算机系统的组成
4. 掌握多媒体的概念、特点与多媒体信息类型
5. 掌握多媒体计算机的功能特点
6. 了解计算机技术在医院信息管理方面的应用

自1984年美国苹果公司生产出世界第一台多媒体计算机以来，多媒体技术的应用逐渐引起人们的关注，尤其是进入20世纪90年代，多媒体技术与网络技术的结合，构成了第三次信息革命的核心。在21世纪，多媒体技术将成为世界上发展最快、最有潜力的技术之一。为此我们应对多媒体技术和多媒体计算机有初步的了解。

8.1 多媒体基础知识

8.1.1 任　　务

某医院儿科护理部要在全市医疗卫生工作会议上作工作报告，院长要求张护士长一定要全方位立体化、“有声有色”的把儿科护理部和全院的形象在报告中表现出来。张护士长犯愁了，自己一个医务工作者，如何做到“有声有色”的来完成汇报工作呐?

8.1.2 相关知识和技能

1. 多媒体的概念

(1) 媒体及其分类：媒体(medium)是社会生活中信息传播、交流、转换的载体，如书本、报纸、电视、广告、杂志、磁盘、光盘、磁带及相关的设备等。在计算机领域中，媒体包含两种特定的含义，一是指信息存储与传输的实体，如磁盘、光盘、磁带、相关设备、通信网络等；二是指信息的表现形式(或者说传播形式)，如数字、文字、声音图形/图像、动画、影视节目等。信息的存储实体与表现形式相互依存，存储实体反映了信息的存在，表现形式则规定了信息的表现类型。不同类型的信息媒体如图8-1所示。

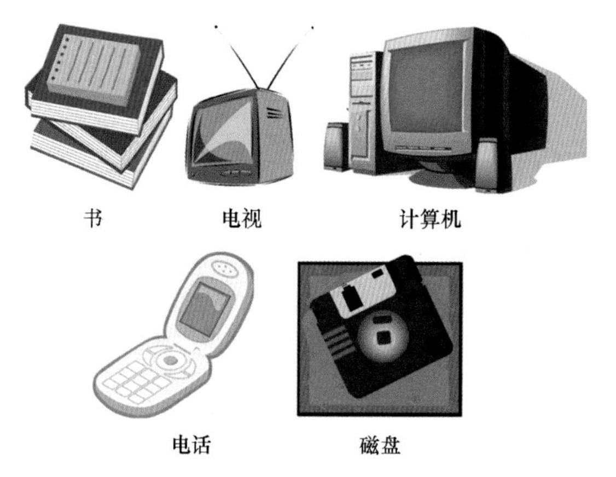

图8-1　不同类型的信息媒体

为了便于描述信息媒体在存储、处理和传播过程的相关问题，国际电话电报咨询委员会(Consultative Committee on International Telephone and Telegraph，CCITT)制定了媒体分类标准，将信息的表示形式、信息编码、信息转换与存储设备、信息传输网络等统一规定为媒体，并划分为以下5种类型：

1) 感觉媒体(perception medium)：直接作用于人的感官，使人能直接产生感觉。例如，人类的语言、音乐、图形、静止的或动态的图像、自然界的各种声音以及计算机系统中的文件、数据和文字等。

2) 表示媒体(representation medium)：指各种编码，如语言编码、文本编码和图像编码等。这是为了加工、处理和传输感觉媒体而人为地研究、构造出来的一类媒体。

3) 表现媒体(presentation medium)：指将感觉媒体输入到计算机中或通过计算机展示感觉媒体的物理设备，即获取和还原感觉媒体的计算机输入和输出设备。例如，显示器、打印机、音箱等输出设备，键盘、鼠标、话筒、扫描仪、数码相机、摄像机等输入设备。

4) 存储媒体(storage medium)：指存储表示媒体信息的物理设备。例如，软盘、硬盘、磁带、光盘、内存和闪存等。

5) 传输媒体(transmission medium)：指传输表示媒体的物理介质。如双绞线、同轴电缆、光纤、空间电磁波等。

在上述的各种媒体中，表示媒体是核心。计算机处理多媒体信息时，首先通过表现媒体的输入设备将感觉媒体转换成表示媒体并存放在存储媒体中，计算机从存储媒体中获取表示媒体信息后进行加工、处理，

最后利用表现媒体的输出设备将表示媒体还原成感觉媒体。此外，通过传输媒体，计算机也可将从存储媒体中得到的表示媒体传送到网络中的其他计算机。不同媒体和计算机信息处理过程的关系如图8-2所示。

从表示媒体与时间的关系看，不同形式的表示媒体可以被划分为两大类：①静态媒体：信息的再现与时间无关，如文本、图形、图像等。②连续媒体：具有隐含的时间关系，其播放速度将影响所含信息的再现，如声音、动画、视频等。

(2) 多媒体：多媒体(multimedia)是由两种以上单一媒体融合而成的信息综合表现形式，是多种媒体的综合、处理和利用的结果。通过不同形式的"媒体"反映了不同的信息表示与信息交流方式；而多媒体的"多"，在强调信息媒体多样性的同时，更强调各媒体间的有机结合以及人与信息媒体之间的交互作用，具体表现为多种媒体表现、多种感官作用、多种设备支持、多学科交叉、多领域应用等。因此，多媒体是建立在一定信息处理技术之上的融合两种以上媒体的一种人机交互式信息媒体或系统。

多媒体的实质是将不同表现形式的媒体信息数字化并集成，通过逻辑链接形成有机整体，同时实现交互控制，所以数字化和交互式集成是多媒体的精髓。

(3) 多媒体技术：多媒体技术起源于计算机数据处理、通信、大众传媒等技术的发展与融合，目的是为了实现多种媒体信息的综合处理。它以计算机技术为主体，结合通信、微电子、激光、广播电视等多种技术而形成的用来综合处理多种媒体信息的交互性信息处理技术。具体来说，多媒体技术是以计算机(或微处理芯片)为中心，把数字、文字、图形、图像、声音、动画、视频等不同媒体形式的信息集成在一起，进行加工处理的交互性综合技术。这里所说的"加工处理"主要是指对这些媒体信息的采集、压缩、存储、控制、编辑、交换、解压缩、播放和传输等。

要强调的是，正是由于计算机中数字化技术和交互式的处理能力，才能使多媒体技术成为可能，才能对多种信息媒体进行统一的处理，这就是为什么一般具有声音图像的电视机、录像机等还谈不上是"多媒体"的原因。多媒体技术中的"多媒体"并不仅指多媒体信息本身，更主要的是强调处理和应用它的整套软、硬件技术。因此，通常所说的"多媒体"只不过是多媒体技术或多媒体系统的同义语而已。

2. 多媒体的主要特点　"多媒体"通过计算机把多种媒体综合起来，使之建立起逻辑连接，并对它们进行采样量化、编码压缩、编辑修改、存储传输和重建显示等处理。一般具有以下几个特点：

(1) 集成性。集成性主要表现在两个方面，即多种信息媒体的集成和处理这些媒体的软、硬件技术的集成。前者主要指多媒体信息的多通道统一获取、统一存储、组织以及表现合成等方面。后者包括两个方面：硬件方面，应具备能够处理多媒体信息的高性能计算机系统以及与之相对应的输入/输出能力及外设；软件方面，应该有集成一体的多媒体操作系统、多媒体信息处理系统、多媒体应用开发与创作工具等。

(2) 实时性。由于多媒体技术是多种媒体集成的技术，其中声音及活动的视频图像是和时间密切相关的连贯媒体，这就决定了多媒体技术必须要实时处理。如播放时，声音和图像都不能出现停顿现象。

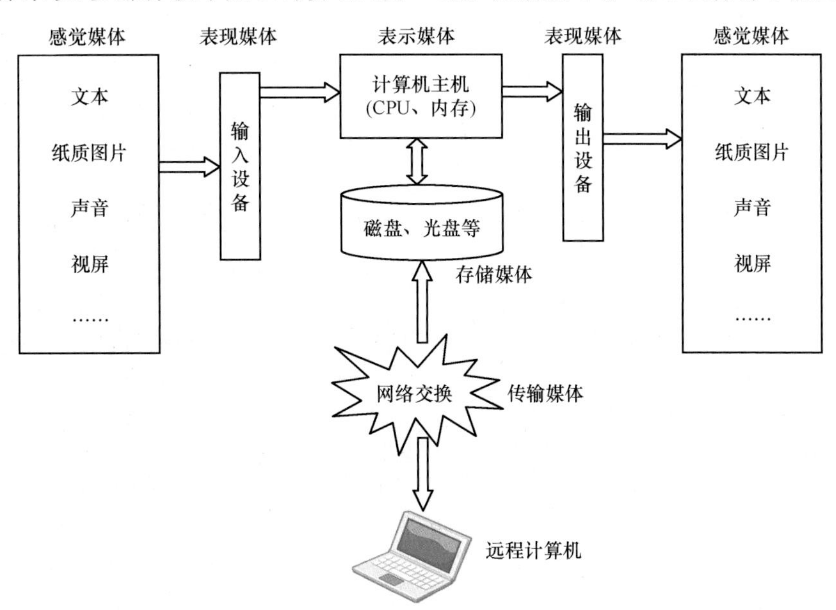

图8-2　媒体与计算机系统

(3) 交互性。交互特性向用户提供了更加有效地控制和使用信息的手段，除了操作上的控制自如(可通过键盘、鼠标、触摸屏等操作)外，在媒体综合处理上也可做到随心所欲，如屏幕上声像一体的影视图像可以任意定格、缩放，可根据需要配上解说词和文字说明等。交互性可以增加对信息的注意和理解，延长信息的保留时间，使人们获取信息和使用信息的方式由被动变为主动。借助于交互性，人们不是被动地接受文字、图片、声音和图像，而是可以主动地随时进行编辑、检索、提问和回答，这种功能是一般的家电产品所不具备的。

(4) 多样性。多样性是指媒体种类及其处理技术的多样化。多样性使计算机所能处理的信息空间得到扩展和放大，不再局限于数值和文本，而是广泛采用图像、图形、视频、音频等媒体形式来表达思想。此外，多样性还可使人类的思维表达不再局限于线性的、单调的、狭小的范围内，而有了更充分、更自由的余地，使计算机变得更加人性化。

(5) 数字化。处理多媒体信息的关键设备是计算机，所以要求不同媒体形式的信息都要进行数字化；另一方面，以全数字化方式加工处理的多媒体信息，具有精度高、定位准确和质量效果好等特点。

3. 多媒体信息的类型 目前，多媒体信息在计算机中的基本形式可划分为文本、图形、图像、音频、动画和视频等，这些基本信息形式也称为多媒体信息的基本元素。不同形式的多媒体信息以不同类型的数据文件形式而存在。

(1) 文本：文本(text)指各种文字，包括各种字体、尺寸、格式及色彩的文本。在多媒体应用系统中适当地组织使用文字可以使显示的信息更容易理解。多媒体应用中使用较多的是带有段落格式、字体格式、边框等格式信息的文字，这些文字可以先使用文本编辑软件(例如 Word)，或使用图形图像制作软件将文字编辑处理成图片，再输入到多媒体应用程序中，也可以直接在多媒体创作软件中进行制作。

(2) 图形：图形(graphic)是指从点、线、面到三维空间的黑白或彩色几何图。图形是计算机绘制的画面，图形文件中记录图形的生成算法和图上的某些特征点信息，例如图形的大小、形状、关键点位置、边线宽度、边线颜色填充颜色等。图形也称为矢量图，需要显示图形时，绘图程序从图形文件中读取特征点信息，调用对应的生成算法，并将其转换为屏幕上可以显示的图形。

图形可以移动、旋转、缩放、扭曲，在放大时不会失真。图形中的各个部分可以在屏幕上重叠显示并保持各自的特征，同时还可以分别控制处理。由于图形文件只保存算法和特征点信息，所以图形文件占用的存储空间较小，但在显示时需要经过调用生成算法计算，所以显示速度比图像慢。目前图形应用于制作简单线条的图画、工程图、艺术字等。常用的矢量图形制作软件有 FreeHand、CorelDraw 等。另外，动画制作软件 Flash 和 3ds max 中创建的对象也是矢量对象。

(3) 图像：图像(image)是由图像输入设备例如数码相机、扫描仪捕捉的实际场景画面，或者以数字化形式存储的任意画面。图像由排列成行列的像素点组成，计算机存储每个像素点的颜色信息，因此图像也称为位图，显示时通过显示卡合成显示。图像通常用于表现层次和色彩比较丰富、包含大量细节的图，一般数据量都较大，例如照片。常用的图像处理软件有 Photoshop、PhotoImpact 等。

(4) 音频：音频(audio)是携带信息的重要媒体。计算机获取、处理、保存的人类能够听到的所有声音都称为音频，它包括噪声、语音、音乐等。音频可以通过声卡和音乐编辑处理软件采集、处理。储存下来的音频文件需使用对应的音频程序播放。

(5) 动画：动画(animation)是活动的画面，实质是一幅幅静态图像的连续播放。由于人类眼睛具有"视频暂留"的特性，看到的画面在 1/24 秒内不会消失，所以如果在一幅画面消失前播放出下一幅画面，就会给人造成一种流畅的视觉变化效果，形成动画。计算机动画按制作方法可以分成帧动画和造型动画：帧动画由一幅幅位图组成连续的画面，快速播放位图产生动画效果；造型动画是对每一个运动的物体分别进行设计，赋予每个动元一些特征，然后用这些动元构成完整的帧画面，动元的表演和行为由脚本来控制。另外，从空间的视觉效果角度，计算机动画又可以分为平面动画和三维动画。从播放效果角度划分，计算机动画还可以分为顺序动画和交互式动画。目前常用的动画制作软件有 Flash、3D Max 等。

(6) 视频：视频(video)是由单独的画面序列组成，这些画面以每秒超过 24 帧的速率连续地投射在屏幕上，使观察者产生平滑连续的视觉效果。计算机中的视频信息是数字的，可以通过视频卡将模拟视频信号转变成数字视频信号，进行压缩，存储到计算机中，播放视频时，通过硬件设备和软件将压缩的视频文件进行解压。常用的视频文件格式有 AVI、MPG、MOV、RMVB 等。

☞考点：媒体的分类、多媒体与多媒体技术的概念、多媒体的特点、多媒体信息的类型

8.1.3 实施方案

要实现张护士长的愿望，需要完成以下三个任务：

(1) 提供多媒体计算机一台。硬件部分:普通的计算机和相应的外设部分,外设部分包括音箱、话筒、数码相机、录像机和各种扩展接口;软件部分:Window XP操作系统,Office 2003办公软件等。

(2) 通过数码相机和录像机拍摄报告中所需的图片和视频,并把图片、视频存放到多媒体计算机的指定文件夹中。

(3) 打开Office办公软件中的PowerPoint 2003,在PowerPoint 2003中做出文字报告提纲,把图片、视频等多媒体元素插入到合适的位置,并制作相应的动画效果完成报告(详情可参考本书第5章PowerPoint 2003应用)。

8.2 多媒体计算机

8.2.1 任 务

小刘是某学校的音乐老师,拥有一台普通的计算机。最近他开通了博客,想录制并合成一些自创歌曲上传到博客里。考虑到去录音棚的费用太高,小刘想自己动手录制。那么在现有条件下,小刘还需要做些什么才能实现自己的愿望?

8.2.2 相关知识与技能

1. 多媒体计算机系统组成 多媒体计算机系统不是单一的技术,而是多种信息技术的集成,是把多种技术综合应用到一个计算机系统中,实现信息输入、信息处理、信息输出等多种功能。多媒体计算机系统由多媒体硬件系统和多媒体软件系统两大部分组成,并分为6个不同层次。表8-1所示为一个多媒体计算机系统的层次结构。

表8-1 多媒体计算机系统的层次结构表

应用系统运行平台	第六层	软件系统
创作、编辑软件	第五层	
媒体制作平台与工具	第四层	
多媒体核心系统软件(驱动程序、操作系统)	第三层	
多媒体计算机硬件系统	第二层	硬件系统
多媒体外围设备	第一层	

第一层,多媒体外围设备。包括各种媒体、视听输入输出设备及网络。

第二层,多媒体计算机硬件系统。包括多媒体计算机基本配置以及各种外部设备的控制接口卡。

第三层,多媒体核心系统软件,包括操作系统和驱动程序。该层软件为系统软件的核心,操作系统提供对多媒体计算机的硬件、软件控制与管理;驱动程序负责驱动、控制硬件设备,提供输入输出控制界面程序,即I/O接口程序。

第四层,媒体制作平台和媒体制作工具软件。设计者利用该层提供的接口和工具采集、制作媒体数据。常用的有图像设计与编辑系统,二维、三维动画制作系统,声音采集与编辑系统,视频采集与编辑系统以及多媒体公用程序与数字剪辑艺术系统等。

第五层,多媒体创作与编辑系统。该层是编辑制作多媒体应用系统的工具,设计者可以利用这层的开发工具和编辑系统来创作各种教育、娱乐、商业等应用软件。

第六层,多媒体应用系统的运行平台,即多媒体播放系统。它是由开发人员利用第四、第五层制作的面向最终用户的多媒体产品。

以上六层中,一、二层构成多媒体硬件系统,其余四层是软件系统。软件系统又包括系统软件(如操作系统)和应用软件。

2. 多媒体计算机的功能 根据开发和生产厂商以及应用角度的不同,多媒体计算机可分成两大类:一类是家电制造厂商研制的交互式音像家电,这类产品以微处理芯片为核心,通过编程控制管理电视机、音响、DVD影碟机等,因而也被称为电视计算机(TelePuter);另一类是计算机制造厂商研制的计算机产品,如Apple公司的PowerMac系列计算机和广为应用的PC系列机,它们扩展了音/视频处理功能,比电视机、音响等具有更好的娱乐功能和交互能力,因而也被称为计算机电视(Compuvision)。我们通常所说的多媒体计算机是指后者,它一般具备以下功能特点:

(1) 界面友好,人性化。利用多媒体技术,可以设计和实现更加自然和友好的人机界面,更接近于人的思维和使用习惯,使计算机朝着人类接收信息和处理信息的最自然的方向发展。

(2) 视、听、触觉全方位感受,立体性强。多媒体技术融合人类通过视觉、听觉和触觉所接收的信息,通过多种信息表现形式,可以生动、直观地传递极为丰富的信息。例如,商家通过多媒体演示可以将企业的产品、企业文化等表现得淋漓尽致,客户则可通过多媒体演示随心所欲地了解感兴趣的内容,直观、经济、便捷,效果非常好。

(3) 人机交互,可控性强。多媒体技术的交互性,使得用户可以控制信息的传递过程,从而获得更多的信息,并可提高用户学习和探索的兴趣,增强感受和学习的效果。例如,在多媒体教学系统中,学生可以根据自己的需要选择不同章节、难易程度各异的内容进行学习;一次没有弄明白的重点内容,还可以重复播放。在网络多媒体教学系统中,学生能方便地进行测试、与老师交流、进行网上无纸化考试等。

(4) 信息组织完善。多媒体信息数据不仅包括文字、图像、声音、视频等信息,而且还将它们有机地组织在一起,在各种媒体元素之间建立联系,形成包括所有信息内涵的完善的信息组织方式。多媒体信息可存储在光盘上,以节约存储空间便于信息检索。光盘可长期保存,使得数据安全可靠。

(5) 模拟真实环境,激发创造性思维。多媒体技术可以模拟出各种真实场景(虚拟现实,Virtual Reality),人们可以在这种环境里分析问题,研究问题,交流思想,体验感受,创造未来。多媒体系统可以创造自然界中没有的事物,扩大人类研究问题的领域和空间,增强人的想象力,激发人的创造性思维。

3. 多媒体计算机硬件系统 构成多媒体计算机硬件系统除了需要较高配置的计算机主机硬件之外,通常还需要音频、视频处理设备,光盘驱动器,各种媒体输入/输出设备等。多媒体计算机系统需要计算机交互式地综合处理声、文、图等信息,不仅处理量大,处理速度要求也很高,因此对多媒体计算机硬件系统的要求比一般计算机硬件系统要高。

通常对多媒体计算机基本硬件结构要求是有功能强、速度高的主机,有足够大的存储空间(主存和辅存),有丰富的接口和外部设备等。图 8-3 所示为多媒体计算机硬件系统基本组成。

(1) 主机:多媒体计算机主机可以是中、大型机,也可以是工作站,然而目前更普遍的是多媒体个人计算机,即 MPC(multimedia personal computer)。MPC 是目前市场上最流行的多媒体计算机系统,通常可通过两种方式构成 MPC:一是厂家直接生产一体化的 MPC。二是在原有的 PC 机上增加多媒体套件升级为 MPC。升级套件主要有声卡、CD-ROM 驱动器及解压卡等,再安装上驱动程序和软件支撑环境即可构成。由于多媒体计算机要有较大的主存空间和较高的处理速度,故 MPC 主机既要有功能强,运算速度高的中央处理器(CPU),又需要高分辨率的显示接口。

(2) 多媒体接口卡:多媒体接口卡是根据多媒体系统为获取或编辑音频、视频的需要插接在计算机上,以解决各种媒体数据的输入输出问题的硬件设施。它是制作和播放多媒体应用程序必不可少的,常用的接口卡有声卡、显示卡、视频压缩卡、视频捕捉卡、视频播放卡、光盘接口卡等。

链 接

1990 年 11 月,在 Microsoft 公司的主持下,Microsoft、IBM、Philips、NEC 等较大的多媒体计算机公司成立了多媒体计算机市场协会,进行多媒体计算机标准的制定。根据当时的计算机发展水平首先制定了基本标准 MPC1,随后又颁布了多媒体计算机 MPC2、MPC3 标准。1995 年 6 月,多媒体计算机市场协会(现已更名为"多媒体 PC 工作组")公布的最新标准 MPC3 对主机的要求为:

CPU:Pentium,75MHz 或者更高

主存(RAM):8MB 以上

显示系统:VGA 或更好的显示器,(65K MPEG1)640×480,65536 色

随着计算机硬件技术和多媒体技术的飞速发展,MPC 的标准规范还在不断升级,并且出现了将多媒体和通信功能集成到了 CPU 芯片中的 MMX 技术,形成了专用的多媒体微处理器,并支持 DVD、具有 TV 功能及集成化网络接口等。

(3) 多媒体外部设备:多媒体外部设备十分丰富,工作方式一般为输入和输出。按其功能又可分如下四类:

1) 视频、音频输入设备(摄像机、录像机,扫描仪,传真机、数字相机、话筒等)。

2) 视频、音频播放设备(电视机、投影电视、大屏幕投影仪、音响等)。

3) 人机交互设备(键盘、鼠标、触摸屏、绘图板、光笔及手写输入设备等)。

4) 存储设备(磁盘,光盘等)。

4. 多媒体计算机软件系统 多媒体计算机软件系统按功能可分为系统软件和应用软件。

(1) 多媒体系统软件:多媒系统软件是多媒体系统的核心,它不仅要灵活调度多媒体数据进行传输和处理,还要控制各种媒体硬件设备和谐地工作,即将种类繁多的硬件有机地组织到一起,使用户能够灵活的控制多媒体硬件设备,组织、操作多媒体数据。

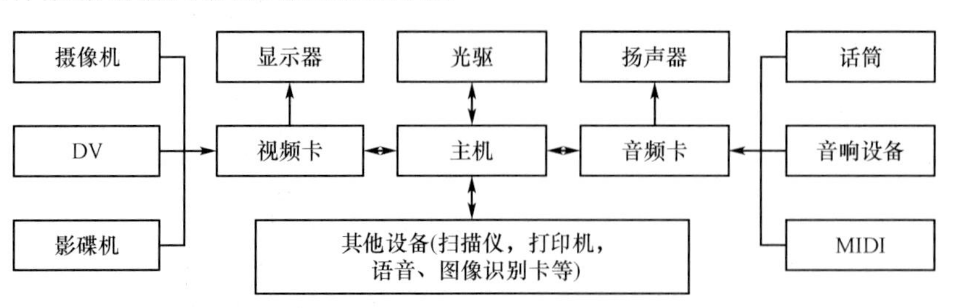

图 8-3　多媒体硬件系统基本组成

多媒体计算机系统软件包括：

1）多媒体驱动软件。多媒体驱动软件（也称驱动模块）是最底层硬件的软件支撑环境，直接与计算机硬件打交道，完成设备初始化、设备的打开和关闭、基于硬件的压缩/解压缩、图像快速变换及功能调用等。通常驱动软件有视频子系统、音频子系统以及视频/音频信号获取子系统等。一种多媒体硬件需要一个相应的驱动程序，驱动程序一般随硬件产品提供。

2）驱动器接口程序。驱动器接口程序是高层软件与驱动程序之间的接口软件，为高层软件建立虚拟设备。

3）多媒体操作系统。多媒体操作系统是软件的核心，是多媒体高层软件与硬件之间交换信息的桥梁，是用户使用多媒体设备的操作接口。主要包括三大功能：向用户提供使用多媒体设备的操作（命令、图标等）接口、向用户提供多媒体程序设计的程序调用接口以及提供一般操作系统的管理功能。Microsoft公司的 Windows 系列操作系统、Apple 公司的 Mac OS X 等都是典型的多媒体操作系统。

4）媒体素材制作软件及多媒体库函数。这层软件是为多媒体应用程序进行数据准备的程序，主要为多媒体数据采集软件。其中包括数字化音频的录制、编辑软件，MIDI 文件的录制、编辑软件，图像扫描及预处理软件，全动态视频采集软件，动画生成、编辑软件等。多媒体库函数作为开发环境的工具库，供设计者调用。

5）多媒体创作工具、开发环境。多媒体创作工具和开发环境主要用于编辑生成多媒体特定领域的应用软件，是多媒体设计人员在多媒体操作系统上进行开发的软件工具。与一般的编程工具不同，多媒体创作工具能对多种媒体信息进行控制、管理和编辑，能按用户要求生成多媒体应用程序。功能强、易学易用、操作简便的创作系统和开发环境是多媒体技术广泛应用的关键所在。目前的创作工具有三种档次：高档适用影视系统的专业编辑、动画制作和特技效果的生成；中档用于培训、教育和娱乐节目的制作；低档用于商业信息的简介简报、家庭学习材料，电子手册等系统的制作。

通常，驱动程序、接口程序、多媒体操作系统、多媒体数据采集程序以及创作工具、开发环境这些系统软件都由计算机专业人员设计、实现。

（2）多媒体应用软件：多媒体应用软件是在多媒体创作平台上设计开发的面向应用领域的软件系统，通常由应用领域的专家和多媒体开发人员共同协作、配合完成。开发人员利用开发平台、创作工具制作组织各种多媒体素材，生成最终的多媒体应用程序，并在应用中测试、完善，最终成为多媒体产品。例如，各种多媒体教学系统、培训软件，声像俱全的电子图书等，这些产品以磁盘、更多地是以光盘产品形式面世。

综上所述，多媒体计算机软件系统以图 8-4 所示的层次结构描述。其中低层软件是建立在硬件基础上，而高层软件则建立在低层软件的基础上。

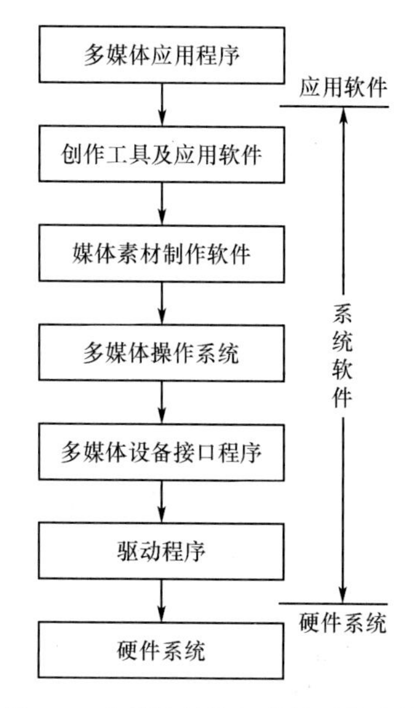

图 8-4 多媒体计算机软件系统结构

☞考点：多媒体计算机的功能、多媒体计算机硬件与软件系统的组成

8.2.3 实施方案

实现小刘老师的愿望其实很简单，就是将现有的计算机改装成对音频处理要求比较高的多媒体计算机，分为硬件升级和软件安装两步：

（1）硬件升级：在现有电脑的基础，增加一个专业的声卡和一些音频输入输出的外部设备（话筒、音响等）。

（2）软件安装：安装声卡的驱动程序和专用的音频处理软件 GoldWave。通过 GoldWave 来完成对声音的录制、编辑、合成等。当然要掌握并熟练应用 GoldWave 这款软件，小刘老师还要多学习哦。

链接

GoldWave 是一个集音频播放、录制、编辑、转换于一体的多功能音频制作处理软件。使用 GoldWave 可以录制音频文件；可以对音频文件进行剪切、复制、粘贴、合并等操作；可以对音频文件调整音量、调整音调、降低噪声、静音过滤等操作；提供回声、倒转、镶边、混响等多种特效；可以在多种音频格式之间进行转换，包括 WAV、OGG、VOC、IFF、AIFF、AIFC、AU、SND、MP3、MAT、DWD、SMP、VOX、SDS、AVI、MOV、APE 等；也可以从 CD 或 VCD 或 DVD 或其他视频文件中提取声音。GoldWave 是一款非常实用的音频处理软件，有兴趣的读者可自己去网上下载试用。

8.3 多媒体信息的数字化和压缩技术

8.3.1 任　　务

一对新婚夫妇，为了纪念结婚时的美好时刻，决定把他们的结婚录像进行以下几种处理：①刻录一张DVD光盘，以供随时在DVD影碟机中播放；②在自己的计算机硬盘上保存一份，可随时打开观看；③上传到互联网上一份，供朋友们在线观看。他们要如何来实现自己的这个愿望？

8.3.2 相关知识与技能

1. 多媒体信息处理的关键技术　由于多媒体信息在计算机中的基本形式可划分为文本、图形、图像、音频、视频和动画等，因此多媒体信息处理技术由文本、图形、图像、音频、视频和动画等不同媒体信息的处理技术组成。

（1）文本处理技术：文本是多媒体信息中最基本的表示形式，也是计算机系统最早能够处理的信息形式之一，随着多媒体计算机技术的发展，文本处理的内涵也从以前单一的无格式文本编辑发展到可以定义字体、字号、风格、颜色以及版面格式信息的格式文本。特别是超文本和超媒体技术的出现，使得包括格式文本在内的多种媒体信息（图形、图像、声音、视频、动画等）能够以非线性关系组织在一起，形成一个超文本文件。常见的文本处理软件有：字处理软件Word，超文本编辑软件FrontPage，网页设计软件Dreamweaver（图8-5）等。

（2）图形/图像处理技术：图形处理是指在计算机环境下，实现对矢量图形的表示、绘制、处理、输出等；图像处理包括对非数字化的图形/图像信息进行采样、量化及编码实现数字化，然后对数字化的信息进行数字化编辑处理、压缩、存储，当需要输出图像时，再将其解压缩并还原。其中的数字化编辑处理主要是指对已经数字化了的图像信息所进行的具体技术性处理，以达到所希望的应用效果。这些技术处理包括图像亮度或对比度的增强、图像平滑、边缘锐化、图像分割、图像校正、图像识别等。常见的图形处理软件有AutoCAD、3D Max，图像处理软件有Photoshop等。

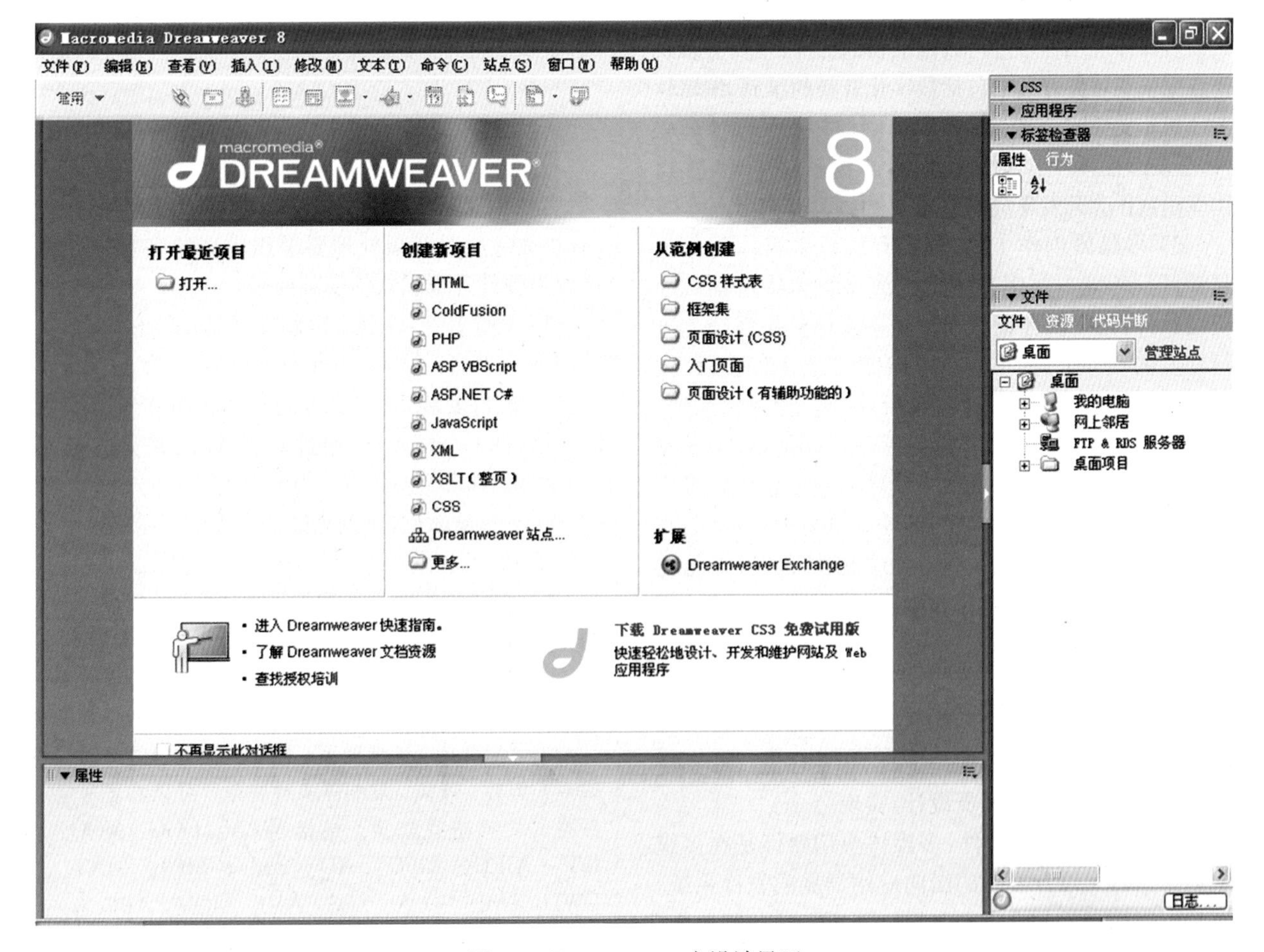

图8-5　Dreamweaver主设计界面

(3) 音频处理技术：音频处理技术使计算机具备了录音、声音编辑、语音合成、声音播放等功能，在MPC中，可以通过声音传递信息、制造效果、营造气氛及演奏音乐等。音频处理基础主要包括模拟声音信号的数字化，数据压缩编码，数字音效处理，音频文件存储、传输、播放等。常见的音频处理软件是Ulead公司的Audio Editor等。

(4) 视频/动画处理技术：需要同时处理运动图像和与之相伴的音频信号，是多媒体信息处理技术中较为复杂的信息处理技术。常见的视频处理软件有Premiere Pro、动画处理软件有Flash等。

2. 多媒体信息的数字化　多媒体信息的数字化就是把文本、图形、图像、音频、动画、视频转换成计算机所能识别的二进制代码的过程。下面主要介绍音频和图形/图像的数字化（文字数字化参考本书第1、2节；动画/视频可以看做是图形/图像的动态形式，并配以同步的声音，不在单独介绍其数字化过程）。

(1) 音频的数字化

A. 声波采样与数字化

声音是随时间而连续变化的波，这种波传到人们的耳朵，引起耳膜振动，这就是人们听到的声音。声音信号又称音频信号，是一种模拟信号，主要由振幅与频率来描述。

图8-6中，波形相对基线的最大位移称为振幅A，反映音量；波形中两个相邻的波峰（或波谷）之间的时间称为振动周期T，周期的倒数$1/T$即为频率f，以赫兹(Hz)单位。周期和频率反映了声音的音调。正常人所能听到的声音频率范围为20Hz～20kHz。

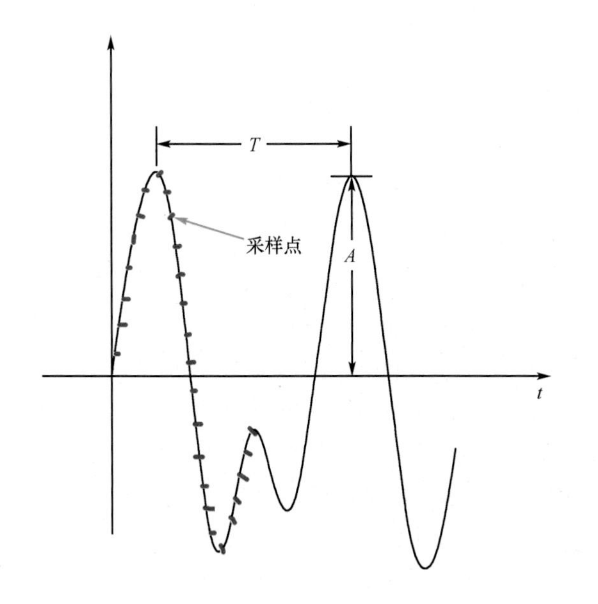

图8-6　声音的波形表示与采样

音频信号的数字化，就是将模拟音频信号每隔一定时间间隔对声波进行采样，如图8-6所示，以便捕捉采样点的振幅值，并将所获取的振幅值用一组二进制脉冲序列表示。这个过程称为声音的离散化或数字化，也称为模/数(A/D)转换；反之若要将声音输出时，进行逆向转换，即数/模(D/A)转换。数字化声音的质量由采样频率和采样点数据的测量精度（振幅值位数）以及声道数有关。

1) 采样频率：采样频率即每秒钟的采样次数。采样频率越高，数字化音频的质量越高。根据Harry Nyquist采样定律，采样频率高于输入的声音信号中最高频率的两倍就可从采样中恢复原始波形。这就是在实际采样中，采取40.1kHz作为高质量声音的采样标准的原因。

2) 采样点精度：采样点精度也即存放采样点振幅值的二进制位数。这是通过将每个波形采样垂直等分而得。8位采样的精度有256个等级；16采样精度有2^{16}个等级。

3) 声道数：声音是有方向的，而且通过反射产生特殊的效果。当声音达到左右两耳的相对时差和不同的方向感觉不同的强度，就产生立体声的效果。

声道数指声音通道的个数。单声道只记录和产生一个波形；双声道产生两个波形，也即立体声，存储空间是单声道的两倍。

记录每秒钟存储声音容量的公式为

采样频率×采样精度（位数）×声道数/8＝字节数

例如，用44.10kHz的采样频率，每个采样点用16位的精度存储，则录制1秒钟的立体声（双声道）节目，其WAV文件所需的存储量为

44100×16×2/8＝176 400(字节)

在声音质量要求不高时，降低采样频率、降低采样精度的位数或利用单声道来录制声音，可减小声音文件的容量。

B. 主要使用的声音文件

1) Wave格式文件(.WAV)：Wave波形文件由外部音源（麦克风、录音机）录制后，经声卡转换成数字化信息以扩展名.wav存储；播放时还原成模拟信号由扬声器输出。Wave格式文件直接记录了真实声间的二进制采样数据，通常文件较大。Wave格式是Microsoft公司开发的一种声音文件格式，是PC机上最为流行的声音文件格式；由于其文件尺寸较大，多用于存储简短的声音片断。

2) MIDI格式文件(.MID)：MIDI是乐器数字接口(Musical Instrument Digital Interface)的英文缩写，是为了把电子乐器与计算机相连而制定的一个规范，是数字音乐的国际标准。与波形文件不同的是，MIDI文件（扩展名为.mid）存放的不是声音采样信息，而是将乐器弹奏的每个音符记录为一连串的数

字，然后由声卡上的合成器根据这些数字代表的含义进行合成后由扬声器放声音。相对于保存真实采样数据的 Wave 文件，MIDI 文件显得更加紧凑，其文件尺寸通常比声音文件小得多。同样 10 分钟的立体声音乐，MIDI 长度不到 70kB，而声音文件要 100MB 左右。在多媒体应用中，一般 Wave 文件存放的是解说词，MIDI 存放的是背景音乐。

3） MPEG 音频文件（.MP1/.MP2/.MP3）：MPEG 指的是采用 MPEG 音频压缩标准进行压缩的文件，MPEG 音频文件根据对声音压缩质量和编码复杂程度的不同可分为三层，分别对应扩展名为 .MP1、.MP2 和 .MP3 这三种格式文件。MPEG 音频编码具有很高的压缩率，MP1、MP2、MP3 的压缩率分别为 4∶1、6∶1～8∶1 和 10∶1～12∶1，也就是说一分钟 CD 音质的音乐，未经压缩需要 10MB 存储空间，而经过 MP3 压缩编码后只有 1MB 左右，同时其音质基本保持不失真，因此，目前使用最多的是 MP3 文件格式。

链 接

MP3 音乐来源：除了网上下载和购买 MP3 音乐光盘外，其他许多格式的音乐文件也可以转换成 MP3 格式。一般 MP3 是从 WAV 文件或 CD 中压缩来的，从 WAV 文件中得到的 MP3 文件的大小和质量与相应的 WAV 文件的大小和质量直接相关。而 WAV 文件的大小和质量则与具体录制时定义的声音采样率有关，所以在制作 MP3 的时候，应尽量选择音乐质量较好的文件进行压缩。

（2）图形/图像的数字化

A. 概述

1）图形和图像：在计算机中图形与图像是不同的两个概念。图形一般是指通过绘图软件绘制的由直线、圆、圆弧、任意曲线等组成的画面，图形文件中存放的是描述图形的指令，以矢量图形文件形式存储；图像是由扫描仪、数字照相机、摄像机等输入的画面，数字化后以位图形式存储。图形和图像区分类似声音文件中的 MIDI 和 WAV 格式文件，特点也相似。

2）动画和视频：动态的图像是由一系列的静态画面按一定的顺序排列组成，并配以同步的声音。每一幅称为“帧”，当每秒以 25 帧的速度播放时，由于视觉的暂留现象产生动态效果。

动态的图像有动画和视频两种方式。动画的每一幅画面通过一些工具软件（如 3D Studio Max、Flash 等）对图像素材进行编辑制作而成；而视频影像是对视频信号源（如电视机、摄像机等）同音频相似的方式经过采样和数字化后保存。这如同关于矢量图形与图像的类比一样，动画是用人工合成的方法对真实世界的一种模拟，而视频影像则是对真实世界的记录。

B. 图形/图像的数字化

一幅图像可认为是由若干行和若干列的像素（pixels）点组成的阵列，每个像素点用若干个二进制进行编码，表示图像的颜色，这就是图像的数字化。描述图像重要的属性是：图像分辨率（dpi）和颜色深度。

图像分辨率是用每英寸中多少点表示，图像越精细，分辨率越高。如图 8-7 所示（a 图分辨率为 192×192，b 图为 48×48）。

a

b

图 8-7　图像分辨率示意

像素的颜色深度，即每一个像素点表示颜色的二进制位数。例如，单色图像的颜色深度为 1，则用一个二进制位表示纯白、纯黑两种情况。一般情况下单色图像的颜色深度为 8，占一个字节，即用 8 位二进制来表示颜色灰度为 $2^8=256$ 级（值为 0～255）的单色图像。彩色图像显示时，由红、绿、蓝三色通过不同的强度混合而成，当强度分成 256 级（值为 0～255），颜色深度为 3×8＝24，占 3 个字节，构成了 $2^{24}=16777216$ 种颜色的“真彩色”图像。例如要表示一个分辨率为 640×480 的“真彩色”图像，需要 640×480×3＝900KB 容量。而要在计算机连续显示分辨率为 1280×1024 的“真彩色”高质量的电视图像，按每秒 30 帧计算，显示 1 分钟，则需要

1280（列）×1024（行）×3（字节）× 30（帧/秒）×60≈6.6GB

一张 650MB 的光盘只能存放 6 秒左右的电视图像，这就带来了图像数据的压缩问题。

C. 图像文件格式

1）静态图像格式。

a. BMP 和 DIB 格式文件（.BMP 和 .DIB）：BMP（Bitmap）是一种与设备无关的图像文件格式，是 Windows 环境中经常使用的一种位图格式。DIB（Device Independent Bitmap）与 BMP 本质一致，是为了跨平台交换而使用的一个格式。

b. GIF 格式文件（.GIF）：GIF（Graphics Interchange Format）是美国联机服务商 CompuServe 为指定彩色图像传输协议而开发的一种公用的图像文件格式标准，是 Internet 上 WWW 中的重要文件格式之

一。GIF 图像最大不超过 64kB，压缩比较高，与设备无关。

c. JPEG 格式文件(.JPG)：JPEG 是利用 JPEG 文件压缩的图像格式，压缩比高，但压缩/解压缩算法复杂、存储和显示速度慢。同一图像的 BMP 格式的大小是 JPG 格式的 5～10 倍；而 GIF 格式最多只能是 256 色，因此 JPG 格式成了 Internet 中最受欢迎的图像格式。

d. WMF 格式文件(.WMF)：WMF 是比较特殊的图元文件，属于位图与矢量图的混合体。Windows 中许多剪贴画图像是以该格式存储的，广泛应用于桌面出版印刷领域。

2) 动态图像格式。

a. AVI 格式文件(.VAI)：AVI(Audio-Video Interleaved，音频-视频交错)格式文件将视频与音频信息交错地保存在一个文件中，较好地解决了音频与视频的同步问题，是 Viedo for Windows 视频应用程序使用的格式，目前已成为 Windows 视频标准格式文件，数据量较大。

b. MOV 格式文件(.MOV)：MOV 格式文件是 Apple 公司在 Quick Time for Windows 视频应用程序中使用的视频文件。可在 Macintosh 系统中运行，现已移植到 Windows 平台。利用它可以合成视频、音频、动画、静止图像等多种素材，数据量较大。

c. MPG 格式文件(.MPG)：MPG 格式文件是按照 MPEG 标准压缩的全屏视频的标准文件。目前很多视频处理软件都支持这种格式文件。

d. DAT 格式文件(.DAT)：DAT 格式文件是 VCD 专用的格式文件，文件结构与 MPG 文件格式基本相同。

e. RMVB 格式文件(.RMVB)：RMVB 格式文件是比较适合在互联网上应用的一种可变比特率的流媒体视频。在牺牲了少部分察觉不到的影片质量情况下最大限度地压缩了影片的大小，最终拥有了近乎完美的接近于 DVD 品质的视听效果。

3. 数据压缩技术

(1) 数据压缩的概念：多媒体信息的特点之一就是数据量巨大，由此可引发三方面的问题：一是多媒体信息的存储问题；二是多媒体信息的传输问题；三是计算机处理多媒体信息的速度问题。这些都是多媒体技术中的主要瓶颈问题，除了扩大存储器容量、增加通信干线的带宽和提高计算机系统的处理能力之外，解决这些问题的更为有效的方法就是数据压缩。

我们知道多媒体信息处理的首要条件就是要将各种媒体形式的信息数字化，而数字化是一个程序化、机械化的过程，只是按照事先规定好的频率和量化精度完成多媒体信息的采样，整个过程不考虑采样对象的表示特性，所以巨大的采样信息中必然包含着一些没必要保留的信息，即存在着数据冗余。数据压缩就是从采样数据中去除冗余，即保留原始信息中变化的特征性信息，去除重复的、确定的或可推知的信息，在实现更接近实际媒体信息描述的前提下，尽可能地减少描述用的信息量。

(2) 多媒体数据中的冗余：经研究发现，多媒体数据中存在着大量的冗余；通过去除冗余数据可以使原始多媒体数据极大的减少，从而解决多媒体数据量巨大的问题。一般而言，多媒体数据中存在的数据冗余情况有以下几种：

1) 空间冗余。空间冗余是图像数据中的一种冗余。在同一幅图像中，规则物体和规则背景表面的采样点的颜色往往具有空间连贯性，这些具有空间连贯性的采样点数字化后表现为空间数据冗余。例如，图像中的一块颜色相同的区域中所有像素点的色相、饱和度、明度都是相同的，就存在较大的空间冗余。

2) 时间冗余。时间冗余是视频和音频数据中经常包含的冗余。例如，视频数据中相邻两帧之间有较大的相关性，而不是一个完全在时间上独立的过程，因而存在时间冗余。

3) 视频听觉冗余。视频听觉冗余是指人眼不能感知或不敏感的图像信息、听觉不能感知的音频信息。例如，人类视觉系统一般的分辨能力约为 26 灰度等级，超过分辨能力范围的像素信息就是视觉冗余信息。

4) 信息熵冗余。信息熵冗余也称编码冗余。如果图像中平均每个像素使用的比特数大于该图像的信息熵，则图像中存在冗余，这种冗余称为信息熵冗余。

5) 结构冗余。结构冗余是指图像中存在很强的纹理结构或自相似性。有些图像从大的区域上看存在着非常强的纹理结构，例如，布纹图像存在结构冗余。

6) 知识冗余。知识冗余指对图像的理解与某些基础知识有相当大的相关性。例如，人脸的图像有固定的结构，嘴的上方有鼻子，鼻子的上方有眼睛，鼻子位于正面图像的中线上等。这类规律性的结构可由先验知识和背景知识得到，这类冗余称为知识冗余。

(3) 数据压缩的指标和类型：在图像、音频、视频等数据中都存在大量的冗余信息，经过数据压缩后可以大大减少占用的存储空间，提高数据传输速度。压缩处理包括编码和解码两个过程，编码是将原始数据进行压缩，解码是将编码数据进行解码，还原为可以使用的数据。

多媒体数据压缩技术经过多年的研究与应用实践，已经形成了一系列针对不同信息内容的数据压缩算法，但衡量它们的指标却是相同的，主要包括：①压缩比。压缩比要大，即压缩前后的信息存储量之比要大。②恢复效果。恢复效果要好，要尽可能地恢复原始数据。③算法速度。压缩算法要简单，压缩和解压速度要快，尽可能做到实时压缩和解压。

数据压缩可以分成无损压缩、有损压缩和混合压缩三种类型。无损压缩是指去掉或减少数据中的冗余数据，这些冗余数据可以重新插入到数据中，因此，无损压缩是可逆的，也称为无失真压缩。有损压缩是指去掉多媒体数据中人类视觉和听觉器官中不敏感的部分来减少信息量，减少的信息不能再恢复，因此有损压缩是不可逆的。混合压缩综合了无损压缩和有损压缩的长处，在压缩比、压缩效率和保真度之间最佳折中。例如静态图像压缩国际标准 JPEG、动态图像压缩国标标准 MPEG 就是采用混合压缩算法，JPEG 对单色和彩色图像的平均压缩比为 10∶1 和 15∶1；MPEG 平均压缩比为 50∶1。

☞考点：多媒体信息的数字化过程，数据压缩的概念、指标和类型，数据冗余的类型

8.3.3 实施方案

要实现这对新婚夫妇的愿望，只需在他们的计算机上装上一个专门的视频压缩处理软件（比如 TMPGEnc、Canopus ProCoder、会声会影、格式工厂等）。按照不同的要求，选择不同的视频输出格式：①刻录 DVD 光盘，选择输出 DVD 格式，然后刻录（前提是电脑必须有 DVD 刻录机）；②保存电脑的，可以输出为 MPEG 格式，支持多种播放器模式；③上传到互联网上的，可以输出为 RMVB 格式，大大压缩了文件，又保留了视频的清晰度。

链接 >>>

压缩宝典——TMPGEnc 与 Canopus ProCoder

TMPGEnc 是一套 MPEG 编码工具软件，支持 VCD、SVCD、DVD 等多种格式。它能将各种常见影片文件进行压缩、转换成符合 VCD、SVCD、DVD 等的视频格式。

Canopus ProCoder 是目前的压缩软件中画质、画面细节处理方面相当好的一个，它的设计基于 Canopus 专利 DV 和 MPEG-2 codecs 技术，支持输出到 MPEG-1、MPEG-2、Windows 媒体、RealVideo、Apple QuickTime、Microsoft DirectShow、Microsoft Video for Windows、Microsoft DV、Microsoft DV 和 Canopus DV 视频格式。

8.4 多媒体相关软件简介

8.4.1 任　务

某高校一年一度的学生社团招新工作开始了，计算机协会为了吸引更多新成员的加入，希望在宣传板上做出一个醒目的名字——“计算机”。现有多媒体计算机一台（含彩色打印机），装有 Windows XP 操作系统及图像处理软件 Photoshop CS2。那么在现有条件下如何实现计算机协会的要求？

1. 图像处理软件 Photoshop

（1）Photoshop 简介：Photoshop 是 Adobe 公司开发的一种多功能图像处理软件，具有图像采集（扫描）、裁剪、合成、混合、效果设计等功能，支持多种图像文件格式，可在 Macintosh 计算机或装有 Windows 操作系统的 PC 机上运行，是平面设计的专业处理工具。它的基本功能包括图像扫描、基本作图、图像编辑、图像尺寸和分辨率调整、图像的旋转和变形、色调和色彩功能、多种文件格式、图层功能、特殊效果创意以及通过滤镜及其组合向用户提供无限的创意等。限于篇幅，仅对 Photoshop 的基本功能及其使用方法进行简单介绍，更为详细的内容，可参阅其他相关书籍。

（2）Photoshop 的基本知识

1）对比度。对比度是指不同颜色之间的差异。对比度越大，两种颜色之间的反差越大，反之则越接近。

2）图层。在 Photoshop 中，一般都会用到多个图层，每一层好像是一张透明纸，叠放在一起就是一个完整的图像。对某一图层进行修改处理时，对其他的不会造成任何影响。

3）通道。在 Photoshop 中，通道是指色彩的范围，一般情况下，一种基本色为一个通道。例如，RGB 颜色的 R 为红色，所以 R 通道的范围为红色，同样，G 通道的范围为绿色，B 通道的范围为蓝色。

4）路径。路径工具可以用于创建任意形状的路径，可利用路径绘图或者形成选区选取图像。路径可以是闭合的，也可以是开放的。在路径面板中可以对勾画的路径进行填充、描边、建立或删除等操作，还可以将路径转换为选区。

5）颜色模式。Photoshop 支持 RGB 模式、CMYK 模式、HSB 模式、Lab 模式、位图模式和灰度模式。需要强调的是，不管是扫描输入的图像，还是绘制的图像，一般都要以 RGB 模式存储，因为 RGB 模式存储图像产生的图像文件小，处理起来很方便，并且在 RGB 模式下可以使用 Photoshop 所有的命令

和滤镜。在图像处理过程中，一般不使用CMYK模式，主要是因为这种模式的图像文件大，占用的磁盘空间和内存大，而且在这种模式下许多滤镜都不能使用。只有在打印输出时使用CMYK模式。

(3) Photoshop的使用：启动Photoshop CS2，进入如图8-8所示的窗口。主窗口主要包括菜单栏、状态栏、工具箱、控制面板等。

A. 主菜单

主菜单是Photoshop CS2主窗口的重要组成部分，与其他应用程序一样，Photoshop CS2根据图像处理的各种需求，将所有的功能命令分类后，分别放在不同的菜单中，如图8-9所示。

1)【文件】菜单：该菜单下的命令主要用于文件管理、操作环境以及外设管理等，是所有菜单中最基本的菜单。

2)【编辑】菜单：主要用于对选定的图像、选定的区域进行各种编辑、修改操作。在Photoshop CS2中经常要用到此菜单，它的各个命令和其他应用软件中的【编辑】菜单的功能相差不大，此外还包含一些图形处理功能，如填充、描边及自由转换和变形等。

3)【图像】菜单：主要用于图像模式、图像色彩和色调、图像大小等各项的设置，通过对此菜单中各项命令的应用可以使制作出来的图像更加逼真，而且往往运用其某一个调节命令就能使作品提高几个档次，所以只有掌握了【图像】菜单中的各项命令后才能创造出高质量的图像作品。

4)【图层】菜单：用于建立新层或通过剪切、复制来建立新层；复制或删除当前层；修改当前层和调整层；增加或删除层的蒙版以及使层的蒙版无效；建立或取消层组；重新排列层；向下合并一层，合并可见层或所有层；去掉粗糙点或褪光消除边缘效应。

5)【选择】菜单：允许用户选择全部图像、取消选择区域和反选；充色选择区域，柔化和改变选择区域；将色彩相近的像素点扩充到选择区域；调出通道上的选择区域或将选择区域存放在通道中。

6)【滤镜】菜单：用于使用不同滤镜命令来完成各种特殊效果。滤镜包括艺术效果滤镜、模糊滤镜、扭曲变形滤镜、风格化滤镜、渲染滤镜、纹理滤镜、素描滤镜、画笔描边、锐化滤镜、像素化滤镜、杂色滤镜、视频滤镜、其他滤镜以及自定义滤镜效果程序。

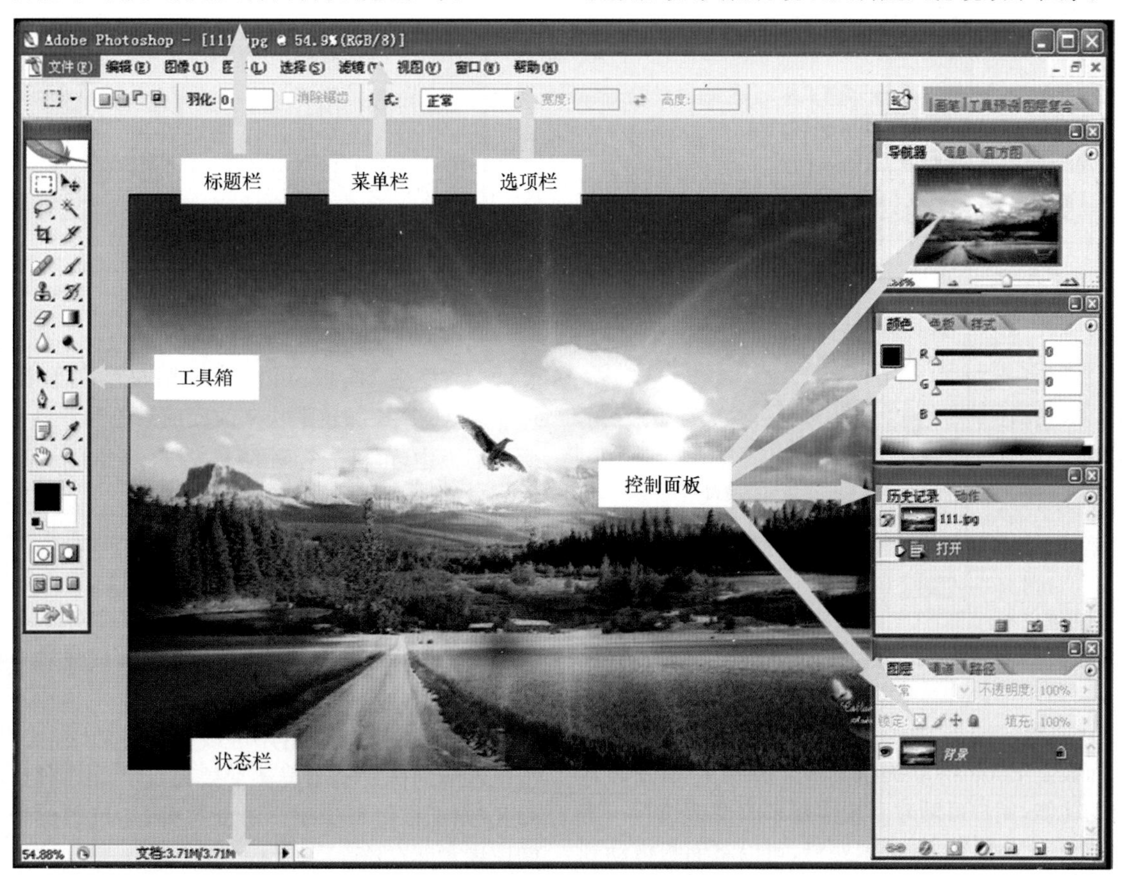

图8-8　Photoshop的主窗口

图8-9　Photoshop的菜单

7)【视图】菜单：提供一些辅助命令，可以帮助用户从不同的视角、不同的方式来观察图像。

8)【窗口】菜单：用于管理 Photoshop CS2 中各个窗口的显示与排列方式，该菜单中的命令比较简单。

B. 工具箱

工具箱一般位于 Photoshop 工作区的左侧，可以用鼠标按住工具箱的标题栏，将工具箱拖到屏幕的其他位置。当把鼠标指针放在某个工具上不动时，Photoshop 会及时显示一条信息，该信息提供了当前所指工具的名字和快捷键。工具箱中有一些工具的右下角有一个小的◢符号，表示该工具中还有隐藏工具。只要将其按住 2～3 秒钟，即可出现隐藏的展开工具栏(如单击“减淡工具”后会显示出“加深”和“海绵”工具)，然后移动到相应的工具上释放鼠标即可将其选中。工具箱当前选用的工具如图 8-10 所示。

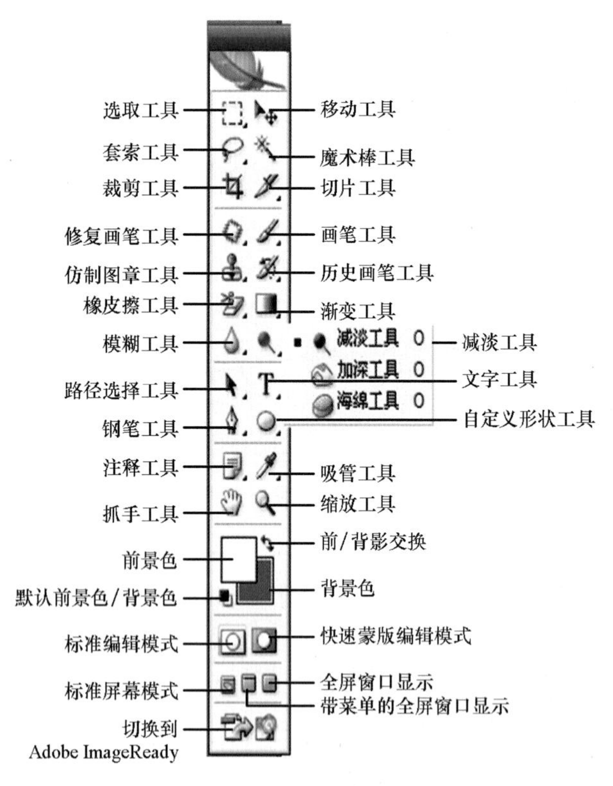

图 8-10　Photoshop 的工具箱

C. 面板

面板是 Photoshop 提供的一个很有特色且非常有用的功能，用户可随时利用面板来改变或执行一些常用的功能。按住面板的标题栏，可以将面板拖动到屏幕上的任意位置。通过【窗口】菜单中选中或取消相应命令可决定显示或隐藏各种面板。

1)“导航器”面板：用来放大、缩小视图及快速查看某一区域，如图 8-11 所示。

2)“信息”面板：用于显示图像区鼠标指针所在位置的坐标、色彩信息及选择区域的大小等信息。如图 8-12 所示。

图 8-11　“导航器”面板

导航器	信息	直方图

R: 110　C: 43!
G: 232　M: 0!
B: 253　Y: 11!
K: 0!
8 位　8 位
X: 1.98　W:
Y: 2.87　H:
文档:3.71M/3.71M
绘制矩形选区或移动选区外框。要用附加选项，使用 Shift、Alt 和 Ctrl 键。

图 8-12　“信息”面板

3)“颜色”面板：可以通过调整颜色面板中的 RGB 或 CMYK 颜色滑块来改变前景色和背景色。在颜色面板中，可单击右侧的▶按钮，弹出下拉菜单，切换到不同的色彩模式。

4)“色板”面板：此面板和颜色控制面板具有相同的地方，都可用来改变工具箱中的前景色和背景色。将鼠标指针移动到色板区单击某个样本可选择一种颜色取代工具箱中当前的前景色，按住 Ctrl 键同时单击某个样本可改变背景色。

5)“样式”面板：用户可以直接使用“样式”面板中已有的的样式给图层添加效果，也可以利用“图层样式”对话框进行编辑。除此之外，还可以编辑一些图层样式并存储在一个“样式”面板中，以便以后进行图像处理时直接使用。这些都体现了比滤镜更优越的可编辑功能，从而也提供了广阔的应用空间。

6)“路径”面板：通常要与钢笔工具联合使用。钢笔工具用来创建曲线和直线路径并可进行编辑。生成的路径在“路径”面板中可显示，利用“路径”面板

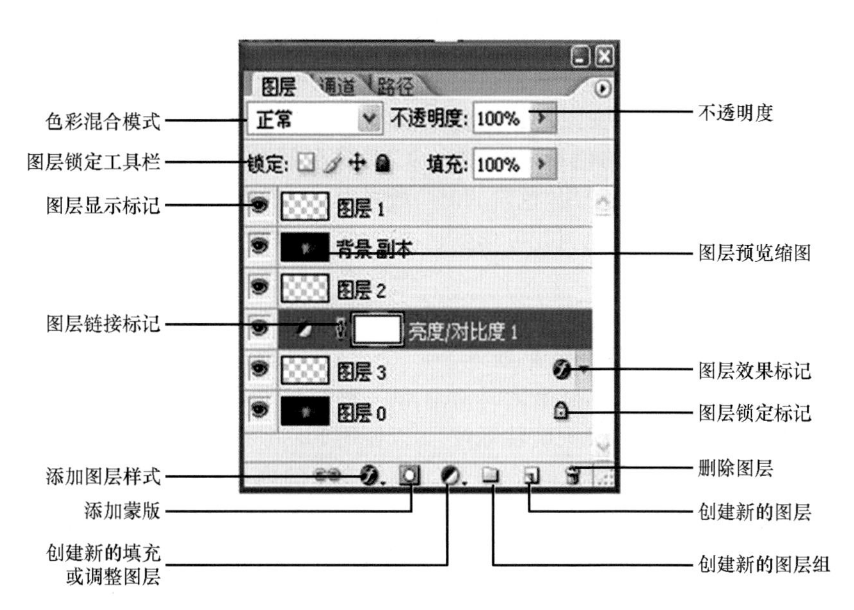

图 8-13　“图层”面板

可将路径中的区域填满颜色或用颜色描绘出路径的轮廓。此外，也可将路径转变为选择区域、建立新路径、复制路径和删除路径等。

7)“图层”面板：用来管理图层，在进行图像创作编辑时，可以增加若干图层，将图像的不同部分分别放在不同的图层中，每个层都可以独立操作，对所选的当前工作图层进行操作时不会影响其他层。“图层”面板如图 8-13 所示。

8)“通道”面板：用于创建和管理通道，如图 8-14 所示。通道是用来存储图像的颜色信息、选区和蒙版的，利用通道可以调整图像的色彩和创建选区。通道主要有 3 种：颜色通道、Alpha 通道和专色通道。一幅图像最多可以有 24 通道，通道越多，图像文件越大。

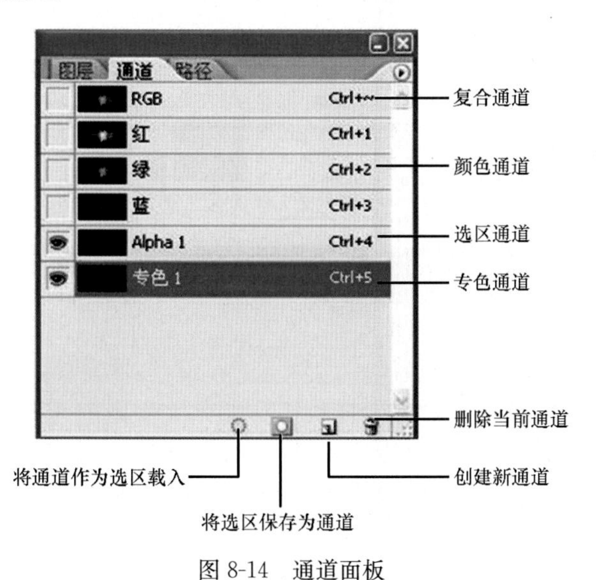

图 8-14　通道面板

9)“历史记录”面板：用来记录操作步骤并帮助用户恢复到操作过程中任何一步的状态。当执行不同的步骤时，在“历史记录”面板中就会记录下来，并根据所执行的命令的名称自动命名。单击任何一个中间步骤时，滑标就会出现在选中的步骤前面，其下面的步骤都会就成灰色。此时，若单击面板右下角的垃圾筒图标，则当前选中的步骤和此后所有以灰色表示的步骤全部被删除。从“历史记录”面板右上角的下拉菜单中选择[历史记录选项]命令，若选中[允许非线性历史记录]选项，则当选中历史记录的中间步骤时，其后面的步骤仍然正常显示。当执行删除记录命令后，只是当前选中的某个记录被删除，后面的步骤不受任何影响。

注意：软件范围的更改，如对调色板、色彩设置、动作和预置的更改，由于不是对某个图像进行更改，所以不会被添加到“历史记录”面板中。

10)“动作”面板：使用“动作”面板可以将一系列的命令组合为一个单独的动作，执行这个单独的动作就相当于执行了这一系列命令，从而使执行任务自动化。熟练掌握了动作命令的操作，就可以在某些操作上大幅度提高工作效率。例如，如果喜欢一种特效字的效果，那么就可以创建一个动作，该动作可应用一系列制作这种特效字的命令来重现所喜爱的效果，而不必像以前那样一步步地重新进行操作。

D. 图像的色彩调整

色彩调整在图像的修饰过程中是非常重要的一项内容，它包括对图像色调进行调节、改变图像的对比度等。【图像】菜单下的[调整]子菜单中的命令都是用来进行色彩调整的。[色阶]、[自动色阶]、[曲线]、[亮度/对比度]命令主要用来调节图像的对比度和亮度，这些命令可修改图像中像素值的分布，其中

[曲线]命令可提供最精确的调节。另外,还可以对彩色图像的个别通道执行[色阶]、[曲线]命令来修改图像中的色调。[色彩平衡]命令用于改变图像中颜色的组成,该命令只适合做快速而简单的色彩调整,若要精确控制图像中各色彩的成分,应该使用[色阶]和[曲线]命令。[色相/饱和度]、[替换颜色]和[可选颜色]用于对图像中的特定颜色进行修改。

E. 滤镜

滤镜专门用于对图像进行各种特殊效果处理。图像特殊效果是通过计算机的运算来模拟摄影时使用的偏光镜、柔焦镜及暗房中的曝光和镜头旋转等技术,并加入美学艺术创作的效果而发展起来的。

图像的色彩模式不同,使用滤镜时就会受到某些限制。在位图、索引图、48 位 RGB 图、16 位灰度图等色彩模式下,不允许使用滤镜。在 CMYK、Lab 模式下,有些滤镜不允许使用。虽然 Photoshop 提供的滤镜效果各不相同,但其用法基本相同。首先,打开要处理的图像文件,如只对部分区域进行处理,就要选择区域,然后从【滤镜】菜单中选择某一滤镜,在出现的对话框中设置参数,确认后即出现该滤镜效果。

操作技巧:在执行滤镜时,最近用到的滤镜命令,可以通过 Ctrl+F 组合键将它们重新执行一次;对文字图层不能直接应用滤镜,必须将文字图层转换为普通图层。

(4) 颜色模式的转换:当一幅图像处理完毕后,就可以打印输出或发布使用。为了在不同的场合正确输出图像,有时需要把图像从一种模式转换为另一种模式。Photoshop 通过选择单击【图像】菜单→选[模式]命令来实现需要的颜色模式转换。由于颜色模式的转换有时会永久性地改变图像中的颜色值,例如将 RGB 模式图像转换为 CMYK 模式图像时,CMYK 色域之外的 RGB 颜色值被调整到 CMYK 色域之内,从而缩小了颜色范围,导致部分颜色信息丢失。所以,在转换前最好为其保存一个备份文件,以便在必要时恢复图像。

2. 2D 动画制作软件 Flash

(1) Flash 简介:Flash 是 Macromedia 公司推出的一种交互式动画制作软件,设计人员和开发人员可以使用 Flash 来创建演示文稿、应用程序和其他允许用户交互的内容。Flash 可以将音乐、声音、动画、视频和特殊效果融合在一起,制作出包含丰富媒体信息的动画,并且可以在画面里进行控制和操作,创建各种按钮用于控制信息的显示、动画或声音的播放以及对不同鼠标事件的响应等。

Flash 动画采用矢量图形、关键帧技术制作动画,生成的动画占用空间小,有利于存储和传输,并可以任意缩放尺寸而不影响质量;采用流媒体技术,使动画可以一边播放一边下载,用户可以在整个 Flash 动画文件还没有下载完成时先看到已下载部分的效果,更加适合通过 Internet 传递和播放。

(2) Flash 创作界面:Flash 8 启动窗口如图 8-15 所示,由菜单栏、工具箱、时间轴、场景、属性栏和面板集组成。

1) 菜单栏。菜单栏由【文件】、【编辑】、【查看】、【插入】、【修改】、【文本】、【控制】、【窗口】和【帮助】九大菜单组成,包含了 Flash 8 的各种命令和操作。

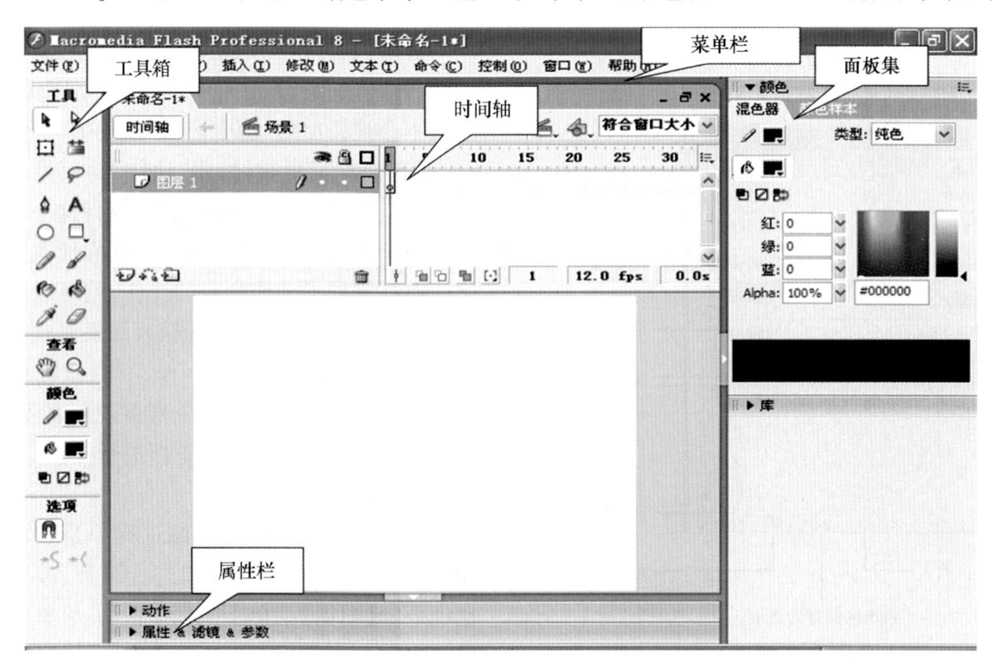

图 8-15 Flash 8 主窗口

2）工具箱。工具箱位于窗口的左侧，放置了可进行图形和文本编辑的各种工具，这些工具可以绘图、选取、喷涂、修改以及编排文字。详细名称见图 8-16。

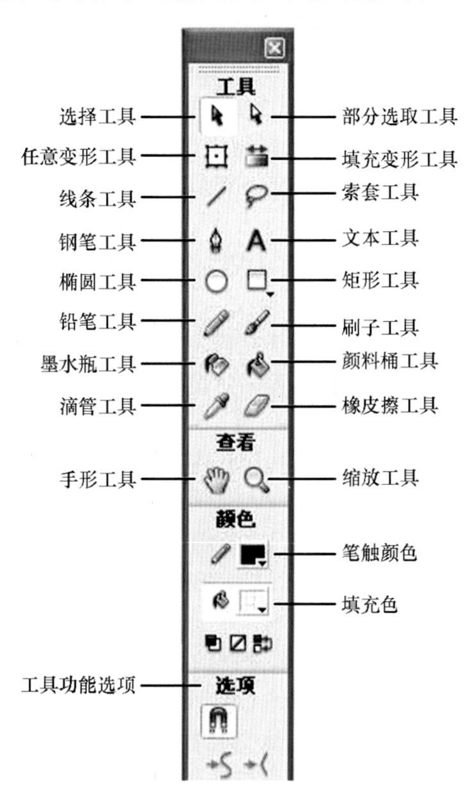

图 8-16　Flash 8 工具箱

3）时间轴。时间轴可以安排动画中各对象出场的先后次序，它包含两个基本元素：层和帧。时间轴窗口的左边是层操作区，显示动画中包含的各层之间的相互关系；右边是帧控制区，显示各层中的帧信息。

4）场景。场景是绘制、编辑和测试动画的地方，一个场景就是一段相对独立的动画。一个 Flash 动画可以由一个场景组成，也可以由几个场景组成。

5）属性栏。属性栏用于显示或修改在 Flash 场景中选中的某个对象的属性。

6）面板集。面板集由一系列控制面板组成，如动作面板、颜色面板、库等。这些面板主要用于对场景中对象的各种属性进行设置。

限于篇幅，仅对 Flash 做一些简单介绍，更为详细的内容，可参阅其他相关书籍。

3. 多媒体综合创作工具 Authorware

（1）Authorware 简介：Authorware 是美国 Macromedia 公司开发的一个优秀的多媒体创作工具，利用 Authorware 可以将图像、文本、动画、数字电影和声音等媒体信息集成，制作交互式多媒体应用程序。

Authorware 是图标导向式的多媒体创作工具，通过对图标的调用来编制程序，无需进行复杂的编程，非专业人员也可以使用 Authorware 开发多媒体应用软件。Authorware 的主要特点表现在以下几个方面。

1）采用结构化和设计图标式的程序设计方法。Authorware 采用结构化的观点设计应用程序，使用 Authorware 开发的应用程序由主流程线与设计图标组成，程序结构清晰，开发和维护都很容易。Authorware 提供了显示、擦除、等待等 13 个设计图标，设计人员只需要将设计图标拖动到程序设计窗口的流程线上，Authorware 根据特有的控制方式并结合对设计图标相关内容的设置安排程序的执行方向。

2）具有实时编辑功能。Authorware 提供可以直接在窗口中编辑对象的实时编辑功能，在测试程序时设计人员只要双击对象就可以打开对应的对话框对该对象进行修改，减少了程序开发的工作量，加快了程序开发的速度。

3）强大的多媒体处理功能。Authorware 中可以直接创建文本，对文本的字体、字号、颜色等特性进行设置，设计人员可以在 Authorware 中直接创建图形和简单动画。使用声音、视频、数字电影图标还可以将音频、视频、动画等素材添加到多媒体作品中并进行控制。

4）强大的交互功能。Authorware 提供了按钮响应、热区域响应、热对象响应、目标区响应、下拉菜单响应、文本输入响应、重试限制响应、时间限制响应、条件响应、按键响应和事件响应等多种响应方式，使开发的多媒体应用软件具有强大的交互功能。

（2）Authorware 创作界面：Authorware 启动窗口如图 8-17 所示，由菜单栏、工具栏、图标工具栏、设计窗口组成。

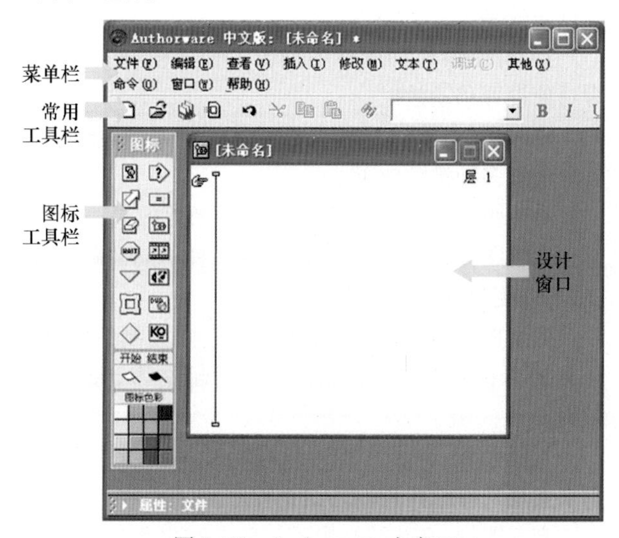

图 8-17　Authorware 主窗口

1）菜单栏包括【文件】、【编辑】、【查看】、【插入】、【修改】、【文本】、【调试】、【其他】、【命令】、【窗口】、【帮助】等常用菜单，包含了 Authorware 的各种命令和操作。

2) 常用工具栏包括新建、打开、保存等基本工具按钮。

3) 图标工具栏(图 8-18)包括 14 个图标、开始和结束旗帜、图标色彩盘。图标是开发多媒体应用程序的主要工具，每个图标都能实现一项特殊的功能，各个图标功能如下：

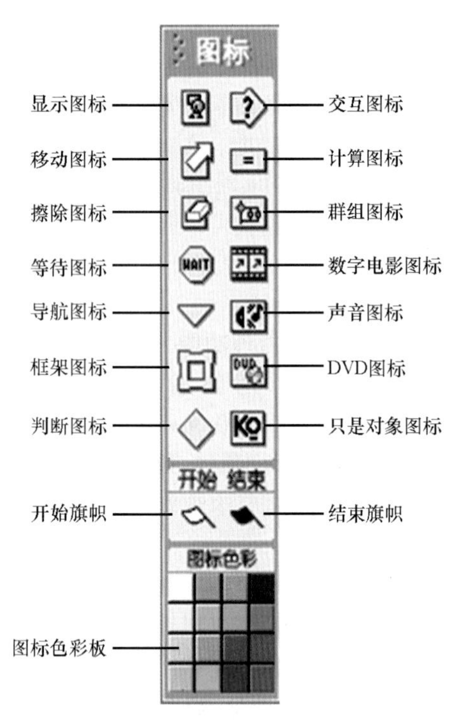

图 8-18　Authorware 图标工具栏

显示图标：在显示图标中可以加入文本、绘制图形、添加静态图像，在显示这些对象时还可以设置多种过滤效果。

移动图标：移动图标中提供多种移动方式，可以为对象设置移动效果。

擦除图标：擦除屏幕上显示的图标对象，擦除时可以设置多种擦除效果。

等待图标：可在应用程序中产生暂停效果。

导航图标：导航图标可以提供多种不同的跳转连接，可以控制程序流程的跳转。

框架图标：框架图标提供一组定向控制按钮，配合导航图标可以建立页面系统和超文本、超媒体结构。

判断图标：判断图标可以控制程序流程的跳转，用来实现选择结构和循环结构程序。

交互图标：交互图标用于实现具有交互功能的分支结构，它包括 11 种响应方式，根据用户做出的响应决定执行哪个分支程序。

计算图标：计算图标用于执行算术运算、函数运算或指定的代码。

群组图标：群组图标的作用类似于子程序，将多个图标放置在群组图标中可以使程序的层次结构更加清晰、逻辑更加清楚。

数字电影图标：数字电影图标用于导入并播放 AVI、FLC、MPG 等格式的数字电影。

声音图标：声音图标用于导入其他软件录制、编辑的 WAV、AIFF、FCM、SWA、VOX 等格式的声音文件。

DVD 图标：用于将 DVD 信息数据引入程序，控制 DVD 的播放。

知识对象图标：用于在程序中插入知识对象。

开始旗帜：在调试程序时设置程序流程的运行起始点。

结束旗帜：在调试执行程序时设置程序流程的运行终止点。

图标工具栏的最下方是图标色彩板，共 16 种颜色，使用图标色彩板可以给流程线上选定的图标着色，使程序结构更加清晰。

Authorware 是一款优秀的图标导向式多媒体制作软件，主要用于多媒体 CAI 课件、军事及模拟系统、多媒体咨询系统、多媒体交互数据库、仿真模拟培训等系统，限于篇幅不再详细介绍，有兴趣的同学可以参考相关的书籍。

8.4.2　实施方案

要实现计算机协会的要求其实很简单，就是在 Photoshop 中把文字“计算机”做成闪光字效果图即可。运用了 Photoshop 的基本操作和滤镜功能，具体操作步骤如下：

(1) 新建一个 400×190 像素的白色背景的文件，模式为 RGB 颜色；输入字体为“黑体”，大小为 72 点的黑色文字“计算机”。

(2) 将文字图层作为当前图层，单击【图层】菜单→[栅格化]子菜单→选[文字]命令；单击【图层】菜单→选[复制图层]命令。

(3) 将“计算机 副本”层作为当前工作层，按下 Ctrl 键并在图层板上单击，以选中文字，然后单击【选择】菜单→选[反选]命令；再单击【编辑】菜单→选[填充]命令，填充为黑色，最后按下 Ctrl＋D 键取消选区。

(4) 将“计算机”层作为当前工作层，并移动到“计算机副本”图层之上；单击【滤镜】菜单→[模糊]子菜单→选[高斯模糊]命令，在对话框中将模糊半径设为 2，单击“确定”按钮。

(5) 单击【滤镜】菜单→[扭曲]子菜单→选[极坐标]命令，在对话框中选择“极坐标到平面坐标”，然后单击“确定”按钮；单击【图像】菜单→[旋转画布]子菜单-选[90度(顺时针)]命令，将画布顺时针旋转90度。

(6) 单击【滤镜】菜单→[风格化]子菜单→选[风]命令，在弹出的对话框中选择方法为“风”，方向为“从右”，单击“确定”按钮，然后重复操作一遍。

(7) 单击【图像】菜单→[调整]子菜单→选[反相]命令；然后重复使用两次[风]滤镜，此时图像变得比较暗；单击【图像】菜单→[调整]子菜单→选[自动色阶]命令，调整图像亮度。

(8) 单击【图像】菜单→[旋转画布]子菜单→选[90度(逆时针)]将画布旋转一下；单击【滤镜】菜单→[扭曲]子菜单→选[极坐标]命令，在对话框中选择“平面坐标到极坐标”，单击“确定”按钮。

(9) 将“计算机”图层的“色彩混合模式”设为“强光”，然后单击【图层】菜单-选[拼合图层]命令合并所有图层；单击【图像】菜单→[调整]子菜单→选[色相/饱和度]命令，在弹出的对话框中按图8-19所示设置参数，然后单击“确定”按钮。

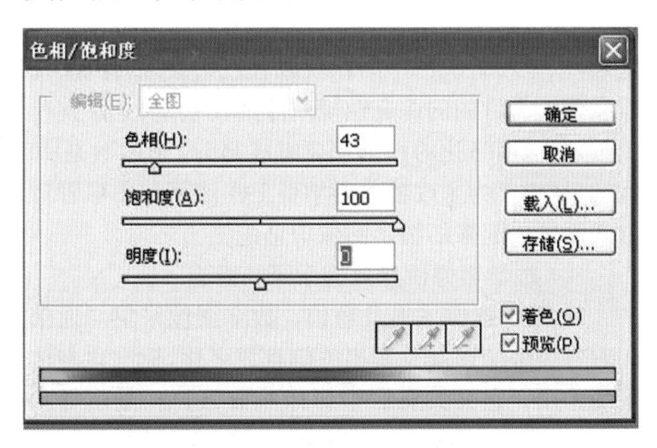

图8-19 色相/饱和度参数设置

(10) 最后选择彩色打印机打印。得到如图8-20所示效果图。

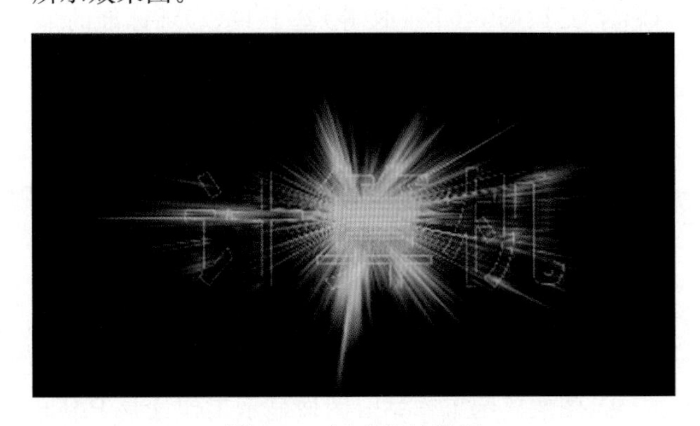

图8-20 闪光字效果图

8.5 医学信息应用基础

通过前面各章内容的学习，知道了计算机被更多地用来信息处理。计算机技术与网络技术、多媒体技术的有机结合，使计算机产生了更加强大的生命力，应用前景更加广阔，特别是在医学领域方面的应用更是方兴未艾。

8.5.1 任 务

小刘是某医学院校即将毕业的学生，在一次就业讲座上听到老师说，现阶段医院需要的是理论基础扎实、动手操作能力强、熟悉医院信息化办公流程的复合型人才，小刘就纳闷了，如何才能做到熟悉医院信息化办公呐？

8.5.2 相关知识与技能

1. 医院信息系统

(1) 医院信息系统概述：医院信息系统(hospital information system，HIS)是指利用计算机软硬件技术、网络通信技术等现代化手段，对医院及其所属各部门的人流、物流、财流进行综合管理，对在医疗活动各阶段中产生的数据进行采集、存储、处理、提取、传输、汇总、加工生成各种信息，从而为医院的整体运行提供全面的、自动化的管理及各种服务的信息系统。医院信息系统是现代化医院建设中不可缺少的基础设施与支撑环境。

在国际学术界，它已被公认为是新兴的医学信息学的重要分支。HIS系统的有效运行，将提高医院各项工作的效率和质量，促进医学科研、教学；减轻各类事务性工作的劳动强度，使他们腾出更多的精力和时间来服务于病人；改善经营管理，堵塞漏洞，保证病人和医院的经济利益；为医院创造经济效益和社会价值。

从系统应用的角度可将HIS分为两大部分，即医院管理信息服务和临床医疗信息服务。医院管理信息服务主要包括，一般医疗状况、综合情况、统计分析、医疗经济分析、病案管理、患者查询、病种分析，以及药品、器械、物资经费管理信息等。临床医疗信息服务主要是指为临床诊断、治疗提供相关信息的应用系统，包括医师、护士，门诊等工作和临床检验、医学影像、重症监护子系统等。

(2) 医院信息系统内容：医院信息系统是医疗服务和管理的重要辅助手段，这就决定了医院信息系统是一个不断发展的系统。随着信息技术、通信技术的进步和发展及应用的深入，医院信息系统也将不断充实和完善。

根据数据流量、流向及处理过程，将整个医院信息系统划分为5部分，各部分功能综述如下：

1) 临床诊疗部分。临床诊疗部分主要以病人信息为核心，将整个病人诊疗过程作为主线，医院中所有科室将沿此线展开工作。随着病人在医院中每一步诊疗活动的进行产生并处理与病人诊疗有关的各种诊疗数据与信息。整个诊疗活动主要由各种与诊疗有关的工作站来完成，并将这部分临床信息进行整理、处理、汇总、统计、分析等。此部分包括门诊医生工作站、住院医生工作站、护士工作站、临床检验系统、输入血管理系统、医学影像系统、手术室麻醉系统等。

2）药品管理部分。药品管理部分主要包括药品的管理与临床使用。在医院中，药品从入库到出库直到病人的使用，是一个比较复杂的流程，它贯穿于病人的整个诊疗活动中。这部分主要处理的是与药品有关的所有数据与信息。共分为两部分，一是基本部分，包括药库、药房及发药管理；二是临床部分，包括合理用药的各种审核及用药咨询与服务。

3）经济管理部分。经济管理部分属于医院信息系统中的最基本部分，它与医院中所有发生费用的部门有关，处理的是整个医院中各有部门产生的费用数据，并将这些数据整理、汇总、传输到各自的相关部分，供各级部门分析、使用并为医院的财务与经济收支情况服务。包括门急诊挂号，门急诊划价收费，住院病人入、出、转，住院收费、物资、设备，财务与经济核算等。

4）综合管理与统计分析部分。综合管理与统计分析部分主要包括病案的统计分析、管理，并将医院中的所有数据汇总、分析、综合处理供领导决策使用，包括病案管理、医疗统计、院长综合查询与分析、病人咨询服务。

5）外部接口部分。随着社会的发展及各项改革的进行，医院信息系统已不是一个独立存在的系统，它必须考虑与社会上相关系统互联问题。因此，这部分提供了医院信息系统与医疗保险系统、社区医疗系统、远程医疗咨询系统等外部接口。

（3）医院信息系统功能：HIS是以患者医疗信息、卫生经济信息和物资管理信息为3条主线，其应用范围覆盖医疗护理管理部门、临床科室及各个医技科室，能够满足不同类型医院的管理和医疗护理工作的需求。医院领导层、各级管理人员、医护人员等，可以及时地、全面地获得必需的信息，从而提高工作效率和服务质量。其主要功能包括：

1）提供信息服务。通过所收集的数据，能够为医院领导层、各级管理人员、医护人员提供各种统计资料，为随时查询医疗工作质量，查询科研、教学工作情况，掌握卫生经济平衡情况提供服务平台。

2）提供事务管理功能。通过HIS的实际应用，实现对门诊工作，临床工作，药品，财务收支，以及医院综合信息计算机化的管理与统计。

2. 医学影像信息处理系统体系结构

（1）医学影像信息处理系统概述：随着现代医学的发展，医疗机构的诊疗工作越来越多依赖医学影像的检查（X线、CT、MR、超声、窥镜、血管造影等）。传统的医学影像管理方法（胶片、图片、资料）诸此大量日积月累、年复一年存储保管，堆积如山，给查找和调阅带来诸多困难，丢失影片和资料时有发生。已无法适应现代医院中对如此大量和大范围医学影像的管理要求。采用数字化影像管理方法来解决这些问题已经得到公认。随着计算机和通信技术发展，为数字化影像和传输奠定基础。目前国内众多医院已完成医院信息化管理，其影像设备逐渐更新为数字化，已具备了联网和实施影像信息系统的基本条件，实现彻底无胶片放射科和数字化医院，已经成为现代化医疗不可阻挡的潮流。

医学影像信息处理系统（picture archiving and communication system，PACS），即图像存档与传输系统，是以医学影像领域数字化、网络化、信息化的趋势为要求，以数字成像技术、计算机技术和网络技术为基础，以全面解决医学影像获取、显示、处理、存储、传输和管理为目的的综合性规划方案及系统，是医院整体数字化、网络化的一个重要组成部分。PACS是20世纪80年代为了改善放射学科工作流程和图像管理方式而发展起来的医学图像信息系统。

（2）医学影像信息处理系统的组成

1）医学图像采集及通信。数字图像采集与通信起着各类医学影像及其相关信息数字化，标准化与传输的作用。它又具有医学影像获取、通信、显示等功能，可构成一个微型PACS(mini-PACS)。同时，又是PACS与RIS和HIS集成信息交换接口之一。PACS图像采集与通信网关一般具有发送功能和图像预处理功能，是PACS的图像采集端。它实现了对各种放射影像（CT、MR、CR/DR等）基于DICOM标准的采集和转换图像校验、图像本地存储和图像转发，从而为PACS系统提供标准可靠的信息，使医院放射科实现标准化、网络化的管理要求得以实现。

2）图像存储与管理。医学图像存储与管理服务器是PACS的核心，它负责图像的存储、归档、管理与通信，并为PACS工作站提供图像的查询和提取服务。PACS服务器是系统可靠、稳定和安全运行的关键，因此系统对服务器的硬件都有很高的要求。

3）图像显示工作站。图像显示工作站是PACS数据流中的最后一个环节。根据不同的图像显示应用可分为诊断工作站、浏览工作站、分析工作站、交互教学工作站、手术模拟工作站和医学治疗计划工作站等。其中，诊断工作站是供放射医师诊断用的工作站，诊断工作站由多台高分辨率专用显示器、高性能计算机及专用软件构成，用于处理多模态图像的通信（利用DICOM服务）、检查、图像导航、图像处理与进行数据流管理。其他图像工作站通常使用个人计算机安装相应的图像浏览软件以显示图像。

对于医学影像信息处理系统，由于其主要处理和传输的是医学影像，医学影像文件在未压缩的条件下都比较大如表8-2所示，这就对系统的存储和网络传输都提出了很高的要求，也是医学影像信息处理系统必须处理好的问题。

表8-2　对数字化影像检查空间分辨率与灰阶深度的基本要求

影像类型	空间分辨率(像素数)	灰阶深度(bits)
X线胸片或CR	至少2048×2048	12
乳房照相	至少4096×4096	12
CT	512×512	12
MRI	512×512	12
B超(冻结像)	512×512	8
血管造影(静态像)	1024×1024	8
核医学	256×256	8

3. 医学检验信息系统

(1) 医学检验信息系统概述：实验信息系统（laboratory information system，LIS）又称医学检验系统，是用于临床实验室相关信息处理的计算机系统。随着带有微机处理系统的分析仪器的问世，不仅使检验操作简便、分析快捷、结果准确，更重要的是，仪器具备了数据采集、存储、传输和分析的能力，大大方便了海量检验数据的集中分析处理，满足临床不断发展而日益增加的检验需求。在样本的检验和数据采集的矛盾解决后，大量检验数据的管理和传输是迫切需要解决的问题。在这种情况下，建立实验室信息系统是必然的趋势。借助计算机和数据库技术，将各个分散的分析仪器中的数据集中管理，并依靠网络通信技术实现检验数据的快速传递。

(2) 医学检验信息系统的作用与发展前景：LIS是促进实验定全面质量管理，实现实验定信息化的重要途径；对提高实验室的工作效率和工作质量，对临床提供更及时的服务具有促进作用。LIS的作用主要体现在以下几方面：

1) 实现了检验流程的规范化，借助质量控制机制，监控检验人员的操作及分析仪器的工作状态，保证检验的质量，降低检验人员的差错率和劳动强度。

2) 实现检验结果数字化，有利于数据的长期存储，为检验结果的深度处理积累大量的原始数据，加之系统提供多种统计功能，能直接统计处理数据，为科研和教学提供有力的实践依据。

3) 检验报告实现自动打印，不仅规范了检验报告单的格式，而且可降低医务人员手工填写报告导致交叉感染的风险。

4) 实现了检验结果的网上传递，不仅能使检验结果及时传送给临床医师，而且由于信息交换向Internet延伸，样本处理和传递技术与开放式实验室仪器相结合，通过与管理信息系统的集成，使实现实验室自动化成为可能。医师开检验申请时，计算机可打印条形码并自动将它贴在试管上，采样后，样本处理和传送全部自动化，检验仪器可依据条形码自动识别检验样本并进行检测。检验的结果则通过网络即时传递给医师工作站，医师能更及时地获得结果。

(3) 医学检验信息系统体系结构：在医疗活动的信息传输中，数据量最大的是实验室与临床科室间的信息交流，它所包含的内容不仅是检验科与临床科室间双向数据交流，还包括与医疗活动紧密联系的质量管理，效益管理及创造社会效益的远程资讯和咨询服务系统。检验科是医院医技部门的一大分支，大量的理化数据、信息，构成了诊疗实施和决策的重要依据。

LIS系统一般作为HIS系统的重要组成部分，不仅可以与HIS进行双向数据交换，而且可与远程室间质量评价(EQA)系统进行数据传输和信息检索，即局域网之间，局域网与远程网之间进行数据交换，从而为临床诊疗提供高效、可靠、精确的诊断依据。

4. 电子病历

(1) 电子病历概述：电子病历（electronic medical record，EMR）是以数字化形式采集、存储、管理、传输和再现的医学电子信息载体。它记录有关病人健康、医疗和护理状况的全部医疗数据；能进行多媒体信息综合处理，并具有信息共享、网络通信、决策支持等功能。EMR是以数字形式获取病人的各种医疗信息并加以管理和应用，可以根据需要以不同的形式显示，并进行各种数据操作、查询和统计。

(2) 电子病历的组成：作为患者信息的载体，电子病历主要记载的信息如下：

1) 患者的个人信息，包括患者的身份证号、性别、出生日期、通信地址、联系方法、职业、工作单位、籍贯、e-mail等。

2) 医嘱，记录每次看病过程中，医生对病情的分析、处理意见、注意事宜等。

3) 实验室检查结果，有些病情需要通过实验室检查来确定病情，此时电子病历也将融入这些实验室检查结果。

4) 影像检查结果，患者的病情需要通过一些医疗仪器的检查来辅助医生进行病情分析，例如，X射线、核磁等影像信息，这些也要以图片的方式记录到电子病历中。

5）住院记录，包括患者在医院里面的住院治疗全过程信息。

6）用药记录，包括患者在治疗病情的过程中，所使用的药品情况，例如，药品名称、数量、使用方法、药品价格等。

7）就医费用信息，主要是针对看病、治疗等的费用结算情况进行记录。包括挂号、医生诊治、住院、检查、化验等费用来进行记录。

8）医疗保险信息，对于享受医疗保险的患者，每次看病的时候，和医疗保险之间相关的信息将被记录。例如，保险公司信息、医疗保险结算情况等。

9）患者体验信息，包括每个人某阶段的身体检查情况，记录各种检测信息，为预防保健，潜伏病情提供医疗信息数据。例如，妇女的妇检、婴儿和儿童的固定检查、学生的体检、从业人员的健康体检等。

（3）电子病历的作用：电子病历的作用，根据其完成电子化记录内容数据的不同，可以分为五个阶段。

1）自动化的医疗记录。将原有的纸质记录，逐渐的转化为计算机化记录，目标是以计算机数据取代传统手写病历。目前国内的绝大多数的医疗机构都停留于该阶段，仅仅就是配合各家医院的医疗信息系统（HIS），将原有医师在诊疗时的手写病历输入到计算机后加以打印，再粘贴于医院的病历中。

2）计算机化的医疗记录。此阶段就是病历文件与影像文件的形成，同时成为无纸化的系统，也就是将病历数据完全以电子媒体档案来表示。此时，因为所有的病因资料包含病历摘要、检验及检查报告（包含X线片及其他医疗影像报告），医师或医疗人员都可以在医院计算机工作站取得，已经不需要将实体病历传递至诊间或护理站。

3）提供者平台的病人医疗记录。在此阶段需具备良好的基础建设，例如，网络带宽，病历文件影像文件或文字数据。不但无纸化的作业，而且计算机还可以将患者的病历数据和有关检验、检查数据、影像报告，运用类似专家系统的知识库，提供医疗专业人员诊断及治疗上的建议，具有提供者平台的界面。在此阶段工作的流程与传统的工作流程已经发生了重大转变，因此工作流程已向全面再造迈出重要一步。

4）电子化病人记录。具备区域性、国家化、全球化，而且依据事先制定的通信协议，可以在网络上互相交流的交换机制，同时病历数据在网络上要具有安全性、一致性，可以在重视个人隐私的条件下进行交换。

5）电子化的健康记录。这就是电子病历的最佳阶段，可以将电子病历做到个人化的健康记录，即个人的健康资料从出生到死亡，加以一一的记载。其病史及相关治疗记录，以电子媒体格式保存，以备查询或研究。这一阶段意义重大而且通常需要政府来全面主导，因为这是一个需要投入大量资源共同运作的工作，在构建该阶段时需要庞大的经费，同时要有良好的基础建设，而且要有专职的机构来负责维护及管理。该阶段完成后，要像全国户籍数据一样的完整，每一个人都有一个电子化的健康记录档案。

在上述的5个阶段当中，广义上说，都可以称作电子病历，但是，第5个阶段才是未来大家所期望的电子病历。也就是将电子病历能够做到个人化，除了不断地更新、增加个人的数据记录外，还可以提供临床研究或学术研究分析参考，其作用十分广泛。

8.5.3 实施方案

通过以上知识的学习，小刘明白了，现代医学的发展已经和信息化密不可分，从患者的角度来说，登记挂号、门诊就诊、开单检查、手术及药物处置、入院治疗、划价交费等都已经融入医院的信息化管理中。从医院的角度来说，各科室信息的统计和全院数据的汇总，以及管理都离不开信息化。从政府和社会的角度来说，公共卫生系统和社区医疗系统的建立，更需要信息化来完成。而自己作为一个即将进入医院工作的学生更需要更深层次的了解医疗信息化的过程及当前医院信息化管理水平。带着这样的疑问，小刘来到了图书馆。

练习8 多媒体技术基础知识测评

一、单选题

1. 根据国际电话电报咨询委员（CCITT）会制定的媒体分类标准中，核心媒体是________。
   A. 感觉媒体　　B. 表示媒体
   C. 传输媒体　　D. 存储媒体
2. 多媒体计算机系统由________。
   A. 计算机系统和各种媒体组成
   B. 计算机和多媒体操作系统组成
   C. 多媒体计算机硬件系统和多媒体计算机软件系统组成
   D. 计算机系统和多媒体输入输出设备组成
3. 不属于计算机多媒体功能的是________。
   A. 收发电子邮件　　B. 播放VCD
   C. 播放音乐　　D. 播放视频
4. 以下文件格式中不是图片文件格式的是________。
   A. JPG　　B. GIF
   C. wmf　　D. MPG
5. 图像序列中的两幅相邻图像，后一幅图像与前一幅图像之间有较大的相关，这是________。
   A. 空间冗余　　B. 时间冗余
   C. 信息熵冗余　　D. 视觉冗余

6. 数字音频采样和量化过程所用的主要硬件是________。
   A. 数字编码器
   B. 数字解码器
   C. 模拟到数字的转换器(A/D 转换器)
   D. 数字到模拟的转换器(D/A 转换器)
7. 常用于存储多媒体数据的存储介质是________。
   A. CD-ROM、VCD 和 DVD
   B. 可擦写光盘和一次写光盘
   C. 大容量磁盘与磁盘阵列
   D. 上述三项
8. ________是指直接作用于人的感觉器官,是人产生直接感觉的媒体。
   A. 存储媒体　　B. 表现媒体
   C. 感觉媒体　　D. 表示媒体
9. 以下软件工具中,不能用于文本处理技术的是________。
   A. AutoCAD　　B. Dreamweaver
   C. FrontPage　　D. word
10. 下列采集的波形声音________的质量最好。
   A. 单声道、8 位量化、22.05kHz 采样频率
   B. 双声道、8 位量化、44.1kHz 采样频率
   C. 单声道、16 位量化、22.05kHz 采样频率
   D. 双声道、16 位量化、44.1kHz 采样频率
11. 多媒体信息在计算机中的存储形式是________。
   A. 二进制数字信息　　B. 十进制数字信息
   C. 文本信息　　D. 模拟信号
12. 多媒体技术的主要特点有________。
   (1) 多样性　(2) 集成性　(3) 交互性　(4) 实时性　(5) 数字化
   A. 仅(1)　　B. (1)(2)
   C. (1)(2)(3)　　D. 全部
13. 声波重复出现的时间间隔是________。
   A. 振幅　　B. 周期
   C. 频率　　D. 频带
14. 在数字音频信息获取与处理过程中,下述顺序正确的是________。
   A. A/D 变换,采样,压缩,存储,解压缩,D/A 变换
   B. 采样,压缩,A/D 变换,存储,解压缩,D/A 变换
   C. 采样,A/D 变换,压缩,存储,解压缩,D/A 变换
   D. 采样,D/A 变换,压缩,存储,解压缩,A/D 变换
15. 下列声音文件格式中,________是波形文件格式。
   A. WAV　　B. MID
   C. MP3　　D. MP2
16. 下列说法正确的是________。
   A. 信息量等于数据量与冗余量之和
   B. 信息量等于信息熵与数据量之差
   C. 信息量等于数据量与冗余量之差
   D. 信息量等于信息熵与冗余量之和
17. 以下视频格式文件中,最适合在互联网上播放的视频格式是________。
   A. VAI 格式文件　　B. DAT 格式文件
   C. MOV 格式文件　　D. RMVB 格式文件
18. 在 Photoshop 中"魔术棒"工具是________。
   A.　　B.
   C.　　D.
19. 下列________是视频编码的国际标准。
   A. JPEG　　B. MPEG
   C. ADPCM　　D. AVI
20. 下述声音分类中质量最好的是________。
   A. 数字激光唱盘　　B. 调频无线电广播
   C. 调幅无线电广播　　D. 电话

二、多选题

1. 多媒体计算机中媒体元素指的是________。
   A. 文本　　B. 声音
   C. 图形、图像　　D. 动画、视频
2. 请根据多媒体的特性判断以下________属于计算机多媒体的范畴。
   A. 交互式视频游戏　　B. 有声图书
   C. 彩色画报　　D. 彩色电视
3. 下面硬件设备中,多媒体硬件系统应包括________。
   A. 计算机最基本的硬件设备
   B. CD-ROM
   C. 音频输入、输出和处理设备
   D. 多媒体通信传输设备
4. 下列关于分辨率 dpi 的叙述________是正确的。
   A. 每英寸的 bit 数　　B. 每英寸像素点
   C. dpi 越高图像质量越低　　D. 描述分辨率的单位
5. 衡量数据压缩技术性能的重要指标是________。
   A. 标准化　　B. 算法复杂度
   C. 恢复效果　　D. 压缩比

三、判断题

1. 音频大约在 20kHz～20MHz 的频率范围内。(　　)
2. 数据压缩处理包括编码和解码两个过程,编码是将原始数据进行压缩,解码是将编码数据进行解码,还原为可以使用的数据。(　　)
3. 对于位图来说,用一位位图时每个像素可以有黑白两种颜色,而用二位位图时每个像素则可以有三种颜色。(　　)
4. Photoshop 是一种专业的处理图形的工具。(　　)
5. 文字不是多媒体数据。(　　)
6. dpi 是每英寸的 bit 数。(　　)
7. 图形是用计算机绘制的画面,也称矢量图。(　　)
8. 在相同的条件下,位图所占的空间比矢量图小。(　　)
9. 计算机只能处理二进制数字信息,因此,所有的多媒体信息都必须转换成数字信息,再由计算机处理。(　　)
10. 对音频数字化来说,在相同条件下,立体声比单声道占的空间大,分辨率越高则占的空间越小,采样频率越高则占的空间越大。(　　)

四、填空题

1. 从表示媒体与时间的关系看,表示媒体可以被划分________和________两大类。

2. 目前常用的压缩编码方法分为________、________和混合压缩法。
3. 多媒体技术具有________、________、________多样性、数字化等特性。
4. 多媒体信息的基本形式可分为________、________、________、音频、动画和视频。
5. 多媒体计算机硬件系统分为________、________和多媒体外部设备。
6. 多媒体计算机软件系统按功能可分为________和________。
7. 多媒体数据中的冗余包括________、________、________、________、________、和________。
8. 衡量多媒体数据压缩技术的指标是________、________和算法速度。
9. Photoshop 中不管是扫描输入图像还是绘制的图像一般都是以________颜色模式存储的。
10. Flash 动画采用________技术，使动画可以一边播放一边下载，适合通过 Internet 传递和播放。

（洪　辉）

参考文献

刘永生,杨明.2009.医学计算机基础.北京:科学出版社.
徐久成,王岁花.大学计算机基础.北京:科学出版社.
薛洲恩,胡志敏.信息技术应用基础.北京:人民军医出版社.
张洪明.2006.大学计算机基础.第二版.昆明:云南大学出版社.

本书参考答案

练习 1 参考答案

一、单选题

1. D 2. A 3. D 4. C 5. A 6. B 7. A 8. D 9. A 10. C 11. C 12. D 13. B 14. C 15. C 16. B 17. C 18. C 19. C 20. B

二、多选题

1. AD 2. ABC 3. ABCD 4. ACD 5. BD

三、判断题

1. × 2. √ 3. × 4. √ 5. √ 6. √ 7. × 8. × 9. √ 10. √

四、填空题

1. ENIAC 2. 一 3. 1024 1024 4. 科学计算 5. 运算器 控制器 6. 算术逻辑 7. 1946 8. CPU 型号 9. ASCII 码 10. 微处理器

练习 2 参考答案

一、单选题

1. D 2. C 3. C 4. D 5. D 6. B 7. C 8. A 9. B 10. D 11. C 12. A 13. A 14. D 15. C 16. D 17. C 18. C 19. A 20. D

二、多选题

1. ABCD 2. BCD 3. BC 4. ACD 5. ACD

三、判断题

1. √ 2. √ 3. × 4. × 5. × 6. × 7. × 8. √ 9. × 10. √

四、填空题

1. 桌面;标题栏 2. Ctrl 3. 控制菜单 4. Shift;Delete 5. Ctrl 6. 一;多 7. ?? S*.wav 8. txt;wav;com 或者 exe 9. Print Screen 10. 我的电脑

练习 3 参考答案

一、单选题

1. B 2. D 3. D 4. D 5. D 6. B 7. C 8. C 9. D 10. D 11. C 12. A 13. C 14. C 15. D 16. C 17. C 18. B 19. A 20. B

二、多选题

1. CD 2. BD 3. ABD 4. ABCD 5. ABC

三、判断题

1. × 2. × 3. × 4. √ 5. √ 6. √ 7. √ 8. √ 9. √ 10. ×

四、填空题

1. DOC 2. 标题栏、菜单栏、工具栏 状态栏 3. 插入、改写 改写 4. 样式、字体、字号、对齐方式 颜色 5. 插入点 6. 页面视图 7. 可以不 8. 普通 9. 回车键 首行缩进 悬挂缩进 10. sum()

练习 4 参考答案

一、单选题

1. C 2. A 3. C 4. A 5. A 6. B 7. B 8. D 9. D 10. B 11. B 12. C 13. D 14. D 15. A 16. C 17. A 18. C 19. B 20. A

二、多选题

1. ABD 2. ABCD 3. CD 4. ABC 5. AB

三、判断题

1. √ 2. × 3. × 4. √ 5. √ 6. √ 7. × 8. × 9. × 10. √

四、填空题

1. Delete 2. =C4+D5 3. 行号 4. 6 5. 新建窗口 6. 填充柄 7. & 8. 6 9. 相对地址、绝对地址、混合地址 相对地址 10. F4

练习 5 参考答案

一、单选题

1. D 2. A 3. B 4. A 5. B 6. B 7. B 8. C 9. C 10. C 11. D 12. C 13. B 14. C 15. A 16. D 17. B 18. B 19. D 20. B

二、多选题

1. CD 2. ABCD 3. AD 4. AB 5. AC

三、判断题

1. × 2. × 3. × 4. √ 5. √ 6. × 7. √ 8. × 9. × 10. √

四、填空题

1. 对象 2. pot 3. 幻灯片放映、动作按钮 4. 格式 6. 幻灯片设计 5. 幻灯片放映 6. 填充柄 7. 幻灯片放映模式 8. 丢失 9. 幻灯片放映 10. 幻灯片浏览

练习 6 参考答案

一、单选题

1. C 2. D 3. C 4. D 5. C 6. C 7. D 8. B

9. B 10. A 11. C 12. C 13. A 14. C 15. C 16. C 17. D 18. C

二、判断题

1. √ 2. × 3. √ 4. √ 5. √ 6. √ 7. √ 8. × 9. √ 10. √ 11. √ 12. × 13. √ 14. √ 15. √ 16. × 17. × 18. ×

三、填空题

1. Office 2003 办公软件,数据库管理 2. 一条记录,一个字段 3. 一对一,一对多,多对多 4. 查看,分析,更改数据,数据来源 5. 设计,数据表 6. OLE 对象 7. 主键 8. 0000 9. 整个字段,字段的任何部分,字段开头 10. 备注,超级链接,OLE 对象 11. 隐藏 12. 最左边 13. 按选定内容筛选,按窗体筛选,按筛选目标筛选,内容排除筛选,高级筛选 14. 操作 15. [成绩] Between 75 and 85 或 [成绩] >=75 and [成绩]<=85 16. 计算 17. 更新查询 18. 运行

练习 7 参考答案

一、单选题

1. A 2. B 3. C 4. B 5. C 6. B 7. D 8. D 9. C 10. A 11. B 12. C 13. B 14. A 15. C 16. C 17. B 18. A 19. A 20. C

二、多选题

1. AC 2. ABD 3. BD 4. AC 5. ABCD

三、判断题

1. √ 2. √ 3. × 4. √ 5. √ 6. × 7. × 8. × 9. √ 10. ×

四、填空题

1. 环型 网状型 2. 广域网 3. 路由选择 4. 资源子网 5. 资源共享 6. ARPANET 7. IEEE 802.11 8. 广域网 9. 腾讯 10. 下载

练习 8 参考答案

一、单选题

1. B 2. C 3. A 4. D 5. B 6. C 7. D 8. C 9. A 10. D 11. A 12. D 13. B 14. C 15. A 16. C 17. D 18. A 19. B 20. A

二、多选题

1. ABCD 2. AB 3. ABC 4. BD 5. BCD

三、判断题

1. × 2. √ 3. × 4. × 5. × 6. × 7. √ 8. × 9. √ 10. ×

四、填空题

1. 静态媒体 连续媒体 2. 无损压缩法 有损压缩法 3. 集成性 实时性 交互性 4. 文本 图形 图像 5. 主机 多媒体接口卡 6. 系统软件 应用软件 7. 空间冗余 时间冗余 视频听觉冗余 知识冗余 结构冗余 信息熵冗余 8. 压缩比 恢复效果 9. RGB 10. 流媒体